河北省重点应用基础项目研究成果（15963301D，13963302D）

人类活动对近岸海域生态环境的影响与调控模式

中国农业出版社
北　京

图书在版编目（CIP）数据

人类活动对近岸海域生态环境的影响与调控模式 / 崔力拓，李志伟，鲁凤娟著．—北京：中国农业出版社，2023.10

ISBN 978-7-109-31289-0

Ⅰ.①人… Ⅱ.①崔… ②李… ③鲁… Ⅲ.①海岸带—生态环境—研究—中国 Ⅳ.①X321

中国国家版本馆 CIP 数据核字（2023）第 203172 号

中国农业出版社出版

地址：北京市朝阳区麦子店街 18 号楼

邮编：100125

责任编辑：刘 伟 胡烨芳

版式设计：王 晨　　责任校对：吴丽婷

印刷：三河市国英印务有限公司

版次：2023 年 10 月第 1 版

印次：2023 年 10 月河北第 1 次印刷

发行：新华书店北京发行所

开本：700mm×1000mm 1/16

印张：19.5　　插页：4

字数：380 千字

定价：98.00 元

前言

FOREWORD

在漫长的地球历史过程中，海洋环境的发展变化不仅受大气、陆地等自然因素的影响，而且受到人类活动的直接影响。特别是工业革命以来，人类对海洋环境的干预在强度、广度和速度上已接近或超过了自然变化。近一个世纪以来，人类持续地对海洋进行着开发和探索，但与此同时，众多的人类活动也自觉或不自觉地破坏海洋资源环境。因此，研究人类活动对海洋资源环境的影响对于实现沿海区域经济可持续发展具有重要的意义。

河北省海域地处中国经济新一轮发展的重要增长极——环渤海经济圈的中心区域，是国家沿海发展战略的重要组成部分。长期以来，河北省海域利用方式以海洋渔业、海洋盐业、港口航运、滨海旅游等为主，且海域开发利用历史悠久。自2003年以后，以曹妃甸港建设为代表的新一轮沿海开发活动快速发展，港口航运、临港产业、工业与城镇建设、旅游业等成为新的沿海开发活动形式，大量人口、工业等开始向沿海转移，河北省沿海人类活动的强度逐步加大。2011年《河北省沿海地区发展规划》开始实施，沿海区域人类活动强度进一步加大，河北省沿海区域正在经历快速的工业化、城市化过程。

随着人类活动强度的不断增强，河北省近岸海域生态环境受到一定程度的人类活动的胁迫，海洋生物资源明显衰退，海域营养程度提高，海域生态环境呈现退化的趋势。随着河北省沿海地区发展上升为国家战略，新一轮的开发活动蓄势待发，能源重化工等一系列“两高一资”的“大项目”启动，将进一步加大该地区的海洋生态环境压力，从而导致海域生态环境的进一步退化和区域发展的不可持续性。因此，开展海域生态环境演变及其与人类活动关系的研究，剖析人类活动对海域生态环境的影响，对于促进区域人海关系和谐、产业有序发展和资源环境协调发展，建立近岸可持续的生态系统、海洋环境管理与整治等具有重要的科学价值和现实意义。

在此背景下，本书依托河北省重点应用基础项目“人类活动影响下唐山湾海域生态环境演变研究”和“海岸带开发活动影响下曹妃甸海域环境与生态安全”的资助，基于遥感、地理信息系统、多元统计分析等基本手段，结合补充调查、统计年鉴和定位监测数据分析，经过5年努力编写而成。本书揭示了2000—2015年河北省近岸海域及重点用海区域人类活动、生态环境质量等方面的变化规律，构建了人类活动对近岸海域生态环境影响评估理论体系和技术方法，揭示了人类活动影响下近岸海域生态环境演变规律和模式，在此基础上结合区域发展规划、产业发展等因素，提出了河北省近岸海域生态环境调控与修复技术模式。

全书共20章内容，分为理论篇、实证篇、调控篇3个部分。理论篇主要介绍河北省近岸海域人类活动和生态环境演变过程，以及人类活动对近岸海域生态环境影响的定量评估理论体系。实证篇主要从海域生态环境承载力、集约用海的生态适宜性及其对海洋资源环境影响、海水养殖对近岸海域生态环境影响、陆源输入对近岸海域生态环境影响、海洋经济发展对海洋资源环境影响、近岸海域生态环境对人类活动的响应模式等方面，对各种人类活动对近岸海洋生态环境的影响开展实证评估。调控篇主要针对河北省近岸海域生态环境问题，提供了近岸海域生态环境调控对策及重点工程建议，并开展了典型海域生态环境修复调控工程的方案设计。本书可以在技术方法上为同类研究提供借鉴，为近岸海域生态环境改善提供技术支撑，为制定近岸海域生态环境保护措施提供有力的决策依据；可以为各级政府、海洋、交通、环保等部门管理决策，以及海洋管理、环境保护等专业领域的科研人员及高校师生的学术研究提供参考。

本书由河北环境工程学院崔力拓、鲁凤娟（理论篇、调控篇）和河北农业大学李志伟（实证篇）编写。

在开展项目的研究过程中，得到了国家海洋局北海环境监测中心、河北省海洋环境监测中心、河北省海洋局，以及许多专家及学者的大力支持与指导，在此谨表谢忱！

由于我们学识有限，本书难免有不足和缺憾之处，敬请读者不吝指正。

编　者

2023年10月

目　录

CONTENTS

理 论 篇

1 绪　　论

1.1 人类活动影响下的海洋环境问题

自18世纪工业革命，随着社会和科学技术的发展，社会生产力的迅速提高，人类活动对海洋环境的影响日益增大，每年都有数亿吨的废水废物排入海洋，引发了一系列的海洋环境问题，导致海洋环境退化，影响到海洋生态环境的可持续性。当前，现代海洋事业迅猛发展，人类在对海洋开发利用的过程中，没有或不够关注海洋环境的承载能力和海洋环境的完整性，自觉或不自觉地在破坏着海洋环境，尤其是河口、港湾和海岸带区域受损严重，海洋环境质量出现严重退化。不仅影响了海洋环境资源的可持续利用，甚至对人体健康构成严重威胁。目前，在人类活动影响下，海洋环境面临的问题主要有以下几个方面：

1.1.1 海洋生态系统严重退化

海洋生态系统包括滨海湿地、河口、海湾、珊瑚礁、红树林等，生态价值巨大，为经济社会发展提供多种资源。近40年来，由于人类活动的影响，世界近岸海域生态系统结构和功能都发生了不同程度的变化。一些不合理的海洋和海岸工程的兴建及海洋污染使某些海洋生境受损或消失。

我国海岸线曲折，海洋生态环境多样，为不同生物的繁衍生息提供了优越的环境条件；但与20世纪50年代相比，海滨滩涂湿地面积累积减少约1.0×10^6 hm^2，相当于沿海湿地总面积的50%。目前，围海造地使我国沿海湿地面积每年以2×10^4 hm^{2}的速度在减少；我国珊瑚礁面积已经由5×10^4 hm^{2}减少到1.5×10^4 hm^2；一些沿海防护林体系破坏也非常严重。海洋自然景观和生态环境的破坏，造成了大面积海岸侵蚀、淤积，2/3以上海岸遭受侵蚀，沙质海岸侵蚀岸线已逾2 500 km，物种资源减少，加剧了海洋灾害的危害。20世纪80年代兴起的海水养殖热潮，已经使我国广阔的海洋环境受到严重影响，海洋生境大量丧失，海洋生物资源遭到严重破坏。在一些海湾，由于盲目围垦，降低了纳潮量，加速了淤积过程，影响了航运。香港的大埔海湾，由于大规模围垦，已使种类繁多的海洋动植物区系受到严重影响。另外，过度捕捞水产资源、滥伐热带红树林及乱挖乱采珊瑚礁也严重损害了海洋生物资源，危及生态平衡。

1.1.2 海洋生态灾害频发

自20世纪90年代末以来，近海的赤潮、绿潮、水母泛滥等灾害性生态异常现象频频出现，为近海的生态安全敲响了警钟。其中，有害赤潮是由于沿海大量工业废水、农业污水、生活污水和养殖废水排放入海，导致近海富营养化日趋严重而酿成的一种生态灾害。它的发生不仅危害渔业和水产养殖业、恶化海洋环境、破坏生态平衡，而且赤潮毒素还通过食物链导致人体中毒。赤潮灾害造成的巨大经济损失和对生态环境的严重破坏已使其成为世界三大海洋环境问题之一。中国也是世界上深受赤潮危害的国家之一。

自20世纪70年代以来，赤潮以每10年增加3倍的速度不断上升，每年的灾害损失从90年代初期的近亿元增至90年代后期的10亿元左右。自21世纪以来，无论是发生频次还是涉及海域面积，我国的赤潮灾害都在骤增。2001—2009年，赤潮发生次数和累计面积均为20世纪90年代的3.4倍。从多年的趋势上看，赤潮的发生有从局部海域向全部近岸海域扩展的趋势。

自2000年以来，我国近海无经济价值的大型水母数量开始呈现明显的上升趋势，水母泛滥对渔业资源产生了不利影响。自2007年开始，黄海海域连续出现浒苔形成的大规模绿潮。另外，随着我国运输量和船舶密度的增加，发生灾难性船舶事故的风险逐渐增大。

海上油气开采规模的扩大也增加了溢油灾害的风险。以渤海为例，近几年渤海共发现海上溢油事件60起；2006年长岛海域油污染事件和2011年蓬莱19－3油田溢油事故均引起党中央、国务院的高度重视。其中，蓬莱19－3油田溢油对岸滩和海域造成较大影响，导致海洋生物赖以生存的栖息环境受到破坏，海洋生物资源遭受损失，生物多样性减少，海洋生态系统服务功能下降，海洋生态受到严重损害。

1.1.3 海洋环境污染问题突出

从全球角度看，近30年来，随着现代工农业迅猛发展和城市化进程加快，人类活动对近海生态环境的影响迅速加大，海洋环境退化和生态被破坏正以惊人的速度在发生；其中，海洋环境污染是最受关注的问题之一，也是自20世纪中叶以来困扰全球的难题之一。根据世界资源研究所的一项研究成果显示，因与开发有关的活动导致环境污染和富营养化，世界上51%的近海生态环境处于显著的退化危险之中；其中，34％的沿海地区正处于潜在恶化的高度危险之中，17％的沿海地区处于中等危险中。全世界有近 3/4 的大陆沿岸 100 km 以内的海洋保护区域或主要岛屿处于退化的危险境地，如波罗的海、濑户内海等。

根据国家海洋局公布，2016 年我国海域总体污染形势依然严峻。全海域达到清洁海域水质标准的面积比例仅为 32.4％；污染海域主要分布在渤海湾、长江口、珠江口、辽东湾，以及江苏、浙江、广东部分近岸海域。近岸海域海水中主要污染物是无机氮、活性磷酸盐。近岸海域部分贝类体内污染物残留水平依然较高。81％的入海排污口超标排放污染物，多数排污口邻近海域环境污染严重，对周边海洋功能区的损害加剧。河流挟带入海污染物持续增高，河口生态环境受损。

1.1.4 海洋生态服务功能受损

自新中国成立至今，我国沿海已经历了 4 次围填海浪潮。特别是最近 10 年来，掀起了为满足城建、港口、工业建设需要而进行的新一轮填海造地高潮。1990—2008 年，我国围填海总面积从 8 241 km^2 增至 13 380 km^2，平均每年新增围填海面积 285 km^2。据不完全统计，到 2020 年，我国沿海地区发展还有超过 5 780 km^2 的围填海需求，必将给沿海生态环境带来更为严峻的影响。

围海造地的确缓解了部分地区土地缺乏的问题，但是围海造地不当，也给海洋经济可持续发展带来众多危害。例如，广东湛江港所在的斜麻湾，填海造地已使湾内纳潮量减少 1/4，航道水域缩小，湛江湾内几个军港发生不同程度的淤积。由于填海造地，汕头湾内水域面积和纳潮量比 50 年前减少 1/2，导致港口淤积，海水自净能力减弱。福建厦门湾受九龙江输沙影响，三角洲陆地每年以 150 m 的速度向海延伸，目前厦门湾东湾面积已缩小 40％，湾内纳潮量减少 38％。苏北的射阳县 10 年填海造田 6 666 hm^2，海岸线迅速向外推进。黄河自 1976 年改道进入莱州湾以来，在当地“固定河口，数十年不变”的口号指引下，经人工控制，河口沙嘴已经向东南海域延伸了 32 km，平均每年伸展距离约 2.4 km。原来平缓向海突出的三角洲海岸，已经在沙嘴南部形成一个凹入陆地的海湾，海洋环境发生了重大变化。

从对围填海管理上来看，2002 年 1 月《海域使用管理法》实施以前，围填海基本处于“无序、无度、无偿”的局面；《海域使用管理法》正式实施之后，对围填海管理有所加强，但是由于地方强大的填海需求及管理制度的不完善，监管起来仍然困难重重。

1.1.5 渔业资源严重衰退

海洋环境的退化直接导致海洋生态系统出现明显的结构变化和功能退化，生物资源衰退，鱼类种群结构逐渐小型化、低质化。据估计，由于酷捕滥捞至少已使25种有价值的渔获物严重衰竭，使鲸鱼、海牛、海龟等物种面临灭种之危。我国近海渔业资源在20世纪60年代末进入全面开发利用期，随着海洋捕捞机动渔船的数量持续大量增加，近海渔业资源过度捕捞问题日渐突出。捕捞强度超过资源再生能力，急剧地降低了渔业生物资源量，一些传统渔业种类消失、生物多样性降低，影响到渔业资源的可持续开发利用。虽然我国沿海生物多样性丧失情况迄今尚无系统和全面的调查研究，但从一些研究报告来看，潮间带、近岸海域生物多样性的减少情况相当严重。例如，我国渤海现存的底层鱼类只有50年代的10%；同时，传统的捕捞对象，如带鱼、真鲷等资源，有的枯竭，有的严重衰退。以带鱼为例，1956—1963年的年渔获量达10 000～24 000 t；1982—1983年中国科学院海洋研究所调查，渔获物样品200余万尾，其中带鱼只有18尾。同时，渤海鱼类优势种中营养级较高的重要经济种类逐渐被低质的底层鱼或者营养级较低的中上层鱼类所取代；鱼类资源数量呈衰退的趋势，水体中鱼卵、仔鱼数量也呈现明显减少趋势。渤海从昔日的“鱼虾摇篮”逐渐走向海洋荒漠化。其他海域，如长江口、珠江口等，也出现了海洋荒漠化现象。

1.1.6 河口生态环境负面效应凸显

世界上很多河流入海口地区的水环境正在恶化，原因很多也很复杂，但人口增多和人类活动是其中最主要的因素。在美国，50%以上的人口居住在河口三角洲的海滨城市，这些地区的人口增长比内地要快得多。人口增加和土地需求扩张造成部分海滨生态栖息地消亡，如部分湿地和河流入海口地区的消失。在美国，75%以上的海上出口商品和80%～90%渔业产品来源于河口三角洲的海滨城市。过度捕杀、生态条件恶化、污染和入海水流的水质变化，使海域生态环境遭到空前的破坏。这些生态问题成为影响美国经济的一个显著因素。

河口三角洲海滨生态结构和种类的断裂性变化引起了人们的关注。生物多样性的变化反映出海滨生态系统遭受破坏的程度；美国35%的河流入海口在萎缩，10%正在受到威胁。这些地区的生态环境正在受到点源性污染和非点源性污染的威胁，来自城市、农场、郊区的污水使问题日趋严重。

为了实现海滨生态安全，必须维持和恢复海滨生态环境的健康和生物多样性；然而，过度捕捞、生态栖息地退化，尤其是河流入海口和相应湿地的消失和退化，使美国渔业已经受到严重影响。三角洲的鱼类在减少，海产品加工业也处于低迷状态。溯河产卵的鱼类（如西太平洋的鲑鱼）也显著减少，生物多样性受到破坏，物种灭绝的概率增大。

人口增加，一方面减少了河口三角洲生态系统的面积，另一方面通过人类活动造成水环境的污染和破坏；反过来，被破坏的环境又给人类的生存带来危机。在人口稠密和商业发达的海滨地区，尤其是风暴多发区和保护措施不到位的海滨区，如沙坝小岛，生命和财产处于不安全状态，需要经济支持，在台风到来之前只有及时搬迁才能避免一些损失。很多城市的防浪堤老化，是影响未来经济的又一重要因素。

1.1.7 海平面和近海水温持续升高

近 30 年来，我国沿海地区的海平面总体上呈波动上升的特点，年平均上升幅度为 2.6 mm，高于全球海平面的平均上升速率。据预测，在未来的 30 年中，我国沿海地区海平面的平均升高幅度约为 80～130 mm，其中长江三角洲、珠江三角洲、黄河三角洲、京津冀地区沿岸将是受海平面上升影响的主要脆弱区。与此同时，我国近海的海水表层温度总体呈上升趋势，这将造成重要海洋生物资源分布范围改变、红树林人工栽培范围北扩和热带海域珊瑚白化等现象，还将导致海洋生物的地理分布和物种组成格局发生改变。另外，海洋酸化将严重影响我国珊瑚礁的资源分布、食物产出和旅游产业。可以预测，未来由海平面上升、水温升高和海洋酸化等引发的各种海洋灾害的频率及强度将会有不同程度的加剧。

1.2 国内外研究现状

海洋生态系统是地球上极大、极有价值且又极为脆弱的生态系统之一。受到人类活动影响，沿岸生态环境演变与退化已成为全球性的问题，如近海赤潮频发、厄尔尼诺现象等。目前，世界上 61%的人口居住在海岸带，它已成为全球生态系统中最有价值和最易受人类影响的地区之一。海洋作为海岸带地区重要组成部分，人类活动诸如近海油气的开发、港口建设、渔业和水产养殖业、沿海城市的工业废水和生活污水的排放、大面积滩涂围垦等，已构成对海洋生态环境和生物栖息地的严重威胁。因此，海域生态环境的变迁与退化已成为全世界普遍关注的问题。

1.2.1 围填海对海洋生态环境影响研究现状

海岸带生态系统作为全球变化研究的重要对象，越来越受到国际生态研究计划的关注。20 世纪 70 年代开始的“人类与生物圈（Man and Biosphere)”

研究计划就将人类活动影响下的海岸带资源与生态环境响应列为专项开展研究。国际科学理事会（ICSU）“国际地圈——生物圈计划”也尤为关注对陆海相互作用研究，阐明人类活动对海岸带生态系统的影响是其重要研究内容。国际“海岸带陆海相互作用（Land - Ocean Interaction in the Coastal Zone，LOICZ）”最新的计划也将人类活动对海岸生态系统的影响列为其核心研究内容。围填海作为人类开发利用海岸资源的一种重要方式，国内外许多学者对此特别关注，从不同角度开展了围填海对海洋环境影响的研究。

（1）围填海对滨海地形地貌、湿地景观的影响

围填海直接或间接对滨海湿地及近岸海域地形地貌和景观产生了影响。目前，研究工作主要集中在两个方面：一是将围填海作为诸多海洋工程之一开展研究，分析围填海活动开展后滨海湿地演变、景观格局及岸滩的变迁，探讨其原因和机理；二是将水动力和沉积环境结合研究围填海对海湾、滨海湿地等生境、地形、地貌的影响，集中在泥沙来源、底质沉积特性和冲淤演变等方面。

在滨海湿地演变、景观格局和岸滩变迁研究方面，主要借助 3S 技术分析围填海导致的滨海湿地演变。例如，王伟伟等提取 5 期遥感影像的围填海信息，分析得出从 1990 年到 2009 年辽宁省围填海面积增加了 627 km^2，增加了 53.6%；俞炜炜等采用 GIS 技术分析兴化湾不同时期由于围填海所造成的各生态系统类型面积变化；马志远等基于遥感与 GIS 技术，分析兴化湾围填海工程对湿地景观生态造成的影响及其生态效应。也有学者以岸线变迁和地形演变研究为基础，开展围填海影响的驱动机制研究，如姜玲玲等在 2008 年对大连滨海湿地景观格局进行了相关研究，并分析了其驱动机制。

国内外对围填海影响下地形地貌和滨海湿地景观的研究大多借助数值模拟的方法和 3S 技术，主要集中探讨围填海对地形地貌与滨海湿地景观的影响。以上这些研究对围填海前后的地形、地貌、景观、生境等描述较为清晰，但缺少与其他学科的结合，特别是围填海导致地形、地貌和滨海湿地景观变化的生态效应研究较少。

（2）围填海对近岸海域水沙动力环境的影响

大规模围填海活动通过海堤建设改变局部地区海岸地形，影响着围填区附近海域的潮汐、波浪等水动力条件，导致水动力和泥沙运移状况发生变化，并形成新的冲淤变化趋势，从而对围填海附近的海岸淤蚀、海底地形、港口航道淤积、河口冲淤、海湾纳潮量等造成影响。

聂源等通过对舟山岑港北侧基岩海岸围填海工程前后附近海域潮流场进行分析，发现围填海工程对潮流场的影响范围主要集中在围填海堤的前沿，在围堤前沿 100 m 的范围内流速减小，在围堤前沿 150～200 m 范围内流速有所增大；而后随着离围堤距离的增加，流速受影响的程度逐渐减弱。杜鹏、王学章等研究发现胶州湾填海工程附近水域潮流速度减小7.7%～65.5%。陆荣华等对厦门湾5个典型历史时期潮流场的模拟计算表明，围填海工程对厦门湾潮流动力具有显著影响，导致海湾纳潮量减少、海水交换能力下降。此外，罗章仁的研究还显示，近几十年来香港维多利亚港和深圳湾围填海已通过改变港湾纳潮面积、纳潮量、潮流速度等潮汐特征影响了港湾回淤。国外的相关研究结果也显示了围填海对滨海湿地及近岸海域水沙动力环境的影响，Kang对韩国灵山河口木浦沿海围填海的研究，发现潮汐壅水减小、潮差扩大；Lee等的研究也表明，韩国西海岸的瑞山湾围填海使得低潮滩的沉积过程发生了重大变化。目前的研究大多集中底质沉积特性、冲淤状况和纳潮量变化等方面，而阐明近岸海域水动力环境演变对围填海长期累积效应的响应，揭示驱动其变化的关键过程和控制因素，是该研究领域中迫切需要解决的问题。

(3) 围填海对近岸海域生态系统的影响

围填海对浮游生态系统的影响一般是间接的。围填海造成河口、海湾的潮流动力减弱，引起了附近海区浮游植物、浮游动物生物多样性的普遍降低及优势种和群落结构的变化。国外相关研究结果也证实了围填海对浮游生态系统的影响，如韩国新万金围填海工程使得浮游植物优势种发生演替，在围填海区域连续两年出现多环旋沟藻（*cochlodinium polykrikoides*）赤潮。

相对于围填海对浮游生物群落的影响，围填海对底栖生物群落的威胁来得更直接，所以研究工作也较多。葛宝明等指出，在围垦区外的自然滩涂物种多于围垦区内，大型底栖动物的总密度也大于围垦区内，而且围垦区内大型底栖动物群落的优势种发生了演替。由于围海造地工程的影响，胶州湾河口附近潮间带生物种类从20世纪60年代的154种减少至80年代的17种，原有的14种优势种仅剩下1种，而胶州湾东岸的贝类已几近灭绝。围填海对底栖生物的影响也得到一些国外研究的例证。日本西南部海域的Mishou湾，由于18世纪晚期到19世纪大规模的围填海活动，导致该海湾、河口三角洲生态系统功能下降。日本九州岛西部Isahaya湾围堤导致了堤内水域土著底栖双壳类动物大量死亡及淡水双壳类群落的发展。LLu等在对新加坡Sungei Punggol河口海岸围填海的大型底栖生物群落影响系统调查的基础上，认为在围填海邻近区域，底栖动物种类和丰度都显著降低，而在远离围填海区域则显著增加，说明围填海对底栖动物群落结构产生了显著的破坏效应。

(4) 围填海对滨海湿地的影响

围填海引起的滨海湿地退化具有多阶段、多层次的特征，其能够引起湿地生境条件变化，并影响湿地生物时空动态及湿地生态功能。围填海对滨海湿地植被的影响最为显著，导致红树林、海草床、芦苇丛等典型建群植物的大量消失，并使湿地丧失碳固定/储存功能，甚至转而成为碳源。例如，围填海活动造成长江三角洲等地底栖动物群落的消失和滨海湿地破坏，鸟类栖息地丧失。国际上对围填海影响下滨海湿地退化过程与功能损失研究中，主要关注围填海对湿地生物多样性和生态过程的影响，侧重于探索围填海的生态环境效应。例如，日本 Isahaya 湾填海造陆工程之后，湿地动物群的种类和平均密度出现了明显下降。作为世界上最早围填海的国家之一，为保护滨海湿地，荷兰开发了海岸稳定性数值模拟和物理模拟方法、滨海湿地地形地貌数值模拟和物理模拟方法、河口湿地行洪安全模拟方法、浪潮流生态环境模拟方法、潮汐梯度变化模拟方法等围填海对滨海湿地影响的研究评估方法。相比之下，虽然国内对围填海影响下湿地系统结构和功能的影响已经取得了一定的成就，但研究方法多局限于湿地面积缩减程度估计、湿地功能退化等，对围填海与湿地功能丧失之间的关系研究处于现象分析阶段，缺乏有力的直接证据支持。以滨海湿地生态过程为纽带，探索围填海导致湿地生态功能损失的过程与机理，是围填海对滨海湿地影响研究的必然趋势。

（5）围填海对渔业资源的影响

围填海等海岸工程会严重挤占鱼虾类的栖息地，使生物资源减少甚至消失。苏纪兰院士等认为，渤海沿岸大规模围海养殖、多数河流断流等导致对虾栖息地缩小和受到污染，可能影响了对虾早期发育和种群补充，从而导致了20 世纪末期中国对虾捕捞业的衰退。目前，国内外都缺少针对围填海影响生物资源的基础研究，而且大多数渔业资源种群的产卵场和育幼场尚未经系统的生态学研究认定；但围填海直接掩埋、挤占生物的栖息地，又通过改变水体和底质的理化性质和生态群落而使生物的关键生境发生变异，从而阻碍生物的正常洄游、繁殖和种群补充的事实是毋庸置疑的。不同种类的生物迁徙能力不同，适应生态环境扰动的能力也不同，生态容量减少、栖息地丧失对于重要海洋生物资源的影响往往并不直观，也难以量化；只有对围填海区生物资源动态进行长期细致的调查研究，并结合生物学和生态学实验及历史数据整理分析，才能逐步认识围填海影响生物资源的过程、程度和机理。

围填海活动是近岸海域影响最为剧烈的人类活动，世界各国对围填海的生态环境影响都非常关注，正在研究和评估围填海的生态效应，并积极开展生态修复计划，建立生态补偿机制。欧盟“奥斯巴公约”成员国召开了以围填海环境影响评估为主题的会议，指出围填海对物种、生境和生态系统的影响过程仍知之甚少，强调需要进一步监测和评估。为此，以荷兰的 Maasvlakte 围填海工程为试点项目，确定了生态影响评估的关键因子，包括海洋物种和贝类栖息地、鱼类索饵场和繁育场，生态系统指标及其他环境指标也进行了系统的研究。2005 年，埃及发布的围填海环境影响评估指南中指出，作为一般规则，必须考虑围填海对关键物种及其栖息地的直接或间接影响，尤其是受威胁的保护物种或栖息地、渔业关键生境和自然保护区。美国加利福尼亚州启动了Sonama Bayland计划，为了挽救因工程建设破坏的生态系统，利用200万 m^3 土地恢复湿地和沼泽。此外，美国和加拿大已经把“无净损失”原则作为围填海环境影响总体评价程序中一个最重要的决策依据，大型海洋工程都需要通过这一评价，才能最终通过审批。

1.2.2 海水养殖对海洋生态环境影响研究现状

由于其自身生态结构的缺陷，海水养殖日益成为近岸海域重要的污染源之一，对海域环境的影响已经得到了广泛关注和研究。国内外许多学者从不同的角度对海水养殖的污染机制及其环境影响展开了多方面的调查和研究，并取得了令人瞩目的成就。研究结果表明，在养殖过程中，1%～38%的饵料未被鱼类利用。这些饵料进入水体，较大的颗粒则沉积到海底。大量的研究表明，过量的饵料已经成为养殖区底栖生物群落结构变化的重要原因。被摄食的饵料也只有很少一部分被养殖体消化吸收，大部分未被消化的物质通过粪便排出，同时被吸收的营养物质中也有一部分代谢产物以氨和尿素的形式被排泄。研究表明，养殖过程中产生的残饵、粪便和代谢废物进入水体后，能够提高水体的富营养化程度，促进藻类的生长，为水华的形成提供了适宜的环境。另外，养殖过程中存在着严重的药物滥用现象。研究数据表明，养殖的鱼类对药物中抗生素的吸收只占20%～30%，也就是说，实际上大约70%～80%的抗生素进入了环境。在世界的某些地区，如日本、太平洋东南部，富营养化已经被看作是养殖业影响环境的主要形式，成为人们首要关注的问题。

1.2.3 大河干流水利工程对海洋环境的影响研究现状

加利福尼亚湾曾经是世界上鱼类最多、捕鱼量最高的生态系统，其河口三角洲也是美国西南部最重要的湿地。由于科罗拉多河多道筑坝截流，入海径流量锐减，致使海湾捕虾量大幅度减少，许多物种的生存面临威胁，三角洲湿地生态环境退化。尼罗河阿斯旺大坝兴建后，地中海东部沙丁鱼捕获量减少83%。多瑙河上铁门大坝兴建后，入黑海的硅酸盐减少2/3，导致某些藻类大量繁殖，鱼类资源急剧减少。许多发达国家对于大河干流兴建水利工程给海洋环境带来的负面影响进行了系统的观测研究，并提出了相关保护海洋环境生态平衡的措施。我国曾经注意到了三峡工程对于长江口及其邻近海域生态环境的影响，并组织了调查研究，然而对于黄河等大河却没有给予足够重视。目前，黄河干流上已建大型水库12座，超过世界上建坝最多的科罗拉多河，加上各类中小型水库已达3 380余座，提引水工程50 000余处。由于黄河流域水资源缺乏，加上工业、农业等各项用水量的急剧增加，致使黄河入海径流量大幅度减少，乃至断流。黄河断流和入海径流量的大幅度减少，引起了三角洲海岸强烈侵蚀、风暴潮危害加剧、海水入侵、三角洲湿地生态环境退化、河口浅海冲淡水区消失、高盐海水逼近海岸、N、P、C 等生源要素入海通量减少；导致中国对虾等重要经济鱼类产卵育幼场的生态环境变化，沿岸泥沙运动方向和强度发生变化等。

1.2.4 流域土地利用对海洋生态环境影响研究现状

流域是一个复杂的生态系统，人类活动赋予它不同的土地利用方式。不同的土地利用类型，及其特定的系统结构与组成要素，对营养元素的吸收、固定、分解、输出及时空分布都有不同的影响。土地利用造成的营养元素输出，经过一系列生物、物理、化学反应后被河流输入海洋。Taylor 等的研究表明，混合农田单位面积的溶解性 N、P 输出量分别是邻近林地的 2.5 倍与 1.6 倍。由于人类对土地资源不合理利用与开发，引起流域土地植被变化，导致水土流失、土地退化，在一定的天气、气候条件下引发洪水，使河流含泥沙量剧增。河流携带的悬浮物与沉积物最终淤积于河口或进入海洋并影响海岸形态、动力条件。全世界入海泥沙每年有 200×10^8 t，其中 120×10^8 t 是由河流供给。Christoloher W. C. 模拟比较了海岸带林地流域（38 hm^2）与城市流域（15 hm^2）流入毗连河口的径流量和泥沙含量，结果显示城市流域输出的径流量与泥沙含量分别是林地流域的（5.5±2.7）倍与（5.5±2.3）倍。

关于土地利用对海洋环境演变的影响研究，许多科学家已制订了不同的研究计划与研究方向。各学科从不同的角度、侧面与层次上对其进行了不少的研究与尝试。在 IGBP 各核心计划中，土地利用是研究重点，而许多又与海洋环境演变有关联，如全球变化与陆地生态系统计划中研究土地利用对 C、N 和其他元素的生物地球化学循环的影响；LOICZ 的研究重点则更多的涉及海岸环境演变，主要包括外部作用力和外部边界的变化对海岸通量的影响，即汇水带土地利用与植被变化的评价及它们对沉积物和养分输送的影响；欧洲陆-海相互作用研究计划中，重点研究不同土地利用类型及海岸系统中人类制约的生物地球化学循环评估等。

长期以来，河北沿海地区一直是河北省海洋经济发展的重要阵地，也是河北省发展速度最快的地区。传统上以海水养殖、盐田、临海工业、滨海旅游业等为主要开发活动形式。自 2003 年以后，以曹妃甸港建设为代表的新一轮沿海开发活动快速发展，港口航运、临港产业、工业与城镇建设、旅游业等成为新的沿海开发活动形式，大量人口、工业等开始向海转移，河北沿海人类活动的强度逐步加大。2006 年，河北省又开始实施“沿海经济隆起带”的沿海开发战略，沿海区域人类活动强度进一步加大，沿海地区正在经历快速的工业化、城市化过程。随着人类活动强度不断增强，海域生态环境受到一定程度的人类活动胁迫，海洋生物资源明显衰退，海域营养程度提高，海域生态环境呈现退化的趋势。随着河北省沿海地区发展上升为国家战略，唐山湾新一轮的开发活动蓄势待发，能源重化工等一系列“两高一资”的大项目启动，将进一步加大该地区的海洋生态环境压力，从而导致海域生态环境的进一步退化和区域发展的不可持续性。鉴于此，本研究以河北沿海为主要研究区域，以海洋生态环境动态变化为主要研究对象，利用化学统计法和多重分析法，围绕人类活动影响下海洋资源、海洋环境等演变过程的关键问题开展多学科综合研究，主要揭示人类活动对海域生态环境的影响及其演变模式，以期在利用生态学调控原理对受损海域生态环境进行修复等方面提供支撑，为建立近岸可持续的生态系统、海洋环境管理与整治等提供科学依据。

1.3 研究区域概况

1.3.1 区位优势

河北省海域位于渤海西部，北纬 38°07′14″～40°01′37″、东经 117°23′07″～119°57′02″。沿海行政区包括秦皇岛、唐山、沧州 3 市。河北省沿海地区地处中国经济新一轮发展的重要增长极——环渤海经济圈的中心区域，是国家沿海发展战略的重要组成部分；毗邻京津两大都市圈，有接受京津经济科技辐射、开拓京津大市场、利用京津大窗口的有利条件；拥有华北、西北地区广阔的腹地，是中西部能源基地的便捷入海通道和对外开放的重要门户；在“东出西联”的互动格局中占有重要地位，是建设沿海经济强省、推动海陆互动的重要“龙头”和“桥头堡”，区位优势十分显著。

1.3.2 自然环境

（1）地质地貌

河北省海岸带在地质构造上属华北地台的东部，以滦河为界，北部和南部分别为燕山褶皱带和华北坳陷区Ⅱ级构造单元，区内次一级构造单元有山海关隆起、渤海中坳陷、黄骅坳陷和埕宁隆起。进一步划分为秦南、昌黎、乐亭、石臼坨、沙南、渤中、南堡等凹陷和秦南、沙垒田、马头营等凸起。多凸多凹的独特区域地质构造，蕴藏有丰富的石油天然气资源，是我国重要的油气富集区，是石油天然气开采、储运用海（如石油平台、进海路等）的集中分布区。

由于地质构造背景、原始地貌格局、地理位置、海陆分布形势的不同，导致河北省海岸带的地貌发育着不同的态势。戴河口以北主要由寒武系变质岩类构成的基岩海岸地貌，海岸带陆域地貌有侵蚀剥蚀丘陵、台地、冲积平原、潟湖平原、海积平原，地势北高南低，潮间带发育有岩滩、砾石滩、海滩等地貌类型。戴河口至大清河口为砂质海岸，河流作用相对较强，发育成以粉砂、细砂、中砂组成的冲积海积平原。其中，戴河口至饮马河岸段，主要为洋河的冲积平原、冲海积平原、海积平原、古潟湖等，沿岸为海滩和古岸外沙坝发展而成的沙丘；饮马河口至滦河口岸段，内侧为河流堆积形成的冲积扇、微倾斜冲洪积平原，中间为潟湖平原，外侧为高大的风成沙丘和绵软徐缓的沙滩；滦河口至大清河口岸段，内陆为滦河冲积扇——三角洲平原，向海依次为冲海积平原、海积平原、现代海岸线、潟湖和离岸沙坝。大清河口以西，包括天津以南岸段，属粉砂淤泥质海岸，由黏土质粉砂和粉砂质黏土泥质构成的海积平原、冲海积平原比较发育，地势低平，潮滩发育。其中，在大清河以西、天津以北岸段为冲海积平原和海积平原占优势的岸段，滨海沼泽、老潮滩和滦河及其他小河形成的古河道等发育；天津以南岸段发育潟湖平原、古河道带、贝壳堤等特色地貌。

(2) 气候

河北省沿海地区属北温带大陆性季风气候。沿海地区多年平均气温在10.2～12.9 ℃，自北向南渐增。1月份气温最低，各地平均皆在0 ℃以下，7月份最高平均为26.5～27.1 ℃。多年平均无霜期为207～217 d，坝上地区一般不足120 d，北部地区一般为120～180 d，长城以南大部分地区为180～220 d，全省南北相差约为120 d。全省年日照时数为2 538～2 809 h，地理分布上呈由北向南递减趋势。年内变化规律中，以春季日照时数最多，冬季最少。

河北省海岸带范围内，北部降水偏多，南部较少，并且具有从陆地向海洋降水逐渐减少的特点。抚宁、昌黎一带由于地形对夏季暖湿气流的抬升作用降水较多，年降水量为636.3～677.8 mm，仅次于燕山南麓最大降水中心迁西的744.7 mm。南堡以南海岸及附近海边年降水量558.6～567.8 mm，其中南堡为558.6 mm，降水量最少。全省多年平均降水量为535.9 mm，年降水量多集中在汛期6—9月，约占全年降水量的70%～80%。多雨和少雨年的水量一般差1～2倍，最大相差4～5倍。年蒸发量在1 448～2 179 mm，其分布呈由北往南、由陆向海增大趋势。

(3) 水文

河北省沿海共有入海河流52条，水文上习惯将其分为滦河、冀东独流入海河流和运东地区入海河流3个水系，多年平均入海水量为45.01×10^{8} m^{3}，入海沙量1.26×10^{7} t，主要集中于滦河水系。自20世纪80年代以来，受气候变化和人为因素的影响，除个别丰水年和大水年外，运东地区入海河流几无入海水沙量，加剧了岸线的蚀退。此外，陆域污染物直接排河入海，使入海河口附近海水水质恶化，对海水养殖业的发展造成严重影响。

河北省海域属中等尺度的半封闭内海，水深较小，水温、盐度、海流、潮汐、波浪等各项水文要素都显示出半封闭浅海的特征；特征表现为受大洋影响较小、海流弱、波浪小、水体交换慢等特点。春季表层水温 8.57～19.71 ℃，近岸高、远岸低，底层水温分布趋势与表层一致，温度比表层低 0.5～2.0 ℃；夏季表层水温 26.0～27.5 ℃；秋季受气候影响，水温普遍降低，水温分布与春、夏相反，呈近岸低、远岸高分布。春季盐度 32.5，近岸高、远岸低，海域盐差为 0.9；夏季盐度 26.6～32.5，呈近岸低、远岸高分布，最低值出现在滦河口，最高值出现在渤海湾中部，海域盐差 5.9；秋季盐度分布与夏季相似；冬季平均盐度为 33.0，分布趋势与春季相似。波浪以风浪为主，平均波高 0.4～0.7 m。秦皇岛海域、唐山海域风浪多年频率为 100%，南向风浪频率和为 42%；沧州海域风浪多年频率为 99%，东向风浪频率和为 38%；风浪的主浪向为 ESE，波高最大可达 3.8 m。

适宜的海水温度和水浅浪小的海况，为海水养殖提供了良好的环境条件；高盐度的海水辅以适宜的气候条件，构成了大清河以西优良的海盐生产基础；潮差小、海流弱、无凶猛海洋生物，适合开展海浴、帆船等海上运动。

(4) 海岸带土地利用

河北省海岸带土地利用类型多样。河北省滨海地区土地资源利用类型中，居民点及工矿用地和耕地所占比重较大，分别占到土地总面积的 25.98% 和 25.95%；未利用土地资源占总面积的 22.74%，但尚高于全省未利用土地的平均比重。说明河北省海岸带地区土地特别是沿海滩涂还有一定的开发潜力，但潜力有限。研究区域内不同地区土地利用类型空间差异比较明显，唐山、秦皇岛均以农用地所占比重最大，其次是建设用地；沧州以建设用地所占比重最大。同一土地利用类型在不同地区的分布中均以唐山所占比重最大。

河北位于环渤海经济圈的核心地带，沿海地区工业化、城镇化快速推进过程中，土地利用变化迅速。其中，建设用地不断扩展而大量占用耕地、滨海自然湿地和人工湿地，以及大范围滨海自然湿地变为人工湿地等是土地利用变化的主导过程。同时，海域作为沿海地区重要的自然资源，其开发利用与当地经济发展息息相关，唐山曹妃甸港建设、沧州渤海新区建设等使得部分海域转化为陆地。

(5) 资源

河北省大陆岸线长度为 499.43 km，滩涂面积 1 017.81 km^2，浅海面积 6 138.54 km^2，有海岛 97 个（含人工岛 5 个），为发展临港产业、滨海旅游业、水产养殖业、港口建设等提供了必不可少的空间。现有秦皇岛港、京唐港、黄骅港和曹妃甸港是全省 4 处大型海港；其中，曹妃甸深水港是中国北方少有的不用开挖航道即可停泊 30 万 t 大型船舶的天然深水良港，被誉为“钻石”级港口。此外，河北省海域矿产资源丰富，渤海新发现的大油田主要分布在河北海域，油气资源地质远景储量为石油 2.5×10^{9} t，天然气 2.385×10^{11} m^3；石油探明储量 8.37×10^{8} t，天然气探明储量 9.71×10^{9} m^3；石油生产量 9.40×10^{6} t/年，天然气生产量 2.44×10^{8} m^3/年。海洋油气资源及其开发利用在环渤海地区乃至在全国沿海地区的优势地位更加明显，为打造河北海洋石油化工强势产业奠定了资源基础。同时，研究区内海洋渔业资源十分丰富，据调查，分布在河北省沿海的各种水产动物资源达 160 余种，主要捕捞对象有毛虾、对虾、鲅鱼、小黄鱼、带鱼、青鳞鱼、梭鱼、鲈鱼、银鱼、脊尾白虾、梭子蟹等。河北省滨海旅游资源丰富，滨海岸线从山海关到乐亭王滩共有沙质海滩约 106 km，著名的北戴河、南戴河、黄金海岸等名胜旅游景点均坐落于此，资源开发空间较大，特点明显。

1.3.3 社会经济

（1）人口

2000 年，河北省沿海地带总人口 352.6 万人。其中，秦皇岛市沿海地区人口 172.6 万人，约占沿海地区总人口的 48.95%；唐山市沿海地区人口 119.9 万人，约占沿海地区总人口的 34.00%；沧州市沿海地区人口 60.1 万人，约占沿海地区总人口的 17.04%。2015 年，河北省沿海地区总人口为 415.6 万人。其中，秦皇岛市沿海地区人口 178.6 万人，约占沿海地区总人口的 42.97%；唐山市沿海地区人口 165.5 万人，约占沿海地区总人口的 39.82%；沧州市沿海地区人口 71.5 万人，约占沿海地区总人口的 17.20%。

从河北省沿海地区人口自然变化状况看，2000—2015 年沧州市沿海地区人口自然增长了 11.4 万人，增长率 18.96%；唐山市沿海地区人口增长了 45.6 万人，增长率 38.03%；秦皇岛市沿海地区人口增长了 6 万人，增长率为 3.47%。唐山市沿海地区人口增长速度高于其他两地。同时，随着河北省沿海地区经济的快速发展，沿海地区人口分布不平衡，整体看呈北密南疏、近海岸密度大、离海岸密度小的趋势。

（2）城市化

近年来，河北省沿海地区开发、开放取得重大突破，临海意识进一步增强，已经具备了加快推进城镇化的良好基础条件。港口建设运营取得突破性进展，临港产业加速集聚，北戴河新区、乐亭新区、曹妃甸新区、渤海新区等快速发展。河北省沿海地域的土地等空间资源相对丰富，为临港产业的发展和城镇化建设提供了充足的支撑。随着河北省沿海港口功能的不断优化，港口优势的不断显现，沿海工业基地的大规模建设，沿海地区城镇化水平滞后的现象正在得到改观。对于河北省沿海地区来讲，曹妃甸等新兴港口的建设运营及相关临港产业的大规模开发成为吸纳就业和带动城镇化的最强动力。主要港口及临港开发区的爆发式增长所引发的外部要素注入与本地推进城镇化的积累和诉求共同作用，使河北省沿海地区的城镇化具备了双重支撑。

2011 年，河北省沿海地区发展规划上升为国家战略，借助有利时机，秦皇岛、唐山、沧州三市城镇化建设加速发展，为全省经济社会发展、城镇化建设带来前所未有的发展机遇。在 2011 年整体经济低迷的形势下，沿海地区的唐山、沧州、秦皇岛三市的城市地区生产总值同比增速在 11.7%～12.3%，均高于全省平均水平，三市市区完成生产总值占三市总量的 47.2%；三市市区全部财政收入比上年增长 23.3%，占设区城市的 41.1%；吸纳就业人员占设区城市的 37.8%；三市城镇人口已达 853 万人，增长率为 3.1%，快于全省增速。在全省 11 个设区市中，唐山市城镇化率达到了 52.14%，居于全省首位；秦皇岛城镇化率为 48.45%，居全省第四位；沧州市城镇化率 43.02%，居全省第七位；三市城镇化率平均达到 47.84%，高于全省水平。与 2006 年相比，沿海三市城镇化率均有不同程度提高，提高幅度在 4.14～5.56 个百分点，平均提高了 5.07 个百分点。

(3) 经济

随着“加快建设沿海经济隆起带”“推进河北沿海地区发展”等战略的实施，近些年来，河北省沿海地区基础设施得到完善，经济持续增长，人民生活水平不断提高，对外开放程度逐渐扩大，区域经济实力不断增强。2014 年，沿海地区生产总值实现 10 558.68 亿元，占全省的 35.89%，与 2003 年相比增加了 2.63 倍；人均生产总值达到 54 035 元，是全省的 1.32 倍；2003—2014 年 GDP 平均增长率为 11.84%，增长速度高于全省平均值 10.98%。2014 年，财政收入和全社会固定资产投资分别实现了 627.1 亿元和 7 750.8 亿元，比 2003 年分别增加了 5.37 倍和 10.84 倍；居民人均可支配收入、人均消费性支出和职工平均工资分别为 18 329 元、12 717 元和 48 849 元，较全省平均数分别高出 10.1 个百分点、28.6 个百分点和 6.3 个百分点，人民生活水平优于全省平均水平。2014 年，沿海地区三大产结构为 11.21：48.99：39.8，与全省同时段（11.72：51.05：37.23）及 2003 年（13.26：48.68：38.05）产业构成相比，虽然第二产业仍是经济增长的主要动力，但第三产业比重均较大，产业结构趋向优化。与 2003 年相比，2014 年沿海地区人才密度指数增长了 62.17%，科技教育经费投入增加了 5.42 倍，经济发展活力得到不断加强。

1.3.4 人类活动

(1) 开发区建设

2011 年 11 月 10 日，国家发展改革委宣布国务院已正式批准实施“河北沿海地区发展规划”，表明河北沿海地区开发已经上升成为国家战略，河北迎来了重大的发展机遇。当前，河北省依靠渤海，将3个沿海城市整合起来，构建秦—唐—沧沿海经济带。无论是促进京津冀区域协同发展、增强渤海地区综合实力，还是完善我国沿海地区生产力布局、承接国家战略转型与升级方面都具有重要的现实意义和战略意义。目前，已经形成的重点产业聚集区有唐山曹妃甸新区、沧州渤海新区和乐亭临港产业聚集区；临港产业园区13个，其中国家级园区2个、省级园区10个。研究区域的GDP平均值已经领先于全省开发区水平，是河北省经济最具活力的发展区域。

曹妃甸工业区是曹妃甸新区的龙头，也是产业聚集的核心区，规划面积为380 km^2，按照“依港促工、重化立城、港城互动”发展思路，将在这里构筑以现代港口物流、钢铁、石化、装备制造四大产业为主导，电力、海水淡化、建材、环保等关联产业循环配套，信息、金融、商贸、旅游等现代服务业协调发展的循环经济型产业体系。确定功能定位为：能源、矿石等大宗能源原材料集疏港，新型工业化基地，商业性能源储备基地，国家级循环经济示范区。按照主导产业，曹妃甸工业区划分为现代港口物流、钢铁电力、化学、装备制造、高新技术、综合保税六大功能区。截至2011年底，曹妃甸工业区共完成产业项目26项，总投资966.17亿元。目前，在建项目有72项，总投资577.72亿元，曹妃甸矿石码头二期、通用码头三期和通用散货码头投入试运营，初步形成了现代港口物流、钢铁电力、化工、装备制造和高新技术五大产业竞相发展的格局。

2007年2月15日，河北省政府批准设立沧州渤海新区，新区核心区包括黄骅市、中捷产业园区、南大港产业园区和化工产业园区，总面积2 400 km^2，人口55万人，海岸线130 km。目前，已经形成石油化工、装备制造、电力能源、港口物流四大产业。自2007年成立以来，渤海新区已累计完成建设投资1 746亿元；其中，港口建设投资184亿元，基础设施投资662亿元，产业投资900亿元。2009年，渤海新区完成地区生产总值240亿元，同比增长16.5%；全社会固定资产投资271.6亿元，同比增长59.2%；全部财政收入37.1亿元，同比增长36.2%；一般预算收入10.2亿元，同比增长52%。2011年，渤海新区完成地区生产总值412亿元，同比增长18%，比2006年增长4倍；完成固定资产投资398亿元，同比增长32%，比2006年增长5倍；完成全部财政收入70.6亿元，同比增长34.6%，比2006年增长6倍。固定资产投资和一般预算收入两项重要指标位居沧州市第一，已经成为河北省东部沿海区域一个重要的经济增长点。

乐亭县临港产业聚集区于2008年12月被河北省政府批准为首批省级产业聚集区，同时被省政府确定为开展循环经济示范试点，规划面积约120 km^2。

随着唐山湾“四点一带”沿海发展战略的全面实施，乐亭临港产业聚集区规划建设已成为唐山市沿海区域经济发展的重要支点之一，成为建设乐亭新区的重要战略平台和加快乐亭发展的首要支撑。乐亭县临港产业聚集区按照精品钢铁、装备制造、精细化工、新型能源、现代物流、滨海生态旅游六大主导产业的发展定位，立足区位资源优势和产业基础，建设亚洲最大的船板生产和钢铁深加工基地，建设国内一流的重型装备制造基地，建设全国最大的精细化工基地，建设规模型、新型能源基地，建设面向东北亚的区域型物流基地，建设世界级旅游胜地，力争建成现代化循环经济产业体系，使之成为科学发展的核心区、发展竞争的制高点和区域经济的增长极。

(2) 围填海

随着研究区工业化和城市化的迅猛推进，土地资源性短缺和土地结构性短缺成为制约河北省沿海区域经济发展的重要瓶颈。作为一种既可以拓展土地空间又可以在一定程度上避免政策制约的方法，向海洋要地的围填海活动成为一剂良方。

河北沿海地区在不同时期都有大量的围填海活动，按分布来看，围填海面积较大的区域主要集中在唐山市；按时间来看，2000 年之前年均围填海面积较小，2000—2012 年年均围填海面积增加较快，尤其是 2005—2008 年河北省围填海活动最为剧烈。港口工程建设和围海养殖仍然是河北省沿海开发利用的主导类型。与自然环境条件相对应，围海养殖主要分布在七里海潟湖周边和滦河口附近分布有养殖池塘；港口工程建设主要分布在唐山市和沧州市沿海区域。在围填的土地上，建起了不同的基地，这对推进区域经济建设和提高国民生活质量其到了很大的推动作用。但随着河北省沿海地区人口增加和大众需求的增长，大规模围填海造成的生态环境系统失调和污染已成为政府不可回避的一个社会经济问题。

(3) 渔业捕捞与海水养殖

河北省海洋捕捞业有着悠久的历史，迄今仍在全省海洋渔业中占有举足轻重的地位。河北所在的渤海是我国大型洄游经济鱼虾类和各种地方性经济鱼虾类产卵、繁育、索饵、育肥、生长的良好场所，是我国著名的渔场。因此，渤海渔业资源一直是河北省海洋捕捞对象的主体，目前渤海捕捞量仍然占全省海洋捕捞总量的 80%以上。但 20 世纪 50 年代以来，随着海洋捕捞船只逐步增多和机械化强度的提高，单位捕捞产量出现了大幅度下降。由于捕捞过度，一些传统的捕捞品种正在逐渐消失，优势捕捞品种的个体重量越来越小。目前，除海蛰、蟹、鱿鱼和毛虾等品种能够规模捕捞之外，鳕鱼、小黄鱼、大黄鱼、鲅鱼和鲽鱼都已形不成渔汛，真鲷和带鱼在渤海已基本消失。

2015 年，河北省海水养殖面积 117 533 hm^2，养殖产量 756 931 t。我国的海水养殖业自20世纪70年代以来发展很快，在养殖过程中投入大量的饵料，这些饵料中的相当一部分不能为养殖对象摄取而进入沉积物或悬浮于水中。此外，在养殖中为增加动、植物的抵抗力或减少疾病需添加其他诸如维生素与杀菌剂之类的化合物。在目前的养殖条件下，含有上述物质的养殖废水经常不经处理就直接排入海洋，对局部或区域的环境破坏性很大。在一些地区，养殖的影响可超过河流污染的危害，甚至导致近岸水域大规模赤潮的发生。

1.4 存在的主要生态环境问题

由于人类活动影响的持续，河北省沿海生态环境质量明显衰退，造成一系列的生态环境问题，尤其近十年来城市化快速发展过程中表现得更为明显。具体生态环境问题包括水体污染/富营养化、滨海湿地退化、生态服务功能下降等。

(1) 水环境质量下降，海洋环境污染严重

利用《河北省海洋环境质量公报》历年统计数据进行对比分析，结果显示，虽然河北省近岸海域一直是环渤海海域中污染相对较轻的海区，但受污染的总面积始终在30%～40%波动，污染程度以轻度和中度污染为主，占受污染海域总面积70%以上，表明水质所受到的污染程度一直比较严重，且主要污染来源是陆源排污，主要污染因子除无机氮、活性磷酸盐和油类外，还有重金属和部分有机物等。近年来，随着沿岸工业化的大力发展，每年有上百万吨的工业、市政和生活污水排放入海，且大部分都排入增养殖区、保护区及旅游区内，对其环境造成了巨大的排污压力，并对功能区造成了一定的污染及危害。目前，从河北省主要功能区来看，污染严重的区域是天津-黄骅海域，以及辽西-冀东海域的曹妃甸、滦河口、秦皇岛等近岸海域。

(2) 渔业资源衰退

海洋生物资源衰退的问题在整个渤海普遍存在，主要表现为浅海底栖动物小型化、潮间带生物的栖息密度及生物量下降。鱼类种类减少、经济种类优势度下降、鱼类个体小型化低龄化等生态结构退化，主要是由恶性采捕、湿地生境大量丧失、污染等多种因素共同作用的结果。同时，大规模围填海工程改变了水文特征，破坏了鱼群的栖息环境、产卵场，很多鱼类生存的关键生态环境遭到破坏，渔业资源锐减。

(3) 近岸海域富营养化程度不断加重，赤潮加剧

河北省沿海港湾、入海河流及排污口众多，近20年来，由于沿岸工业迅速发展和农田化肥的大量使用及陆域水土流失的加重，进入海域的氮、磷和有机污染不断加重，海域富营养程度日趋加重；又受陆域冲淡水及沿岸上升流的影响，交汇处形成羽状锋面，产生辐聚带，有利于浮游生物的大量繁殖，使得河北省近岸海域成为我国赤潮灾害的多发区之一。自20世纪90年代以来，赤潮发生的规模、范围、频率等呈现不断加剧的趋势。

(4) 生境持续退化，海洋生态服务功能下降

围填海、滨海公路及盐田和养殖池塘等开发活动造成大量滨海湿地永久丧失其自然属性，或沦为生物群落较为单一、生态功能较为低下的人工湿地，湿地的生态功能得不到正常发挥。河北省滨海湿地面积已由2000年的2 933.31 km^2 降至2012年的2 198.25 km^2，且人工湿地比例增加、天然湿地比例减少。伴随围填海活动的逐步发展，河北省滨海湿地利用程度提高，湿地总面积持续减少，自然湿地被大量占用，降低了滨海湿地在维持生物多样性、养护渔业资源、截留和吸收营养物质、净化水体、保护海岸线等方面的重要生态服务功能。

此外，沿岸河流入海径流量显著降低。近年来，因沿海地区防潮和流域调蓄淡水的需要，河北省沿岸多数入海河流修建大坝或闸门，使河口邻近海域失去淡水补充，低盐区面积萎缩，导致发育的经济生物面临灾难性危害。河口区是重要的海洋生物产卵场和育幼场，对海洋生态系统健康具有重要作用，大量的河口建闸和入海径流量锐减，致使河口生态功能退化，环境风险增大。

面对环渤海区域人类活动日益增强及海洋生态环境不断退化的严峻现实，本书以理论方法-实证应用-管理调控3个层次为主线，以河北省近岸海域为研究区域，系统开展海域生态环境调查，结合长期监测数据，定量分析2000年以来生态环境变化；同时，结合区域社会经济统计、调查资料，综合分析评价河北省近岸海域人类活动的演变过程。在此基础上，针对沿海人类活动带来的各种生态环境问题，以深入分析典型人类活动对海洋生态环境影响程度为切入点，科学地构建不同人类活动对海洋生态环境影响评估技术，并开展实证评估，以深入、定量分析人类活动对海域生态环境的影响和驱动机制，同时提出调控不良海洋环境影响的措施和建议。通过该研究，可以充分了解并明晰河北省近岸海域生态环境和人类活动的演变特征，揭示典型人类活动对海域生态环境的影响程度和机制，为海域生态环境修复、海洋环境管理与整治及区域经济又好又快发展提供环境保障和科技支撑。

2 河北省沿海区域人类开发活动分析

2.1 产业开发活动

通过对河北省沿海三市秦皇岛、唐山、沧州2000年以来统计年鉴的整理，收集了三市GDP、产业结构、海洋产业等数据，对十余年来河北省沿海三市的产业结构等指标的变化进行分析。

从河北省2000—2015年海洋产业产值及其结构的变化来看（图2.1），河北省海洋产业快速发展，尤其是2006年以后，海洋经济规模迅速扩大，海洋经济综合实力不断提高。从海洋产业结构看，第二产业始终是河北省海洋产业的中流砥柱；2006年以后，第二产业、第三产业所占比重明显增加，而第一产业所占比重明显缩小，海洋产业结构逐步形成“二、三、一”型结构。这种产业结构的形成与河北省产业结构以重工业为主且向海转移是分不开的。

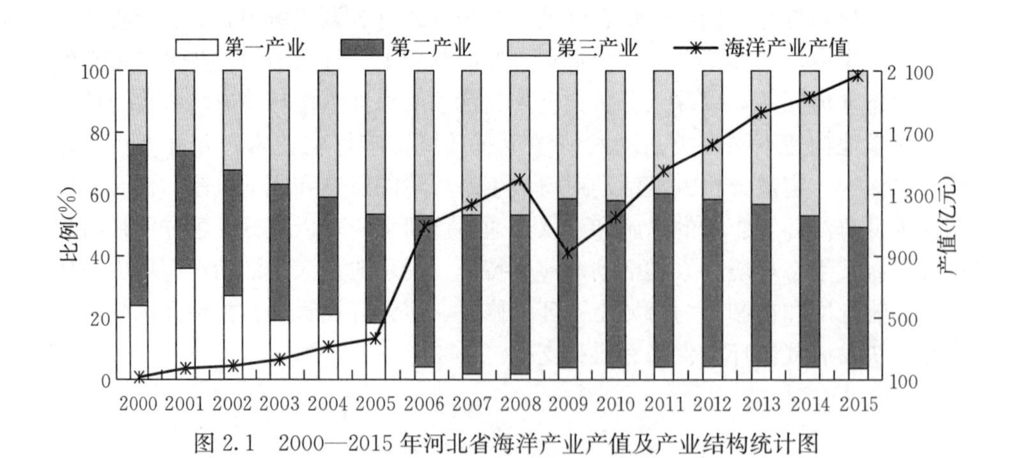

图2.1　2000—2015年河北省海洋产业产值及产业结构统计图

但河北省海洋产业结构性矛盾依然突出。河北省各港口主要都是从事煤炭的运输，货源结构趋同，腹地交叉重叠，导致河北省内部港群竞争激烈，而临港产业发展则非常落后。秦皇岛的发展主要依靠滨海旅游业，并未形成配套的临港产业集群；曹妃甸港、黄骅港由于起步较晚，设施、人员等方面的配备还比较薄弱，到目前仍无法实现规模效应和产业聚集效应。同时，秦皇岛、唐山、沧州三市的产业结构趋同现象非常严重，由表2.1可计算出三市的产业结构相似系数高达0.964，支柱产业的重合率也非常高。这种高度相似的产业结构可能会导致跨区域的恶性竞争，既无法形成规模经济又会阻碍专业化分工，不能为河北省海洋经济的科学发展提供助力。

表2.1　2011年秦皇岛、唐山、沧州三大产业之比及其支柱产业

区域	2011年三大产业之比	支柱产业
秦皇岛	13.3∶39.4∶47.3	旅游业、机械装备制造、冶金、粮油食品加工、玻璃建材
唐山	8.9∶60.1∶31.0	钢铁、能源、化工、建材、装备制造
沧州	11.4∶52.3∶47.3	石油化工、装备制造、机械制造、纺织服装、食品加工

数据来源：根据三市2011年国民经济和社会发展统计公报整理而来。

从河北省沿海三市2000—2015年人均GDP统计图来看（图2.2），唐山市人均GDP遥遥领先，而秦皇岛市和沧州市人均GDP则明显低于唐山市，且增长较慢。从产业结构来看，15年来，河北省沿海地区第二产业一直保持龙头地位。产业结构虽历经调整，但主要是第一产业减少和第二产业增加，第三产业变化不大。不同区域产业结构存在一定差异（图2.3）。唐山市长期以来以第二产业为主，第二产业所占比重始终在GDP的50%以上；第一产业呈下降趋势，不超过10%。秦皇岛市15年来产业结构波动不大，第三产业所占比重一直在45%以上；第二产业所占比重变化不大，基本维持在35%～40%，

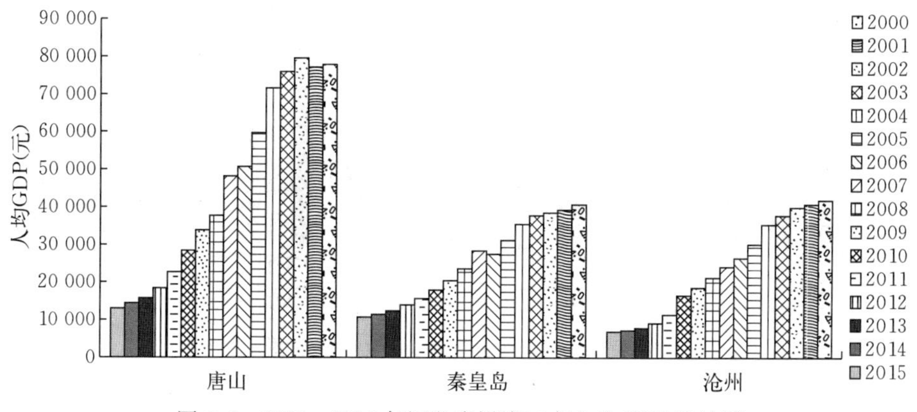

图2.2　2000—2015年河北省沿海三市人均GDP统计图

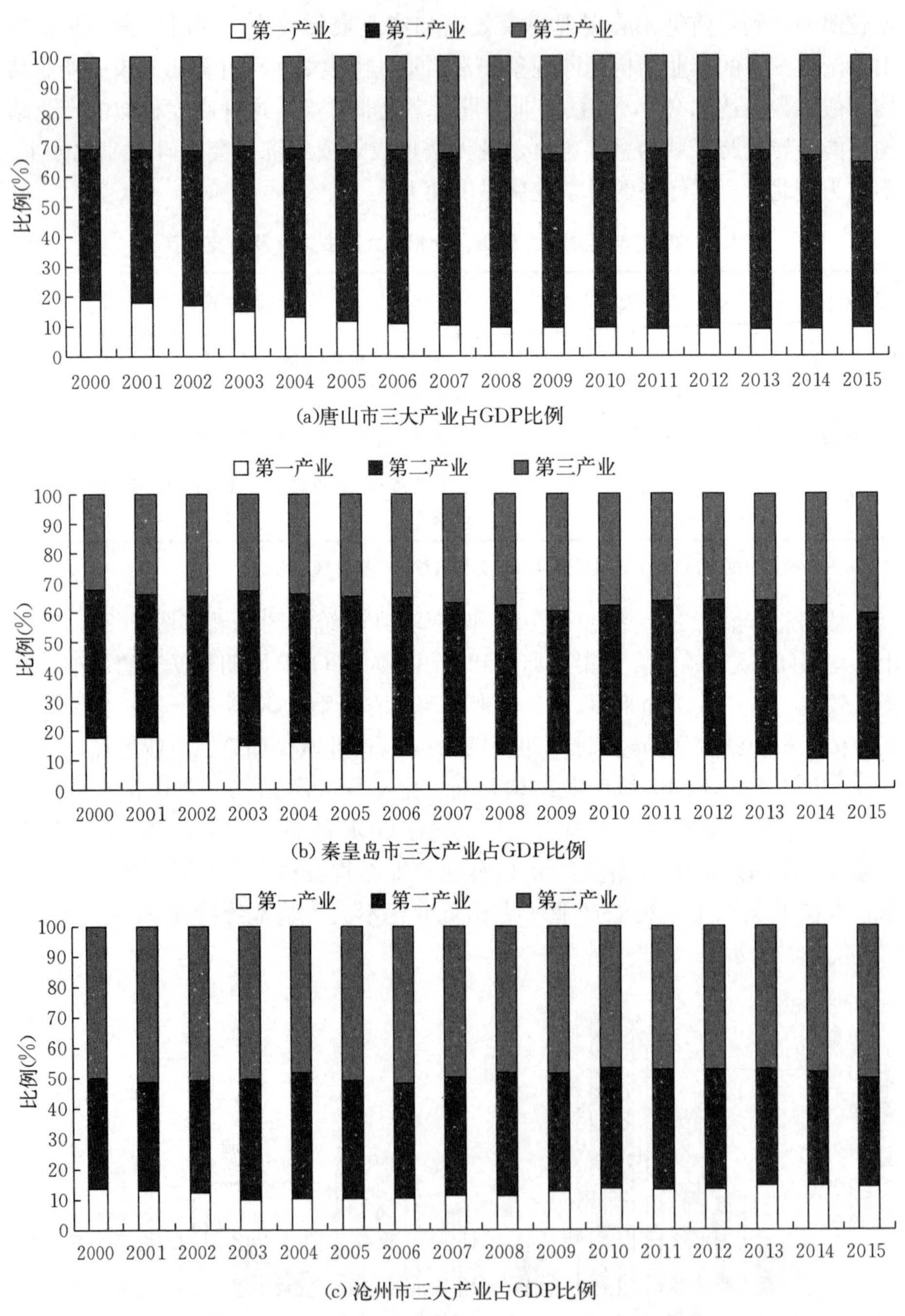

(a)唐山市三大产业占GDP比例

(b) 秦皇岛市三大产业占GDP比例

(c) 沧州市三大产业占GDP比例

图 2.3 河北省沿海三市三大产业占 GDP 比例变化

第一产业略有上升趋势。沧州市与唐山市类似，产业结构中以第二产业所占比重较大，第一产业所占比重逐步降低，但比重基本在10%以上。河北省沿海三市产业结构的这种差异，足以说明河北省沿海作为一个区域，其经济发展不均衡的现状。第二产业尤其是重工业的发展，必然会威胁到区域生态环境的健康发展，导致生态用地减少，建设、工业用地增加，环境受到污染。与第二产业相比，第三产业发展对环境影响相对较弱。第三产业的发展程度，是一个国家或地区经济发展水平及所处阶段的重要标志。相对于发达的第二产业来说，河北沿海地区除秦皇岛市外，其他两市第三产业相对滞后，已经在一定程度上拖累了整个区域经济的整体发展。产业结构中降低第二产业比例、提高第三产业比例将有利于降低人类活动对生态环境的威胁程度。

2.2 海岸带土地开发强度变化

海岸带是典型的生态交错带，生态环境敏感、脆弱；同时又是经济开发的热点地区，人类活动的影响广泛而深刻。按照全国海岸带和海涂资源综合调查时确定的海岸带陆上范围标准，自海岸线向陆地延伸10 km，河北省海岸带陆上部分面积为3 129.93 km²，占河北省总面积的1.7%，包括10个行政区，分属秦皇岛市、唐山市、沧州市（图2.4）。近年来，环渤海经济圈的经济发展卓有成效，成为继珠三角、长三角之后的第三大沿海经济带；

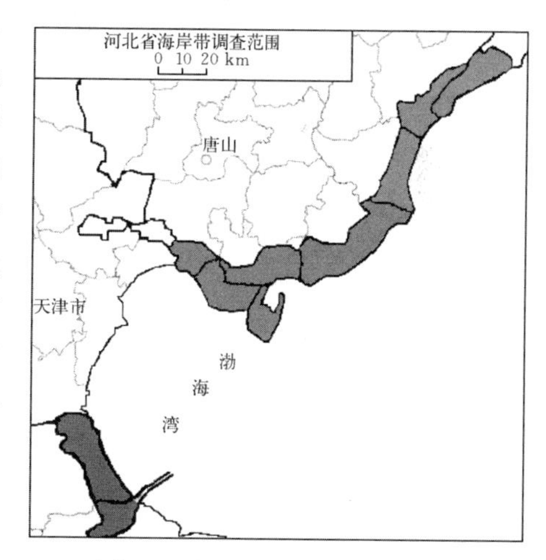

图2.4 河北省海岸带调查范围

而作为环渤海经济圈中心地带的河北省海岸带凭借其丰富的渔业、港口、石油、景观和海盐等资源同样实现了经济迅猛发展。但在资源开发、经济发展的同时，优质耕地流失、湿地景观变迁、生态环境退化等一系列问题相伴而来。本节以2000年、2005年、2010年和2015年的海岸带土地利用状况为基础，分析了近15年来河北省海岸带土地开发强度的变化。

土地开发强度从建设用地比例、建设用地开发动态度、土地利用综合指数及变化率几个方面来说明河北省海岸带土地开发强度。建设用地比例即土地开发强度，主要说明该区域2000—2015年土地开发强度的时空变化趋势及特点；建设用地开发动态度，主要说明该区域2000—2015年土地开发强度速度的变化和特点；土地利用综合程度指数及变化率则说明该区域2000—2015年土地利用程度的综合状况及其变化特点。

2.2.1 建设用地结构变化

土地开发强度用建设用地比例来表示。建设用地比例为某一研究区域内建筑用地（包括城镇建设、工矿建设、居民点、交通、水利设施等）总面积占该研究区域总面积的比例，其计算方法为：

$$LEI=CA/A$$

式中，LEI 为土地开发强度；CA 为研究区域内建设用地总面积（km^2）；A 为该研究区域总面积（km^2）。在书中建设用地对应分类“城镇”，包括二级分类中“居住地”“工业用地”“交通用地”“水利设施用地”。

从表2.2来看，研究区域内土地开发强度逐步增加，2000年整个河北省海岸带土地开发强度为0.225，2005年为0.246，2010年为0.299，2015年为0.327。在河北省沿海三市中，沧州市沿海的土地开发强度在各时间节点上均高于其他地区，2000年其土地开发强度为0.281，2005年为0.311，2010年为0.376，2015年为0.405；2005年以后增长较快，2005—2010年的增长率为2000—2005年的2倍多。其次，唐山市沿海土地开发强度在各时间节点上仅次于沧州，但其增长率表现为2005—2010年增长最快。秦皇岛市沿海土地开发强度在河北省海岸带中最低，但其土地开发强度增长率基本呈稳步上升的趋势。总体上河北省海岸带2005—2010年土地开发强度增长率高于其他时间段，说明在此时间序列内河北省海岸带土地开发强度有较大增长。

表2.2 河北省海岸带建设用地比例

区域	2000年	2005年	2010年	2015年
秦皇岛	0.193	0.204	0.24	0.268
唐山	0.22	0.241	0.303	0.335
沧州	0.281	0.311	0.376	0.405
河北省海岸带	0.225	0.246	0.299	0.327

2.2.2 建设用地强度变化

建设用地强度变化用建设用地开发动态度来表示。建设用地开发动态度是指建设用地在分析时段内年平均增长率，分别计算了2000—2005年、2005—2010年、2010—2015年、2000—2015年4个时段河北省海岸带建设用地开发动态度。计算方法如下：

$$LER=\sqrt[n-1]{\frac{LEI_e}{LEI_i}}-1$$

式中，LER 为土地开发动态度；LEI_i 为初期土地开发强度；LEI_e 为末期土地开发强度；n 为分析时间长度（年）。河北省沿海三市沿海土地开发动态度计算如图 2.5。

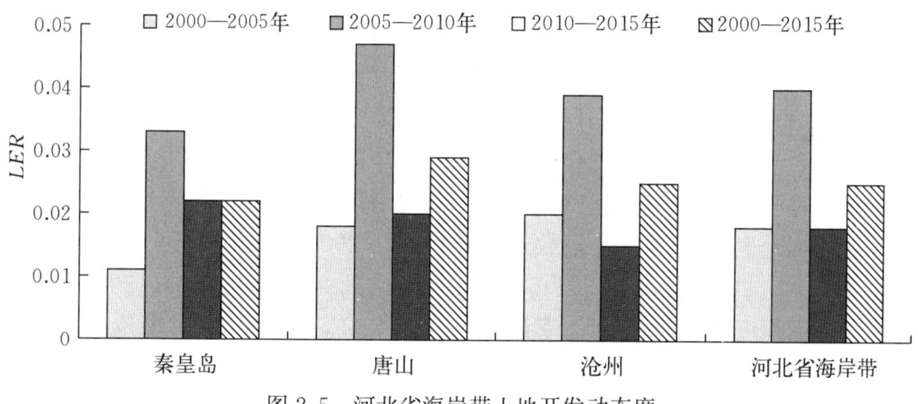

图 2.5 河北省海岸带土地开发动态度

由图 2.5 可知，在研究时段内，河北省海岸带土地开发动态度均为正值，表明土地开发强度呈增加的趋势；2005—2010 年土地开发动态度为 0.04，增速远高于其他时段。在河北省沿海三市中，2005—2010 年的土地开发动态度均高于其他时段。从不同时段看，2000—2005 年沧州市、唐山市沿海土地开发动态度相差不大，均高于秦皇岛市；2005—2010 年唐山市沿海土地的动态开发度最高，其次为沧州市；2010—2015 年以秦皇岛市沿海土地动态开发度最高，唐山市次之，沧州市最低。

2.2.3 土地利用强度变化

庄大方和刘纪远提出土地利用程度综合分析方法，按照土地自然综合体在社会因素影响下的自然平衡状态分为若干级，赋予分级指数（表 2.3），并给出土地利用程度综合指数的定量化表达式。土地利用程度的大小不仅反映土地本身的自然属性，也反映人类因素与自然环境因素的综合效应。某区域土地利用程度综合指数可表达为：

$$L_j = 100 \times \sum_{i=1}^{n} A_i C_i，L_j \in [100，400]$$

式中，L_j 为某研究区域土地利用程度综合指数；A_i 为研究区内第 i 级土地利用程度分级指数；C_i 为研究区内第 i 级土地利用程度面积百分比；n 为土地利用程度分级数。

表 2.3　土地利用程度分级赋值表

土地分级	土地利用类型	分级指数
未利用土地级	未利用地、近海海域	1
林、草、水用地级	林地、草地、内陆水体滨海自然湿地	2
农业用地级	耕地、人工湿地	3
城镇聚落用地级	建设用地	4

从表 2.4 可以看出，河北省海岸带土地利用程度综合指数呈逐步上升的趋势，从 2000 年的 288.21 上升到 2005 年的 291.29，2010 年达到 295.94，2015 年达到 298.33；从变化率来看，2005—2010 年的变化率高于其他时段变化率，整个分析时段的土地利用程度综合指数变化率为 3.51%。从不同地区来看，唐山沿海土地利用程度综合指数上升最快，从 2000 年的 289.75 上升到 2005 年的 292.70，2010 年达到 301.55，2015 年达到 304.22；其中，2005—2010 年土地利用程度综合指数变化率最大，为 3.02%，远高于同时段沧州、秦皇岛的变化率。在沿海三市中，沿海土地利用综合指数一直呈现上升趋势，但在 2010 年后土地利用综合指数变化率上升均较缓慢。

表 2.4　河北省海岸带土地利用程度综合指数及其变化率

项目	区域			
	秦皇岛	唐山	沧州	河北省海岸带
2000 年土地利用程度综合指数	266.34	289.75	299.53	288.21
2005 年土地利用程度综合指数	268.73	292.70	303.45	291.29
2010 年土地利用程度综合指数	272.39	301.55	307.87	295.94
2015 年土地利用程度综合指数	274.23	304.22	310.45	298.33
2000—2005 年变化率（%）	0.89	1.01	1.31	1.07
2005—2010 年变化率（%）	1.36	3.02	1.46	1.60
2010—2015 年变化率（%）	0.68	0.88	0.84	0.81
2000—2015 年变化率（%）	2.96	5.03	3.65	3.51

2.3　岸线利用分析

2.3.1　海岸线确定技术方法

(1) 海岸线遥感监测与分析技术流程

基于多源卫星影像，结合土地利用和外业调查等辅助资料，采用人机交互判读的方法，利用 Arcinfo 软件提取海岸线矢量图形，并将其分段添加海岸线类型属性。采用动态更新的方法获取各个时期的海岸线矢量数据，即以前期海岸线为本底，动态更新后期海岸线的位置和类型属性。最后，对各期海岸线进行时空动态分析。海岸线遥感监测与分析技术流程如图 2.6。

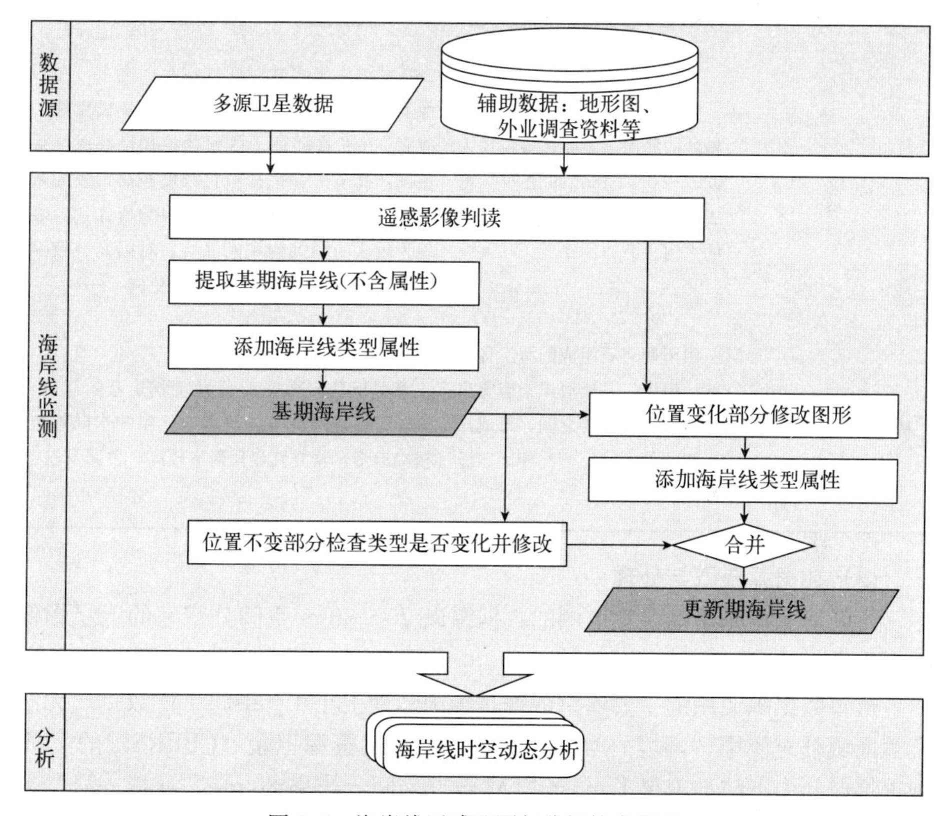

图 2.6　海岸线遥感监测与分析技术流程

(2) 海岸线分类系统

根据中国海岸类别划分和北方海域海岸物质组分特点，将河北省海岸线类型划分为人工岸线、自然岸线；其中，自然岸线包括沙质岸线、淤泥质岸线、基岩岸线。各类海岸线的定义见表 2.5。

表 2.5　河北省海岸线遥感影像解译标志

海岸线类型	代码	定义	解译标志
人工岸线	1	由水泥和石块构筑，具有明显的线性界线；一般在大潮高潮时，海水不能越过其分界线	线性界线在图像上具有较高的光谱反射率

（续）

海岸线类型	代码	定义	解译标志
沙质岸线	2	陆地岩石风化或河流输入的沙粒在海浪作用下堆积形成的	沙滩在卫星影像上的反射率比其他地物要高，并且质地均匀、色调发白
淤泥质岸线	3	淤泥质海岸是由淤泥或杂以粉沙的淤泥（主要是指粒径为0.05～0.01 mm的泥沙）组成，多分布在输入细颗粒泥沙的大河入海口沿岸	高潮滩由于多数时间露在水面之上，在影像上呈浅灰色调；对于耐盐植物生长良好的滩面，生长在滩面上的耐盐植物呈红或红褐色调，其上部往往盐渍化程度较高，多为灰白、白色调；中潮滩由于波浪频繁作用，表现为较多的潮蚀沟和潮蚀坑，对阳光有较强的反射力，影像呈浅灰或灰褐色调
基岩岸线	4	由坚硬岩石组成的海岸称为基岩海岸。基岩海岸常有突出的海岬，在海岬之间，形成深入陆地的海湾，岬湾相间，海岸线十分曲折	海水与基岩海岸的分界线就是基岩岸线，解译特征是海岬角以及直立陡崖的水陆直接相接地带，直立陡崖反射率较高，色调发白

（3）数据源获取与处理

开展河北省海岸线遥感监测的数据源以20～30 m空间分辨率的卫星影像数据为主。

遥感数据源使用的主要遥感数据是美国陆地卫星Landsat TM数据。无法覆盖区域补充使用“环境一号”卫星数据、中巴资源卫星（CBERS）的CCD数据等。其中，陆地卫星Landsat TM数据空间分辨率30 m，“环境一号”卫星数据空间分辨率30 m，CBERS CCD数据空间分辨率20 m。几种数据的空间分辨率满足监测需求，且均能实现假彩色合成。

按照上述标准，选取研究区的遥感影像，并将所有时期的遥感影像按近红外、红、绿波段顺序融合成标准假彩色图像；然后，对照2000年标准分县影像进行几何精纠正。2000年标准影像是对照1∶10万地形图经几何精纠正而得，分县存储，同名地物点的相对位置误差不超过2个像元。影像均保存为Geotif格式。采用Albers正轴等面积双标准纬线割圆锥投影，具体参数如下：

坐标系：大地坐标系

投影：Albers正轴等面积双标准纬线割圆锥投影

南标准纬线：25°N

北标准纬线：47°N

中央经线：105°E

坐标原点：105°E 与赤道的交点
纬向偏移：0°
经向偏移：0°
椭球参数采用 Krasovsky 参数：
a=6 378 245.000 0 m
b=6 356 863.018 8 m
统一空间度量单位：米（m）

同时，收集对海岸线遥感动态监测所需要的、具有重要参考意义的数据和其他相关的图件、文字资料等，如地形图、行政区划图、地方志、外业调查等资料，作为开展遥感监测的参考数据，为海岸线遥感解译提供支持。

2.3.2 海岸线位置遥感监测原则

由于，采用遥感自动分类方法获取的海岸线实质上为卫星过顶时的瞬时水边线，其位置受潮汐、海岸地形等因素的影响变化很大；因此，为了科学反映海岸线的动态变化，本书采用人工目视解译方法来判读海岸线的类型及位置。

本书根据“908 专项”定义将海岸线（Coastline）限定为平均大潮高潮时水陆分界的痕迹线。在参考以往关于海岸线遥感提取方法基础上，并根据研究区域较大所用遥感影像时相不同的特点，按照如下原则确定海岸线的空间位置：

（1）人工海岸

人工海岸是由水泥和石块构筑，一般有规则的水陆分界线，如码头、船坞等建筑物，在卫星影像上具有较高的光谱反射率，与光谱反射率很低的海水容易区分。因此，选择人工海岸向海一侧为海岸线。

（2）沙质海岸

沙质海岸是砂粒在海浪作用下堆积形成，在卫星影像上的反射率较高。自然状态的沙质海岸中会有部分沙滩在高潮线以上，并且易与水泥公路、采沙坑等在遥感影像上有较高反射率的地物混淆。将各个年度的遥感影像做对比，发现沙质岸线在影像上的变化并不明显；并且在较大区域的沙质海岸宽度差别也很大，野外观测发现部分地区沙滩宽度不及 Landsat TM 影像 1 个像元宽度（30 m），若沿沙质海岸向陆一侧解译海岸线，则很可能包含公路等人工地物的宽度。因此，选择沙质海岸的水陆分界线为海岸线。

（3）淤泥质海岸

对于已开发或面积较小的淤泥质海岸，选择其他地物如植被、虾池、公路等与淤泥质岸滩的分界线作为海岸线；在大潮高潮时，海水不能越过其分界线。对于无人工开发的淤泥质海岸，平均大潮高潮线以上的裸露土地与平均大潮高潮线以下的潮滩，在影像上会呈现色彩的差异，其分界线作为海岸线。

(4) 基岩海岸

基岩海岸是海浪长期侵蚀海岸边的岬角所形成的，海岬角及直立陡崖的水陆直接相接地带可以作为基岩海岸的海岸线。

(5) 基期海岸线数据编辑

海岸线矢量数据的编辑在 Arcgis 环境下进行。首先，在 Arcinfo/workstation 平台上提取基期海岸线矢量图形；然后，消除伪结点，利用 Arcinfo/workstation 的 Ars & Nodes 编辑工具 unsplit 命令把由伪结点分开的弧段连接成一条弧段，连接的弧段具有相同的 User－ID 值；最后，将消除伪结点的文件保存，命名规则以 sl＋年代＋地名缩写构成。

选择要编辑的弧段，如果一条弧段包含一种海岸线类型，则添加相应的属性代码；如果一条弧段包含多种海岸线类型，则需要对弧段添加结点，将弧段打断成多条弧段，然后对每条弧段分别添加属性。弧段添加结点利用 Arcinfo/workstation 的 Ars & Nodes 编辑工具 split 命令。海岸线矢量文件的 User－ID 属性字段宽度占 6 个字节，每条弧段的 User－ID 属性为该弧段的海岸线类型代码。

采用抽样检查的方法评价判读精度，要求分类属性精度优于 90%。

(6) 海岸线动态信息遥感提取与编辑

在获得基期海岸线位置和类型属性的基础上，在 Arcinfo/workstation 环境下动态更新后期海岸线的位置和类型属性。为了保证前后两期海岸线位置和属性没有变化的部分图形边界保持严格一致和减少添加类型属性的工作量，更新期的海岸线数据编辑将在基期海岸线的基础上完成。将海岸线分为位置有变化和没变化的两部分来做动态信息提取与编辑：对于位置没有变化的海岸线只检查海岸线的属性变化，若属性没有变化则保留本底海岸线属性，若有变化则将本底海岸线分段并且添加新属性；对于位置有变化的海岸线修改图形并添加属性。将两部分海岸线合并得到更新期的海岸线；对合并后的海岸线加工，使减少伪结点数量；将上述消除伪结点的矢量文件保存，命名规则以 sl＋年代＋地名构成。采用抽样检查的方法评更新期海岸线价判读精度，要求分类属性精度优于 90%。

2.3.3 河北省海岸线利用变化

海岸线长度值通常用以表征区域海洋资源丰度，海岸线类型在一定程度上决定着区域近岸海洋资源的开发利用方向和价值。根据中科院遥感应用研究所提供的渤海三大湾岸线卫星遥感数据及河北省“908 专项”调查结果、相关研究文献，利用遥感与 GIS 技术，完成了河北省沿海 2000 年、2005 年、2010

年和2015年海岸线及其变化状况的监测（表2.6，附图1）。

表2.6 河北省海岸线演变历程

单位：km

岸线类型	2000年	2005年	2010年	2015年
人工岸线	331.02	353.6	393.47	414.37
自然岸线	102.28	98.41	91.38	85.07
合计	432.30	448.85	484.85	499.44

根据表2.6和2000—2015年河北省海岸线空间分布图（附图1）可知，2000—2015年河北省海岸线长度增加了67.14 km，年均增加4.48 km。海岸线整体呈现由自然弯曲趋于平直，长度稳步增加，自然岸线不断减少、人工岸线不断增加的趋势。河北省海岸线在2005—2010年的变化强度相对较大，为8.02%；其次为2000—2005年，海岸线变化强度为3.83%。2010—2015年河北省海岸线变化强度相对较小，为3.01%。2000—2015年河北省人工岸线增加了83.35 km，增加了25.18%；自然岸线减少了17.21 km，减小了16.83%。自2000年以来，河北省海岸线变化情况经历了如下几个阶段：

第一阶段是2000—2005年，此阶段河北省海岸线长度稳步增长，在此5年间，岸线总长度增加16.55 km，年均增加3.31 km；其中，人工岸线增加22.58 km、年均增加4.52 km，自然岸线在此阶段减少3.87 km。这一时期除了少量地区在原有的养殖池塘外围有所扩建外，养殖池塘的建设基本处于停滞状态。这一时期的人工岸线变化主要由港口码头等的建设引起，如曹妃甸港初期建设，以及沧州黄骅港、秦皇岛煤港、油港、山海关船厂等大规模扩建工程。

第二阶段是2005—2010年，此阶段河北省海岸线长度仍然在增加，人为干扰强度逐步增强，是增长速度最快的时期，此期间岸线长度增加36 km，年均增加7.2 km；其中人工岸线增加39.87 km、年均增加7.97 km，而自然岸线在此阶段减少7.03 km。这种变化主要由于2005年以后曹妃甸港大规模的围填海工程建设，导致岸线的海向推进。

第三阶段是2010—2015年，此阶段岸线总长度依然增长，岸线长度增加14.59 km，年均增加2.92 km；不同类型岸线变化依然明显，其中人工岸线增加20.9 km，自然岸线在此阶段减少了6.31 km，相比前一阶段自然岸线受损速度有所减缓。近年来，河北省加快海洋经济发展的步伐，除曹妃甸港的后续开发建设外，沧州渤海新区、乐亭临港产业聚集区相继成为河北省沿海区域开发建设的热点。这一时期的岸线变化与以上地区的大规模用海活动实施有密切的关系。

2.3.4 河北省沿海三市海岸线利用变化

根据表 2.7 可知，2000—2015 年秦皇岛市海岸线长度增加了 10.59 km，年均增加 0.71 km。海岸线长度稳步增加，自然岸线不断减少、人工岸线不断增加。秦皇岛市海岸线在 2005—2010 年的变化强度相对较大，为 3.16%；其次为 2000—2005 年，海岸线变化强度为 2.41%。2010—2015 年，秦皇岛市海岸线变化强度相对较小，仅为 1.16%。2000—2015 年，秦皇岛市人工岸线增加了 16.97 km，增加了 20.15%；自然岸线减少了 6.38 km，减小了 9.15%。

表 2.7 秦皇岛市海岸线演变历程

单位：km

岸线类型	2000 年	2005 年	2010 年	2015 年
人工岸线	84.21	90.23	96.95	101.18
自然岸线	69.76	67.78	65.72	63.38
合计	153.97	157.68	162.67	164.56

根据表 2.8 可知，2000—2015 年唐山市海岸线长度增加了 43.21 km，年均增加 2.88 km。海岸线趋于平直，长度稳步增加，自然岸线不断减少。唐山市海岸线在 2005—2010 年的变化强度相对较大，为 12.59%；其次为 2010—2015 年，海岸线变化强度为 4.24%。2000—2005 年，唐山市海岸线变化强度相对较小，为 3.97%。2000—2015 年，唐山市人工岸线增加了 50.33 km，增加了 28.13%；自然岸线减少了 7.12 km，减小了 41.11%，自然岸线受损严重。

表 2.8 唐山市海岸线演变历程

单位：km

岸线类型	2000 年	2005 年	2010 年	2015 年
人工岸线	178.92	190.63	217.69	229.25
自然岸线	17.32	13.41	12.03	10.20
合计	196.24	204.04	229.72	239.45

根据表 2.9 可知，2000—2015 年沧州市海岸线长度增加了 12.9 km，年均增加 0.86 km。海岸线长度稳步增加，自然岸线逐渐减少。沧州市海岸线在 2000—2005 年和 2005—2010 年的变化强度相对较大，分别为 6.02% 和 6.12%；其次为 2010—2015 年，海岸线变化强度为 2.83%。2000—2015 年，

沧州市人工岸线增加了 16.61 km，增加了 24.80%；自然岸线减少了 3.71 km，减小了 24.41%，自然岸线不断被占用。

表 2.9　沧州市海岸线演变历程

单位：km

岸线类型	2000 年	2005 年	2010 年	2015 年
人工岸线	66.98	72.84	78.83	83.59
自然岸线	15.20	14.77	13.63	11.49
合计	82.18	87.13	92.46	95.08

2.4　围填海分析

2.4.1　围填海遥感识别方法

虽然已经出现了一些围填海遥感自动提取方法，但是缺乏围填海用途的遥感分类体系，并且提取方法复杂，对于不同卫星影像、不同海域环境、不同类型围填海目标的提取规则不一，还没有被业务部门作为日常监测的技术来使用。本书依据“908 专项”的海域使用分类体系，建立了中分辨率多光谱卫星标准假彩色合成影像关于围填海遥感分类系统和相应围填海类型的解译标志；提出了围填海遥感信息提取的技术流程。

围填海遥感动态监测以土地利用数据和海岸线数据为基础，利用 Arcinfo 软件提取海岸线动态范围及海域土地利用类型变化，然后结合卫星影像提取包含围填海类型的多边形图斑并修改其形状，以及赋予相关用途属性。

（1）数据收集与处理

河北省围填海监测与海岸线动态监测采用同一套遥感基础数据。

（2）围填海边界信息确定原则

“908 专项”关于围填海的定义为：在沿海筑堤围割滩涂和港湾并填成土地的工程用海。围填海的边界确定分为向海域扩展一侧的外边界确定和靠近内陆一侧的内边界确定。其中，内边界为前一时期海岸线的位置；外边界的确定以当前时期的遥感影像数据为基础，采用目视解译人工判读的方法，解译外边界的轮廓，如有明显的线形人工围堰，轮廓线选择人工围堰的外围。

（3）围填海类型确定原则

“908 专项”参照《海籍调查规程》将海域使用类型划分为 9 个一级类、25 个二级类，涉及的主要围填海类型包括港口建设用海、城镇建设用海、围垦用海、围海养殖、盐田用海等。

本书基于相关围填海用海类型的“908 专项”定义及其在 TM 卫星影像上

的地物类型可分性，制定了围填海的遥感分类体系。依据在标准假彩色合成影像上各种围填海类型的色调、纹理、形状及空间组合等图像特征的差异，制定围填海遥感解译标志（表 2.10）。

表 2.10　围填海类型及定义

类型	定义	解译标志
港口建设用海	通过围填海域形成土地并用于港口建设的工程用海	色调多为青灰色或灰白色，边缘呈齿状，具有防波堤、港池等附属地物
城镇建设用海	通过围填海域形成土地并用于城镇建设的工程用海	一般与邻近城市衔接，地物构成多样化；其中，道路格网色调发白、植被绿化带色调发红、建筑物色调发白或发灰、城市湿地色调发黑
围垦用海	通过围填海域形成土地并用于农林牧业的工程用海	一般与邻近耕地衔接，在植被生长季色调发红，纹理均匀
围海养殖	通过围海筑堤进行养殖所使用的海域	呈网格状，一般为长条状，网格大小均一；色调偏蓝黑色，受水生植被影响，夏季部分坑塘色调泛红
盐田用海	盐田及其取水口所使用的海域	呈网格状，网格大小不等；一般规模比较大，由道路、结晶池、卤池、纳潮口等地物构成。道路平直，色调发白；卤池色调为深蓝色；结晶池色调浅蓝泛白；盐山堆积呈条带状，反射率较高，色调为亮白色
其他用海	上述类型以外的填海用海（主要为处于在建状态的未知用途填海）	主要为处于在建状态的未知用途填海，若为淤泥质，则色调偏灰；若为沙质，则呈亮白色

（4）围填海遥感监测技术流程

一般地，海岸线动态能反映部分围填海空间分布信息，这部分围填海的内边界线为围海前的海岸线，侧边界线和外边界线按围海后的边缘提取；对于处于海岸线以下独立存在于海涂和海面上的岛状围填海信息，按围海的具体边界提取。因此，本书基于两期沿海卫星遥感影像和 Arcinfo 软件平台，先开展围海前后两期的海岸线遥感解译，在提取海岸线遥感动态范围的基础上，基于围填海定义和解译标志，选取与围填海有关的海岸线动态范围，修改并增加相应的围填海类型属性；然后增加在海涂或海面上独立分布的岛状围填海信息，从而实现围填海信息的遥感提取。总体技术路线主要包括围填海前后遥感影像、地形图、沿海工程规划图等辅助资料的收集，几何精纠正、围填海前后岸线遥感信息解译及动态分析、合并处理、围填海类型判读等步骤（图 2.7）。

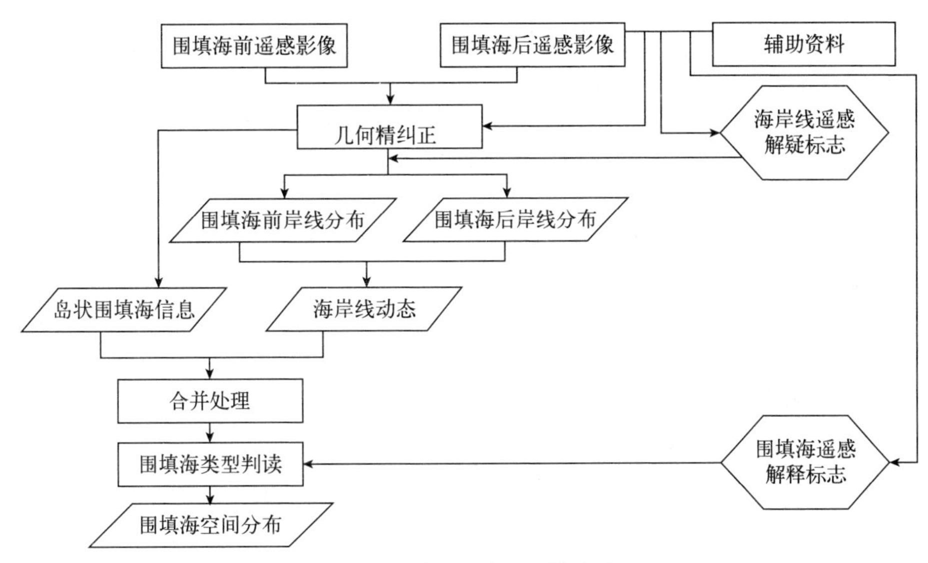

图 2.7 围填海遥感监测技术流程

2.4.2 区域围填海活动变化过程

用遥感与 GIS 技术，完成了河北省沿海区域 2000—2005 年、2005—2008 年、2008—2010 年、2010—2012 年围填海类型、分布及其变化状况的监测（表 2.8，附图 2）。

从表 2.11 可知，河北省沿海 2000—2005 年围填海面积增加了 6 043.18 hm^2，2005—2010 年积急剧长到 36 618.78 hm^2，2010—2015 年围填海面积有所回落为 7 207.37 hm^2，整个分析时段内围填海面积增加了 49 869.33 hm^2。在各地市中，唐山市围填海面积最大，达到 34 499.05 hm^2，3 个时段内分别增加了围填海面积 3 281.65 hm^2、25 289.88 hm^2 和 5 927.52 hm^2。沧州市也有较大面积的围填海，15 年内围填海面积为 14 093.42 hm^2，在 3 个时段内分别围填海 2 564.64 hm^2、11 078.53 hm^2 和 450.25 hm^2。秦皇岛市围填海面积相对较小，2000—2015 年间围填海面积仅为 1 276.86 hm^2。

表 2.11 河北省围填海遥感监测数据结果统计

单位：hm^2

区域	2000—2005 年围填海	2005—2010 年围填海	2010—2015 年围填海	2000—2015 年围填海
秦皇岛	196.89	250.37	829.60	1 276.86
唐山	3 281.65	25 289.88	5 927.52	34 499.05
沧州	2 564.64	11 078.53	450.25	14 093.42
河北省	6 043.18	36 618.78	7 207.37	49 869.33

从时间序列看，2005—2010 年河北省的围填海活动最为剧烈，占 2000—2015 年全省围填海总面积的 73.43%，这是因为在此期间河北省海洋经济快速发展，促使港口工程建设围填海面积迅速扩大、速率逐渐加快；全省 2005—2010 年 5 年间的港口工程建设围填海面积占到 2000—2015 年 15 年间的港口工程建设围填海面积的 61.19%。

在地区分布上表现为：围填海的主要区域在唐山，其中唐山市 2000—2015 年围填海面积占到全省同期围填海总面积的 69.18%；其次为沧州，占 28.26%；大部分围填海属于港口工程建设。

2.4.3 围填海强度变化分析

为了定量表示一定区域范围内围填海的规模与强度，以单位岸线长度（km）上承载的围填海面积（hm^2）表示围填海强度（*SRI*）。其计算方法为：

$$SRL = S/L$$

式中，*SRI* 为围填海强度指数（hm^2/km）；*S* 为评价区域内累积围填海总面积（hm^2）；*L* 为评价区域基准年内的海岸线总长度（km），以 2000 年作为岸线长度计算的基准年。

从表 2.12 中可以看出，2000—2010 年河北省沿海围填海强度呈增长的趋势，其中 2000—2005 年围填海强度为 13.98 hm^2/km，2005—2010 年增长到 84.69 hm^2/km；但 2010 年以后围填海强度有所降低，2010—2015 年降低到 16.67 hm^2/km。在河北省沿海三市中，2000—2005 年沧州是围填海强度最高，为 31.21 hm^2/km，其次为唐山，秦皇岛的围填海强度最低为 1.28 hm^2/km。2005—2010 年间沧州、唐山围填海强度远高于秦皇岛，分别为 134.81 hm^2/km 和 128.87 hm^2/km，而秦皇岛仅为 1.63 hm^2/km。2010—2015 年间唐山围填海强度最高，为 30.21 hm^2/km，秦皇岛和沧州围填海强度相差不大，分别为 5.39 hm^2/km 和 5.48 hm^2/km。在分析时段内，河北省沿海三市中，唐山、沧州的围填海强度比较接近，分别为 175.81 hm^2/km 和 171.49 hm^2/km，都远高于秦皇岛围填海强度。

表 2.12　河北省沿海围填海强度统计表

单位：hm^2/km

区域	2000—2005 年围填海强度	2005—2010 年围填海强度	2010—2015 年围填海强度	2000—2015 年围填海强度
秦皇岛	1.28	1.63	5.39	8.29
唐山	16.73	128.87	30.21	175.81
沧州	31.21	134.81	5.48	171.49
河北省	13.98	84.69	16.67	355.59

填海造地在增加土地资源的同时，也对生态环境和社会生产带来了深远的影响。在经济和政策的双重驱动下，对土地资源需求更加强烈，进一步加快了填海造地的进程，造成海岸线的永久改变，给海岸带资源和环境带来巨大压力。

2.5　城市化过程分析

城市化，或称城镇化，是当今世界上重要的社会、经济现象之一。城市化的实质含义是人类进入工业社会时代，农业活动比重逐渐下降，非农业活动的比重逐步上升的过程，与这种经济结构的变动相适应，出现了乡村人口比重逐步降低、城镇人口比重稳步上升、居民物质面貌和人们的生活方式逐步向城市化转化的过程。城市化是一个社会经济发展的空间变化过程，既包括了经济结构的调整、人口向城市的聚集和城市在社会经济活动中地位的提高，也包括了土地利用由农业用地向非农业用地的转化过程。

随着沿海地区城市化进程加快，沿海地区资源、环境、生态正面临前所未有的巨大压力。因此，分析沿海地区城市化的过程，对于分析沿海区域生态环境演变的驱动力具有重要意义。

2.5.1　分析方法

为了便于比较不同时期城市化水平的差异及变化，本书构建了城市化强化强度指数（UI）。该指数从土地城市化、经济城市化和人口城市化3个方面来综合评价城市化强度。计算方法如下：

$$UI=(LUI+EUI+PUI)/3$$

式中，土地城市化指数（LUI）为城市建成区面积占评价单元面积的比例；经济城市化指数（EUI）为第二产业和第三产业总产值占 GDP 的比例；人口城市化（PUI）为城市化人口的比例。

三者的计算方法如下：

$$LUI=UCA/A$$

$$EUI=(GDP_2+GDP_3)/GDP$$

$$PUI=P_1/P$$

式中，UCA 为城市建成区面积（km^2），A 为评价单元总面积（km^2）；GDP_2、GDP_3 为评价单元内第二产业、第三产业所创造的 GDP 值；GDP 为评价单元国民生产总值；P_1 为非农业人口数，P 为评价单元内总人口数。

2.5.2　河北省沿海地区土地城市化分析

根据2000年、2005年、2010年及2015年的《河北省统计年鉴》的统计数据，经统计分析得到秦皇岛市、唐山市、沧州市及河北省沿海地区土地城市化指数变化，见图 2.8。

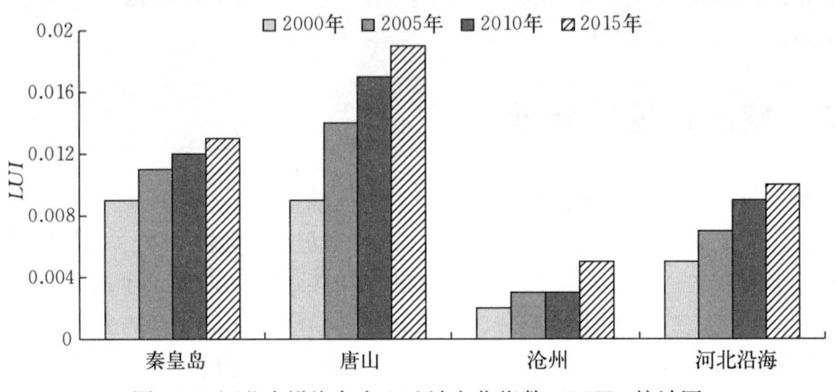

图 2.8　河北省沿海各市土地城市化指数（*LUI*）统计图

从图 2.8 可以看出，河北省沿海地区土地城市化指数总体上呈上升趋势，2000 年土地城市化指数为 0.005，2005 年为 0.007，2010 年为 0.009，2015 年为 0.010。其中，唐山市的土地城市化指数高于河北省沿海其他城市，4 个时间节点的土地城市化强度分别为 0.009、0.014、0.017 和 0.019。沧州市土地城市化指数最低，而且增长速率最慢，但 2010 年后的增长率有所上升，到 2015 年土地城市化指数为 0.005，远低于河北省沿海其他城市。在 4 个时间节点内，唐山市土地城市化指数快速增长；秦皇岛市也呈现增长的趋势，但增速相对缓和；沧州市在 2005—2010 年土地城市化指数几乎无变化。

2.5.3　河北省沿海地区经济城市化分析

由图 2.9 可知，河北省沿海地区经济城市化指数总体上呈上升趋势，2000

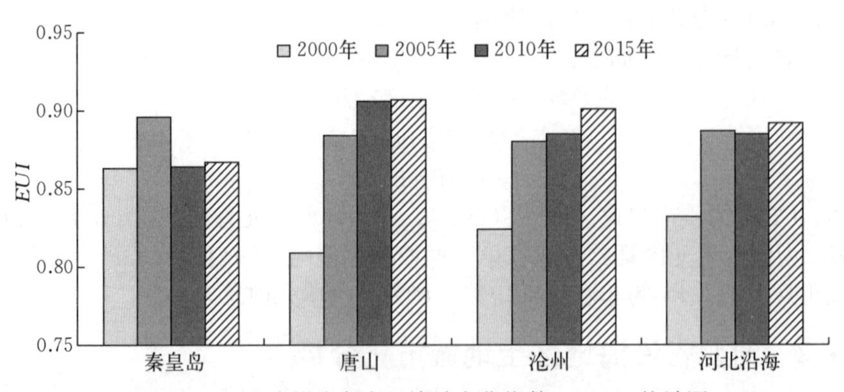

图 2.9　河北省沿海各市经济城市化指数（*EUI*）统计图

年经济城市化指数为 0.832、2005 年为 0.887，2005—2010 年经济城市化指数变化不明显、2010 年为 0.885、2015 年为 0.892。其中，2000—2005 年，秦皇岛市经济城市化指数高于其他两市，但 2010 年以后秦皇岛经济城市化指数有所降低，唐山市的经济城市化指数开始高于其他两市。在分析时段内，除秦皇岛市外，其他两市经济城市化指数均呈上升趋势；秦皇岛市呈现先增后减，总体上较 2000 年有所上升。

2.5.4　河北省沿海地区人口城市化分析

从图 2.10 可以看出，河北省沿海地区人口城市化指数总体呈上升趋势，从 2000 年的 0.233 上升到 2005 年的 0.319，2010 年为 0.359，2015 年为 0.374。在分析时段内，除 2000 年外，秦皇岛市的人口城市化程度均高于其他两市。2000 年，唐山市人口城市化程度高于其他两市，随后人口城市化指数稳步上升；其中以 2000 年到 2005 年人口城市化指数上升最快，由 0.273 上升到 0.322。2000 年，沧州市人口城市化程度较低，但其增速最快；尤其是 2005 年到 2010 年增长速度最快，由 0.217 增长到 0.304，到 2015 年其人口城市化指数已经超越唐山市，位居河北省沿海地区第二。

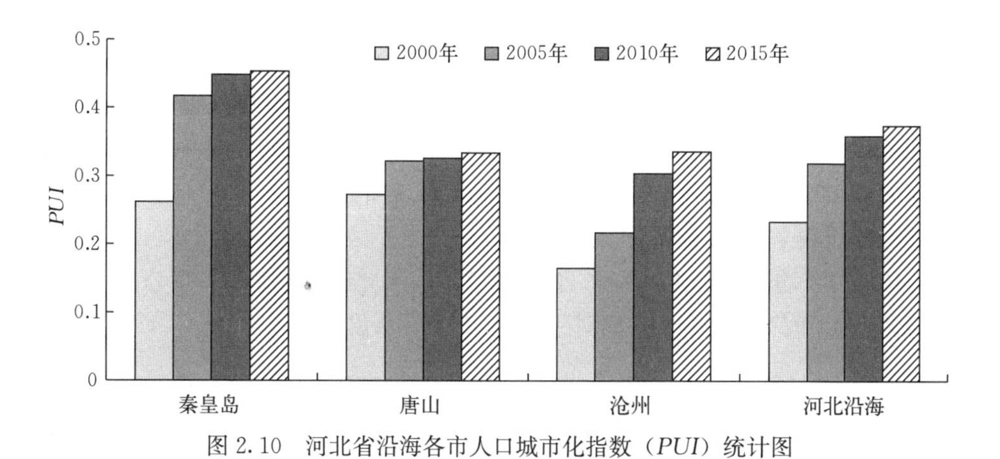

图 2.10　河北省沿海各市人口城市化指数（*PUI*）统计图

2.5.5　河北省沿海地区城市化强度分析

根据城市化强度计算方法，计算得出河北省沿海各市不同时间的城市化强度，见图 2.11。由图可知，河北沿海地区的城市化强度呈逐步上升的趋势，从 2000 年的 0.357 上升到 2005 年的 0.404，2010 年为 0.418，2015 年为 0.425。在各时间节点内，秦皇岛市城市化强度均高于其他城市，2000 年为 0.378，2005 年为 0.441，2010 年为 0.441，2015 年达到 0.444。在分析时段内，沧州市、唐山市城市化程度均呈上升趋势，相对而言沧州市城市化增长速率更快，由 2000 年的 0.330 上升到 2015 年的 0.414。

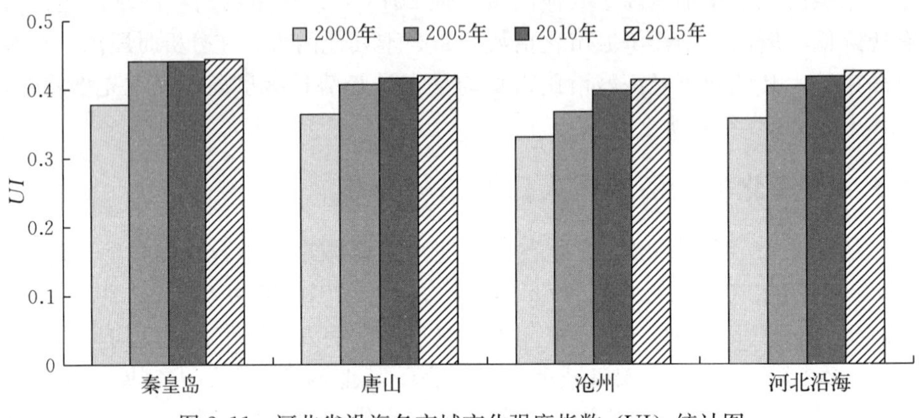

图 2.11　河北省沿海各市城市化强度指数（*UI*）统计图

2.6　海域利用强度变化分析

参照《海域使用现状调查技术规程》所规定的"海域使用分类体系"，目前河北省海域使用类型有渔业用海、交通运输用海、工业与城镇用海（包括工矿用海和围海造地用海）、旅游娱乐用海、海底工程用海、排污倾倒用海和特殊用海共 7 个类型。河北省管辖海域总面积 722 776.33 hm^2；其中，秦皇岛市管辖海域面积 180 526.64 hm^2，唐山市管辖海域面积 446 689.42 hm^2，沧州市管辖海域面积 95 560.27 hm^2。

依据 2000 年、2005 年、2010 年和 2015 年《河北省海域使用管理公报》的统计信息，从时间和空间两个维度对河北省海域利用强度进行统计分析（图 2.12）。

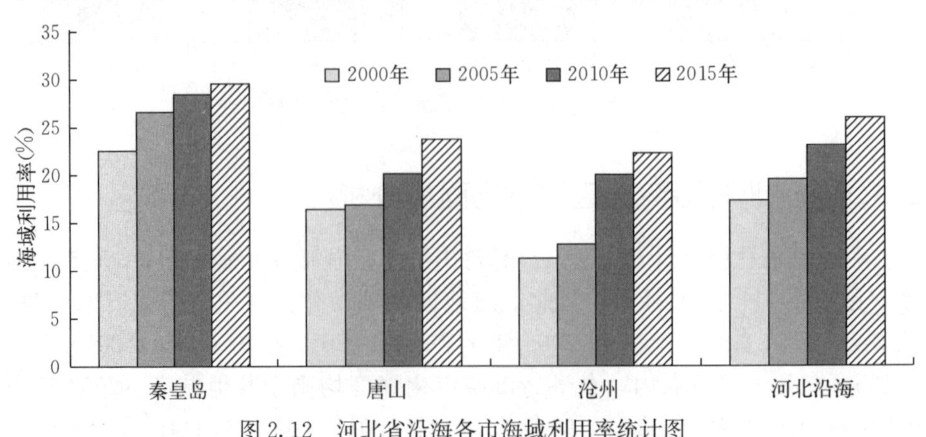

图 2.12　河北省沿海各市海域利用率统计图

2.6.1 河北省海域利用分析

由图 2.12 可知，河北省海域利用程度稳步增长，从 2000 年的 17.30%增长到 2015 年的 25.96%，年均增长率为 3.34%。从海域使用类型来看，自 2000 年以来，河北省海域使用以渔业用海和特殊用海为主，两者占全部用海面积的比例近 80%，而且呈逐年增加的趋势；工矿用海和交通运输用海也占有一定的比例。

2.6.2 不同地区海域利用分析

根据图 2.12，自 2000 年以来，秦皇岛市海域利用强度呈逐步增长的趋势，年均增长率为 2.08%；到 2015 年达到用海高峰，海域利用强度达到 29.56%。在分析时段内，秦皇岛市海域利用强度一直高于同期全省平均值，在沿海三市中海域利用率一直最高。从海域利用类型看。自 2000 年以来，秦皇岛海域使用以渔业用海、特殊用海和交通运输用海为主，三者占全部用海面积的 90%左右，其中以渔业用海面积所占比重最大，平均达到 40%以上；渔业用海和交通运输用海基本呈逐年增加的趋势。其次，旅游娱乐用海和排污倾倒用海也占有一定的比例。

自 2000 年以来，唐山市海域使用面积也呈稳步增长的趋势，年均增长率 2.97%，到 2015 年用海面积达到最大值，海域利用强度达到 23.72%。在分析时段内，唐山市海域利用强度始终略低于全省同期平均水平。在海域使用类型上，渔业用海一直以来都是唐山市海域使用的主导类型；交通运输用海面积在分析时段内呈不断上升的趋势，尤其在 2005 年以后增长较快。这与同时期内京唐港口扩建、曹妃甸港建设等项目有密切关系。

自 2000 年以来，沧州市海域利用强度呈稳步增长的趋势，年均增长率 6.48%，到 2015 年用海面积达到最大值，海域利用强度达到 22.25%，低于同期全省平均值。自 2002 年以来，沧州市海域使用以渔业用海、工业与城镇建设用海和交通运输用海为主，三者占全部用海面积的 90%左右；其中以渔业用海面积所占比重最大，平均达到 39%以上，而且基本呈逐年增加的趋势；其次排污倾倒用海和围海造地用海也占有一定的比例。

2.7 人类活动综合强度分析

2.7.1 人类活动综合强度指标统计

根据 2.2～2.6 中各指标计算结果，对各区域指标进行统计，得出河北省沿海各类开发强度指标统计表，具体见表 2.13。

表 2.13　河北省沿海各市各类开发强度指标统计表

统计指标	区域	2000年	2005年	2010年	2015年
土地开发强度	秦皇岛	0.193	0.204	0.240	0.268
	唐山	0.220	0.241	0.303	0.335
	沧州	0.281	0.311	0.376	0.405
	河北沿海	0.225	0.246	0.299	0.327
围填海强度（hm^2/km）	秦皇岛	0.00	1.28	1.63	5.39
	唐山	0.00	16.73	128.87	30.21
	沧州	0.00	31.21	134.81	5.48
	河北沿海	0.00	13.98	84.69	16.67
岸线利用强度（%）	秦皇岛	54.69	57.22	59.6	61.49
	唐山	91.17	93.43	94.76	95.74
	沧州	81.50	83.60	85.26	87.92
	河北沿海	76.57	78.78	81.15	82.97
土地城市化强度	秦皇岛	0.009	0.011	0.012	0.013
	唐山	0.009	0.014	0.017	0.019
	沧州	0.002	0.003	0.003	0.005
	河北沿海	0.005	0.007	0.009	0.01
经济城市化强度	秦皇岛	0.863	0.896	0.864	0.867
	唐山	0.809	0.884	0.906	0.907
	沧州	0.824	0.88	0.885	0.901
	河北沿海	0.832	0.887	0.885	0.892
人口城市化强度	秦皇岛	0.262	0.417	0.448	0.453
	唐山	0.273	0.322	0.326	0.334
	沧州	0.165	0.217	0.304	0.336
	河北沿海	0.233	0.319	0.359	0.374
海域利用强度（%）	秦皇岛	22.52	26.61	28.44	29.56
	唐山	16.40	16.86	20.11	23.72
	沧州	11.28	12.74	19.99	22.25
	河北沿海	17.30	19.51	23.07	25.96

从表2.13可以看出，河北沿海地区各类开发强度指标值在2000—2015年均有不同程度的上升。其中，土地开发强度由0.225上升到0.327，围填海强度由13.98 hm^2/km上升到355.59 hm^2/km，岸线利用强度由76.57%上升到

82.97%，土地城市化强度由 0.005 上到 0.010，经济城市化强度由 0.832 上升到 0.892，人口城市化强度由 0.233 上升到 0.374，海域利用强度由 17.3% 上升到 25.96%。围填海强度、海域利用强度、岸线利用强度和土地开发强度在 2005—2010 年的变化率高于其他时段；人口城市化强度和经济城市化强度在 2000—2005 年的变化率高于其他时段；土地城市化强度在 2010—2015 年变化率有所降低。

从河北沿海各地市来看，各类开发强度指标值在 2000—2015 年基本均表现出上升的趋势。其中，秦皇岛市岸线利用强度、土地城市化强度、经济城市化强度和海域利用强度在 2000—2005 年的变化率高于其他时段，土地开发强度和人口城市化强度在 2005—2010 年的变化率最高，围填海强度在 2010—2015 年变化率最高。唐山市岸线利用强度、土地城市化强度、经济城市化强度和人口城市化强度在 2005—2010 年的变化率最高，土地开发强度与围填海强度在 2005—2010 年的变化率高于其他时段，海域利用强度在 2010—2015 年变化率最高。沧州市土地开发强度、围填海强度、人口城市化强度与海域利用率在 2005—2010 年的变化率高于其他时段，岸线利用强度与土地城市化强度在 2010—2015 年变化率最高，经济城市化强度在 2000—2005 年变化率最高。

2.7.2 人类活动综合强度指标标准化处理

用于人类活动强度计算的各指标量纲不同，指标属性及其所代表的含义也存在差异，需要对各指标数据进行无量纲化处理，消除上述差异对结果的影响。为保证指标计算的正确性和研究内容具有实际意义，采用极差法对各指标进行标准化，按照时间序列对各指标进行处理。

通过对人类活动强度指标进行归一化处理，将各指标值统一到［0，1］范围内。极差法归一化公式：

$$Y_i=\frac{x_i-x_{\min}}{x_{\max}-x_{\min}}$$

式中，x_i 为指标原始值；Y_i 为对应 x_i 的极值归一化标准值；$x_{\max}$ 和 $x_{\min}$ 分别为研究时段内该指标的最大值和最小值。

2.7.3 人类活动综合强度定量评价方法

人类活动强度可以从不同角度进行评价，如土地开发建设、城市化强度、围填海强度等，各因子之间存在一定的相关性，所反映的问题具有很大的共性。主成分分析法，即通过降维过程，将多个相互关联的数值指标转化为少数几个互不相关的综合指标的方法。采用主成分分析法，所得到的少数指标能尽可能多地包含原有信息，且能很好地解释所要描述的问题。本书通过主成分分析法得到河北省沿海地区的人类活动综合强度，公式为：

$$F_i = a_{1i}X_1 + a_{2i}X_2 + \cdots + a_{pi}X_p \quad i=1, 2, \cdots, p$$

式中，F_i 为第 i 个主成分；$a_{1i} \cdots a_{pi}$ 分别表示标准化变量 X_1，…，X_P 的系数。

采用 SPSS19.0 进行主成分分析，抽取的特征根值大于 0，主成分个数的确定需综合考虑特征根大于 0 和累积方差在 80%以上这两个条件。各主成分所能解释的总方差的百分比为各主成分的权重，对应的成分得分系数矩阵为各变量的系数。通过上述公式即可计算出各成分的值。

综合表 2.13 中各类人类活动强度指数，采用主成分分析方法，建立人类活动综合强度，分析各研究区人类活动强度的分布特征。在对各类人类活动强度指标数据进行标准化之后，通过主成分分析法计算人类活动综合强度。采用主成分分析法评估各指标单元时，由于城市化强度指标有二级指标，所以先对二级指标进行主成分分析，计算所得的主成分与标准化后的一级指标再次进行主成分分析，得到各指标主成分参量，计算人类活动综合强度。

根据人类活动综合强度指标标准化方法，计算 4 个时间节点河北省沿海各市城市化强度二级指标标准化值，结果如表 2.14。

表 2.14 河北省沿海各市城市化强度二级指标标准化结果

指标	区域	2000 年	2005 年	2010 年	2015 年
土地城市化	秦皇岛	0.41	0.53	0.59	0.65
	唐山	0.41	0.71	0.88	1.00
	沧州	0.00	0.06	0.06	0.18
	河北沿海	0.18	0.29	0.41	0.47
人口城市化	秦皇岛	0.34	0.88	0.98	1.00
	唐山	0.38	0.55	0.56	0.59
	沧州	0.00	0.18	0.48	0.59
	河北沿海	0.24	0.53	0.67	0.73
经济城市化	秦皇岛	0.55	0.89	0.56	0.59
	唐山	0.00	0.77	0.99	1.00
	沧州	0.15	0.72	0.78	0.94
	河北沿海	0.23	0.8	0.78	0.85

通过 SPSS19.0 进行主成分分析，得到解释的总方差和成分得分系数矩阵，将 4 个时间节点的归一化数据共同进行主成分分析，得出各因子所占权重。主成分分析报告中“方差的%”表示各主成分的权重，成分得分系数矩阵

中的值为各指标的系数。结果见表 2.15。

表 2.15 河北省沿海各市成分得分系数

指标	2000 年	2005 年	2010 年	2015 年
人口城市化	0.480	0.321	0.017	0.017
经济城市化	0.472	0.404	0.525	0.502
土地城市化	0.186	0.375	0.532	0.500

根据公式计算得到城市化强度的主成分。4 个时间节点的河北省沿海各市城市化强度主成分归一值见表 2.16。

表 2.16 4 个时间节点河北省沿海各市城市化强度主成分归一值

区域	2000 年	2005 年	2010 年	2015 年
秦皇岛	0.460	0.859	0.822	0.808
唐山	0.376	0.739	0.836	0.813
沧州	0.028	0.362	0.668	0.769
河北沿海	0.242	0.607	0.774	0.799

2.7.4 人类活动综合强度定量评价结果

人类活动综合强度一级指标包括土地开发强度、围填海强度、城市化强度（人口、经济、土地）、岸线利用强度和海域利用强度。采用城市化强度二级指标的计算方法，首先对人类活动综合强度的指标数据进行标准化，再采用主成分分析方法，计算各指标的主成分（即得到各指标主成分参量），计算人类活动综合强度。河北省沿海各市人类活动综合强度计算结果见表 2.17，并绘制相应数据图，见图 2.13。

表 2.17 河北省沿海各市人类活动综合强度统计表

区域	秦皇岛	唐山	沧州	河北省沿海
2000 年	0.12	0.16	0.22	0.18
2005 年	0.16	0.21	0.28	0.25
2010 年	0.23	0.43	0.49	0.39
2015 年	0.28	0.53	0.66	0.49
2000—2005 年动态度	0.33	0.31	0.27	0.39

（续）

区域	秦皇岛	唐山	沧州	河北省沿海
2005—2010 年动态度	0.44	1.05	0.75	0.56
2010—2015 年动态度	0.22	0.23	0.35	0.26
2000—2015 年动态度	1.33	2.31	2.00	1.72

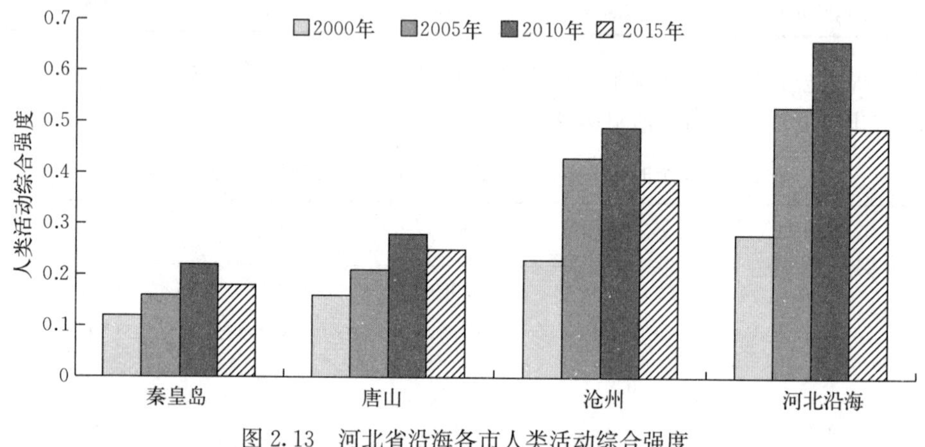

图 2.13　河北省沿海各市人类活动综合强度

从表 2.17 和图 2.13 可以看出，河北省沿海各市人类活动综合强度在 4 个时间节点均处于上升的趋势。2000—2015 年，沧州市沿海地区 4 个时间节点的人类活动综合强度均高于同时期其他两市；2000 年，沧州市沿海地区人类活动强度为 0.22，2005 年为 0.28，2010 年达到 0.49，2015 年人类活动强度高达 0.66，人类活动强度快速上升。2000—2015 年，秦皇岛市沿海地区人类活动强度均低于同时期其他两市，人类活动强度由 2000 年的 0.12 上升到 2015 年的 0.28。唐山市沿海地区 2000 年人类活动强度为 0.16，2015 年上升到 0.53，上升速度较快。整个河北省沿海地区人类活动综合强度在 2000—2015 年间处于快速上升的状态。从动态度分析，2000—2005 年河北省沿海三市人类活动强度的动态度差别不大，秦皇岛市沿海地区略高于其他两市，2005—2010 年唐山市沿海人类活动强度动态度明显上升，达到 1.05，远高于秦皇岛市和沧州市；2010—2015 年，沧州市沿海地区人类活动强度动态度最高为 0.35，秦皇岛市和唐山市沿海地区人类活动强度动态度分别为 0.22 和 0.23。从 2000—2015 年整体人类活动强度动态度变化来看，唐山市沿海地区动态度最高，其次为沧州市，秦皇岛市最低。对比 2000—2005 年、2005—2010 年和 2010—2015 年河北省沿海地区人类活动综合开发强度动态度，可以发现 2005—2010 年人类活动综合强度动态度均高于其他两个阶段，说明

2005—2010 年河北省沿海地区人类活动强度最为剧烈。

为进一步从时空角度分析比较河北省沿海地区人类活动综合强度的演变过程，本书参考相关研究成果，结合河北省沿海地区实际情况，对人类活动综合强度进行强度分级，分为“小”“较小”“中”“较大”“大”5 级，每级对应人类活动综合强度取值分别为 0～0.2、0.2～0.4、0.4～0.6、0.6～0.8、0.8～1；然后，根据河北省沿海地区人类活动综合强度评估结果，确定各市不同时间节点人类活动强度等级并绘制成图（附图 3、附图 4、附图 5、附图 6）。

从附图 3、附图 4、附图 5 和附图 6 可以看出，时间序列内河北省三市中，沧州市沿海地区人类活动综合强度由“较小”上升到“中”，最终达到“较大”等，至少领先于其他两市一个等级。秦皇岛市沿海地区在时间序列内人类活动强度由“小”上升到“较小”，增幅不大，在今后的发展过程中城市发展速度有待进一步提高。唐山市沿海地区在时间序列内人类活动综合强度由“小”上升到“较小”，最终达到“中”，人类活动综合强度呈现较快的增长趋势。

在 2000—2005 年，唐山市沿海地区人类活动综合强度由“小”上升到“较小”，而秦皇岛市和沧州市沿海地区人类活动综合强度没有发生变化，分别处于“小”和“较小”；2005—2010 年，三市沿海地区人类活动综合强度均有加大，均上升了一个等级；2010—2015 年，沧州市沿海地区人类活动综合强度由“中”上升到“较大”，而秦皇岛市和唐山市沿海地区人类活动综合强度没有发生变化，分别处于“较小”和“中”。从 2015 年河北省沿海地区人类活动综合强度分布来看，沧州市沿海地区的综合强度明显高于其他两地，处于“较大”，今后需要严格控制其沿海地区人类活动强度，尤其需要控制用海活动。唐山市沿海地区人类活动综合强度虽然低于沧州，但也已经达到了“中”，需要密切关注，今后沿海地区发展过程中需要加强沿海区域城市化速度的管控。秦皇岛市沿海地区人类活动综合强度目前处于“较小”，未来可以适当加快城市发展速度。

3 河北省近岸海域生态环境的现状

3.1 海水环境质量

3.1.1 化学需氧量（COD）的时空变化和分布特征

2015 年，河北省近岸海域的化学需氧量（COD）含量范围是 0.28～2.54 mg/L。其中，春季 COD 的含量范围是 0.64～2.16 mg/L，平均值是 1.19 mg/L；夏季 COD 的含量范围是 0.28～1.86 mg/L，平均值是 1.08 mg/L；秋季 COD 的含量范围是 0.37～1.78 mg/L，平均值是 0.98 mg/L；冬季 COD 的含量范围是 0.76～2.18 mg/L，平均值是 1.33 mg/L。河北省近岸海域的 COD 含量总体上表现为近岸海域大于远海，主要是受陆源污染物输入的影响。在不同季节则呈现冬季＞春季＞夏季＞秋季的特点，可能与不同季节雨量的大小有关，雨量充沛、河流径流量大可以将污染物稀释。在春、夏、秋季节，与天津海域相连的区域 COD 的含量都呈现较高的状态，由东向西浓度逐渐增加。由此可见，有机污染物主要来自塘沽附近海域。

根据单因子指数法评价结果显示，除黄骅海域有个别站位超出海水一类水质标准外，河北省夏季的全部近岸海域和其他季节的大部分近岸海域的 COD 含量均达到海水一类水质标准。与 2004 年河北省海洋资源调查结果比较，COD 的浓度明显降低，超标区域明显缩小。

3.1.2 石油类的时空变化和分布特征

石油一直是我国近海的主要污染物之一。尤其在渤海，沿岸陆域分布有石油运输设施、储存设施和众多炼油厂；海域中又分布有许多海洋石油油田，如渤海油田、胜利油田、秦皇岛附近海域和黄河口附近海域等油田。大量事实表明，石油将会长期影响着我国海洋环境质量，也将长期影响着全球的海洋环境质量。

2015 年，河北省近岸海域石油类的浓度含量范围是 0.004～0.178 mg/L。其中，春季石油类的含量范围是 0.011～0.099 mg/L，平均值是 0.039 mg/L；

夏季石油类的含量范围是 0.03～0.11 mg/L，平均值是 0.06 mg/L；秋季石油类的含量范围是 0.046～0.104 mg/L，平均值是 0.072 mg/L；冬季石油类的含量范围是 0.004～0.178 mg/L，平均值是 0.046 mg/L。由此可见，河北省近岸海域夏、秋季石油类的含量高于冬、春季，这可能与冬、春季水体搅动稀释作用较强以及冬、春季北方海域船只出航频率显著下降两个因素有关。总体来说，近岸海域海水中石油类的含量高于远海，这是沿岸油田和港口油类污染物进入海水中造成的。例如，秦皇岛港和黄骅港附近以及曹妃甸附近海域中油类含量在不同季节，相对于其他海域来说都呈现比较高的状态。

根据单因子指数法评价结果显示，与 2004 年河北省海洋资源调查时的结果相比，2015 年河北省近岸海域油类污染显著升高。河北省近岸海域油类超海水二类水质标准的超标率分别为：春季 21.4%、夏季 42.9%、秋季 92.9%、冬季 28.6%，特别是秋季呈现全海域的超标态势。2004 年海洋资源调查时，全海域春、夏两季均符合海水二类水质标准的要求。自 2003 年 6 月 1 日起，渤海实行铅封管理规定的海域，已实现渤海海域船舶污染物的“零排放”，但是渤海海域的油类含量仍然呈现增长趋势；究其原因，经济高速发展导致的船舶剧增，使船舶油污染风险和强度增加，同时也不排除管理困难和管理力度不足等因素。河北省近岸海域油类污染的分布则主要集中在港口和航道集中的海域，并且显示较强的季节性特征，春季最低，随着气温的升高逐渐增加，到秋季达到最高值，进入冬季后开始降低。

3.1.3 营养盐的时空变化和分布特征

营养盐是海洋生物生命的主要物质基础，其含量的高低和分布极大地影响着海洋生态环境。营养盐的主要来源是江河入海和面源径流，通过入海河流的水动力与海水风浪潮的物理机制运移与外海水混合，形成各种要素在近岸、近海海域的迁移、扩散；营养盐的另一来源为海水养殖饵料、海洋底层有机物腐解和船舶排放，浮游生物及碎屑受微生物作用再生无机磷酸盐等。实际监测数据证明，自 20 世纪 90 年代以来，我国近岸海域营养盐的含量越来越高，属于海水劣四类、四类、三类水质的海域范围有逐年扩大的发展趋势。

(1) 无机氮的时空变化和分布特征

2015 年河北近岸海域无机氮的浓度范围是 4.42～1 495.46 μg/L。其中，春季无机氮的含量范围是 5.76～1 493.96 μg/L，平均值是 399.58 μg/L；夏季无机氮的含量范围是 9.33～972.39 μg/L，平均值是 269.27 μg/L；秋季无机氮的含量范围是 37.67～683.83 μg/L，平均值是 287.77 μg/L；冬季无机氮的含量范围是 124.06～698.90 μg/L，平均值是 329.19 μg/L。河北省近岸海域无机氮含量显示 4 个季节的整体平均值无显著差异，冬、春两季略高于夏、秋两季。唐山市近岸海域和黄骅市近岸海域中无机氮的含量较高，可能是与其水产养殖业发达和渤海湾塘沽港附近海域无机氮高浓度输入有关。

根据单因子指数法评价结果，河北省近岸海域的无机氮超标严重，春季河北省近岸海域海水一类、二类、三类和四类水质标准超标率分别为48.1%、48.1%、40.7%和29.6%；夏季海水一类、二类、三类和四类水质标准超标率分别为48.1%、33.3%、33.3%和25.9%；秋季海水一类、二类、三类和四类水质标准超标率分别为59.3%、55.6%、37.0%和11.1%；冬季海水一类、二类、三类和四类水质标准超标率分别为85.2%、59.3%、33.3%和3.7%。随着枯水期的到来，近岸污染物稀释作用减弱，河北省近岸海域无机氮的含量呈现明显增长趋势，超过海水一类和二类水质的区域大幅增加，而超过海水四类水质的区域则有所减少。超标站位的分布主要集中在唐山市唐海、丰南、南堡一带海域及沧州市的近岸海域。春、夏和秋季秦皇岛市近岸海域和唐山市乐亭近岸海域，除受辽东湾污染影响，秦皇岛市北部有个别高值区外，大部分符合海水一类标准的要求。冬季的河北省近岸海域则表现为整体无机氮含量偏高的状况。无机氮最高浓度超过海水四类水质标准的3倍，出现在春季的沧州黄骅近岸海域。

(2) 磷酸盐的时空变化和分布特征

2015年，河北省近岸海域磷酸盐的浓度范围是未检出～72.19 μg/L。其中，春季磷酸盐的含量范围是3.36～38.54 μg/L，平均值是17.60 μg/L；夏季磷酸盐的含量范围是未检出～48.86 μg/L，平均值是9.93 μg/L；秋季磷酸盐的含量范围是7.43～72.19 μg/L，平均值是23.53 μg/L；冬季磷酸盐的含量范围是19.11～64.17 μg/L，平均值是36.58 μg/L。由此可见，河北省近岸海域磷酸盐的含量冬季明显比夏季高，春季和夏季差异很小，秋季有所升高，但极大值出现在秋季，极小值出现在夏季。这可能是夏季雨量充沛、入海河流径流量稀释作用加大的结果。

河北省近岸海域的磷酸盐与无机氮表现出相同的污染特征，污染程度较重。根据单因子指数法评价结果，春季河北省近岸海域海水一类、二（三）类和四类水质标准超标率分别为48.1%、33.3%和3.7%；夏季海水一类、二（三）类和四类水质标准超标率分别为40.7%、11.1%和3.7%；秋季海水一类、二（三）类和四类水质标准超标率分别为74.1%、22.2%和11.1%；冬季海水一类、二（三）类和四类水质标准超标率分别为100%、77.8%和25.9%。与无机氮评价指数分布的情况有所不同，随着枯水期的到来，近岸污染物稀释作用减弱，河北省近岸海域磷酸盐的含量呈现明显增长趋势，超过海水一类、二（三）类、四类水质的区域大幅增加。超标站位的分布呈现明显的季节变化，春季主要集中在唐山市唐海、丰南、南堡一带海域及沧州黄骅的近岸海域；夏季除个别区域偏高外，整个河北省近岸海域的大部分区域符合海水一类水质标准的要求；秋季河北省近岸海域则表现为整体磷酸盐含量偏高的状况，大部分近岸海域超过海水一类水质标准的要求；冬季这种现象则更加明显，大部分近岸海域超过海水二类水质标准的要求。河北省近岸海域磷酸盐最高浓度超过了海水四类水质标准的 1.6 倍，出现在秋季的塘沽东部近岸海域。

（3）硅酸盐的时空变化和分布特征

2015 年，河北省近岸海域硅酸盐的浓度范围是 20.41～860.67 μg/L。其中，春季硅酸盐的含量范围是 20.41～723.55 μg/L，平均值是 236.38 μg/L；夏季硅酸盐的含量范围是 44.00～860.67 μg/L，平均值是 266.59 μg/L；秋季硅酸盐的含量范围是 60.25～775.25 μg/L，平均值是 361.06 μg/L；冬季硅酸盐的含量范围是 262.16～802.70 μg/L，平均值是 446.46 μg/L。河北省近岸海域硅酸盐含量整体上表现出冬季＞秋季＞夏季＞春季的特点，但极大值出现在夏季，而极小值出现在春季。春季、夏季和秋季渤海湾附近海域硅酸盐的含量较高，冬季较低，与海水中磷酸盐含量的变化相同，这也可能与水产养殖业的活动状况和塘沽附近海域的污染有关。

3.1.4　重金属的时空变化和分布特征

重金属污染一直是海洋环境污染的重要方面。由于工业污水不断地排放入海，沿海工业排污所造成的近岸海域重金属污染及其危害就成为重点研究对象。遭受重金属污染严重的生物会产生畸形、病变；有害重金属可以在水-海洋生物-人类中富集、传递，危及人体的健康。

（1）铅的时空变化和分布特征

2015 年，河北省近岸海域铅（Pb）的含量范围是 0.214～7.994 μg/L。其中，春季铅的含量范围是 0.345～2.000 μg/L，平均值是 1.148 μg/L；夏季铅的含量范围是 0.228～7.99 μg/L，平均值是 1.283 μg/L；秋季铅的含量范围是 0.214～1.781 μg/L，平均值是 0.679 μg/L；冬季铅的含量范围是 0.266～1.685 μg/L，平均值是 0.683 μg/L。调查数据显示，春、夏两季铅的含量相当，秋、冬两季铅的含量相当，春、夏两季铅的含量比秋、冬两季高近 1 倍。

根据单因子指数法评价结果显示，与 2004 年河北省海洋资源调查时的结果比较，2015 年河北省近岸海域重金属铅含量的超标率显著降低。2004 年河北省海洋资源调查时的结果显示：重金属铅含量超海水一类水质标准的超标率为 100%；春季，最高浓度超过海水一类水质标准的 4 倍，海水二类水质标准的超标率为 3%；夏季，海水一类水质标准的超标率为 100%，没有超海水二类水质标准的站位。2015 年重金属铅含量调查结果显示：春季，海水一类水质标准的超标率为50%；夏季，海水一类水质标准的超标率为14.3%；秋季，海水一类水质标准的超标率为21.4%；冬季，海水一类水质标准的超标率为21.4%。2015年河北省近岸海域海水中的重金属铅含量未出现超海水二类水质标准的区域。河北省近岸海域重金属铅分布的季节性变化较为明显，春季超标区域主要分布于秦皇岛和唐山近岸海域，夏季则只有沧州黄骅近岸海域存在超标现象，入秋后超标区域再次回到秦皇岛和唐山近岸海域，而冬季超标站位在各近岸海域均有出现。总体上，铅污染较重的季节为春季；超标站位的分布主要集中在秦皇岛和唐山近岸海域，与资源调查时铅超标站位的分布特点吻合。

（2）镉的时空变化和分布特征

2015年，河北省近岸海域镉（Cd）的含量范围是0.045～0.775 μg/L。其中，春季镉的含量范围是0.084～0.175 μg/L，平均值是0.124 μg/L；夏季镉的含量范围是0.045～0.294 μg/L，平均值是0.095 μg/L；秋季镉的含量范围是0.062～0.308 μg/L，平均值是0.140 μg/L；冬季镉的含量范围是0.057～0.775 μg/L，平均值是0.146 μg/L。调查数据显示，河北省近岸海域中镉的含量在春季、秋季和冬季三季相当，夏季略低。高浓度的镉主要出现在京唐港附近海域、滦河口附近海域和北戴河附近海域。

（3）汞的时空变化和分布特征

2015年，河北省近岸海域汞（Hg）的含量范围是0.007～0.280 μg/L。其中，春季汞的含量范围是0.019～0.280 μg/L，平均值是0.065 μg/L；夏季汞的含量范围是0.011～0.104 μg/L，平均值是0.040 μg/L；秋季汞的含量范围是0.009～0.189 μg/L，平均值是0.043 μg/L；冬季汞的含量范围是0.007～0.083 μg/L，平均值是0.033 μg/L。调查数据显示，春季汞的含量略高，夏、秋两季相当，冬季略低，整体季节性变化不大。可能受黄骅港或黄河水流的影响，夏季、秋季和冬季，黄骅港附近海域中汞的含量一直处于浓度较高的状态，并呈向外扩散的趋势。

根据单因子指数法评价结果显示，与2004年河北省海洋资源调查时的结果比较，2015年河北省近岸海域重金属汞含量的超标率没有发生显著变化。汞污染主要分布于唐山和沧州的黄骅近岸海域，尤以黄骅近岸海域最为严重。2004年河北省海洋资源调查评价结果显示，春季重金属汞含量超过海水一类水质标准的站位主要分布在唐山市乐亭附近近岸海域，其次是沧州黄骅港附近近岸海域，其最高浓度超过海水一类水质标准4.22倍，而海水二、三类水质标准的超标率都是3%；重金属汞含量夏季海水一类水质超标率为43%，超标站位的分布比较均匀，其最高浓度是海水一类水质标准的2.74倍，但未超过海水二类水质标准。2015年调查结果显示：春季重金属汞含量超海水一类水质标准的站位仍主要分布于唐山海域，其最高浓度超过一类水质标准 5.6 倍，其次是沧州黄骅港附近海域，其最高浓度超过海水一类水质标准 2.52 倍；夏、秋、冬季，超海水一类水质标准站位有所减少，超标率分别为 28.6%、21.4%和 21.4%；唐山近岸海域的超标情况显著减少，超标区域主要集中于沧州黄骅海域。值得注意的是，位于秦皇岛近岸海域北部区域的连续三季超海水一类水质标准，应引起重视，防止汞污染影响秦皇岛海域的水质状况。

（4）砷的时空变化和分布特征

2015 年，河北省近岸海域砷（As）的含量范围是 0.54～2.44 μg/L。其中，春季砷的含量范围是 0.86～1.65 μg/L，平均值是 1.19 μg/L；夏季砷的含量范围是 0.84～2.44 μg/L，平均值是 1.27 μg/L；秋季砷的含量范围是 1.04～2.02 μg/L，平均值是 1.36 μg/L；冬季砷的含量范围是 0.54～0.97 μg/L，平均值是 0.79 μg/L。调查数据显示，冬季砷的含量略低，其他季节大致相当，整体未呈现季节性变化。与汞相似，可能受黄骅港或黄河水流的影响，南片海域中砷的含量在不同季节都处于较高的状态。

（5）铬的时空变化和分布特征

2015 年，河北省近岸海域铬（Cr）的含量范围是 0.09～10.90 μg/L。其中，春季铬的含量范围是 2.23～8.36 μg/L，平均值是 3.83 μg/L；夏季铬的含量范围是 3.90～4.80 μg/L，平均值是 4.33 μg/L；秋季铬的含量范围是 0.09～2.79 μg/L，平均值是 0.70 μg/L；冬季铬的含量范围是 6.42～10.90 μg/L，平均值是 9.57 μg/L。调查数据显示，河北省近岸海域中冬季铬的含量整体显著升高，极大值出现在京唐港附近的海域，极小值则出现在秋季；整体上秋季铬含量明显较低，二者存在量级上的差异；春、夏两季铬含量则大致相当，但也只有冬季含量的一半。

综上所述，河北省近岸海域的环境要素随着季节有较大的变化，而且受辽东湾、渤海湾的潮汐和沿岸流及滦河、黄河的影响，要素浓度的时空分布和变化趋势都有很大不同，规律也不尽一致。通过分析研究得到下列结论：

● 总体来说，河北省北部近岸海域海水环境质量较好，无机氮和磷酸盐含量较低，南部海域的海水环境质量较差，主要表现为营养盐含量较高。

● 不同季节中，夏季海水质量相对较好，冬季则较差。

● 近岸海域有机物含量、化学需氧量和石油浓度均较低。

● 近岸海域重金属浓度普遍较低。

● 将 2015 年海水化学污染要素按照超过海水一类水质标准的超标率由高到低排序是磷酸盐、无机氮、石油类、铅、汞、化学需氧量。与 2004 年河北海洋资源调查的排序（铅、汞、无机氮、磷酸盐、化学需氧量）有所不同，石油类由全海域符合海水一类水质标准转变为大面积超海水一类水质标准。

●将2015年海水化学污染要素按照污染严重程度（超过低等级水质标准的百分率高者排前）排序是无机氮、磷酸盐、汞、石油类、铅、化学需氧量；与2004年河北海洋资源调查的排序（无机氮、磷酸盐、汞、溶解氧、铅、化学需氧量）相比，除石油类污染程度增加外，其余要素的污染程度排序基本相同。

3.2 海洋沉积物质量

3.2.1 硫化物

硫是海洋环境中重要的生源要素，其形态、含量、分布等与生物活动密切相关。海洋沉积物中的硫可分为无机硫和有机硫两大类。无机硫的存在形态包括硫酸盐、硫化物和单质硫；有机硫主要是酯硫和碳键硫。大量研究表明，硫酸盐可在缺氧环境及细菌（硫酸盐还原菌）作用下被有机物还原为硫化物。硫化物还原最大速率发生在表层沉积物中，主要由沉积物中所含有机质的数量决定。一般沉积物中有机质含量高，则硫酸盐还原速率大。硫化氢、硫氢根、硫离子及单质硫是海洋环境中除硫酸盐以外的另一类重要的无机硫的存在形式，一般不足总硫的1%。海底沉积物中的硫化物一部分是自生的，地层岩石中含硫铁矿的矿物经海水侵蚀溶解，在缺氧条件下被还原为硫化物。另一部分是外源的，陆地硫污染物在雨水的长期冲刷下随着江河径流流入海洋，沉积到底质中，一般高含量硫化物的区域显示着有陆源硫污染物的输入。硫化物含量的高低是衡量海洋底质环境优劣的一项重要指标。有研究表明，在沉积环境中硫化物含量与有机负荷量呈正相关，与生物量呈负相关，并对耗氧速率产生很大影响。

2015年，河北省近岸海域沉积物中硫化物含量分布范围为24.35～679.25 mg/kg，平均值高达346.71 mg/kg；硫化物含量平面分布规律是近岸低，离岸高。唐海近岸海域的硫化物含量最高，其次是乐亭海域、秦皇岛海域。这3个海域中都有含量超过500 mg/kg的区域，黄骅海域的硫化物含量最低。受黄河冲淡水的影响，黄骅海域有一个朝东北方向的浓度分布变化。各海域（从北到南分为秦皇岛、乐亭、唐海和黄骅4片海域）近岸沉积物中硫化物的含量水平排序为唐海＞乐亭＞秦皇岛＞黄骅。

单因子指数法评价结果显示，2015年河北省近岸海域沉积物中硫化物污染指数变化范围为0.08～2.26，平均污染指数为1.16，超标率为64.3%，污染指数最大值出现唐海海区。需要指出的是，沉积物中硫化物污染指数明显高于其他评价因子的污染指数，局部海域均出现沉积物中硫化物超标较为严重的情况。秦皇岛海域和黄骅海域低于2004年河北省海洋资源调查结果，而乐亭海域和唐海海域则高于2004年河北省海洋资源调查的结果，但变化不大。从总体来看两次调查的硫化物平均污染指数变化有略微下降的趋势，但是污染指数仍为1.13，说明河北省近岸海域的硫化物污染问题仍十分严重，不容乐观。

3.2.2 有机碳

海洋沉积物中的有机物质包括生物代谢活动及其生物化学过程所产生的有机物质，以及人工合成的有机物质。大气中有些烃类、烯类在日光照射下能与氧化剂和自由基发生光化学反应，生成过氧乙酰硝酸酯、醛、酮等二次污染物散溶于海洋。土壤和水体中有机物能被生物降解，亦可通过化学反应分解；高分子聚合物不易被氧化分解，也难被生物降解而长期滞留于环境中。沉积物中有机物质在缺氧条件下发生厌氧分解产生有机酸和二氧化碳、甲烷、氨等还原气体，并向上迁移进入水体中，从而消耗水中溶解氧。海洋沉积物中有机碳一方面来源于生物体代谢产物和生化过程产物；另一方面来源于陆源河流的输入，世界河流每年输入3.0×10^{14} g碳，还有大气中有机物通过降水进入海洋。

河北省近岸海域沉积物中有机碳含量分布范围为0.02%～1.54%，平均为0.71%；乐亭海域的有机质含量最高，其次是唐海海域和黄骅海域，秦皇岛海域的有机质含量最低。从调查海域北部的秦皇岛海域到唐海海域平面分布还是有规律的，等值线基本上是平行海岸线，从岸边向海洋逐渐增大，而黄骅海域等值线几乎是垂直海岸分布，很明显受黄河冲淡水的影响，黄骅海域有一个朝西北方向浓度分布变化。各海域（从北到南分为秦皇岛、乐亭、唐海和黄骅4片海域）近岸沉积物中有机碳的含量水平排序为乐亭>唐海>黄骅>秦皇岛，其中唐海海域和黄骅海域含量水平差别不大。

根据单因子指数法评价结果，调查海域沉积物中有机碳污染指数变化范围为0.01～0.77，平均污染指数为0.35，超标率为0，污染指数最大值出现在乐亭海域。本次调查除了秦皇岛海域低于2004年河北省海洋资源调查结果的一半外，其余海域都与2004年河北省海洋资源调查结果基本一样，并且有略微下降的趋势。说明调查海域沉积物有机碳环境质量良好，并且变化不大。

3.2.3 总磷

磷是生物体必需的元素，存在于细胞、蛋白质、骨骼中，参与各种代谢过程的能量转化。磷是典型的非金属元素，在自然界以磷酸根（PO_4^{3-}）形式存在，绝大部分磷都含于磷灰石、酸性岩中，磷的含量以基性和碱性岩中较高，酸性岩中贫磷。在风化作用中，磷多半从矿物中析出后以溶液或悬浮物形式经河流携带入海，全球每年经河流带入海洋的磷达1 400万t。海水中磷明显受生物控制，通过有机和无机过程，磷向海底聚集，有些地区可发现大量磷酸盐沉积。沉积物中的磷、生物排泄物或生物残体，经过各种磷酸化微生物的作用，再度生成简单磷酸盐而归复于海水。因为空气中无磷，所以磷是沉积循环，陆地磷流向海洋，海洋中磷难以返回大陆。

2015年，河北省近岸海域沉积物中总磷含量分布范围为179～681 mg/kg，平均值高达540 mg/kg。调查海域总磷的平面分布是比较均匀，近岸低、外海高，最大值出现在乐亭海域。秦皇岛海域和乐亭海域的总磷浓度从近岸到外海变化明显，平均含量较低；而唐海海域和黄骅海域的总磷浓度从近岸到外海变化不明显，但是平均含量最高。从整体看，调查海域沉积物中总磷含量偏高，各海域（从北到南分为秦皇岛、乐亭、唐海和黄骅4片海域）近岸沉积物中总磷的含量水平排序为黄骅＞唐海＞乐亭＞秦皇岛，其中唐海海域和黄骅海域的含量水平大致相同。

单因子指数法评价结果显示，调查海域沉积物中总磷污染指数变化范围为0.30～1.14，平均污染指数为0.90，超标率为21.4%。但是从整体来看，唐海海域和黄骅海域与其他两个海域相比污染较重。本次调查与2004年河北省海洋资源调查结果基本一样，平均污染指数值在0.74～1.00。

3.2.4 总氮

氮是组成大气、动植物生物有机体蛋白质的主要成分，它以各种物理、化学状态存在于大气、水、土壤、岩石及生物圈中，并以各种形式构成环境与生物间的循环。由于氮在水中溶解度大，故陆地风化作用中氮被溶出，随河流携带入海。海水中溶解态氮多为氮气分子，其他还有铵、亚硝酸盐、硝酸盐。海洋沉积物中富集了大量氮，黏土矿物大多具有负电荷能吸附NH_4^+，沉积物中生物体经细菌分解释放出氮，海底火山活动往往使氮随喷发物而进入海洋。

2015年河北省近岸海域沉积物中总氮含量变化范围为159～546 mg/kg，平均值为310 mg/kg。黄骅海域总氮的平均含量最高，其次是唐海海域，秦皇岛海域和乐亭海域总氮含量较低。秦皇岛海域平面分布规律是近岸高、外海低，乐亭海域、唐海海域和黄骅海域等值线几乎是垂直海岸分布。其中，黄骅海域受黄河冲淡水和天津塘沽的影响，有一个朝西北方向浓度分布变化。从整体看河北省近岸海域沉积物中总氮含量不高，比较均匀。各海域（从北到南分为秦皇岛、乐亭、唐海和黄骅4片海域）近岸沉积物中总氮的含量水平排序为黄骅＞唐海＞乐亭＞秦皇岛，其中秦皇岛海域与乐亭海域的含量水平基本相同。

单因子指数法评价结果显示，河北省近岸海域沉积物中总氮污染指数变化范围为0.29～0.99，平均污染指数为0.58，超标率为0。从整体来看，各调查海域总氮的污染指数较低，且分布均匀，没有污染较重区域。与2004年调查结果比较，除乐亭海域海洋沉积物总氮调查结果略微降低外，其余3片海域的总氮调查结果均有增长趋势，尤其是黄骅海域增加近一倍。总体来看，虽然总氮的平均污染指数不高，在 0.46～0.76，但是由于有增长的趋势，总氮的污染问题也应该予以重视。

3.2.5 油类

海洋沉积物中油类包括广义的石油、生物分解产物及工业和生活污水等油类沾污物。海洋中油污染主要来源于工业和生活污水排放，占比 37%，船舶排放占 33%，其他来源有溢油、大气沉降、自然来源、海上石油探勘与生产。溢散到海面上之原油透过蒸发、氧化、乳化、分散、溶解、生物分解、沉积等作用分散在大气、水面、水中、海底沉积物。进入沉积物中的油类，一部分被嗜油微生物同化降解，一部分油类在海水作用下又释放返回水中，从而对生态环境造成影响。

2015 年河北省近岸海域沉积物中油类含量分布范围为 3.50～24.68 mg/kg，平均值为 8.65 mg/kg。秦皇岛海域油类的平均含量最高，其次是唐海海域和乐亭海域，黄骅海域平均含量最低。乐亭海域和唐海海域平面分布规律是近岸高，外海低，黄骅海域和秦皇岛海域是几乎垂直海岸线分布。从整体看，调查海域沉积物中油类含量普遍较低，而且比较均匀，平面分布变化不大。各海域（从北到南分为秦皇岛、乐亭、唐海和黄骅 4 片海域）近岸沉积物中油类的含量水平排序为秦皇岛＞唐海＞乐亭＞黄骅，其中乐亭海域和唐海海域的含量水平基本相同，仅为秦皇岛海域含量的一半。

根据单因子指数法评价结果，河北省近岸海域沉积物中油类污染指数变化范围为 0.01～0.05，平均污染指数为 0.02，超标率为 0。无论从各海域还是整个河北省近岸海域来看，明显高于 2004 年河北省海洋资源调查的结果；从污染指数来看，两次调查的油类平均污染指数都在 0.01～0.03，说明调查海域沉积物油类环境质量良好。

3.2.6 重金属

（1）汞

汞是微量重金属元素，汞及其化合物是剧毒物质。汞以气态、液态及固态形式存在。汞是典型亲铜元素，是热液作用中最活跃元素。锌精矿中含较高的汞；一些火山喷气、热水都含丰富的汞。汞除液态迁移外，也有气态沿大断裂带迁移。在地表环境中汞矿物极易还原成金属汞。例如，常见的甘汞（$HgCl_2$）矿物，其溶解度很高，在水中迁移较远；不易风化的辰砂和金属汞是机械迁移，胶体状态汞矿物粉末呈分散胶体迁移。汞在海洋沉积物中的存在形式有颗粒态、无机结合态、有机结合态。汞易被 Al、Fe、Mn 胶体及含羟基有机物、黏土矿物等吸附，铁锰结核中含汞亦较高。

2015 年河北省近岸海域沉积物中汞含量变化范围为 0.052～0.880 mg/kg，平均值为 0.213 mg/kg。整个海域平面分布特征是近岸低、离岸高。秦皇岛海域等值线密度大，浓度梯度变化明显，平均浓度最低，但存在一个大于 0.5 mg/kg 的高值区。乐亭海域和唐海海域等值线密度较小，浓度变化不明显，唐海海域的平均浓度最高。各海域（从北到南分为秦皇岛、乐亭、唐海和黄骅 4 片海域）近岸沉积物中汞的含量水平排序为秦皇岛＞唐海＞黄骅＞乐亭。

单因子指数法评价结果显示，河北省近岸海域沉积物中汞污染指数变化范围为 0.026～4.40，平均污染指数为 1.066，超标率为 35.7%。与 2004 年河北省海洋资源调查结果比较，秦皇岛海域汞污染指数增长了近 3 倍，而黄骅海域则下降了一半多，其他两个海域略高于 2004 年。从总体来看，河北省近岸海域的重金属汞（Hg）的污染较为严重，两次调查的平均污染指数均大于 1，且有污染加重的趋势，应该引起重视。

（2）砷

砷的化合物和元素均有毒，砷是多价元素，以 3 价和 5 价为主，3 价砷比其他砷化物毒性更大。砷是半金属元素，当环境介质中氧或硫的浓度很高时，易失去外层电子显金属性；当介质缺氧或硫时，易获得电子而显非金属性。含砷矿物有自然砷、雄黄、雌黄、毒砂等，也常出现于磁铁矿、方铬矿、黄铜矿、辉石等矿物中。在风化作用中，砷被释放进入溶液，其溶解性增强；氧化作用使砷由负价变为正价，在低氧条件下雄黄氧化成雌黄和砷华。砷华易溶于水生成亚砷酸，还原作用使砷还原为 3 价，如砷华、白砷矿沉淀。砷酸盐易被褐铁矿胶体和黏土吸附沉淀。

2015 年河北省近岸海域沉积物中砷含量变化范围为 8.38～22.76 mg/kg，平均值为 14.24 mg/kg。平面分布变化表现为秦皇岛海域、唐海海域和乐亭海域浓度梯度分布明显，都是近岸低、外海高。在滦河口附近有一个小于 10.0 mg/kg 低值区，黄骅海域的浓度梯度变化不明显，平均浓度最大。各海域（从北到南分为秦皇岛、乐亭、唐海和黄骅 4 片海域）近岸沉积物中砷的含量水平排序为黄骅＞乐亭＞秦皇岛＞唐海；其中，秦皇岛海域和唐海海域的含量水平基本相同，略小于乐亭海域，仅为黄骅海域含量的一半左右。

单因子指数法评价结果显示，河北省近岸海域沉积物中砷污染指数变化范围为 0.42～1.14，平均污染指数为 0.71，超标率为 21.4%。从整体来看，黄骅海域与其他海域相比污染较重。与 2004 年河北省海洋资源调查结果比较，除唐海海域略有降低外，其他海域重金属砷平均含量均略高于 2004 年。黄骅海域的平均污染指数为 1.07，河北省近岸海域砷污染问题应该引起重视。

(3) 铅

铅是高毒性重金属元素，是典型的亲硫元素，在自然界主要以方铅矿出现。铅是活动性很强的元素，具有极化能力很强的离子（Pb^{2+}），在环境中以各种化合态存在。在海洋沉积物中存在形态有6种，与铜具有相同的地球化学相，在不同的氧化还原条件下释放出来为生物体蓄积。黏土矿物、有机质、水合铁铅氧化物对铅有强烈的吸附作用，海洋铁锰结核中大量富集铅。

2015年河北省近岸海域沉积物中铅含量变化范围为11.3～27.7 mg/kg，平均值为19.2 mg/kg。乐亭海域和唐海海域铅平面分布为近岸低、外海高，但秦皇岛海域与之相反。黄骅海域的浓度变化不明显，但平均含量最高。从整体看调查海域沉积物中铅含量普遍较低。各海域（从北到南分为秦皇岛、乐亭、唐海和黄骅4片海域）近岸沉积物中铅的含量水平排序为黄骅＞唐海＞秦皇岛＞乐亭。

单因子指数法评价结果显示，河北省近岸海域沉积物中铅污染指数变化范围为0.39～0.82，平均污染指数为0.60，均优于一类海洋沉积物质量标准。与2004年河北省海洋资源调查结果比较，重金属铅的平均污染指数值在0.2～0.4，说明河北省近岸海域沉积物重金属铅环境质量良好。

(4) 镉

镉是银白色带蓝色光泽的金属元素，位于周期表的第五周期第二族（锌副族）中，原子序数为48。镉具有电离势较高、不易氧化的特点。在自然界中，镉是显著的亲铜元素和分散元素。镉与锌的地球化学性质很相似，两者有着共同的地球化学行为，但镉比锌具有更强的亲硫性、分散性和亲石性。镉的存在形式主要有类质同象、吸附状态和极少量独立矿物形式。在大多数情况下，镉以类质同像置换其他相应离子而存在于各种含镉矿物中，其中以闪锌矿的含镉量最高。但是，镉又有相当的亲石性，可同时进入氧化物和硫化物中。在硫化物中镉主要进入锌的硫化物内，在氧化物中镉存在于钙及锰的矿物中。在表生条件下，黏土、有机质、底泥和悬浮物对水体中的镉离子有强烈的吸附作用，而镉的沉淀主要通过碳酸盐的形式。在海洋沉积物中镉的存在形态有6种。与铜的地球化学相一样，镉在沉积物上的吸附速率很高，由水溶液进入沉积物仅两分钟达到吸附平衡。进入海洋环境中的镉，最终有相当部分进入沉积物中，并对底栖生物造成危害。

2015年，河北省近岸海域沉积物中镉含量分布范围为0.07～0.60 mg/kg，平均值为0.21 mg/kg。平面分布规律是近岸低、离岸高。乐亭海域和唐海海域的等值线密度大，浓度梯度变化明显，这两个海域的平均含量分布较高。秦皇岛海域和黄骅海域浓度梯度变化不明显，平均含量较低。从整体看，河北省近岸海域沉积物中镉含量普遍较低，而且比较均匀，平面分布变化不大。各海域（从北到南分为秦皇岛、乐亭、唐海和黄骅4片海域）近岸沉积物中镉的含量排序为唐海＞乐亭＞秦皇岛＞黄骅。

单因子指数法评价结果显示：河北省近岸海域沉积物中镉污染指数变化范围为0.14～1.20，平均污染指数为0.42，超标率为7.1%。与2004年河北省海洋资源调查结果比较，各海域重金属镉的污染程度均高于2004年。

总体上来看，河北省近岸海域及各海域沉积物环境质量有如下特点：

海域沉积物中硫化物污染严重，超标率64.3%，硫化物最大污染指数为2.26；其次是汞，有35.7%的站位超标，汞的最大污染指数达到4.40，出现在秦皇岛海域。另外，总磷和砷超标率都为21.4%，总磷和砷的最大污染指数均为1.14，污染程度相对硫化物和汞低。综合分析统计结果可知，河北省近岸海域沉积物评价因子的污染强度的排序为硫化物＞汞＞总磷＞砷＞镉＞总氮＞有机碳＞铅＞油类。

3.3 海洋生物质量

海洋环境是海洋生物的直接载体，海洋环境中的污染物可以通过多种途径进入海洋生物体中。这些途径包括从污染水体中直接吸收污染物、摄入污染沉积物、食用污染生物体。一旦污染物进入生物体，就会保留在动物组织内，并随着食物链的作用而逐步累积起来，其体内的污染物含量反映了生存环境的质量，同时可食用海洋生物质量的好坏对人体健康有着直接的影响。

一般来讲，双壳类动物体内污染物浓度与环境中相应污染物浓度呈正相关，即水环境中污染物浓度越高，其体内污染物浓度越高。污染物在生物体内的稳定性用生物半衰期表示。生物半衰期长的污染物，如滴滴涕、多氯联苯、多环芳烃、酞酸脂等难降解有机物，即使环境中污染消除，这些污染物也会在生物体内（特别是高营养级生物）保留很长时间。因此，相比于水环境中污染残留具有较大的变动性，海洋生物质量的评价结果更能反映海洋环境的污染程度，尤其是用于长期的污染趋势评价，结果更加可靠。因此，评价生物体内污染物的残留现状及变化趋势是获得海洋环境污染现状及变化趋势的一种有效手段。

以2015年河北省近岸海域5个采样站位9种经济贝类25个样品污染物残留量水平进行分析。每个站位分别采集5种样品。其中，在5个站位都采集到的有毛蚶和脉红螺，4个站位采集到缢蛏，3个站位采集到海湾扇贝和扁玉螺，2个站位采集到文蛤，青蛤、中国蛤蜊、菲律宾蛤仔只在1个站位采集到。依据《海洋生物质量》（GB 18421—2001），对河北省贝类生物质量进行评价，评价指数结果见表3.1。

表 3.1　河北省近岸海域贝类生物质量评价指数（一类标准）

区域	生物名称	评价指数										
		汞	铜	铅	锌	镉	铬	砷	石油烃	六六六	滴滴涕	多氯联苯
唐海	海湾扇贝	0.52	0.26	0.47	1.78	2.85	1.18	2.65	0.68	0.34	0.12	0.13
唐海	毛蚶	0.23	0.15	0.69	0.69	3.00	1.72	1.15	0.34	0.31	0.33	0.11
唐海	文蛤	0.15	0.16	1.72	0.87	1.23	1.72	0.99	0.47	0.52	0.66	0.15
唐海	脉红螺	0.07	0.62	0.94	1.86	2.61	0.92	1.85	0.32	0.37	0.93	0.72
唐海	扁玉螺	0.70	0.54	0.52	0.87	1.78	1.26	3.24	0.32	0.24	0.41	1.25
黄骅	缢蛏	0.83	0.42	0.82	0.74	0.78	0.98	3.63	0.48	0.26	0.42	1.18
黄骅	毛蚶	0.35	0.18	0.76	0.67	2.91	1.08	0.78	0.60	0.42	3.39	0.88
黄骅	文蛤	0.46	0.13	1.62	0.45	1.93	1.80	3.15	0.32	0.80	1.20	0.17
黄骅	脉红螺	1.01	0.47	0.49	1.22	3.39	0.98	2.45	0.46	0.64	0.69	0.06
黄骅	扁玉螺	1.00	0.54	—	1.16	1.88	1.50	3.42	0.38	0.42	1.56	0.05
秦皇岛	缢蛏	0.24	0.33	0.40	1.00	1.48	1.18	2.06	0.58	0.40	0.31	0.06
秦皇岛	毛蚶	0.23	0.13	1.16	0.53	3.01	0.82	1.29	0.94	0.30	0.10	0.83
秦皇岛	菲律宾蛤仔	0.12	0.08	0.74	0.89	1.26	0.40	0.58	0.98	0.33	0.16	0.18
秦皇岛	脉红螺	0.43	0.25	—	1.06	2.68	0.62	1.31	0.68	0.53	0.59	0.18
秦皇岛	海湾扇贝	0.11	0.13	0.66	1.46	2.77	0.98	0.74	1.08	0.30	0.18	0.17
京唐港	缢蛏	0.64	0.10	—	1.05	0.55	0.60	3.07	0.60	0.37	0.30	0.15
京唐港	毛蚶	0.24	0.22	—	0.61	2.74	0.88	1.07	0.42	0.24	0.42	0.10
京唐港	青蛤	0.62	0.14	1.79	0.64	0.86	1.04	2.68	0.29	0.29	0.74	0.15
京唐港	脉红螺	0.72	0.80	—	1.62	2.84	0.68	1.51	0.32	0.35	0.88	0.16
京唐港	扁玉螺	0.76	0.79	0.63	1.14	2.94	1.30	3.33	0.47	0.31	0.63	0.11
昌黎	缢蛏	0.35	0.46	1.18	1.13	1.68	1.48	2.22	0.57	0.31	0.49	0.13
昌黎	毛蚶	0.23	0.13	—	0.67	3.22	1.22	1.33	0.80	0.26	0.21	0.11
昌黎	脉红螺	0.43	0.47	—	1.08	2.54	0.76	1.41	0.49	0.23	0.79	0.09
昌黎	海湾扇贝	0.19	0.22	1.24	1.46	2.95	1.38	1.02	0.65	0.38	0.25	0.25
昌黎	中国蛤蜊	0.09	0.10	0.76	0.77	1.28	0.98	0.87	0.40	0.38	0.25	0.24
最大值		1.01	0.80	1.79	1.86	3.39	1.80	3.63	1.08	0.80	3.39	1.25
最小值		0.07	0.08	0.40	0.45	0.55	0.40	0.58	0.29	0.23	0.10	0.05
平均值		0.43	0.31	0.92	1.01	2.20	1.10	1.91	0.55	0.37	0.64	0.30
超标率（%）		68.0	0	24.0	52.0	88.0	52.0	80.0	4.0	0	12.0	8.0

以一类标准进行评价，河北省近岸海域调查的 9 种贝类生物 25 个样品中，25 个贝类生物质量全部超标；其中，主要有 9 种污染物残留量超标，镉占贝类生物质量超标率的 88.0%、砷超标率为 80.0%、铬超标率为 52.0%、锌超

标率为 52.0%、铅超标率为 24.0%、滴滴涕超标率为 12.0%、多氯联苯超标率为 8.0%、汞超标率为 8.0%、石油烃超标率为 4.0%。贝类生物污染物铜和六六六残留量都没有超标，符合生物质量一类标准。

河北省近岸海域调查的 9 种贝类生物 25 个样品中，25 个贝类生物质量全部超一类标准。也就是说，在河北省近岸海域调查的生物贝类采样区域，生物质量均不符合海洋渔业水域、海水养殖、海洋自然保护与人类食用直接有关的水质要求。

3.4 海洋生物资源

3.4.1 叶绿素 a 与初级生产力

(1) 叶绿素 a

2015 年春季，河北省近岸海域表层海水中叶绿素 a 含量变化范围介于 0.12～2.69 mg/m^3，平均值为 0.57 mg/m^3。叶绿素 a 高值区主要分布在唐山乐亭海域，相对低值区主要分布在秦皇岛海域和黄骅海域（图 3.1）。夏季，河北省近岸海域表层海水中叶绿素 a 含量变化范围波动较大，介于 0.63～11.28 mg/m^3，平均值为 4.02 mg/m^3；相对高值区分布在秦皇岛海域和沧州海域，相对低值区主要分布在唐山海域（图 3.2）。秋季，河北省近岸海域中层海水中叶绿素 a 含量变化范围波动也较大，介于 1.60～12.80 mg/m^3，平均

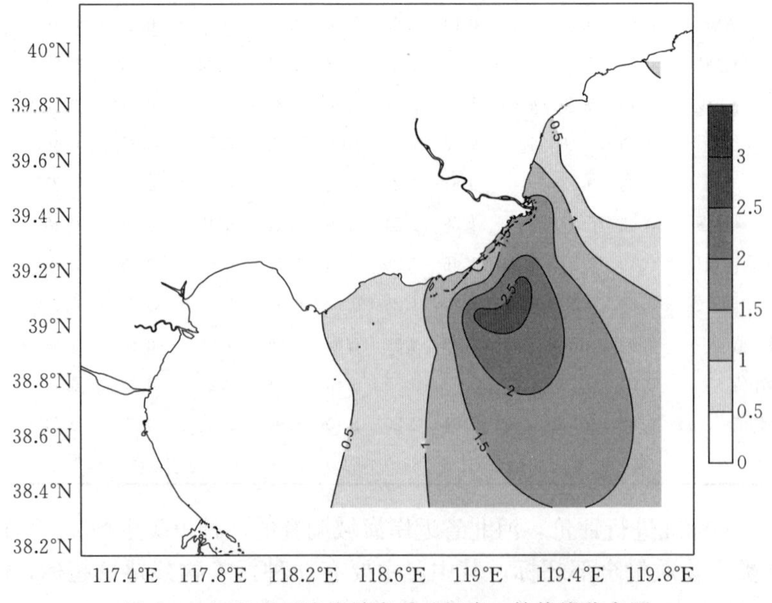

图 3.1 河北省近岸海域春季叶绿素 a 等值线分布图

值为 4.88 mg/m³；相对高值区分布在秦皇岛东部远岸海域，相对低值区分布在秦皇岛西部海域（图 3.3）。冬季，河北省近岸海域表层海水中叶绿素 a 含量变化范围介于 0.47～7.79 mg/m³，平均值为 1.03 mg/m³，相对高值区分布在沧州南部海域，其他海域的叶绿素 a 含量都较低（图 3.4）。

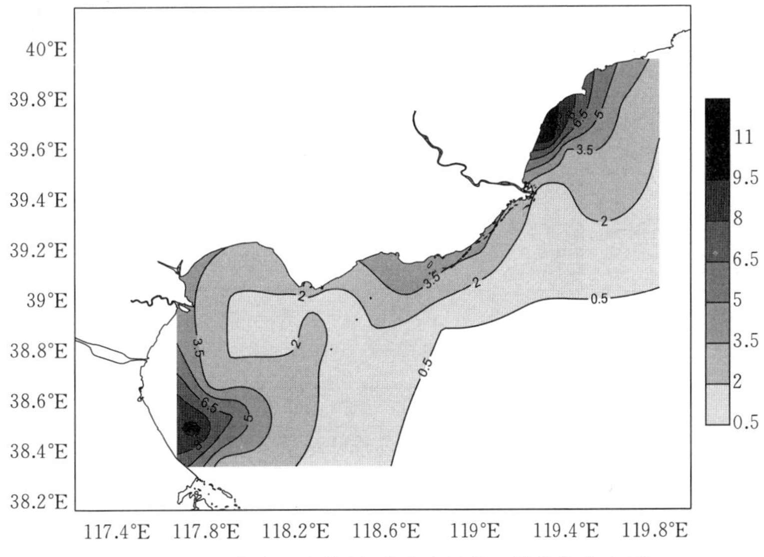

图 3.2 河北省近岸海域夏季叶绿素 a 等值线分布图

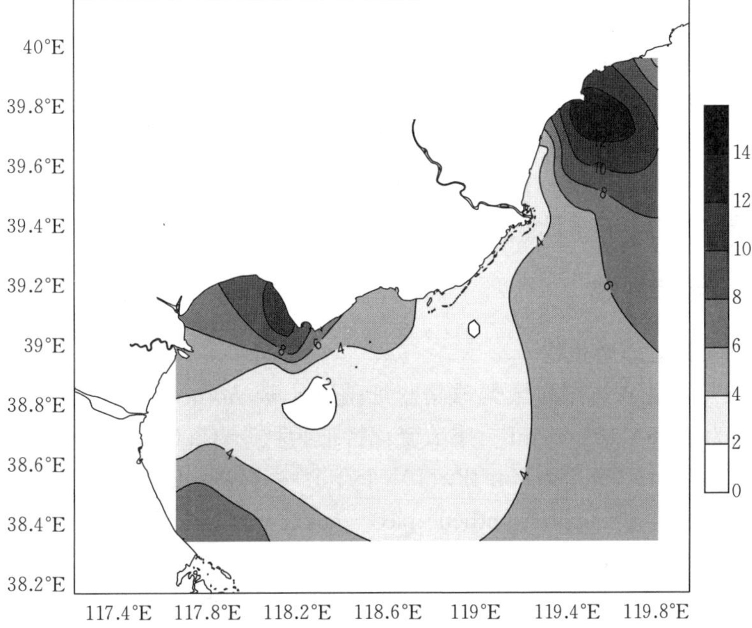

图 3.3 河北省近岸海域秋季叶绿素 a 等值线分布图

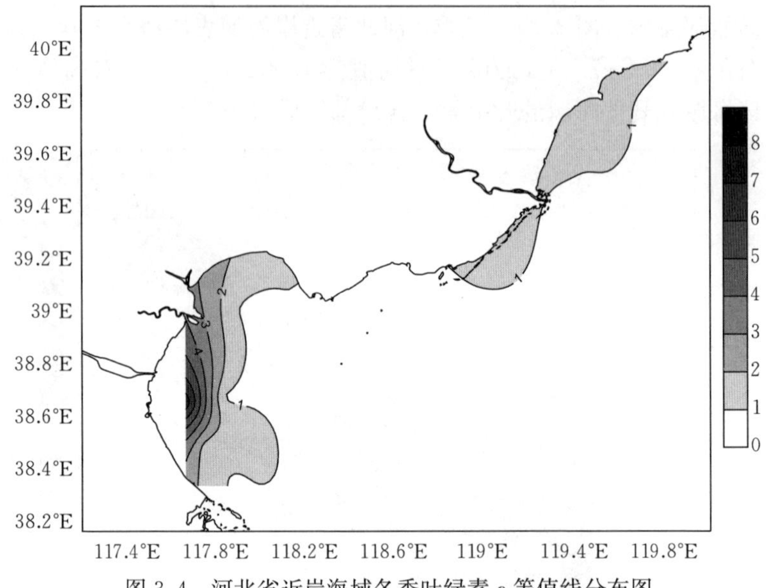

图 3.4 河北省近岸海域冬季叶绿素 a 等值线分布图

(2) 初级生产力现状

海洋初级生产力是海洋初级生产者通过同化作用将无机物转化为有机物的能力。它是估算海洋生物资源，反映海洋生态环境特征和质量的一个重要参量。研究海洋初级生产力对于正确理解海洋生态系统，合理利用和管理海洋生物资源和环境都具有重要的意义。

^{14}C 同位素示踪法计算的现场初级生产力检测结果表明，河北近岸海域全年初级生产力（以碳计，下同）的总平均值为 401.96 mg C/(m^2 · d)，该值接近温带近岸水域平均值。初级生产力值随季节变化明显，夏季最高，秋季次之，冬季再次之，春季最低。

3.4.2 浮游生物

(1) 微微型浮游生物

2015 年河北省近岸海域聚球藻蓝细菌（*Synechococcus* spp.，SYN）的丰度年平均为 4.46×10^3 个/mL；季节变化特征为秋季（5.68×10^3 个/mL）>冬季（5.45×10^3 个/mL）>夏季（4.12×10^3 个/mL）>春季（2.57×10^3 个/mL）。微微型光合真核生物（photosynthetic pico - eukaryote，PEUK）春季、夏季、秋季、冬季平均丰度分别为 3.43×10^2 个/mL、1.64×10^2 个/mL、6.54×10^2 个/mL、6.11×10^2 个/mL。季节变化特征为秋季>冬季>春季>夏季。全年丰度变化从 0.84～17.47×10^2 个/mL，平均值为 4.43×10^2 个/mL。

(2) 微型浮游生物

2015年河北省近岸海域微型浮游生物5大类90种，其中硅藻20属53种、甲藻5属7种、原生动物门24种、着色鞭毛藻门4属5种、蓝藻门1属1种。硅藻种类占微型浮游生物种类数58.9%，原生动物占26.7%，甲藻占7.8%，着色鞭毛藻占5.6%，蓝藻占1.0%；硅藻和原生动物占海域微型浮游生物主要部分。河北省近岸海域四季主要分布菱形藻、长菱形藻、柔弱菱形藻、尖刺菱形藻、洛氏菱形藻、圆筛藻、偏心圆筛藻、角毛藻、旋链角毛藻、中肋骨条藻、海链藻、具槽直链藻、佛氏海毛藻、蜂腰双壁藻等近岸海域常见硅藻。

春季，河北省近岸海域表层海水中微型浮游生物细胞数量平均为2.6×10^4个/m^3，相对高值区位于黄骅离岸较远海域，相对低值区主要位于秦皇岛海域（图3.5)。夏季，河北省近岸海域表层海水中微型浮游生物细胞数量平均为54.0×10^4个/m^3，相对高值区位于秦皇岛近岸海域，相对低值区主要位于黄骅和唐山海域（图3.6)。秋季，河北省近岸海域表层海水中微型浮游植物细胞数量平均为2.1×10^4个/m^3，相对高值区位于唐山近岸海域，相对低值区主要位于黄骅和秦皇岛海域（图3.7)。冬季，河北省近岸海域表层海水中微型浮游生物细胞数量平均为1.8×10^4个/m^3，相对高值区位于黄骅近岸海域，相对低值区主要位于秦皇岛东部海域（图3.8)。

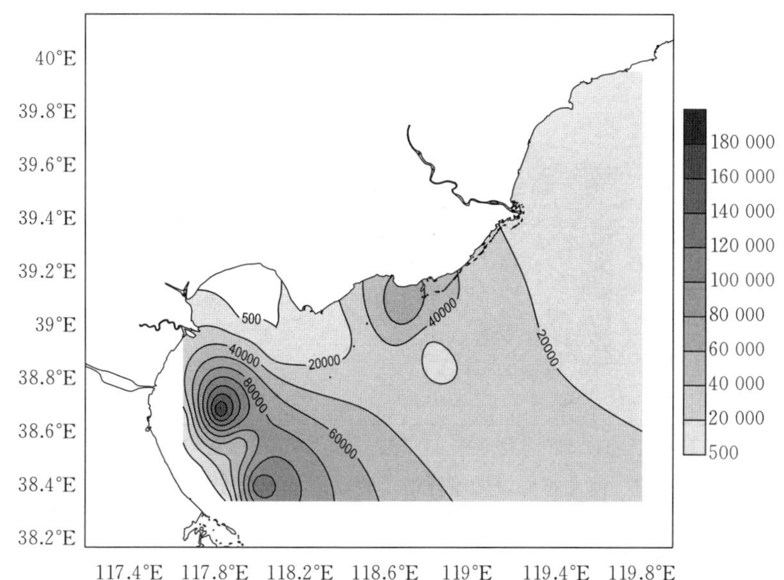

图3.5 河北省海域微型浮游生物春季细胞密度等值线分布

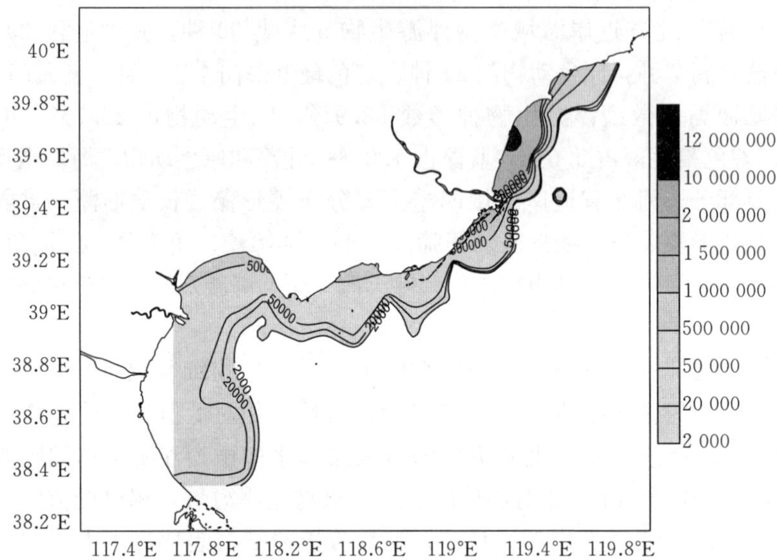

图 3.6　河北省海域微型浮游生物夏季细胞密度等值线分布

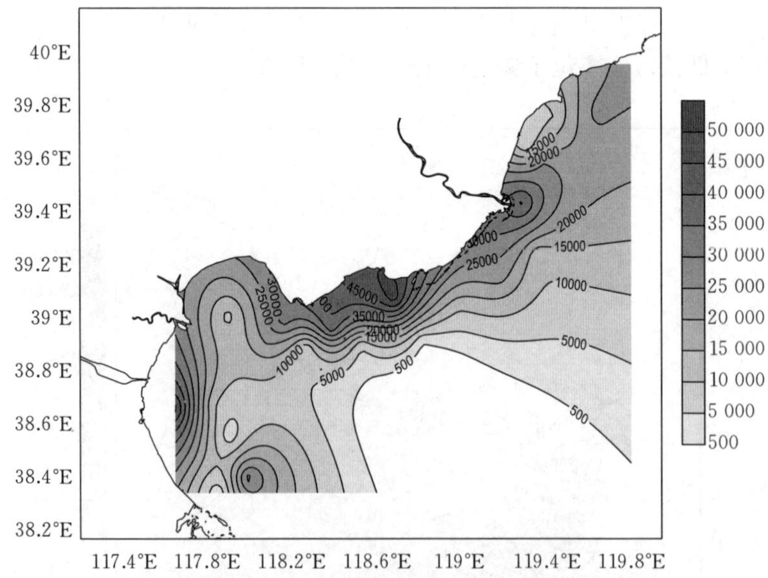

图 3.7　河北省海域微型浮游生物秋季细胞密度等值线分布

(3) 小型浮游生物

2015 年河北省近岸海域的小型浮游生物为 4 大类 26 科 39 属 105 种，主要隶属于圆筛藻属（*Coscinodiscus*）、骨条属（*Skeletonema*）、直链藻属（*Melosira*）、

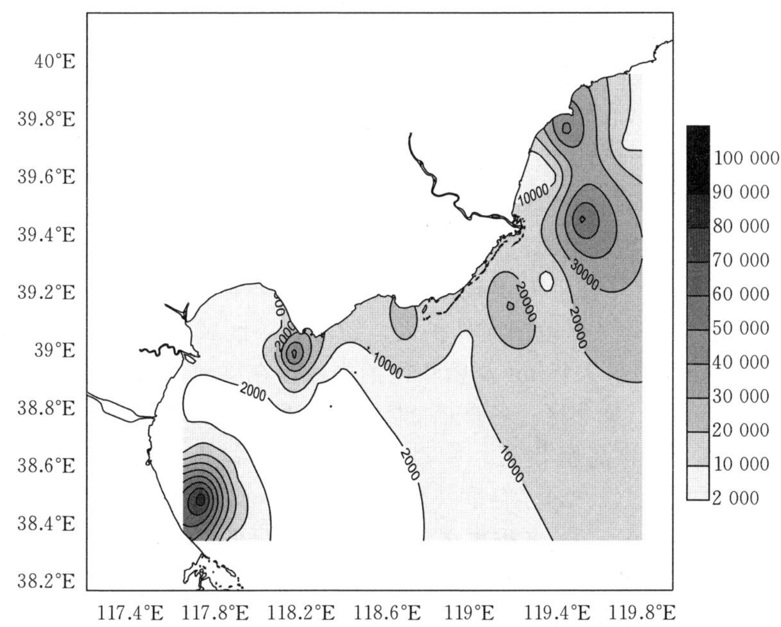

图 3.8　河北省海域微型浮游生物冬季细胞密度等值线分布

盒形藻属（*Biddulphia*）、双尾藻属（*Ditylum*）、角毛藻属（*Chaetoceras*）、根管藻属（*Rhizosolenia*）、菱形藻属（*Nitzschia*）和角藻属等（*Ceratium*）。在对全年 4 个季度的调查中，小型浮游生物平面分布呈明显的斑块状分布，空间分布不均匀。春季、夏季、秋季、冬季小型浮游生物细胞数量平均分别为 124.62×10^4 个/m^3、158.21×10^4 个/m^3、122.35×10^4 个/m^3、40.79×10^4 个/m^3。小型浮游生物细胞数量平均值沧州海域>秦皇岛海域>唐山海域。

（4）大、中型浮游生物

2015 年河北省近岸海域大、中型浮游生物 10 大类 64 种。其中，桡足类 19 种，占总种数 29.7%；水母类 14 种，占总种数 21.8%；枝角类 3 种，占总种数 4.7%；糠虾类 3 种，占总种数 4.7%；端足类 3 种，占总种数 4.7%；十足类 3 种，占总种数 4.7%；其他（包括涟虫类、毛颚类和有尾类）4 种，占总种数 6.3%；浮游幼虫 15 种，占总种数 23.4%。

2015 年河北省近岸海域大型浮游生物总生物量的平面分布无规律性，呈块状分布。春季，总生物量最高值出现在唐山海域（2 735 mg/m^3），最低值出现在沧州黄骅海域（50 mg/m^3）。夏季，大部分水域总生物量都为 100～500 mg/m^3，仅在秦皇岛和沧州黄骅外出现小范围大于 1 000 mg/m^3 高度密集区，总生物量最高值出现在秦皇岛外海（1 574 mg/m^3）。秋季，总生物量最高值出现在滦河口外（3 347 mg/m³），这主要由强壮箭虫和水母类大量密集所致。冬季，总生物量明显下降，广大水域总生物量都在 100～500 mg/m³，总生物量最高值出现在秦皇岛外海（478 mg/m³）。大型浮游生物多样性指数以夏季最高（2.00），冬季次之（1.90），秋季（1.66）、春季（1.65）较低；均匀度则冬季最高（0.62），春季次之（0.61），夏季再次之（0.55），秋季最低（0.46）。

2015 年春季，河北省近岸海域中型浮游生物总个体密度大于 10 000 个/m³ 的高密集区出现在现在渤海湾湾口以北近岸海域，250～1 000 个/m³ 的稀疏区出现在黄骅海域，并在近岸出现小范围小于 250 个/m³ 分布区；夏季大于 10 000 个/m³ 的高密集区范围向外扩大，约占调查区域 50%以上；秋季密度明显下降，大于 10 000 个/m³ 高密集区消失，仅在滦河口和渤海湾北岸出现 1 000～5 000 个/m³ 密集区；冬季总个体密度有所增加，在滦河口外又出现大于 10 000 个/m³ 的高密集区。中型浮游生物多样性指数也以夏季最高（2.06），冬季次之（1.82），春季（1.72）和秋季（1.64）较低；均匀度指数则春、夏季最高（0.57），冬季次之（0.54）秋季最低（0.45）。

（5）鱼类浮游生物

2015 年河北省近岸海域春、夏、秋、冬 4 个航次调查共采集到 6 种鱼卵。其中，石首鱼鱼卵 3 种，占 50%；鲱形鱼鱼卵 2 种，占 33%；带鱼鱼卵 1 种，占 17%。从鱼卵季节分布来看，以夏季出现鱼卵种类最多（6 种），秋、冬季各采到 1 种，春季未采到鱼卵。春、夏、秋、冬四季共采集到仔鱼 13 种。夏季出现仔鱼种类最多（9 种），其次冬季（4 种）＞秋季（2 种）＞春季（1 种）。

（6）游泳动物

2015 年河北省近岸海域四季拖网调查共获取渔获种类 57 种。其中，鱼类 40 种，占种类总数的 70.17%，隶属 8 目 26 科 36 属；甲壳类 13 种，占种类总数的 20.81%，隶属 2 目 7 科 8 属；头足类 4 种，占种类总数的 7.02%，隶属 2 目 3 科 3 属。捕获游泳动物的总生物量为 3 170.67 kg，平均生物量为 56.62 kg/h。其中，鱼类为 1 890.57 kg，占总生物量的 59.63%，平均生物量为 33.76 kg/h；甲壳类为 1 061.586 kg，占总生物量的 33.48%，平均生物量为 18.96 kg/h；头足类为 218.52 kg，占总生物量的 6.89%，平均生物量为 3.90 kg/h。

全年四季捕获的 40 种鱼类中，优势种有 12 种。按 IRI 大小依次是尖尾鰕虎鱼、黄鲫、焦氏舌鳎、青鳞鱼、小带鱼、赤鼻棱鳀、短鳍衔、小黄鱼、白姑鱼、矛尾刺鰕虎鱼、凹鳍孔鰕虎鱼、斑鰶，其生物量合计占鱼类生物量的 86.87%，占渔获尾数的 96.75%。全年捕获的 17 种无脊椎动物中，优势种有 9 种，按 IRI 大小依次是口虾蛄、日本鼓虾、短蛸、日本蟳、葛氏长臂虾、日本枪乌贼、三疣梭子蟹、褐虾和长蛸，其生物量合计占无脊椎动物生物量的

97.46%，渔获尾数占92.56%。

与1984年相比，2015年河北省近岸海域鱼类种类减少46种，平均生物量减少了46.8%，但是平均生物密度却增加了27.0%。造成密度增加和生物量减少的原因应该是大型经济鱼类减少、小型无经济价值或经济价值较低的鱼类增加。

(7) 底栖生物

2015年河北省近岸海域大型底栖生物148种，分属9个门类，其中腔肠动物1种、纽形动物1种、环节动物70种、软体动物32种、节肢动物28种、棘皮动物12种、腕足动物1种、毛颚动物1种和脊索动物2种。2015年河北省近岸海域大型底栖生物年平均栖息密度为177.75个/m^2，年平均生物量为21.27 g/m^2。与1984年河北省海岸带资源调查和2004年河北省海洋资源调查资料相比，比1984年底栖生物种类减少52种，比2004年减少34种。底栖生物种类组成中，有一个比较显著的变化特征就是1984年河北省海域底栖软体动物种数（76种）明显高于2004年（31种）和2015年种数（32种）；1984年河北省海域底栖环节动物（多毛类）种数（31种）明显低于2004年（63种）和2015年种数（70种）。总而言之，小型生物种数明显增加，大型生物种数明显减少。

2015年河北省近岸海域小型底栖生物由11个类群组成，分别是线虫、桡足类、多毛类、介形类、双壳类、甲壳类、端足类、涟虫、腹足类、动吻类、涡虫类。其中，主要类群是线虫、桡足类、多毛类和介形类，优势的类群是线虫。小型底栖生物的总平均丰度为990.13 ind./10 cm^2，其中线虫是最优势的类群，平均丰度为907.93 ind./10 cm^2，占小型底栖生物总丰度的91.7%。各类群平均丰度的季节变化没有明显规律，线虫和桡足类在冬季达到丰度值高峰，桡足类在春、夏季丰度值也较高。多毛类、介形类和其他类群（除去线虫、桡足类、多毛类和介形类4个主要类群后，剩余所有类群的组合），则在秋季达到丰度值高峰。

(8) 潮间带生物

2015年河北省近岸海域潮间带生物119种，隶属于12个门类，其中软体动物、多毛类最多，均为35种，各占生物种类总数的29.41%。潮间带生物平均密度为601.72个/m^2。其中，软体动物平均生物密度最高，为552.44个/m^2，占总平均密度的91.81%；其次是多毛类，平均生物密度为27.50个/m^2，占4.57%；甲壳类第三，平均生物密度为18.57个/m^2，占3.09%。潮间带生物平均生物量为60.71 g/m^2，其中以软体动物最高，为52.07 g/m^2，占总平均生物量85.77%；其次是甲壳类6.13 g/m^2，占10.1%；多毛类第三，为1.39 g/m^2，占2.29%；其他类为1.01 g/m^2，占1.66%；棘皮动物为

0.09 g/m^2，占0.15%；平均生物量最小的是藻类，为0.02 g/m^2，占0.03%。全海域潮间带生物丰富度指数变化范围为0.15～1.46；生物物种多样性指数变化范围为0.04～2.85；均匀度指数变化范围为0.02～4.78。

与1984年（163种）和2004年（140种）相比，2015年河北近岸海域潮间带生物种类组成呈下降趋势。潮间带生物总平均密度与1984年相比，下降了31.55%，比2004年下降了8.04%。除多毛类栖息密度呈上升趋势外，其余各类均呈下降的趋势。潮间带生物总平均生物量比1984年下降75.66%，比2004年下降15.55%。多毛类中软体动物、甲壳动物的生物量呈下降趋势，其中软体动物的下降幅度最大。这说明大型经济贝类减少是影响总平均生物量的主要因素。

3.5 滨海湿地

本书中的滨海湿地是指渤海岸线向海一侧至−6 m等深线的碱蓬地、芦苇地、河流水面、水库坑塘、海涂、滩地、浅海水域及其他8类湿地类型，各湿地类型含义如下：

碱蓬地：指生长着一年生草本植物碱蓬的碱湖周边湿地或海涂湿地；

芦苇地：指生长着多年水生或湿生芦苇的池沼、河岸或沟渠湿地；

河流水面：指天然形成或人工开挖的河流及主干渠常年水位的水面；

水库坑塘：指人工修建的蓄水区和养殖池塘；

海涂：指沿海大潮高潮位与低潮位之间潮浸地带的湿地；

滩地：指河、湖水域平水期水位与洪水期水位之间的湿地；

浅海水域：−6 m等深线至岸线区域的天然水域；

其他：指其他湿地，包括盐田、城市景观和娱乐水面等。

根据美国陆地卫星Landsat TM数据、“环境一号”卫星数据、中巴资源卫星（CBERS）的CCD数据等遥感资料，2015年河北省滨海湿地面积为2 198.25 km^2，主要集中在沧州、曹妃甸及北部地区的沿海区域，主要类型有碱蓬、河流水面、水库坑塘、海涂、滩地、浅海水域及其他类湿地组成（附图7）。其中，浅海水域湿地总面积最大，为1 809.21 km^2，占滨海湿地总面积的82.30%；其次，水库坑塘相对于其他湿地也占有较为优势的地位，为192.26 km^2，占滨海湿地总面积的8.74%；此外，为海涂及其他类湿地，面积分别为144.37 km^{2}和37.59 km^2，分别占6.56%和1.7%；碱蓬地、河流水面、滩地的面积都较少，分别为1.18 km^2、12.37 km^{2}和1.27 km^2。

4 河北省近岸海域污染状况

4.1 陆源排污状况

4.1.1 主要江河入海污染物

2005—2014 年，分别对滦河、小青龙河、陡河、宣惠河等河北省主要河流的污染物入海情况进行监测，监测结果见表 4.1。主要污染物包括化学需氧量、氨氮、油类、重金属、砷等；其中，化学需氧量所占比重较大，占到污染物排放总量的 96%以上，其余排放污染物总和约占 4%。2012 年河北省主要河流入海污染物总量最高，为 323 914.3 t，2013 年、2014 年主要河流入海污染物总量有所减少。

表 4.1　2005—2014 年河北省主要河流入海污染物量

单位：t

年份	化学需氧量	氨氮	油类	重金属	砷	总量
2005	147 105.8	1 157.3	201.4	39.4	2.06	148 507.5
2006	164 703	393.2	72.1	25.2	2.1	165 195.6
2007	24 482.5	479.86	84.22	46.31	3.99	25 096.88
2008	62 707.7	589.9	139.9	31.52	7.75	63 475.96
2009	36 797	749	218	23	2	37 789
2010	45 434	389	96	26	3.3	45 948.3
2011	42 886.47	5 902.97	82.91	63.62	6.49	48 942.48
2012	308 041.6	14 872.92	828.45	161.56	9.76	323 914.3
2013	114 349.8	3 113.25	162.53	40.05	2.24	117 667.9
2014	54 746.6	2 787.29	92.67	44.63	5.99	57 677.18

4.1.2 陆源入海排污口监测状况

2014 年河北省海洋环境监测中心对入海排污口开展的监测，共覆盖了河北省沿海三市的25个排污口。

(1) 污染程度

2014年，对河北省入海排污口共监测99次监测，达标次数为63次，达标率为64%（表4.2）。相比较而言，河北省入海排污口达标率高于环渤海其他省份。

表4.2 2014年河北省实施监测的排污口达标排放情况

地区	秦皇岛市	唐山市	沧州市	合计
达标率	53%（19/36）	56%（15/27）	81%（29/36）	64%（63/99）

2014年，河北省沿岸入海排污口主要超标物质为化学需氧量、悬浮物、总磷、氨氮。其中，化学需氧量的超标率平均达到9%，总磷超标率平均为13%，悬浮物的超标率达到了29%（表4.3）。与往年相比，各污染物的超标率基本保持稳定状态，但悬浮物超标率波动较大。

表4.3 2014年河北省实施监测的排污口主要污染物超标情况

年份	化学需氧量超标率	总磷超标率	悬浮物超标率	氨氮超标率
2014	9%	13%	29%	1%

(2) 综合污染程度

表4.4给出了河北省沿海三市入海排污口综合评价等级的2014年度情况。评价的结果表明，评价等级为C级（对邻近海域的环境压力中等）、D级（对邻近海域的环境压力较低）的排污口平均占据排污口数量的68%，无A级（即对邻近海域的环境压力高）排污口，E级（对邻近海域的环境压力低）的排污口数量较少。

表4.4 2014年河北省入海排污口环境综合评价等级情况

区域	A	B	C	D	E	总计
沧州市		3	1	4	1	9
秦皇岛市		3	4	2		9
唐山市		1	2	4		7
合计	0	7	7	10	1	25

(3) 污水及污染物入海情况

对2014年河北省入海排污口的污水入海量进行统计的结果（表4.5）表明，2014年排污口污水入海量达到971 129万t。入海污染物以悬浮物为主，

2014年悬浮物入海量占到入海排污口污染物入海总量95%左右；其次为化学需氧量。2014年，化学需氧量入海量19.34万t，是2010年2.8倍；氮、磷等营养物质的入海量为0.88万t（表4.5）。2014年，河北省污水和污染物入海量剧增原因主要由京津地区7月底、8月初的强降水所导致。大量陆源降水携带大量面源污染物，通过沟渠等进入排污河，形成洪峰，冲刷多年沉积于河道的污染物，使2014年污水和污染物入海量，特别是悬浮物入海量大幅增加。

表4.5 2014年河北省入海排污口主要污染物入海量

单位：万t

区域	年污水入海量	化学需氧量	悬浮物	氨氮	总磷	总计
沧州市	541 925	5.07	43.29	0.59	0.05	49.01
秦皇岛市	219 104	10.06	5.54	0.09	0.06	15.74
唐山市	210 101	4.21	16.90	0.05	0.03	21.19
合计	971 129	19.34	65.72	0.74	0.14	85.94

4.2 海上污染源

河北省沿海地区是河北省社会经济快速发展的区域，海洋生态系统作为沿海经济的基础支撑，其服务功能对区域经济发展起着决定性作用。但是，随着环渤海沿海地区经济建设的快速发展，海洋生态系统正承受着前所未有的巨大压力，海洋石油开发、海水养殖、临海工业等向海洋排放的污水、废水、废物是造成渤海海洋环境污染和生态破坏的重要因素。海洋正面临着异常严峻的形势：生态环境急剧恶化，赤潮频发；渔业资源趋于枯竭，生物多样性锐减；养殖病害蔓延，资源再生能力下降；溢油、违章倾废等事件频繁发生；资源开发和环境利用长期处于无序、无度状态；渤海正在趋于“荒漠化”，某些海区已成“死海”。海洋的服务功能显著下降，可持续利用能力加速丧失，整体环境污染严重，不仅制约河北省沿海地区经济的快速发展，也严重威胁着沿岸人民的身体健康。

4.2.1 海水养殖

河北省近岸海域内大型海水养殖区主要有3个，分别为昌黎新开口养殖区、乐亭滦河口养殖区和黄骅李家堡养殖区。随着海水养殖业的迅速发展，盲目扩大规模和不当的养殖方式，饵料、化学药物的投放，导致养殖环境不断恶化，负面效应日益严重。海水的自净能力是有限的，当海水养殖释放到水体中的物质超过其所能承受的最大限度时，即超过海水的环境容量时，养殖便会对海洋环境造成一定程度的污染。海水养殖对海洋环境的污染主要来源于3个方面：一是残饵、排泄物等营养物质；二是养殖药物；三是底泥富集。

2015年，河北省近岸海域内大型海水增养殖区环境质量等级为优良，基本能满足养殖功能要求（表4.6），2015年河北省海域内海水增养殖区综合环境质量等级为优良。增养殖区海水主要超标物质为无机氮，个别增养殖区的pH、粪大肠菌群和石油类浓度超海水二类水质标准。增养殖区沉积物质量总体情况良好，各监测指标均符合养殖环境要求。

表4.6　2015年河北省主要大型海水增养殖区概况及环境质量等级

养殖区名称	主要养殖种类	主要养殖方式	环境质量等级
昌黎新开口养殖区	扇贝、海参、对虾、河豚	筏式为主，兼有底播、滩涂、工厂化养殖	优良
乐亭滦河口养殖区	扇贝	筏式养殖	优良
黄骅李家堡养殖区	虾、梭子蟹	池塘养殖	优良

4.2.2　油气开采

河北省海域油气资源丰富，拥有秦皇岛32－6油田、曹妃甸1－6油田、南堡35－2油田等主要代表性油田。海洋油气资源及其开发利用在环渤海地区乃至全国沿海地区的优势地位明显，为打造河北海洋石油化工强势产业奠定了资源基础。

虽然海洋油气资源的勘探开发项目能够创造巨大的社会效益和经济效益，但油气开发的生态环境影响也不容忽视。第一，在开采过程中，海床的岩土遭到破坏，影响底栖生物的生存环境。在钻井中，带有原油的泥浆从岩土底层被抽取部分进入附近海域，泥浆的物理化学特性改变周围环境。第二，在钻井作业中，钻井液、水下切割、油漆、平台的阴极保护，会对周围环境产生重金属污染。第三，采油过程中原油的泄漏对海洋环境的影响是最大的，泄漏的原油覆盖在海水表面，改变水体的溶解度，油组分进入生物链富集，污染近海养殖，危害海洋生物健康，造成经济损失，化学消油剂的使用更会造成二次污染。第四，海洋石油平台作业期间进行海洋清洗或防腐蚀作业时，未达到排放标准的废水同样会造成环境污染。

2012年，渤海27个海洋油气田（群）及周边海域海水监测结果显示，局部海域海水石油类浓度超第二类海水水质标准。排放生产水的渤西油田群、曹妃甸油田群、秦皇岛32－6油田周边海域沉积物环境状况总体良好，生物群落结构正常，但局部区域沉积物石油类含量有所升高。

4.2.3 海洋倾倒

随着河北省沿海经济的不断发展，对港区规模、航道通航水深和港口靠泊吨位的要求不断提高，使海洋倾倒量逐年增长，对倾倒区的要求日益增加。2015 年，河北省实际共使用海洋倾倒区 5 个，倾倒量为 1 742 万 m^3，比 2011 年增加 15.1%，倾倒的废弃物主要为港口及航道疏浚物（表 4.7）。

表 4.7 2015 年河北省疏浚物倾倒情况统计

区域	使用倾倒区（个）	倾倒量（万 m^3）
秦皇岛	1	35
唐山	1	33
沧州	3	1 674
合计	5	1 742

倾倒区周边海域环境状况的监测表明，5 个倾倒区海域的水质、沉积物质量及海洋生物状况与周边海域基本一致，倾倒活动未对周边海域环境质量造成明显影响。秦皇岛港港区维护性疏浚工程临时海洋倾倒区、唐山港京唐港区维护性疏浚物临时海洋倾倒区、黄骅港综合港区航道工程疏浚物临时海洋倾倒区和赵东区块 C/D 油田临时海洋倾倒区的倾倒活动对倾倒区水深影响较小；黄骅港疏浚物临时海洋倾倒区倾倒活动对倾倒区的水深产生了一定影响，但仍满足继续倾倒的功能要求。

总体上，倾倒区海洋环境状况符合海洋倾倒区的环境保护要求，倾倒活动未对邻近海域环境敏感区及其他海上活动造成明显影响。

4.2.4 海上溢油污染事故

海上运输是国际石油运输的基本形式。随着全球经济的发展，通过海上运输的原油急剧增加，油船日趋大型化，吨位不断增加。现实的航运业无法避免海上的各种风险，兼有船舶老龄化、技术状况差，油船航线集中，港口缺少先进的海上交通管理系统，油轮及其他载运工具频繁遭遇碰撞、搁浅、触礁等海难事故。大面积的溢油不仅造成数以亿万计的巨大经济损失，而且严重污染海洋环境、破坏海洋生态系统的功能。尤其近年来，曹妃甸建立了 30 万 t 原油码头，导致油类和化学品等专业化的船舶频繁出入，加大了溢油污染事故发生的风险。

2010—2015 年，河北省海域共发生溢油污染事故 40 起。其中，2010 年发生4起，秦皇岛海域2起，唐山海域2起，主要为燃料油；2011年发生21起，秦皇岛海域8起，唐山海域11起，沧州海域2起，主要为原油和燃料油；2012年发生溢油事故5起，秦皇岛海域3起，唐山海域2起，主要为原油和燃料油；2013年发生溢油事故7起，秦皇岛海域6起，唐山海域1起，主要为原油和燃料油；2014年发生溢油事故3起，全部在秦皇岛海域，主要为原油和燃料油。

4.3 河北省近岸海域污染状况变化

河北省沿海地区地处渤海和京津冀都市圈核心位置，处于环渤海经济圈的中心地带。随着当前河北省沿海地区发展上升为国家战略，河北省加快了沿海经济隆起带建设步伐，沿海地区社会经济快速发展，已成为河北省经济最发达的地区。近年来，随着河北省沿海地区城市化进程和经济发展进一步加快，排入近海的污染物总量相应增加，造成海水水质恶化、生物资源损失、赤潮灾害频发等重大海洋生态环境问题。

4.3.1 2010年海域污染状况

2010年，河北省大部分近岸海域符合海水一类水质标准。全省未达到海水一类水质标准的海域面积约1 235 km^2；其中，符合海水二类水质标准的海域面积约1 100 km^2，符合海水三类水质标准的海域面积90 km^2，符合海水四类水质标准的面积约42 km^2，劣于海水四类水质标准的海域面积约3 km^2（表4.8）。河北省海域污染分布见附图8。磷酸盐、无机氮是河北省近岸海域海水主要污染物。磷酸盐污染主要存在于秦皇岛山海关海域、海港区海域和整个沧州近岸海域；无机氮污染主要存在于唐山市曹妃甸以西至黑沿子近岸海域和整个沧州近岸海域。近岸海域沉积物监测指标均符合国家一类海洋沉积物评价标准，沉积物质量总体量良好，沉积物污染的综合潜在生态风险低。

表4.8 2010年和2015年河北省近岸海域未达到海水一类水质标准的海域面积

单位：km^2

区域	年份	海水二类水质	海水三类水质	海水四类水质	海水劣四类水质	合计
秦皇岛	2010	98	20	4	3	125
	2015	541	100	66	35	742
唐山	2010	312	0	0	0	312
	2015	1 087	830	582	301	2 791

（续）

区域	年份	海水二类水质	海水三类水质	海水四类水质	海水劣四类水质	合计
沧州	2010	690	70	38	0	798
	2015	0	0	0	956	956
合计	2010	1 100	90	42	3	1 235
	2015	1 619	930	648	1 292	4 489

4.3.2 2015年近岸海域污染状况

2015年受强降水影响，近岸海域海水环境质量整体下降，海水污染程度加重，污染面积明显增加。全省未达到海水一类水质标准的海域面积约4 489 km^2，比2010年增加了3 254 km^2。其中，达海水二类水质标准的海域面积约1 619 km^2，增加了519 km^2；达海水三类水质标准的海域面积约930 km^2，增加了840 km^2；达海水四类水质标准的海域面积约648 km^2，增加了608 km^2；达劣海水四类水质标准的海域面积约1 292 km^2，增加了1 289 km^2（表4.8）。2015年河北省近岸海域污染分布见附图9。污染较重的四类和劣四类水质海域主要出现在唐山的曹妃甸东部、黑沿子近岸海域，沧州的歧口、黄骅港近岸海域，以及秦皇岛汤河口近岸海域。

河北省近岸海域海水中主要污染物为无机氮、磷酸盐和化学需氧量。无机氮污染主要存在于秦皇岛海港区至昌黎近岸海域、唐山近岸海域和沧州全部海域；磷酸盐污染主要存在于秦皇岛海港区近岸海域，唐山曹妃甸东部和黑沿子近岸海域、沧州全部海域；化学需氧量污染主要存在于秦皇岛海港区近岸海域。近岸海域沉积物监测指标均符合海洋沉积物一类标准，沉积物质量总体量良好，沉积物污染的综合潜在生态风险低。

4.3.3 河北省近岸海域污染状况的变化

根据2010—2015年河北省近岸海域污染状况的监测结果，可知河北省近岸海域污染面积一直比较高，尤其2015年受降水等因素的影响，海域污染面积出现猛增。从不同类型水质的变化来看，符合海水二类水质标准的海域面积虽然总体呈上升趋势，但其他类型水质的海域面积总体都呈现上升的趋势，尤其是劣四类水质面积增加最为明显，说明河北省近岸海域水质污染程度逐步加重。从沿海不同区域分析，河北省沿海三市2010年达到海水二类水质标准的海域面积所占比例均较高，最低的也达到78.41%。但在2015年沿海三市达到海水二类水质标准的海域面积所占比重均明显下降，秦皇岛市降低到72.91%，唐山市降低到38.94%；沧州市没有达到海水二类水质的，全部仅达到海水劣四类水质。同时，达到海水三类水质和海水四类水质所占比重在沿海三市均呈现增加的趋势。由此可见，河北省沿海三市近岸海域水质污染程度不断加重，相对而言沧州市海域水质衰退的速度较快，其次为唐山市、秦皇岛市相对较慢。

2010 年，河北省近岸海水中主要污染物为磷酸盐和无机氮；2015 年主要污染物为无机氮、化学需氧量和磷酸盐。由此可知，河北省近岸海域主要污染物为磷酸盐和无机氮，但随着沿海地区各类开发活动的进行和社会经济的不断发展，污染物的种类正在增加，有机污染开始逐步明显。从污染物分布范围看，磷酸盐污染由主要存在于秦皇岛山海关域、海港区海域和整个沧州近岸海域，逐步扩展到唐山曹妃甸东部和黑沿子近岸海域；无机氮污染由主要存在于唐山市曹妃甸以西至黑沿子近岸海域和整个沧州近岸海域，逐步扩展到秦皇岛海港区至昌黎近岸海域和整个唐山近岸海域。主要污染物污染的范围不断扩大，整个海域的污染程度也在不断加重。

5 典型人类活动对近岸海域生态环境的影响评价理论

5.1 海域生态环境承载力评估方法

海域生态环境承载力是指一定时期内，以海洋资源环境的可持续利用、海洋生态环境不被破坏为原则，在不超出海洋生态系统弹性限度的条件下，自我调节海洋生态系统最大供给与纳污能力，以及对沿海社会经济、人口和环境协调发展的最大支撑能力。海域生态环境承载力是衡量海洋可持续发展的重要标志，已经成为评判沿海人口、环境与社会协调发展与否的重要标识。评估核心目的是根据海洋资源与环境的实际承载力，确定沿海社会经济发展速度、结构及其规模，更好地解决沿海经济发展、资源配置与海洋生态环境承载能力之间的平衡与协调发展的问题，以实现海洋生态系统的良性循环，促进沿海社会经济的可持续发展。

5.1.1 基本原理

近些年，很多研究学者将状态空间法引入到海域生态环境承载力研究当中。状态空间法是运用三维状态空间轴来对系统各要素状态向量进行描述，是一种常用的欧氏几何空间分析方法。将人类社会经济、海域资源供给和生态环境承载力作为海域生态环境系统的子系统，以状态空间评价模型为依据，组成以人类社会经济、海域资源供给、生态环境承载力为要素的三维空间状态。一定时间尺度内，都可以通过状态点的位置来表示人地关系下的资源环境承载力状况，如图 5.1 所示。状态空间承载力上的任一点（如 C 点）表示人地关系中处于理想状态的海域生态环境承载力状态点，这是人类社会需求、海域资源及生态环境达到了最佳的配置状态；曲面外的点（如 A 点）则表示人类社会经济开发强度过大，已超过了海域环境和资源所能承受的范围；曲面内的点（如 B、D）点表示人类社会经济活动处于海域环境和资源所能承受的范围之内。其数学表达式为：

$$RECC = |M| = \sqrt{\sum_{i=1}^{n} W_i x_{ir}^2}$$

式中，$RECC$ 表示承载力值，为海域生态环境承载力的有向矢量；x_{ir} 为指标标准化处理后的空间坐标值（$i=1$，2，…，n），W_i 为指标在空间状态轴中对应的权重，n 为指标选取数量。

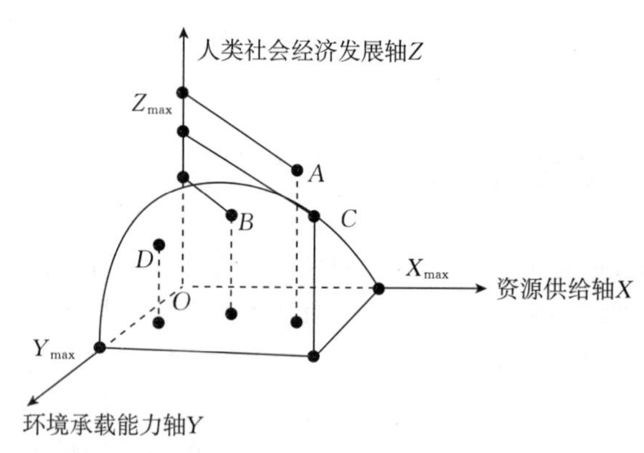

图 5.1　海域生态环境承载状况空间示意图

5.1.2　评价指标体系的建立

对海域生态环境承载力及承载状况进行评估，构建一套内容丰富、层次清晰、针对性强的指标体系是必不可少的工作。最早由联合国可持续发展委员会及其他相关机构，在“驱动力-状态-响应”概念体系基础上，提出了一个初步的可持续发展核心指标体系框架，随后联合国环境问题科学委员会及世界银行等国际组织也制定了一系列可持续发展指标体系。在国内，金建君等人 2001 年建立了海岸带可持续发展评价指标体系；余丹林等在区域承载力研究中，将承载力指标体系划分为压力指标、承压指标和区际交流指标三大类。根据前人的研究成果，本书基于海域生态环境承载力内涵，参考国内外相关研究成果，按照综合性、主导性、可操作性、可比性、动态性等原则，结合近岸海域实际状况，采用经验选择和专家咨询相结合的方法，判定对海域生态环境承载力有重大影响的指标，并利用社会经济统计分析软件 SPSS11.5，通过线性回归法对因素间的多重共线性进行分析，经过筛选集聚构建一套相应的评价指标体系（图 5.2）。

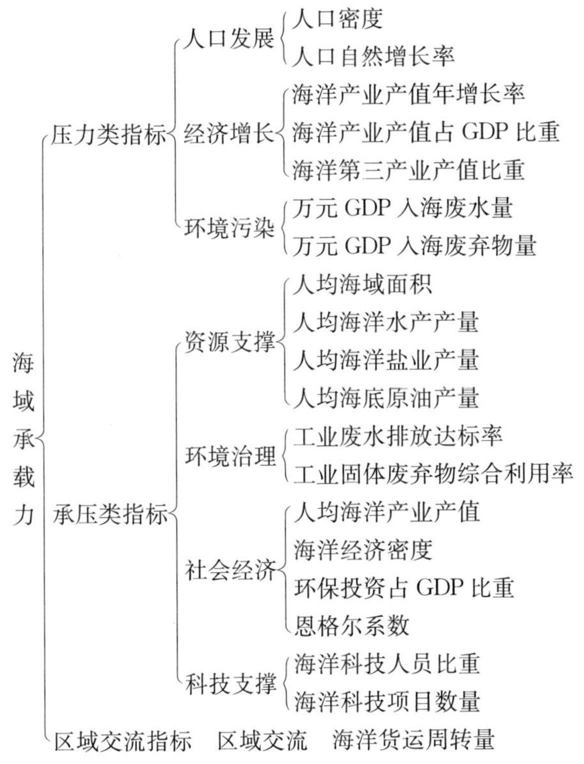

图 5.2 河北省近岸海域生态环境承载力评价指标体系

5.1.3 海域生态环境承载力及承载状况的评价方法

本书以构建多维状态空间的方法，从综合、宏观的角度来描述河北省近岸海域生态环境的承载状况，对其进行定量化的表示和分析。定量描述的步骤如下：

选取 n 个能较好描绘海域承载力的指标，结合实际情况确定其在某一特定时段内，遵循可持续发展前提下应取的值，称为时段理想值 x'_{ij}，该值实际上也是海域可持续发展状态下的承载力值，见表 5.1。

表 5.1 时段理想状态值确定方法

指标名称	理想值确定依据
海洋产业产值年增长率（%）	国际公认的适宜增速
海洋产业产值占 GDP 比重（%）	分析时段全国平均值
人均海洋产业产值（元/人）	分析时段沿海地区平均值
海洋第三产业产值比重（%）	分析时段全国平均值

（续）

指标名称	理想值确定依据
海洋经济密度（万元/km^2）	分析时段内最大值为理想值
海洋货运周转量（亿 t·km）	分析时段内最大值为理想值
人口自然增长率（%）	根据山东东昌府调查结果
恩格尔系数	温饱型小康的标准
人均海域面积（km^2/人）	分析时段全国平均值
海洋科技人员比重（%）	分析时段全国平均值
海洋科技项目数量（个）	分析时段内最大值为理想值
人口密度（人/km^2）	分析时段全国平均值
万元 GDP 入海废水量（t/万元）	化学需氧量的海水二级水质标准计算
万元 GDP 入海废弃物量（t/万元）	分析时段内最低值
环保投资占 GDP 比重（%）	发达国家数值
人均海洋水产产量（kg/人）	分析时段内最大值为理想值
人均海洋盐业产量（kg/人）	分析时段内最大值为理想值
人均海底原油产量（kg/人）	分析时段内最大值为理想值
工业废水排放达标率（%）	分析时段全国平均值
工业固体废弃物综合利用率（%）	分析时段全国平均值

结合海域具体情况，对 n 个指标进行重要性排序，计算各指标的权重 w_i；本研究选用充分结合定性与定量研究优势的层次分析法，对各具体指标相对于海域承载力进行赋权。

标定 n 个指标的现值 x_{ij}。

评价指标的标准化处理：由于各指标间的量纲不统一，没有可比性，故需要对评价指标进行标准化处理。本书从资源存量与当前发展模式下社会经济对资源的需求量，以及现有的生态环境质量与人们当前的期望状况之间的比值，对各指标进行标准化。越大越好和越小越好的两类指标标准化公式分别为：

$$越大越好指标：p_{ij}=\frac{x'_{ij}}{x_{ij}} \qquad 越小越好指标：p_{ij}=\frac{x_{ij}}{x'_{ij}}$$

式中，p_{ij} 为各类指标标准化处理后数值，x_{ij} 为原始数据，x'_{ij} 为各指标理想状态下的值。

5.1.4 海域生态环境承载力状态判定标准

假定在理想状态下，对原始指标进行无纲量化处理后的理想值为 1、1、

1、1、…、1（n 个），也就是状态空间坐标曲面上任一点与原点所构成的矢量模值为 1，则理想海域生态环境承载力用数学公式表示为：

$$\text{RECC}^* = |M'| = \sqrt{\sum_{i=1}^{n} W_i x_{ir}^2} = 1$$

在实际分析中，往往海域生态环境承载力的具体情况与理想状态存在很大的差异，通过海域生态环境承载力矢量模（RECC）与理想状态下承载力量模（RECC*）进行比较，从而得出海域生态环境承载力在社会经济、生态和环境方面的具体数值。其判断标准为：当 RECC＞1 时，超载；当 RECC＝1 时，满载；当 RECC＜1 时，可载。

本书在数据整理和承载力计算结果中发现，生态-环境-社会经济作为一个复杂的系统，临界值是一个相对的概念，具有模糊性和波动性。因此，本书为更好地分析承载力值年际变化的趋势，以及在不同承载状况下指标变动情况及相关性分析，参照王开运在复合系统模型研究中将承载标准的容差设定为 0.3，即：当 RECC≥1.2 时，超载；当 0.9≤RECC＜1.2 时，满载；当 RECC＜0.9 时，可载。

5.2　海域生态环境承载力动态预测方法

5.2.1　离散灰色预测模型的建立

建立原始时间序列：根据多年的海域承载力现状评估结果，建立原始时间序列

$$x^{(0)} = [x^{(0)}(1),\ x^{(0)}(2),\ x^{(0)}(3),\ \cdots,\ x^{(0)}(n)]$$

作一次累加生成数列 1 - AGO 序列：

$$x^{(1)} = [x^{(1)}(1),\ x^{(1)}(2),\ x^{(1)}(3),\ \cdots,\ x^{(1)}(n)],$$

$$\text{其中：} x^{(1)}(k) = \sum_{i=1}^{k} x^{(0)}(i),\ (k=1,\ 2,\ \cdots,\ n)$$

确定数据矩阵 **B**，**Y**：

$$\boldsymbol{B} = \begin{vmatrix} -\frac{1}{2}[x^{(1)}(1)+x^{(1)}(2)] & 1 \\ -\frac{1}{2}[x^{(1)}(2)+x^{(1)}(3)] & 1 \\ \cdots & \cdots \\ -\frac{1}{2}[x^{(1)}(n-1)+x^{(1)}(n)] & 1 \end{vmatrix} \quad \boldsymbol{Y} = [x^{(1)}(2),\ x^{(1)}(3),\ \cdots,\ x^{(1)}(n)]^T$$

求参数列：

应用最小二乘法求得：$\hat{\boldsymbol{\beta}} = (\boldsymbol{\beta}_1,\ \boldsymbol{\beta}_2)^T = (\boldsymbol{B}^T\boldsymbol{B})^{-1}\boldsymbol{B}^T\boldsymbol{Y}$

确定模型：

取 $x^{(1)}(1)=x^{(0)}(1)$，则时间响应函数为（即预测模型）

$$\hat{x}^{(1)}(k+1)=\boldsymbol{\beta}_1^k x^{(0)}(1)+\frac{1-\boldsymbol{\beta}_1^k}{\boldsymbol{\beta}_1}\boldsymbol{\beta}_2$$

$$\hat{x}^{(0)}(k+1)=\hat{x}^{(1)}(k+1)-\hat{x}^{(1)}(k+1)，(k=1，2，3，\cdots，n-1)$$

精度检验：

根据得到的预测模型，采用评估现状得到的原始数据对模型进行精度检验，如符合精度要求，则可用该模型来预测未来承载力的变化；如不能满足精度要求，则对原始数据进行处理（如方根变换、对数变换等），直到符合精度要求。精度检验采用后验差方法：

计算残差：

$$e(k)=x^{(0)}(k)-\hat{x}^{(0)}(k)，k=1，2，\cdots，n$$

得到残差向量：

$$e=[e(1)，e(2)，\cdots，e(n)]$$

分别计算原始数列 $x^{(0)}$ 及残差数列 e 的方差 S_1^2、S_2^2：

$$S_1^2=\frac{1}{n}\sum_{k=1}^{n}[x^{(0)}(k)-\bar{x}^{(0)}]^2$$

$$S_2^2=\frac{1}{n}\sum_{k=1}^{n}[e(k)-\bar{e}]^2$$

计算后验差比值：$C=\frac{S_2}{S_1}$

计算小误差概率：$P=P|e(k)-\bar{e}|<0.6745S_1$

根据后验差比值和小误差概率，按照表 5.2 确定预测模型的精度等级。

表 5.2　模型计算精度表

模型精度等级	P	C
1级（好）	$0.95\leqslant P$	$C\leqslant 0.35$
2级（合格）	$0.80\leqslant P<0.95$	$0.35<C\leqslant 0.5$
3级（勉强）	$0.70\leqslant P<0.80$	$0.5<C\leqslant 0.65$
4级（不合格）	$P<0.70$	$0.65<C$

5.2.2　海域生态环境承载力动态预测模型建立

根据上述步骤建立符合二级以上精度要求的海域生态环境承载力动态预测模型，在此基础上用同样方法建立压力、承压力和区际交流能力发展变化的预测模型，具体如下：

海域生态环境承载力动态预测模型：

$$x^{(1)}(k+1)=-37.8686e^{-0.0491k}+40.2301$$

海域压力动态预测模型：

$$x^{(1)}(k+1)=-49.6191e^{-0.0603k}+53.5406$$

海域承压力动态预测模型：

$$x^{(1)}(k+1)=-36.7237e^{-0.0338k}+38.1302$$

海域区际交流能力动态预测模型：

$$x^{(1)}(k+1)=1.0478e^{0.1813k}-0.8516$$

5.3 集约用海适宜性评估方法

海域和海岸线资源是海洋经济发展的重要载体，也是稀缺和不可再生的空间资源。科学利用岸线和近岸海域资源，适度进行集约用海活动，不仅能够保障国家能源、交通、工业等重点行业和重大建设项目的用海需求，同时能够有效缓解沿海地区社会经济迅速发展与建设用地供给不足的矛盾。然而，沿海地区对岸线和海域资源的开发利用却存在着简单、粗放等诸多问题。一些地方随意占用稀缺的海岸资源，开展大规模的填海造地活动，不仅造成海岸资源的严重浪费，而且对海岸自然环境和生态系统带来了巨大的压力。实现海岸资源的节约、集约和最优化开发利用，以获得最佳的经济效益、社会效益和生态环境效益，应该是海域管理的目的之一。我国目前建立的海洋功能区划、海洋环境评价、海域使用论证等技术手段解决了某块海域是否可以围填的问题，但缺乏判定单一项目用海活动适宜性的定量方法和技术标准。建立定量化的项目用海填海造地适宜性评价体系，可对每一个项目用海的适宜性参数进行评价，并为后期的海域管理提供决策依据。

5.3.1 适宜性评价指标体系

(1) 评价的原则

集约用海是人类改造自然海域的活动，因此必须遵循自然的发展规律。在开发自然、改造自然的活动中，统筹人与自然和谐发展，以科学发展观为指导，注重自然、经济、环境、生态等的相互协调，动态保护重要海洋资源，依据自然资源和自然环境条件，坚持以自然属性为主，同时兼顾社会属性，考虑社会发展的需要，并与海洋功能区划、江河治理规划和土地利用总体规划等相衔接，特别是要注重海陆统筹，重视发挥集约用海的综合效益，促进自然岸线和人造岸线资源的可持续发展。集约用海适宜性评价就是对海域开展集约用海活动是否适宜及其适宜程度作出评定，集约用海适宜性评价是海洋管理部门进行围填海项目审批的基本依据。集约用海适宜性评价主要通过对海域的地质、地形、水文、生态、社会、经济等属性的综合评定，研究海域开展集约用海是否适宜、适宜程度及限制状况。为了保证集约用海适宜性评价结果的科学性、正确性和实用性，就必须掌握一定的基本原理，遵循一定的评价原则。

集约用海适宜性评价的基本原理是：在现有的围填海技术水平和特定的海洋资源环境保护条件下，将海域的自然要素和社会经济要素相结合作为鉴定指标，通过考察和综合分析海域对集约用海的适宜程度和限制状况等，从而确定某块海域对于集约用海的适宜程度。

集约用海适宜性的评价指标选取是否科学准确是体现评价结果的科学性与实用性的重要因素。本书以集约用海适宜性评价为主要研究对象，确定以下评价指标选取原则：

① 重要生态与海洋资源优先保护原则。如果发现某海域有重要的生态价值、海洋资源等，此因素具有一票否决的决定权，禁止在该区域进行集约用海开发活动。

② 综合性原则。根据集约用海活动综合特征确定指标体系，同时注意指标的全面性、代表性。

③ 开发与保护并重原则。根据海洋资源的综合开发利用价值、海洋环境的承载能力等自然属性，以及海域利用现状、用海需求等社会属性，评判集约用海活动的适宜性，既要满足海洋经济建设需要，又要重视重要海洋原始生态区、海洋珍稀濒危物种及其生境、典型海洋生态系统、重要的渔业资源区和潮汐通道、有代表性的海洋自然景观和具有重要科研价值的海洋自然历史遗迹的有效保护。

(2) 评价指标体系的构建

为保证集约用海适宜性评价体系的科学性、合理性和全面性，充分考虑集约用海区域位置与周边环境、区位条件的适宜性，将集约用海适宜性分成生态适宜性、生物体质量、生境改变风险可接受度和经济可行性 4 个部分并构建相应的评价指标体系。集约用海适宜性评价指标体系见表 5.3。

表 5.3 集约用海适宜性评价指标体系

目标层（A）	准则层（B）	次准则层（C）	要素层（D）
	一级指标	二级指标	三级指标
集约用海适宜性	生态适宜性	活力	浮游植物初级生产力
		生物群落结构	浮游植物多样性指数
			浮游动物多样性指数
			底栖生物多样性指数

（续）

目标层（A）	准则层（B）	次准则层（C）	要素层（D）
	一级指标	二级指标	三级指标
集约用海适宜性	生态适宜性	水质	pH
			溶解氧
			化学需氧量
			无机氮
			活性磷酸盐
			石油类
	生物体质量	贝类生物体质量	石油烃
			总汞（Hg）
			镉（Cd）
			铅（Pb）
			砷（As）
			六六六
			滴滴涕
			粪大肠菌群
	生境改变风险可接受度	水质恶化风险	水质指标变化量
		围填海强度	年均单位岸线围填海面积
		自然岸线丧失风险	自然岸线保有率变化量
		海底冲淤状态	冲淤距离
	经济可行性	成本效益率	海洋生态系统服务价值变化

5.3.2 评价指标的计算方法

(1) 生态适宜性要素层指标

① 浮游植物初级生产力指标分值计算方法。根据各测量站位浮游植物初级生产力的测量值，对浮游植物初级生产力指标进行最大最小归一化处理。

各测量站位的浮游植物初级生产力指标分值计算步骤为：先由式（5-1）计算每个测量站位的指标分值，再根据各测量站位指标评分的平均值得出指标分值。

$$V_i=\frac{a_i-(a_i)_{\min}}{(a_i)_{\max}-(a_i)_{\min}} \tag{5-1}$$

式中，V_i 为第 i 个指标的评分，a_i 为第 i 个指标的测量值，$(a_i)_{\max}$ 和 $(a_i)_{\min}$ 分别表示所有测量站位中评价指标 i 的最大值和最小值。

② 生物群落结构各指标分值计算方法。生物群落结构指标包括浮游植物、浮游动物和底栖生物的生物多样性指数。生物多样性指数采取 Shannon - Wiener 多样性指数公式计算，如式（5-2）所示。

$$S=-\sum_{i=1}^{N}p_i\times\ln p_i \quad (5-2)$$

式中，S 为 Shannon - Wiener 多样性指数；N 为某测量站位生物物种数；p_i 为第 i（$i=1$，…，N）种生物个体数占总个体数的比例。

浮游植物、浮游动物和底栖生物的生物多样性指数指标分值计算步骤为：先由式（5-2）分别计算各测量站位的浮游植物、浮游动物和底栖生物的生物多样性指数，再由式（5-1）计算每个测量站位的指标分值，再根据各测量站位指标评分的平均值得出指标分值。

③ 水质（除 pH 外）各指标分值计算方法。水质指标中除 pH 外的其他指标分值由式（5-3a）和（5-3b）计算。水质指标评价参考值依据《海水水质标准》（GB 3097—1997）中的海水二类水质标准（表 5.4）。

表 5.4 海水二类水质标准

项目	标准	项目	标准
pH	7.8～8.5	无机氮（mg/L）	0.30
溶解氧（mg/L）	>5	活性磷酸盐（mg/L）	≤0.03
化学需氧量（mg/L）	≤3	石油类（mg/L）	≤0.05

$$V_i=\begin{cases}\dfrac{a_i}{a_{io}} & (a_i\leqslant a_{io})\\ 1 & (a_i>a_{io})\end{cases} \quad (5-3a)$$

$$V_i=\begin{cases}\dfrac{a_{io}}{a_i} & (a_i\geqslant a_{i0})\\ 1 & (a_i<a_{io})\end{cases} \quad (5-3b)$$

式中，V_i 为第 i 个指标的评分，a_i 为第 i 个指标的测量值，a_{io} 为指标的评价参考值。公式（5-3a）适用于正向指标（即指标的生态效应随着数值升高而升高，包括溶解氧），如果 a_i 小于或等于 a_{io}，表明资源环境承载力下降；如果 a_i 高于 a_{io}，为计算简便，V_i 赋值为 1。公式（5-3b）适用于负向指标（即指标的生态效应随着指标数值的升高而降低，包括除溶解氧外的其他适用指标），如果 a_i 等于或高于 a_{io}，表明资源环境承载力下降；如果 a_i 低于 a_{io}，则 V_i 赋值为 1。

水质指标中除 pH 外的其他指标分值计算步骤为：先由式（5-3a）和（5-3b）计算每个测量站位的指标分值，再根据各测量站位指标评分的平均值得出指标分值。

④ pH 指标分值计算方法

由于 pH 的评价参考值是一个区间范围，该指标的分值由式（5-4）计算。指标评价参考值范围依据《海水水质标准》（GB 3097—2002）。

$$V_{pH}=\begin{cases}\dfrac{a_{pHmax}-\bar{a}_{pHo}}{|a_{pH}-\bar{a}_{pHo}|} & (a_{pH}\leqslant a_{pHmin}\text{或 }a_{pH}\geqslant a_{pHmax})\\ 1 & (a_{pHmin}\leqslant a_{pH}\leqslant a_{pHmax})\end{cases}\qquad(5-4)$$

式中，V_{pH} 为 pH 指标的数值；a_{pH} 为 pH 的实测值；a_{pHmin} 和 a_{pHmax} 分别为 pH 指标评价参考值的下限和上限；$\bar{a}_{pHo}$ 为 pH 评价参考值的下限和上限的平均值。

pH 指标分值计算步骤为：先由式（5-4）计算每个测量站位的指标分值，再根据各测量站位指标评分的平均值得出指标分值。

（2）生物体质量要素层指标

生物体质量各指标的评价方法与水质（pH 除外）各指标相同。通过将调查数据与评价参考值相比较，各测量站位生物体质量的各指标分值由式（5-3b）计算。生物体质量指标评价参考值依据《海洋生物质量》（GB 18421—2001），各评价指标评价参考值见表 5.5。

表 5.5　海洋贝类生物质量标准值（鲜重）

项　目	第一类	第二类	第三类
感官要求	贝类的生长和活动正常，贝体不得沾油污等异物，贝肉的色泽、气味正常，无异色、异臭、异味		贝类能生存，贝肉不得有明显的异色、异臭、异味
粪大肠菌群（个/kg）	≤3 000	≤5 000	—
麻痹性贝毒（mg/kg）	≤0.8	≤0.8	≤0.8
总汞（mg/kg）	≤0.05	≤0.1	≤0.3
镉（mg/kg）	≤0.2	≤2.0	≤5.0
铅（mg/kg）	≤0.1	≤2.0	≤6.0
铬（mg/kg）	≤0.5	≤2.0	≤6.0
砷（mg/kg）	≤1.0	≤5.0	≤8.0
铜（mg/kg）	≤10	≤25	≤50（牡蛎 100）
锌（mg/kg）	≤20	≤50	≤100（牡蛎 500）
石油烃（mg/kg）	≤15	≤50	≤80
六六六（mg/kg）	≤0.02	≤0.15	≤0.50
滴滴涕（mg/kg）	≤0.01	≤0.10	≤0.50

注：1. 以贝类去壳部分的鲜重计。

2. 六六六含量为 4 种异构体总和。

3. 滴滴涕含量为 4 种异构体总和。

生物体质量各指标分值计算步骤为：先由式（5－3b）计算每个测量站位的指标分值，再根据各测量站位指标评分的平均值得出指标分值。

(3) 生境改变风险可接受度要素层指标

① 水质恶化风险指标分值计算方法。水质恶化风险指标根据各水质指标变化量评价。按照生态适宜性指标中的水质指标各指标分值计算方法，分别计算基准年和评价年的水质指标各指标分值，再根据基准年和评价年的水质指标各指标分值之差进行评价。由于水质指标各指标的分值与生境改变风险可接受度呈正相关，即分值越高、水质条件越好、生境改变风险可接受越高；因此进行正向指数归一化处理，即水质恶化风险各指标分值按式（5－5）计算。

$$V_i=\begin{cases}e^{(a_i-a_{iB})/n} & (a_i\leqslant a_{iB})\\1 & (a_i>a_{iB})\end{cases}\tag{5-5}$$

式中，V_i 为第 i 个指标的评分，a_i 为第 i 个指标评价年的分值，a_{iB}为第 i 个指标的基准年的分值，n 为基准年和评价年的相隔年限。如果 a_i 小于或等于 a_{iB}，表明评价年相较于基准年水质恶化，故采用指数归一化处理；如果 a_i 高于 a_{iB}，表明评价年相较于基准年水质变好，为计算简便，V_i 赋值为 1。

若所用的调查资料中，基准年和评价年的测量站位相同，则先计算各测量站位的指标分值，再根据各测量站位指标评分的平均值得出指标分值；若基准年和评价年的测量站位不相同，则直接根据水质各指标的分值计算水质变化量指标分值。

② 围填海强度指标分值计算方法。围填海强度指标根据单位岸线围填海面积评价。由于单位岸线围填海面积与生境改变风险可接受度呈负相关，即单位岸线围填海面积越大、围填海强度越强、生境改变风险越大；因此按式（5－6）进行负向指数归一化处理。

$$V=\begin{cases}e^{-(a-a_B)/n} & (a>a_B)\\1 & (a\leqslant a_B)\end{cases}\tag{5-6}$$

式中，V 为指标的评分，a 为评价年的单位岸线围填海面积，a_B 为基准年的单位岸线围填海面积，n 为基准年和评价年的相隔年限。

③ 自然岸线丧失风险指标分值计算方法。自然岸线丧失风险指标根据自然岸线保有率变化量评价，对于没有自然岸线的评价区域，采用生态岸线长度的变化量评价。由于自然岸线保有率（或生态岸线长度）与生境改变风险可接受度呈正相关，因此采用式（5－5）进行正向指数归一化处理。这里，a_i 是 a_{iB}分别代表评价年和基准年的自然岸线保有率（或生态岸线长度）。

④ 海底冲淤状态指标分值计算方法。海底冲淤状态指标根据相对于基准年的冲淤距离评价。将基准年其冲淤距离设为 0，取冲淤断面上各测量点的平均值作为评价年的冲淤距离。当评价年的冲淤距离大于 0 时，表示评价年相对

于基准年来说岸线淤积；当评价年的冲淤距离小于0时，表示评价年相对于基准年来说岸线侵蚀。由此可知，生境改变风险可接受度与冲淤距离的绝对值呈负相关，因此按式（5-7）对该指标进行负向指数归一化处理。

$$V=e^{-|a|/n} \quad (5-7)$$

式中，V为指标的评分，a为评价年的冲淤距离，n为基准年和评价年的相隔年限。

（4）经济可行性指标要素层指标量化

① 海洋生态系统服务价值的计算方法。集约用海在经济上的可行性采用生态系统服务价值的变化情况来评估，因此需要对各类海洋生态系统服务进行价值评估。对于每一种海洋生态系统服务，可以采用多种方法进行评估，根据海洋生态系统服务类型的特点、评估方法的适用范围及数据的可获得性确定所需评价的海洋生态系统服务类型及其评价方法。

食品生产：指海洋生态系统提供给人类的贝类、鱼类、虾蟹、海藻等海产品的功能。食品生产的价值采用市场价格法计算，按式（5-8）计算。

$$FV=\sum B_iP_i+\sum Y_iQ_i \quad (5-8)$$

式中，FV为海洋生态系统为人类提供食品的价值；B_i为人类捕捞的第i类海产品的数量，分别为贝类、鱼类、虾蟹和海藻的产量；P_i为第i类捕捞海产品的市场价格扣除成本后的单位价值；Y_i为人类养殖的第i类海产品的数量；Q_i为养殖的第i类海产品的市场价格扣除成本后的单位价值。

原料生产：海洋蕴藏着大量的宝贵资源，是人类生产生活的重要原料来源，为人类提供着丰富的化工原料、医药原料和装饰观赏材料。例如，利用部分不可食用的海洋鱼类生产鱼肝油、深海鱼油、鱼粉等，甲壳类提供几丁质、畜禽饲料或添加剂等，将贝壳、鱼皮、珊瑚等作为装饰观赏材料。对于原料生产服务的价值，可采用市场价格法评估，按式（5-9）计算。

$$MV=\sum L_iP_i \quad (5-9)$$

式中，MV为海洋生态系统向人类提供的各种原料的价值；L_i为海洋提供的第i类原料的数量，包括医药原料、化工原料和装饰观赏材料；P_i为第i类原料的市场价格扣除成本后的单位价值。

氧气生产：主要指通过海洋各种藻类植物的光合作用释放O_2，是构成O_2的重要来源，对调节O_2和CO_2的平衡起着至关重要的作用。对氧气生产的评价，采用替代成本法，按式（5-10）计算。

$$OV=\sum X_iC \quad (5-10)$$

式中，OV为氧气生产服务的价值；X_i为各种藻类植物释放氧气的数量；C为生产单位数量氧气的成本。

气候调节：海洋对气候的稳定和变化起着重要的作用，海洋通过吸收温室气体调节气候，减缓了温室效应。气候调节服务价值采用碳税率或人工造林费用来确定，按式（5－11）计算。

$$CV = \sum L_i P_i \tag{5-11}$$

式中，CV 为气候调节服务的价值；L_i 为海洋生态系统固定的第 i 种温室气体的数量；P_i 为固定单位数量第 i 种温室气体的成本。

水质净化：指进入海洋的各种污染物经过海洋生物的分解还原、生物转移等过程最终转化为无害物质的服务。水质净化的价值可采用替代成本法评价，按式（5－12）计算。

$$PV = \sum D_i C_i \tag{5-12}$$

式中，PV 为水质净化服务的价值；D_i 为第 i 种污染物数量；C_i 为处理单位数量第 i 种污染物的成本。

旅游娱乐：指海洋提供给人们游泳、垂钓、潜水、游玩、观光等服务。旅游娱乐服务价值可采用旅行费用法进行评价，其价值包括旅游费用、旅游时间价值和其他花费。旅行费用法是用消费者剩余价值代替生态系统的服务价值，导致其结果难以与通过其他方法得到的货币度量结果相比较。因此，为便于与其他服务价值评估结果比较，本书采用旅游业的增加值评估旅游娱乐服务价值。

文化用途：指海洋提供影视剧创作、文学创作、教育、音乐创作等的场所和灵感的服务。海洋文化的特征表现在两个方面：精神要素层面，指人们对海洋的认识、观念、思想、意识和心态；物质要素层面，以海洋为载体而产生的海洋型生活方式（与海洋有关的衣食住行、生活理念、习俗信仰、语言文学艺术）。本书采用支付意愿法评估海洋生态系统文化用途的价值。

知识扩展服务：指由于海洋生态系统的复杂性和多样性而产生和吸引的科学研究及对人类知识的补充等贡献。生态系统知识扩展服务的评估是一个非常复杂的问题，到目前，未见比较成熟的方法。因此，采用区域生态系统的科研经费投入量可以认为是国家或政府对该区域知识扩展服务的支付意愿，按照条件价值法的思想，它可以作为生态系统知识扩展服务的估计值。

② 基于生态系统服务价值的成本效益率。基于生态系统服务价值的评估，计算集约用海的效益成本率，用来评估其经济可行性。为了计算基于生态系统服务价值的集约用海的成本效益，首先，按式（5－13）计算生态经济系统 t 年度的收益。

$$B(t) = \sum_{i=0}^{n} B_i(t) \tag{5-13}$$

式中，B_i（t）为第 i 种生态系统服务在评价年的价值相较于基准年的年均增加值，$B(t)$ 为指生态系统服务总的年均增加值。

而后，按式（5-14）计算生态经济系统 t 年度的成本。

$$C(t)=\sum_{i=0}^{n} C_i(t) \tag{5-14}$$

式中，$C_i(t)$ 为集约用海所带来的第 i 种生态系统服务价值在评价年的价值相较于基准年的年均的减少值；$C(t)$ 为集约用海所带来的生态系统服务总的年均减少值。

基于上述，按式（5-5）计算集约用海对生态系统的效益成本率。

$$BCR=\sum_{t=0}^{T}\frac{B(t)}{(1+r)^t}\Big/\sum_{t=0}^{T}\frac{C(t)}{(1+r)^t} \tag{5-15}$$

式中，t 为时间；T 为集约用海对海洋生态系统服务价值影响的年限，根据已有研究设为 50 年；r 为折现率，根据近几年的平均统一取为 5%。

效益成本率指标与经济可行性指标呈正相关，即效益成本率越高，经济可行性越高。若 $BCR>1$，则集约用海对生态系统造成的压力较小，生态系统服务的损失较少，集约用海在经济价值上可行，从而效益成本率指标分值取为 1；相反，如果 $BCR<1$，则集约用海在经济价值上不可行，且 BCR 取值越小，经济可行性越低，从而 BCR 取值即为效益成本率指标分值。

5.3.3 集约用海适宜性评价模型

（1）集约用海适宜性计算方法

集约用海适宜性及其所包含的目标层、准则层、次准则层中各生态指数，统一记为 I，可以通过加权平均计算获得，按式（5-16）计算。

$$I=\sum_{i=1}^{n} w_i \cdot V_i \tag{5-16}$$

式中，w_i 为指标 i 的权重值，V_i 为评价指标的分值，n 为指标个数。

（2）权重确定方法

采用同层等权重法确定资源环境承载力的一级、二级和三级指标的权重。同层等权重是指一个指标中的各组成指标所占比重一样，赋予相同权重。

（3）阈值确定

主要依据《海水水质标准》（GB 3097—1997）和《海洋生物质量》（GB 18421—2001）确定分级阈值。对暂无行业评价标准的指标，假定评价区生态系统的背景值为标准状态，并赋值为 1。

（4）等级划分

由于要素层各指标已进行归一化处理，因此集约用海适宜性 I 的数值变化范围从 0（最不适宜）至 1（最适宜），按照表 5.6 的标准将集约用海适宜性分为4级，分别为高、较高、一般和低。

表5.6 集约用海适宜性分级标准

评价结果	0.75～1	0.5～0.75	0.25～0.5	0～0.25
等级	高	较高	一般	低

5.4 集约用海对海域生态环境影响评价方法

集约用海对于促进区域社会经济发展、协调人地矛盾具有重要的作用；但集约用海在一定程度上也会改变和干扰海域自然属性，甚至造成海洋环境污染和生态破坏。因此，为了更好地利用、保护和管理海洋生态环境，降低集约用海对海洋生态环境的影响，必须对其造成的海域生态环境影响进行科学的评估。目前，国内外关于集约用海的生态环境影响研究比较少，且主要是以定性和半定量评估为主，对海域生态环境的影响的评估也仅对海洋生物群落或海洋环境单独进行，较少开展综合评估。评估方法大多采用对比分析法，即进行相对性评估，仅有少数研究采用单因子评估法和水质综合指数评估法。本书旨在建立集约用海对海域生态环境影响评价指标体系和评价方法，客观评价集约用海对海域生态环境的影响，为海域利用的科学管理提供技术支撑。

5.4.1 评估指标体系的构建

海洋生态系统是一个多层次、复杂的开放体系，由非生物因子和生物因子组成。集约用海活动对海洋生态系统的影响就是对其非生物因子和生物因子所产生的有害或有益的作用，从而导致其结构和功能发生变化的过程。因此，集约用海对海域生态环境影响的评估可以从海洋生态系统的非生物因子和生物因子两个方面来构建。非生物因子主要反映海洋生物栖息环境的质量状态，用“海域环境”来表征，主要包括海水环境、沉积环境、生物质量和水动力。生物因子能反映出集约用海海域生物对环境变化的响应，用“海域生物群落”指标来表征，主要包括了浮游植物、浮游动物、底栖生物和鱼类4个方面。具体指标体系见表5.7。

表5.7 集约用海对海域生态环境的影响评估指标体系

评估目标	一级指标	二级指标	三级指标
集约用海对海域生态环境的影响	海域生物群落	浮游植物	浮游植物多样性指数
			浮游植物密度变化
			初级生产力

（续）

评估目标	一级指标	二级指标	三级指标
集约用海对海域生态环境的影响	海域生物群落	浮游动物	浮游动物多样性指数
			浮游动物密度变化
			浮游动物生物量变化
		底栖生物	底栖生物生物量变化
			底栖生物多样性指数
			底栖生物密度变化
		鱼类	鱼卵及仔鱼密度
	海域环境	海水环境	无机氮
			活性磷酸盐
			石油类
			悬浮物
			化学需氧量
		沉积环境	有机碳
			硫化物
		水动力	涨潮流速变化
			落潮流速变化
			纳潮量减少率
		生物质量	铅
			镉
			汞
			砷
			石油类

5.4.2 评估方法

（1）指标权重的确定

在实际评估过程中，不同指标对评估结果的重要性不同，结合集约用海区域海域生态环境的特征和开发利用的重点，对每一个评估指标赋予一定的权重，以体现其在评估中的重要性差异。本书采用层次分析法来确定评估指标的权重。把解决的集约用海对海域生态环境的影响程度问题作为目标层，首先运用层次分析法构造准则层评估指标判断矩阵，确定准则层评估指标的权重并进行一致性检验；确定准则层指标权重后，进行 3 轮专家调查（每次不少于 15 人），利用德尔菲法在分析专家调查结果可信度基础上，确定因素层评估指标权重；然后采用与因素层同样的方法，确定指标层的权重。各指标的权重可根据实际集约用海区域的具体情况采用专家评判法或层次分析法确定或调整。

(2) 评估标准

关于集约用海对海域生态环境影响的评估标准，目前学术界尚没有统一认可的评估标准。综合现有的研究成果，根据国家所规定的相关法律法规、环境背景值、历史资料及前人的研究成果确定集约用海对海域生态环境影响评估指标的标准值：①海域生物群落指标评估标准。海域生物群落包括了浮游植物、浮游动物、底栖生物和鱼类，具体指标涉及生物密度、生物多样性、生物量、初级生产力等，此类指标目前没有统一的评估标准。根据海域生物群落的结构功能特征，生物密度、生物量、鱼卵及仔鱼密度指标采用《近岸海洋生态健康评价指南》（HY/T 087—2005）中河口及海湾生态系统健康评价标准。生物多样性指标的评估标准的确定借鉴国内外相关学者关于研究多样性与污染的关系来划分评价标准。初级生产力评估标准借鉴 1997 年国家海洋勘测专项之一“生物资源栖息环境调查与研究”中关于浮游植物初级生产力的评价标准。②海域环境指标评估标准。海水环境、沉积环境和生物质量各评价因子的评估标准参考国家《海水水质标准》（GB 3097—1997）、《海洋沉积物质量》（GB 18668—2002）、《海洋生物质量标准》（GB 18421—2001）进行确定。借鉴相关海水环境、沉积物环境和海洋生物质量的评价，以国家二类标准作为集约用海对海域生态环境影响严重的分界线。水动力指标参考《海湾围填海规划环境影响评价技术导则》（GB/T 29726—2013）中关于水动力评估指标的标准确定。各评估指标的标准阈值详见表 5.8。表中 A、B、C、D、E 为评估标准的基准值，其值根据评价海域实际情况给出，本书采用的是《近岸海洋生态健康评价指南》（HY/T 087—2005）中的推荐值。

表 5.8 集约用海对海域生态环境影响评价标准

指标	影响轻微	影响较大	影响严重
浮游植物多样性指数	>3.0	1.0～3.0	≤1.0
浮游植物密度变化	>50%A～150%A	>10%A～50%A 或 >150%A～200%A	≤10%A 或 >200%A
初级生产力 [mgC/(m^2·d)]	≤200	>200～300	>300
浮游动物多样性指数	>3.0	>1.0～3.0	≤1.0
浮游动物密度变化	>75%B～125%B	>50%B～75%B 或 >125%B～150%B	≤50%B 或 >150%B
浮游动物生物量变化	75%C～125%C	>50%C～75%C 或 >125%C～150%C	≤50%C 或 >150%C

（续）

指标	影响轻微	影响较大	影响严重
底栖生物生物量变化	75%D～125%D	>50%D～75%D或>125%D～150%D	≤50%D或>150%D
底栖生物多样性指数	>3.0	>1.0～3.0	≤1.0
底栖生物密度变化	75%E～125%E	50%E～75%E或125%E～150%E	≤50%E或>150%E
鱼卵及仔鱼密度（个/m^3）	>50.0	>5.0～50.0	≤5.0
无机氮（mg/L）	≤0.2	>0.2～0.3	>0.3
活性磷酸盐（mg/L）	≤0.015	>0.015～0.03	>0.03
石油类（mg/L）	≤0.05	>0.05～0.3	>0.3
悬浮物（mg/L）	≤10.0	>10.0～100.0	>100.0
COD（mg/L）	≤3.0	>3.0～4.0	>4.0
有机碳（%）	≤2.0	>2.0～3.0	>3.0
硫化物（mg/kg）	≤300	>300～500	>500
涨潮流速变化（cm/s）	<5.0	5.0～<10.0	≥10.0
落潮流速变化（cm/s）	<5.0	5.0～<10.0	≥10.0
纳潮量减少率（%）	<2.0	2.0～<5.0	≥5.0
铅（mg/kg）	≤0.1	>0.1～2.0	>2.0
镉（mg/kg）	≤0.2	>0.2～2.0	>2.0
汞（mg/kg）	≤0.05	>0.05～0.1	>0.1
砷（mg/kg）	≤1.0	>1.0～5.0	>5.0
石油类（沉积物）（mg/kg）	≤15	>15～50	>50

(3) 评估方法与等级

本书采用综合赋值评估法开展集约用海对海域生态环境的影响评估。首先根据表5.8评价标准对每个评估指标进行赋值，若评估指标值处于影响轻微等级，即赋予满分100分；若处于影响较大等级则赋予70分；若处于影响严重等级则赋予40分；然后分别计算海域生物群落评价指数 I_B 和海域环境评价指数 I_E。

根据式（5-17）和式（5-18）计算的海域生物群落评价指数和海域环境评价指数，根据式（5-19）计算海岸带开发区域海域生态环境综合指数。

海域生物群落评价指数：

$$I_B = \sum_{i=1}^{n} W_i \times E_i \qquad (5-17)$$

海域环境评价指数：

$$I_{\mathrm{E}} = \sum_{i=1}^{n} W_i \times E_i \tag{5-18}$$

式中，W_i 为评估指标的权重值，E_i 为评估指标得分值，n 为评估指标的数目。当 $I_{\mathrm{B}} \geqslant 75$ 时，表示海域生物群落健康良好；当 $55 \leqslant I_{\mathrm{B}} < 75$ 时，表示海域生物群落受到轻度干扰；当 $I_{\mathrm{B}} < 55$ 时，表示海域生物群落扰动较严重。当 $I_{\mathrm{E}} \geqslant 75$ 时，表示海域环境良好；当 $55 \leqslant I_{\mathrm{E}} < 75$ 时，表示海域环境轻度污染；当 $I_{\mathrm{E}} < 55$ 时，表示海域环境中度以上污染。

$$I = 0.68 \times I_{\mathrm{B}} + 0.32 \times I_{\mathrm{E}} \tag{5-19}$$

式中，I 为海域生态环境综合指数，当 $I \geqslant 75$ 时，表示海域生态环境质量良好；当 $55 \leqslant I < 75$ 时，表示海域生态环境质量一般；当 $I < 55$ 时，表示海域生态环境质量差。海岸带开发对海域生态环境影响的程度可采用生态环境综合指数变化量 ΔI 来衡量，以确定海岸带开发活动的适宜性。综合指数 ΔI 的计算方法如下：

$$\Delta I = \frac{|I_2 - I_1|}{I_1} \times 100\% \tag{5-20}$$

式中，ΔI 为集约用海前、后海域生态环境综合指标数的变化值；I_2 为海岸带开发后海域生态环境综合指数；I_1 为集约用海前海域生态环境综合指数。以评价区域内海域生态环境综合指数的变化幅度来划分集约用海对海域生态环境的影响程度。当 $\Delta I > 30\%$ 时，表示海域生态环境受到严重影响；当 $15\% < \Delta I \leqslant 30\%$ 时，表示海域生态环境受到较大影响；当 $5\% < \Delta I \leqslant 15\%$ 时，表示海域生态环境受到一般影响；当 $\Delta I \leqslant 5\%$ 时，表示海域生态环境受到轻微影响或无影响。

5.5 集约用海对海洋资源影响评价方法

随着沿海地区社会经济的快速发展和人口的快速增长，土地资源的紧缺性越来越明显，为了缓解土地供求之间的矛盾，满足社会经济的发展所需求的土地资源，人类通过集约用海活动为沿海地区开拓生存和发展空间，获得了巨大的社会经济效益。集约用海活动在带来巨大的社会经济效益的同时，也带来了诸多不利影响。近年来集约用海活动呈现出了面积广、范围大、速度快的发展态势，损耗和破坏了海洋资源，甚至造成海洋资源的永久性毁灭。随着海洋资源开发范围的扩大，对海洋生态也造成了极大的破坏，这种效果反过来会影响沿海地区社会经济的健康稳定发展。不同的海洋资源之间相互依存、相互影响，对其中任何一种海洋资源不合理的开发利用，都会影响甚至破坏整个海洋资源系统的平衡，造成海洋资源的浪费甚至永久性破坏。

集约用海活动占用和损耗了极大的海洋资源，改变了海洋水动力条件，减弱了潮流动力，降低了水流的挟沙能力，加重了海底的淤积；另外，还造成港口航道功能减弱，天然滨海湿地面积减少，海洋生物栖息环境遭到破坏，生物多样性降低等问题。因此，研究评估集约用海活动对海洋生态环境、资源的影响程度，对于合理利用海洋、实现海洋资源效用最大化、遏制海洋污染和海洋损害的势头、达到海洋开发与保护协调发展、强化集约用海活动的海洋环境监督管理具有重要的实践意义。

5.5.1 评价指标体系构建原则

建立集约用海活动对海洋资源影响评价指标体系，需要着重考虑指标体系的系统性及相关要素，应选取既具有典型代表意义又可以全面反映集约用海对海洋资源影响的特征指标。

构建评价指标体系需要遵循下列 6 项原则：

（1）能够反映集约用海活动的区域性影响

集约用海活动的影响范围并不是局限于集约用海区域，而是会在大范围内对海洋资源造成影响，如改变沿海区域的土地利用格局、自然景观和海洋资源状况等。

目前，集约用海活动对海洋资源影响评价多从集约用海活动对集约用海区域周围海洋资源的现状和预测进行分析评价，缺乏大范围区域性角度的综合评估判断；因此，在选取集约用海活动对海洋资源影响评价指标时，要选择能够宏观地反映集约用海活动对海洋资源造成影响的指标来进行评价。

（2）能够反映集约用海活动对海域的累积性影响

我国的集约用海活动有较长的历史和较大的开发规模，集约用海活动为城市的建设和社会经济发展提供了宝贵的土地资源。集约用海活动可能直接改变集约用海区域的潮流运动特性，造成泥沙冲淤变化，可能对防洪和航运造成影响。随着集约用海活动增多，对海洋资源的影响逐渐反映出累积性效应，即某个集约用海活动实施后出现的资源效应不是该活动单独造成的，而是多个集约用海活动对海洋资源影响的累积效果。因此，集约用海活动对海洋资源的评价要考虑累积影响，选取能够体现累积性集约用海效应的评价指标。

（3）能够反映集约用海活动的关键性影响

集约用海活动对海洋资源影响的因素众多，要注重选择能够反映集约用海活动对海洋资源影响的主要特征及状况的评价指标。虽然，评价指标体系已经逐渐从单一性的物理、化学参数发展到多方位体现“自然-经济-社会”系统的评价指标；但是，评价指标的选择不仅要对评价区域的现状进行深度的调研，取得基本的数据和资料，还要对评价区域相关的动态过程有足够的认识。因此，选择适宜的评价指标具有较大难度且缺乏评判标准。

集约用海活动对海洋资源的影响具有复合性和长期性的特点，复合性即负面影响不仅体现在一个方面或某个部分，而是多方面的负面影响会同时发生；长期性即集约用海活动的影响会在长时间内存在，不易消除。因此，建立集约用海活动对海洋资源影响的评价指标体系时，需要选择能够体现集约用海活动的区域性影响和累积效应，且能够反映海洋资源受影响的关键方面的评价指标。

（4）可操作性原则

从评价的目的出发，尽可能选取能够很好反映集约用海活动对海洋资源影响的具可比性而且易于获得的指标，且计算方法可行。

（5）层次性原则

集约用海活动对海洋资源影响评价是一个复杂的巨大系统，它可以分解为低一层次的若干个子系统，子系统又可以由更下一层次的子系统构成。这样复杂的层次关系可以一直划分，直到分解至具体的集约用海活动对海洋资源影响因素。评价指标体系应根据评价的目的和详尽程度划分出不同层次。

（6）动态性原则

集约用海活动对海洋资源影响具有明显的动态特征。集约用海对海洋资源影响的评价指标体系应该能综合反映海洋资源在不同的开发实施阶段和背景下的状态，以及未来变化的趋势。

除此之外，还要注意生态优先、科学发展的原则。生态优先原则为人类活动强度和方式在时空尺度上定义了一个范围，在宏观开发战略上把注重生态开发的模式放在首要位置。海陆统筹、以海定陆的原则，综合考虑海洋、陆地的资源特点，系统考察海洋、陆地的经济和社会功能，在综合评价海洋、陆地资源承载力、社会经济发展的潜力基础上，实现海洋和陆地开发的协调。综合分析、突出重点的原则，综合识别和分析集约用海活动对海洋资源的影响。

5.5.2 评价指标体系构建

集约用海对海洋资源的影响是比较复杂的，是海洋资源在受到过去、现在及未来可预见的海岸带开发活动的影响下所发生的响应和变化，且各种变化之间具有一定的相关性（图 5.3）。集约用海对海洋资源影响的复杂性和海洋资源类型的多样性，决定了其评估指标体系将是一个多目标多层次的阶梯结构形式指标体系。根据上文的分析，本书在综合考虑了国内外研究成果的基础上，采用德尔菲法进行初步评定、专家咨询、信息反馈、统计处理和综合归纳，最后确定评价指标。基本过程如下：①收集集约用海区域海洋资源、海洋生态环境的相关资料，提出评价系统的综合目标和层次目标及其受影响的因素；②分析和比较各海洋资源影响因素之间的联系与制约，筛选适当合理的评价指标；③采用德尔菲法，对评价指标及其层次结构进行了4轮优化决策，最终得出评价指标体系（表5.9）。目标层是集约用海对海洋资源影响评价指标体系的最高层，是一个反映集约用海对海洋资源影响程度的综合评估指数；通过系统分析方法，对不同类型海洋资源进行综合评估而获得集约用海对海洋资源影响程度的综合评估指数，将指数值与集约用海对海洋资源影响程度评估等级标准比较，可确定集约用海对海洋资源的影响程度。准则层是对目标层的进一步说明，包括海洋生物资源、海洋空间资源、港口航道资源、滨海旅游资源和其他资源5个方面。因素层是对准则层的进一步明确。指标层是可通过计算或从总计资料中直接获取的指标变量。具体指标的确定是根据评估目的，基于我国现阶段海洋资源的调查与评估能力基础上，并结合专家咨询法确定。具体指标可以根据评价区域资源的特点有所差异，所考虑的侧重点和评价因子可以不同。

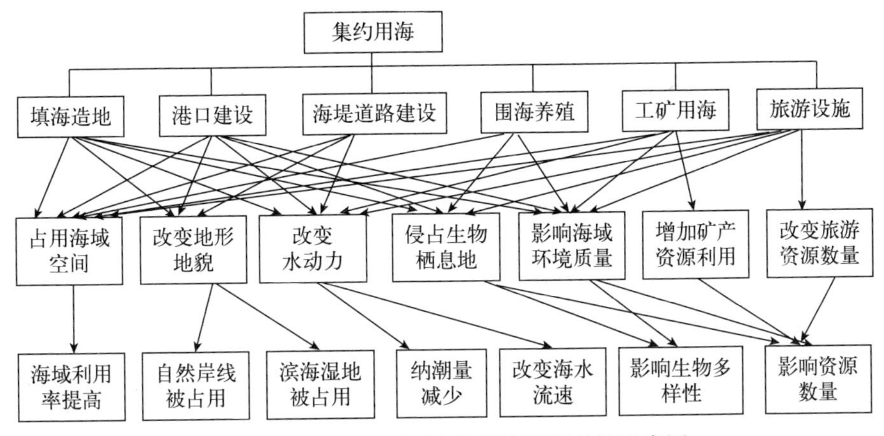

图5.3　集约用海活动与海洋资源相关性示意图

表5.9　集约用海对海洋资源影响评价指标体系

目标层	准则层	因素层	指标层
海岸带开发对海洋资源影响评价	海洋生物资源	浮游植物	浮游植物密度、浮游植物多样性
		浮游动物	浮游动物生物量、浮游动物多样性、
		底栖生物	底栖生物生物量、底栖生物多样性
		鱼类	鱼卵和仔鱼密度
	海洋空间资源	湿地	自然湿地面积保有率
		岸线	自然岸线保有率
		海域	海域空间利用率

（续）

目标层	准则层	因素层	指标层
海岸带开发对海洋资源影响评价	港口航道资源	水动力	纳潮量减少率、最大流速变化率
		港口资源	宜港岸线利用率
	滨海旅游资源	旅游资源密度	旅游资源密度变化率
	其他资源	矿产资源	矿产资源利用变化率
		能源资源	能源资源利用变化率

5.5.3 评估方法

(1) 评价指标标准化方法

集约用海对海洋资源影响的评价指标可以直接量化，但由于各指标之间缺乏可比性，需要对指标进行标准化处理。本书采用赋值法进行指标的标准化。由于集约用海对海洋资源影响的评价指标学术界尚没有统一的评价标准，本书确定各指标的评价标准主要采用以下方法：①参考国内外相关研究文献：海洋生物资源指标的评价标准参考了蔡立哲等（2002）、贾晓平等（2003）和陈清潮等（1994）文献中生物量、生物多样性评价标准；自然湿地面积保有率评价标准借鉴了滨海湿地生态安全评价标准；鱼类指标评价标准参考近岸海洋生态健康评价指南中的推荐值；纳潮量减少率、最大流速变化率参考了海湾围填海规划评价标准。②参考国家、行业和地方文件规范。自然岸线保有率、海域空间利用率评价标准借鉴了渤海海洋生态红线中相关的规定。③专家评判。旅游资源密度变化率、宜港岸线利用率、矿产资源利用率和能源资源利用率尚难以通过文献和相关规定来确定评价标准，本书通过向相关领域多位专家咨询，将各位专家的评判结果综合给出评价标准。各指标的评价标准见表 5.10，各评价指标的评价标准为推荐值，可根据评价区域实际情况采用专家评判法或 AHP 法进行确定。

表 5.10　集约用海对海洋资源影响的评价指标的评价标准

指标层	影响较小	影响一般	影响较大	影响严重
浮游植物密度（10^4 个/m^3）	≥75	50～＜75	20～＜50	＜20
浮游植物多样性	≥2.5	1.6～＜2.5	0.6～＜1.6	＜0.6
浮游动物生物量（mg/m^3）	≥50	30～＜50	10～＜30	＜10
浮游动物多样性	≥2.5	1.6～＜2.5	0.6～＜1.6	＜0.6
底栖生物生物量（g/m^2）	≥25	10～＜25	5～＜10	＜5

（续）

指标层	影响较小	影响一般	影响较大	影响严重
底栖生物多样性	≥3	2～<3	1～<2	<1
鱼卵及仔鱼密度（个/m^3）	≥50	30～<50	5～<30	<5
自然湿地面积保有率（%）	≥85	75～<85	65～<75	<65
自然岸线保有率（%）	≥50	40～<50	30～<40	<30
海域空间利用率（%）	≤10	>10～25	>25～40	>40
纳潮量减少率（%）	≤2	>2～3	>3～5	>5
最大流速变化率（%）	≤5	>5～7	>7～10	>10
宜港岸线利用率（%）	≤10	>10～30	>30～50	>50
旅游资源密度变化率（%）	≤10	>10～20	>20～40	>40
矿产资源利用变化率（%）	≤25	>25～35	>35～45	>45
能源资源利用变化率（%）	≤25	>25～35	>35～45	>45
赋值（分）	10	40	70	100

（2）评价指标权重的确定

由于，不同的评价指标对评价结果的重要性不同；因此，在实际评价过程中，需要结合集约用海区域海洋资源的特征和开发利用的重点，对每一个评价指标赋予一定的权重，以体现其在评估中的重要性差异。本书采用层次分析法（AHP）和专家咨询法来确定各评价指标的权重。

把解决集约用海对海洋资源的影响程度问题作为目标层。首先，运用层次分析法构造准则层评价指标判断矩阵，确定准则层评价指标的权重并进行一致性检验；确定准则层指标权重后，进行3轮专家调查（每次不少于15人），利用德尔菲法，在分析专家调查结果可信度基础上，确定因素层评价指标权重；然后，采用与因素层同样的方法，确定指标层的权重。各指标的评价标准和权重可根据实际开发区域的具体情况采用专家评判法或层次分析法确定或调整。

（3）评估模型

集约用海对海洋资源的影响综合评价采用赋值综合评价法进行评价。根据集约用海对海洋资源影响评价指标的评价标准（表5.10），结合每一个评价指标实际值对评价指标进行赋值。如果评价指标值处于集约用海对资源影响较小等级，即赋值10分；如果处于影响一般的等级则赋值40分；如果处于影响较大等级则赋值70分；若处于影响严重等级则赋值100分。然后，根据公式（5-21）计算集约用海对海洋资源影响综合评估指数。

$$I = \sum_{i=1}^{n} A_i \times V_i \tag{5-21}$$

式中，I 为集约用海对海洋资源影响综合评估指数，A_i 为评价指标的综合权重值，V_i 为评价指标得分值，n 为评价指标的数目。

根据相关研究文献，确定集约用海对海洋资源影响程度分级标准，分级结果见表 5.11。集约用海对海洋资源的影响评估值 $I \geqslant 75$ 时，表明集约用海对海洋资源的影响严重；$50 \leqslant I < 75$ 时，表明集约用海对海洋资源的影响较大；$25 \leqslant I < 50$ 时，表明集约用海对海洋资源的影响一般；$I < 25$ 时，表明集约用海对海洋资源的影响较小。

表 5.11　集约用海对海洋资源影响评价等级

I	等级	特征	接受程度
<25	影响较小	海洋资源较少受到干扰和破坏，功能较好，受干扰后一般可恢复，生态问题及灾害较少	影响可接受，可以适当进行集约用海
25～<50	影响一般	海洋资源已经受到一定的干扰和破坏，脆弱且敏感，受干扰后易恶化，但尚可维持基本功能，生态问题及灾害时有发生	影响可有条件接受，应慎重进行集约用海
50～<75	影响较大	海洋资源受到较大程度的干扰或破坏，功能衰退明显，生态问题及灾害较多	影响不可接受，应严格控制集约用海
≥75	影响严重	海洋资源受到严重的干扰或破坏，功能丧失，生态问题及灾害突出	

5.6　集约用海对滨海湿地影响评价方法

随着陆地资源的日趋减少，海洋资源的开发逐渐引起世界各国的重视，海洋经济成了一个国家或地区发展的重要增长极。从世界范围看，新一轮的海洋开发热潮正在兴起，有限的内湾水域浅海、滩涂被大量围填。作为沿海省份，河北省同样存在着海洋开发与保护矛盾突出的问题，“低、小、散”的围填海工程犬牙交错地分布在自然条件相对较好的海岸和海域。这种开发模式不仅带来了自然岸线缩减、海湾消失、自然景观破坏等一系列问题，也造成了近岸海域生态环境破坏、海水动力条件失衡及海域功能严重受损，但并没有形成规模化的蓝色经济聚集区。因此，开展集约用海十分必要。

所谓集约用海就是，在统一规划和部署下，一个区域内多个围填海项目集中成片开发的用海方式。集约用海不是“大填海”，而是要科学适度用海。正如字面上所表述的，“集约”是在结构上改变传统的粗放用海方式，提高单位岸线和单位用海面积的投资强度，从而占用最少的岸线和海域，实现最大的经济效益和生态效益。相对于单个围填海项目或工程，集约用海是一种更为高效、生态和科学的用海方式。但是集约用海仍然还要占用海域空间，不可避免地对海域生态环境造成一定的影响；其中，滨海湿地的变化与区域集约用海活动有着密切的联系。

5.6.1　集约用海类型对滨海湿地的影响分析

按照国海管字〔2008〕273号《关于印发〈海域使用分类体系〉和〈海籍调查规范〉的通知》对海域使用分类和用海类型的定义和分类，集约用海方式可以分为9类：渔业用海、工业用海、交通运输用海、旅游娱乐用海、海底工程用海、排污倾倒用海、造地工程用海、特殊用海及其他。根据上述通知中对这几种海域使用分类及用海类型的定义，结合滨海湿地的分类体系，可以归纳出集约用海类型对滨海湿地的影响。

渔业用海、旅游娱乐用海对滨海湿地的影响主要包括湿地类型的转变、湿地面积的变更及区域景观参数的变化。工业用海包括盐业、矿产开产、油气开采、船舶工业等。其中，盐业及油气开采将影响湿地类型的转变；船舶工业将影响湿地面积的变化及区域景观参数的变化。交通运输用海包括港口、航道、锚地及路桥用海，其中港口及路桥用海将减少湿地面积及影响区域景观参数的变化。排污倾倒用海、造地工程用海对滨海湿地的影响主要是倾倒区占用滨海湿地，使湿地面积减少，区域景观参数发生变化。特殊用海主要是科研教学、军事、海洋保护区等用海，主要导致湿地面积的变化及景观参数的变化。海底工程主要在海底进行工程开发，海底工程用海对滨海湿地的影响不大。

按照集约用海对滨海湿地造成的影响，结合遥感技术的特点和优势，建立集约用海对滨海湿地的影响评估技术指标体系及评估方法。

5.6.2　评估指标体系

分析集约用海对滨海湿地的影响，建立集约用海对滨海湿地的影响评估指标体系。评价指标体系分为3类，分别为湿地类型面积变化、湿地植被覆盖度变化和湿地景观格局参数变化。其中，湿地景观格局参数包括景观多样性参数、景观优势度参数、景观破碎度参数和斑块分维数。

5.6.3　指标计算方法及评价标准

（1）湿地类型面积变化

$$\text{变化百分比}=\frac{\text{集约用海后湿地面积}-\text{集约用海前湿地面积}}{\text{集约用海前湿地面积}}\times 100\%$$

（2）湿地植被覆盖度变化

$$变化百分比=\frac{集约用海后湿地植被覆盖度-集约用海前湿地植被覆盖度}{集约用海前湿地植被覆盖度}\times 100\%$$

（3）景观格局参数变化

$$变化百分比=\frac{集约用海后湿地景观格局参数-集约用海前湿地景观格局参数}{集约用海前湿地景观格局参数}\times 100\%$$

（4）景观多样性参数

对滨海湿地景观多样性分析中，景观多样性参数采用 Shannon - Wiener 指数计算：

$$H=-\sum_{n=1}^{k}P_k\ln(P_k)$$

式中，H 为景观多样性指数；P_k 为景观类型 k 占整个景观的面积比；n 为景观中的类型数。当各类景观面积比例相等时 H 达到最大。通常随着 H 增加，景观结构组成的复杂性也趋于增加，景观多样性增强。

（5）景观优势度参数

优势度指数表示景观多样性对最大多样性的偏离程度，或描述景观由少数几个主要的景观类型控制程度。优势度指数越大，表明偏离程度越大，即某一种或少数景观类型占优势。计算公式为：

$$D=H_{max}+\sum_{k=1}^{m}(P_k)\log_2(P_k)$$

式中，$H_{max}=\log_2(m)$；P_k 为 k 种景观占总面积的比；m 为景观类型总数；H_{max}为研究区各类型景观所占比例相等时，景观拥有的最大多样性指数。

（6）景观破碎度参数

景观破碎度是指景观被分割的破碎程度，在一定程度上反映了人为活动对景观的干扰强度。景观的破碎化和斑块面积的不断缩小，说明适于生物生存的环境在减少，直接影响到物种的繁殖、扩散、迁移和保护。景观破碎度参数值越大，景观破碎化程度越大。计算公式为：

$$C=\sum n_i/A$$

式中，C 为景观的破碎度；$\sum n_i$ 为各景观中所有景观类型的斑块总数；A 为景观的总面积。

（7）斑块分维数参数

将遥感数据与相对应年份的地形图配准，完成数据格式转换、投影坐标转换、几何精校正和图切割等预处理后，结合实地调查，对图像属性进行处理，得到所需的景观斑块分维数。

5.6.4 评价标准

为了确定集约用海对滨海湿地影响程度，参考相关研究成果，制定了集约用海对滨海湿地影响程度评价标准，见表 5.12、表 5.13 和表 5.14。

表 5.12 湿地类型面积变化评级标准

面积变化比例	等级
减小＜10%	影响较小
减小 10%～＜50%	影响一般
减小≥50%	影响较大

表 5.13 湿地类型植被覆盖度变化评级标准

植被覆盖度变化值	等级
减小＜5%	影响较小
减小 5%～＜10%	影响一般
减小≥10%	影响较大

表 5.14 滨海湿地景观格局参数变化评级标准

等级	景观多样性	景观优势度	景观破碎度	斑块分维数
影响较小	减小＜1%	增大＜1%	增大＜10%	减小＜1%
影响一般	减小 1%～＜5%	增大 1%～＜5%	增大 10%～＜50%	减小 1%～＜5%
影响较大	减小≥5%	增大≥5%	增大≥50%	减小≥5%

5.7 沿海开发活动的生态环境效应评估方法

海洋是人类赖以生存和进行生产活动的重要场所，是现代经济发展的前沿阵地。随着经济发展和科学技术进步，海洋的各种价值得到了不同程度的体现；但由于人口不断地向沿海地区聚集，围填海、海洋航运业、捕捞业、海洋化工、滨海旅游业、滩涂养殖业和海岸工程建设等开发活动不断发展，使海洋面临的压力越来越大，海洋资源开发与生态环境保护的矛盾日益突出。为保护海洋这一特殊的生态系统、实现海洋资源的可持续利用，有必要对沿海开发活动的生态环境效应进行评价，以揭示人类开发活动对生态环境的影响，为科学引导控制海域开发活动强度、实现海洋经济合理布局和产业结构调整，以及海洋生态环境保护与管理提供科学依据。

生态效应评价研究具有重要的实际应用价值，近几年已经成为生态学和环境科学的热点之一。由于海洋范围广，具有一定的特殊性和复杂性，以及人类认识的局限性，目前对沿海开发活动生态环境效应的评估研究仍少见报道。现有的研究主要集中在海岸带生态系统健康、生态安全方面，在评估指标、评价方法等方面存在一定差异。同时，现有的研究大多是对开发活动影响的某一方面或某一个开发项目的影响进行分析，对区域性沿海开发活动的生态环境效应的综合评估及其影响因子的研究不足，在生态环境效应评估结果的评判分级方面比较欠缺，不利于沿海开发活动的生态环境效应等级的确定。因此，本书以沿海开发活动为对象，基于海域管理、注重生态环境效应和可持续发展的理念，采用“压力-状态-响应”（PSR）模型和层次分析法，建立沿海开发活动生态环境效应评估指标体系和评估方法，以系统分析沿海开发活动生态环境效应及其主要影响因素。

5.7.1 评估指标体系的构建

构建适宜的评估指标体系，是开展沿海开发活动生态环境效应评估的前提。沿海开发活动生态环境效应评估是为了改善海域生态环境质量、保护生态环境，因此其评估指标的选取需要结合区域海域主要生态环境问题，选取最具代表性的因素作为评价指标。

在遵循全面性和系统性、可行性和可操作性、定量化的原则下，参考相关研究文献，利用“压力-状态-响应”（PSR）模型，结合目前海域所面临的主要生态环境问题，选取 28 个评价指标，构建沿海开发的生态环境效应评估指标体系框架（表 5.15）。其中，单位岸线围填海强度＝评价区内围填海面积/大陆岸线长度；海岸带森林湿地面积主要包括沿海地区海岸防护林和滨海湿地的面积；海域主要污染物浓度指海水中营养盐（无机氮、活性磷酸盐）浓度；养殖空间资源利用量指海水养殖面积。

表 5.15 沿海开发的生态环境效应评估指标体系

目标层	生态环境效应评估指标体系		
准则层	压力类（A）	状态类（B）	响应类（C）
指标层	A1 沿海地区人口自然增长率	B1 海域利用率	C1 沿海地区工业废水达标排放率
	A2 沿海地区人口密度	B2 人均滩涂面积	C2 沿海地区工业固废综合利用率
	A3 海洋产业产值增长率	B3 鱼类群落的多样性	C3 沿海地区城市污水处理率
	A4 海洋产业产值占 GDP 比重	B4 海水水质综合指数	C4 海洋自然保护区面积占国土面积比例

（续）

目标层	生态环境效应评估指标体系		
准则层	压力类（A）	状态类（B）	响应类（C）
指标层	A5 单位岸线围填海强度	B5 海域主要污染物浓度	C5 环保投资占 GDP 比重
	A6 自然湿地面积	B6 自然岸线比例	C6 海洋科技人员占总人口比重
	A7 岸滩侵蚀速率	B7 初级生产力	C7 海洋科技项目经费
	A8 工业万元产值废水排放量	B8 赤潮年累计发生面积	C8 海洋第三产业产值占海洋产值比重
	A9 养殖空间资源利用量	B9 海岸带森林湿地覆盖率	
	A10 渔业资源捕捞量	B10 沿海地区恩格尔系数	

5.7.2　数据标准化

沿海开发活动的生态环境效应评估指标可以直接定量化，但指标数值之间差异较大，单位不统一，可比性较差；因此，本书采用指数化处理方法对各指标值进行无量纲化处理。具体分为如下两类：

效益型指标（数值越大越好的指标）的标准化方法：

$$Y_i=\frac{X_i-X_{\min}}{X_{\max}-X_{\min}}$$

成本型指标（数值越小越好的指标）的标准化方法：

$$Y_i=1-\frac{X_i-X_{\min}}{X_{\max}-X_{\min}}$$

式中，Y_i 为指标的标准分数；X_i 为某指标的指标值；$X_{\max}$为该项指标的最大值；$X_{\min}$为该项指标的最小值。

5.7.3　评价指标权重的确定

在评价过程中，因不同的评价要素对评价所作的贡献及相对重要程度不同，需要分别赋予各指标一个权重，使其能充分体现各自的重要性。从而，得到各因素的权重分配集 $\boldsymbol{W}=\{w_1, w_2, w_3, \cdots, w_i\}$。本书采用层次分析法确定权重。

5.7.4　生态环境效应评估模型

采用综合指数法对沿海开发的生态环境效应进行评估。先对各指标进行单因子评价，得到各系统的状态后，再采用综合指数法进行总目标层的评价。为此本书构建了生态环境综合效应指数 EI。计算方法：

$$EI = \sum_{i=1}^{n} Y_i w_i$$

式中，Y_i 为第 i 个具体指标的无量纲化值；w_i 为该指标对应综合权重系数，通过层次分析法获得；n 为指标的数量。由此可得到沿海开发的生态环境综合效应评估值。

5.7.5 评价等级划分

参考国内外综合指数的分级方法，设定沿海开发的生态环境综合效应分级评判标准，分级见表 5.16。评估值最大范围为 0～1，比较理想的评估值为 0.6～1.0，代表沿海开发活动对海洋生态环境的综合影响较小，可以接受，生态环境质量较好；评估值在 0.4～0.6 时，代表沿海开发活动对海洋生态环境的综合影响一般，可以有条件接受；评估值在 0.0～0.4 时，表示沿海开发活动对海洋生态环境的综合影响较大，达到不可接受的程度。最后，将 EI 与评判标准进行比较，确定沿海开发对海域生态环境的影响。

表 5.16　*EI* 的评判等级

EI	影响程度	接受程度	意　义
＞0～0.4	较大	不可接受	沿海开发活动对生态环境造成的压力较大，生态环境受到较大破坏，功能退化，生态问题突出，灾害较多
＞0.4～0.6	一般	有条件接受	沿海开发活动对生态环境造成的压力一般，生态环境受到一定破坏，但尚可维持基本功能，受干扰后易恶化
＞0.6～1.0	较小	可接受	沿海开发活动对生态环境造成的压力较小，生态环境基本未受到破坏，系统恢复再生力强，问题少

5.8 人类活动影响下海域环境与生态安全评估方法

目前，关于环境与生态安全的评估多是从环境安全和生态安全分别进行评估，尚没有开展关于环境安全与生态安全的综合评估。无论是环境安全还是生态安全评估，其指标体系可分为仅考虑生态环境自身要素的指标体系和考虑了人类活动影响的指标体系。其中，前者是用指示物种或其成分的指数来定量测量；而后者的指标体系一般可分为物理化学指标、生态学指标和社会经济指标，综合了生态环境的多项要素，反映了生态系统的过程、结构和功能，从人类活动与生态环境安全之间关系的角度来度量生态环境安全状况，强调生态环境能够为人类提供产品和服务。

鉴于人类活动对海域环境和生态影响的复杂性，本书采用成因-结果评估法构建人类活动影响下海域的环境与生态安全评估方法。

5.8.1 评价指标体系的构建

评价指标体系是建立环境与生态安全综合评价的关键，需要深入研究影响研究区域环境与生态安全的要素，有针对性地选择，具体应遵循以下原则：

① 资料收集的可行性和可操作性。这是保证评价工作顺利进行的先决条件，指标体系应该尽可能简化，计算方法简单，数据易于获得。

② 科学性。指标体系的建立应具有一定的科学性。指标的概念必须明确，应能够全面、充分地反映环境与生态安全现状各个方面的情况（自然、人文状态、自然人文压力及社会响应等方面），同时又要尽量避免指标间内涵的交叉重叠。

③ 代表性。生态环境的组成因子众多，各因子之间相互作用、相互联系构成一个复杂的综合体。评价指标体系不可能包括生态环境的全部因子，只能从中选择具有代表性的、最能反映生态环境本质特征的指标。

④ 实用性。建立指标体系应考虑到现实的可能性。指标体系应符合国家政策，应适应于指标使用者对指标的理解接受能力和判断能力，适应于信息基础。

本书基于“成因-结果”指标两方面各选取了18个指标。具体指标体系如下表5.17：

表5.17 基于“成因-结果”的海域环境与生态安全综合评估指标体系

系统	分系统	子系统	指标
海域环境与生态安全综合评估指标体系	成因	社会经济发展	人口自然增长率
			人口密度
			GDP增长率
			海洋产业产值占GDP比重
			港口吞吐
		海洋资源利用	围填海面积
			宜港岸线利用率
			渔业资源捕捞量
			海域利用率

（续）

系统	分系统	子系统	指标
海域环境与生态安全综合评估指标体系	成因	环境污染压力	入海污染物量
			养殖年均排污量
			海水富营养化指数
		生态环境补偿	工业废水达标排放率
			工业固废综合利用率
			城市污水处理率
			海洋自然保护占国土面积比例
			环保投资占 GDP 比重
			海洋第三产业比重
	结果	海域状况	滩涂面积
			自然岸线比例
		生物群落	浮游植物密度
			浮游动物密度
			浮游动物生物量
			鱼类资源密度
			底栖动物生物量
			底栖动物密度
		生物安全	生物残毒评价指数
		环境质量	溶解度
			化学需氧量
			活性磷酸盐
			无机氮
			石油类
			硫化物
			有机碳
		生态功能	滨海自然湿地面积
			初级生产力

5.8.2 指标权重确定

确定指标权重的方法有很多，这些方法大致可以分为两大类：一类是由专家根据经验判断各指标对于评价目的的重要程度，然后经过综合处理获得指标权重，这类方法统称为主观赋权法，如德尔菲法（Delphi 法）、层次分析法（AHP）等；另一类是各指标根据一定的规则进行自动赋权的方法，这类统称为客观赋权法，如主成分分析法、因子分析法、灰色关联分析法等。本书采用的是层次分析法（AHP）。

5.8.3 指标标准化

由于各指标的度量方法不同，采用各指标的实际值是无法通过运算得到海域环境与生态安全指数的；因此，需要将各指标的实际值进行标准化处理，得到无量纲数据。本书采用指数法将各指标标准化。

$$\text{正向指标：}p_{ij}=\frac{x_{ij}}{x_{\max}} \qquad \text{负向指标：}p_{ij}=1-\frac{x_{ij}}{x_{\max}}$$

式中，p_{ij} 为各类指标标准化处理后数值；x_{ij} 为原始数据；$x_{\max}$ 为各评价单元现状值中的最大值。

5.8.4 综合评估模型

采用综合指数法对海域环境与生态安全进行综合评估。先对各指标进行单因子评价，得到各系统的状态后，再采用综合指数法进行总目标层的评价。构建海域环境与生态综合安全度指数 ESI，计算方法为

$$ESI=\sum_{i=1}^{n}Y_i w_i$$

式中，Y_i 为第 i 个具体指标的无量纲化值；w_i 为该指标对应综合权重系数，通过层次分析法获得；n 为指标的数量。

5.8.5 评估等级分级

依据研究区域海域环境与生态安全的实际情况和专家调查结果，将综合安全度划分为高度安全、中度安全、安全预警、较不安全、不安全 5 个等级，分级标准见表 5.18。

表 5.18 海域环境与生态综合安全度分级标准

综合安全度等级	高度安全	中度安全	安全预警	较不安全	不安全
指标值	≥0.8	0.6～<0.8	0.4～<0.6	0.2～<0.4	<0.2

5.9 海洋经济与海洋资源环境协调发展评价方法

5.9.1 评价指标体系构建原则

以海洋可持续发展为目标，为综合协调海洋经济发展与海洋资源环境系统的平衡，保障资源环境与海洋经济健康、协调可持续发展，构建一套易操作的、可以应用于实践的海洋经济与海洋资源环境协调发展综合评价指标体系至关重要。

（1）整体性原则

海洋经济与海洋资源环境协调发展状况的评价，包含了海洋资源环境和经济两个复杂的系统，构建的评价指标体系应具有综合性和完整性，能较好地反映区域经济发展和海洋资源环境质量状况，让海洋资源环境与海洋经济协调发展有关的内容都能在指标体系中得到充分体现。本书采用海洋资源环境与海洋经济发展系统两分法，从经济效益、生产能力、产业结构、发展潜力、海洋资源、海洋灾害、海洋环境、海洋生态 8 个方面构建指标体系，力求全面地反映两大系统的协调发展程度。

（2）科学客观原则

应当从实际出发，客观评价海洋资源环境与海洋经济系统协调发展状况，为海洋可持续发展和利用提供科学依据。所有指标的集合必须能反映海洋资源环境和海洋经济发展状况、两者协调发展阶段性目标的实现情况和协调发展的程度；指标体系各要素的数据来源要准确、处理方法要科学、体系结构要合理，还要注重指标的可得性、可比性。

（3）可操作性原则

指标的选取要从河北省实际发展情况出发，选取能够反映河北省海洋经济与海洋资源环境协调发展的指标，确定评价内容和重点，采用适当可行的评价方法和评价指标，尽量选取具有代表性、易获取的综合指标。

（4）导向性和独立性原则

海洋资源环境与海洋经济协调发展既是目标也是过程，各指标要充分考虑动态变化和相对稳定，根据现状和可能的未来趋势进行预测和管理，真正起到导向的作用；而且，各指标间既要保持相互独立，又要彼此关联，避免重复计算，构成有机整体。

5.9.2 评价指标体系的构建

根据已有的研究成果，结合海域的实际情况，依据可操作性、海洋资源环境指标与海洋经济指标相关性的原则，构建适应于海域自身特点的评价指标体系。本书选取了24个指标来反映海洋经济与海洋资源环境协调发展状况，具体指标见表5.19。

表5.19 海洋经济与海洋资源环境指标

系统	目标层	指标层
海洋经济指标	经济效益	海洋产业产值增长率
		海洋产业产值占GDP比重
		海洋主要产业产值
	生产能力	海洋水产品产量
		海洋盐业产量
		海洋原油产量
		港口货物吞吐量
		入境旅游人数
	产业结构	海洋第三产业比重
	发展潜力	海洋科技人员比重
		海洋科技项目经费
海洋资源环境指标	海洋资源	单位岸线围填海强度
		自然湿地面积
		养殖空间资源利用量
		渔业资源捕捞量
		海域利用率
		自然岸线比例
		海岸林地覆盖率
	海洋灾害	赤潮年累计发生面积
		海岸侵蚀速率
	海洋环境	海水水质综合指数
		主要污染物浓度
	海洋生态	鱼类群落的多样性
		初级生产力

5.9.3 指标权重的确定

指标权重在评价体系中是不可缺少的，指标权重是否合理直接决定了综合评价结果是否正确及有无现实意义。由于各指标在指标体系中的作用不同，对研究对象的影响程度有很大差别，若将指标赋予同一权重，评价结果将会失真，所以在进行评价前必须明确各指标的权重。

指标权重确定方法直接影响着评价结果、评价质量及反映现实状况的准确性，直接决定了研究分析的价值与意义。本书采用均方差赋权法来确定指标的权重。均方差赋权法是一种客观赋值法，其权重是由各指标在评价单位中的实际数据形成的，客观性较强。

5.9.4 评价指标的标准化

由于各个指标的单位不同、量纲不同、数量级不同，不便于分析研究，甚至会影响评价的结果，有必要对各指标的数据进行标准化处理。

常用的指标标准化方法有极差法、标准化法、阈值法（临界值）等。本书综合考虑各种标准化方法对评价结果的影响，拟选取采用极差法对指标进行标准化。根据各指标反映海洋经济发展与海洋资源环境状况的特征，选择不同的公式进行指标标准化。

极差法标准化公式为

正向指标：

$$a_i=\frac{x_i-x_{i\min}}{x_{i\max}-x_{i\min}}$$

逆向指标：

$$a_i=\frac{x_{i\max}-x_i}{x_{i\max}-x_{i\min}}$$

式中，x_i 为某原始数据；$x_{i\max}$为该指标数据中的最大值；$x_{i\min}$为该指标数据中的最小值；a_i 为标准化后的数据。

5.9.5 评价模型

(1) 海洋资源环境质量综合指数和海洋经济发展综合指数

海洋资源环境质量综合指数是指在资源环境质量研究中，依据某种环境标准，用某种计算方法，求出的可简明、概括地描述和评价海洋资源环境质量的数值。海洋资源环境质量综合指数广泛应用于污染物排放评价、污染源控制或治理效果评价、环境污染程度评价以及某些环境影响评价等方面。综合指数由单要素指数综合而成，可以反映海洋资源环境质量的综合特征，在全面评价海洋资源环境质量方面具有重要意义。

海洋经济综合发展指数，是在对海洋进行综合测评的基础上，选择可反映海洋经济发展各个方面的适当指标，运用数学模型计算出一个综合分值，并以此来测定各区域的发展水平。

(2) 海洋资源环境质量综合指数与海洋经济发展综合指数测算方法

海洋资源环境与海洋经济发展是两个相对独立的体系。为了能够将二者各自的综合水平准确反映出来，根据它们各自的组成要素和自身特点，本书采用加权的方法来计算海洋资源环境质量综合指数 $f(x)$ 和海洋经济发展综合指数 $g(x)$。

海洋资源环境质量综合指数：

$$f(x)=\sum_{i=1}^{n}w_ia_i$$

海洋经济发展综合指数：

$$g(x)=\sum_{j=1}^{m}w_ja_j$$

式中，w_i，w_j 为各评价指标的权重；a_i，a_j 为各指标标准化后的数据。

(3) 海洋经济与海洋资源环境协调发展评价模型

海洋资源环境与海洋经济发展协调度是衡量经济与资源环境协调程度的重要指标，它的大小说明了海洋资源环境与海洋经济组成的系统协调发展的程度。本书采用廖重斌提出的协调度模型来计算海洋资源环境与海洋经济协调度：

$$C=\{[f(x)\times g(x)]/[af(x)+bg(x)]^2\}^k$$

式中，C 为协调度，其越大表示协调性越好，反之则越差，取值范围为 0～1；a 和 b 为权重，其取值根据研究海域实际情况确定，如将海洋经济与海洋资源环境放在同等重要的位置，则 a 和 b 分别取值 0.5；k 为调节系数，其值越大结果越准确，可以根据研究海域具体情况确定取值。协调度虽然能够表示海洋资源环境与海洋经济发展之间的协调关系，但是很难反映出海洋资源环境与海洋经济整体协调发展水平的高低。为此，本书采用协调发展度来衡量海资源环境与海洋经济协调发展的状况。

$$D=\sqrt{C*G} \qquad G=af(x)+bg(x)$$

式中，D 为协调发展水平，C 为前面求得的协调度。

海洋资源环境与海洋经济协调发展度评判标准，见表 5.20。

表 5.20 海洋资源环境与海洋经济协调发展度评判标准

D	$D\leqslant0.2$	$0.2<D\leqslant0.3$	$0.3<D\leqslant0.4$	$0.4<D\leqslant0.5$	$0.5<D\leqslant0.6$	$D>0.6$
表示含义	严重失调	中度失调	轻度失调	濒临失调	勉强协调	协调发展

实证篇

6 河北省近岸海域环境质量评价

河北省位于环渤海经济圈核心地带，具有发展海洋经济的区位优势，且拥有港址、海洋生物、盐和盐化工、旅游、能源等资源。自20世纪90年代以来，海洋经济已逐渐成为河北省经济发展的新增长点。2006年，河北省又一次明确提出发展海洋经济的战略部署，开发海洋、利用海洋已成为河北省经济发展的主旋律。但是近年来，随着海洋资源开发利用活动的不断开展，特别是生活污水、工业废水及养殖废水入海量不断扩大，近岸海域生态环境不断恶化，河北省海域已成为我国近海污染比较严重的海域之一。因此，如何保护海洋资源和环境、促进海洋经济的可持续发展，已成为河北省海洋经济发展中最受关注的问题之一。本章根据2000—2015年海洋环境调查监测资料，对河北省近岸海域环境质量进行评价，旨在为河北省海洋经济发展和海洋环境保护提供科学依据。

6.1 调查和监测项目

于2000年、2005年、2010年和2015年的1—12月，采用美国GAMIN公司生产的GPS12型全球卫星定位系统在河北省近岸海域布设26个站位（图6.1），进行海水质量现场调查。在水深小于或等于5 m的站位，采集表层水样（水面下0.5 m）；在水深大于5 m的站位，采集表底层混合样。石油类采用球浮式专用采样器，其他项目水样使用GCC-1有机玻璃采水器；每月

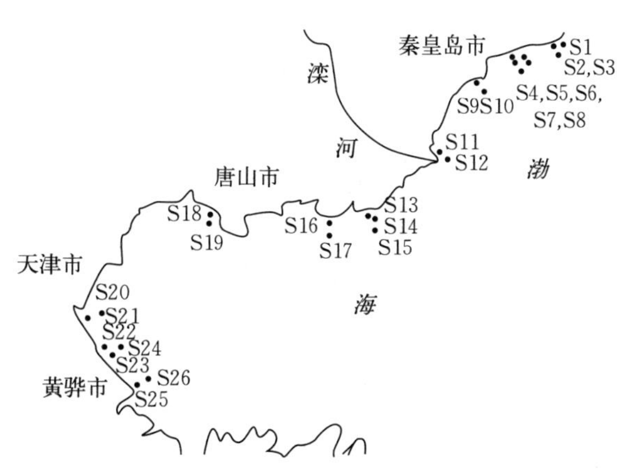

图6.1 河北省近岸海域调查站位分布图

调查一次，每次调查于高潮前后 1 h 内完成。

海水质量主要监测项目为化学需氧量、无机氮、磷酸盐、石油类等指标，水样采集、前处理、储存、运输、分析及数据处理均按《海洋调查规范》和《海洋监测规范》所规定的方法进行。

6.2 评价方法

采用标准指数法评价单项因子对环境产生的等效影响程度，采用综合指数法评价海域水质综合环境质量现状和富营养化水平。

6.2.1 单项水质评价方法

标准指数法计算公式为

$$S_{ij}=\frac{C_{ij}}{C_{sj}} \qquad S_j=\frac{1}{n}\sum_{i=1}^{n}S_{ij}$$

式中，S_{ij} 为标准指数；C_{ij} 为污染物 i 在监测点 j 的浓度；C_{sj} 为调查因子 i 的评价标准值；S_j 为第 j 站位各项污染物的分指数的平均值；n 为评价因子的种类数量。

对河北省海域采用我国《海水水质标准》中海水二类水质标准进行评价。单项水质分级判据为：$S_j<1$ 为环境良好区，$1\leqslant S_j<2$ 为轻度污染区，$2\leqslant S_j<5$ 为中度污染区，$5\leqslant S_j<10$ 为重度污染区，$S_j>10$ 为严重污染区。

6.2.2 综合评价指数方法

采用分指数的平均值和最大值的平方和的尼罗梅法，既考虑了平均分指数的影响，也照顾到最大分指数的影响。

$$WQI=\sqrt{\frac{{S_{max}}^2+{S_j}^2}{2}}$$

式中，WQI 为多项污染的综合质量指数；S_{max} 为各项污染物中的最大分指数；S_j 为第 j 站位各项污染物的分指数的平均值；n 为评价因子的种类数量。

综合评价分级判据为：指数 $WQI<1$ 为环境良好区，$1\leqslant WQI<2$ 为轻度污染区，$2\leqslant WQI<5$ 为中度污染区，$5\leqslant WQI<10$ 为重度污染区，$WQI>10$ 为严重污染区。

6.2.3 富营养化水平评价

采用目前国内常用的富营养化公式评价河北省近岸海域富营养化状况，其公式为

$$E=\frac{COD\times DIN\times DIP}{4\,500}\times 10^6$$

式中，E 为富营养化指数，DIP 为海水中磷酸盐含量（单位为 mg/L），DIN 为海水中无机氮含量（单位为 mg/L），COD 为海水中化学需氧量含量（单位为 mg/L）。当 E 值大于或等于 1，即为水体富营养化；E 值越高，富营养化程度越严重。

6.3 结果与分析

6.3.1 污染物含量变化

(1) 营养盐

2000—2015 年河北省近岸海域营养盐含量变化较大（图 6.2）。整个海域无机氮含量呈现上升的趋势，2000—2005 年无机氮含量符合海水二类水质标准；2005—2010 年无机氮含量由符合海水二类水质标准逐渐超出海水二类水质标准；2010—2015 年已经明显超出海水二类水质标准，其中 2010 年无机氮含量已经增长到 2000 年的 2 倍多。从不同海域分析，2000—2015 年秦皇岛近岸海域无机氮含量呈现一定的起伏，但始终符合海水二类水质标准；唐山海域无机氮含量除 2010 年超出海水二类水质标准外，其他年份均符合标准，但总体上无机氮含量表现出上升的趋势；沧州近岸海域无机氮含量除 2000 年略低于海水二类水质标准外，其他年份均超出海水二类水质标准，其中 2010 年达到海水劣四类水质标准、2015 年超海水三类水质标准，无机氮含量总体上也表现出上升的趋势（图 6.2）。总体上，河北省近岸海域无机氮含量基本呈现由北向南逐渐升高的趋势，整个近岸海域无机氮含量呈现逐年上升的趋势。

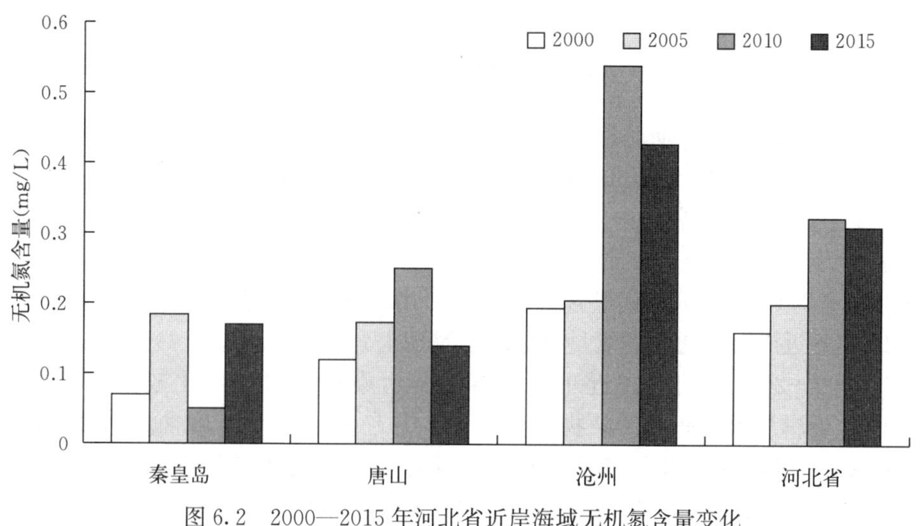

图 6.2 2000—2015 年河北省近岸海域无机氮含量变化

河北省近岸海域磷酸盐含量变化整体上呈现略下降的趋势，以 2005 年含量最高，已经超出海水三类水质标准，其他年份均符合水质要求。从不同近岸海域分析，2000—2015 年秦皇岛近岸海域磷酸盐含量呈现降低的趋势，以 2000 年含量最高，达到 0.024 mg/L；唐山近岸海域磷酸盐含量在各分析时段，基本是在河北省 3 片近岸海域中含量最高的，其中 2005 年达到最高值，已经超过海水四类水质标准；沧州近岸海域磷酸盐含量也以 2005 年含量最高，超出海水三类水质标准（图 6.3）。总体上，河北省近岸海域磷酸盐含量呈现以唐山近岸海域为中心，向北、向南逐步降低，但南部近岸海域总体上高于北部近岸海域。整个近岸海域磷酸盐含量呈现略微降低的趋势。

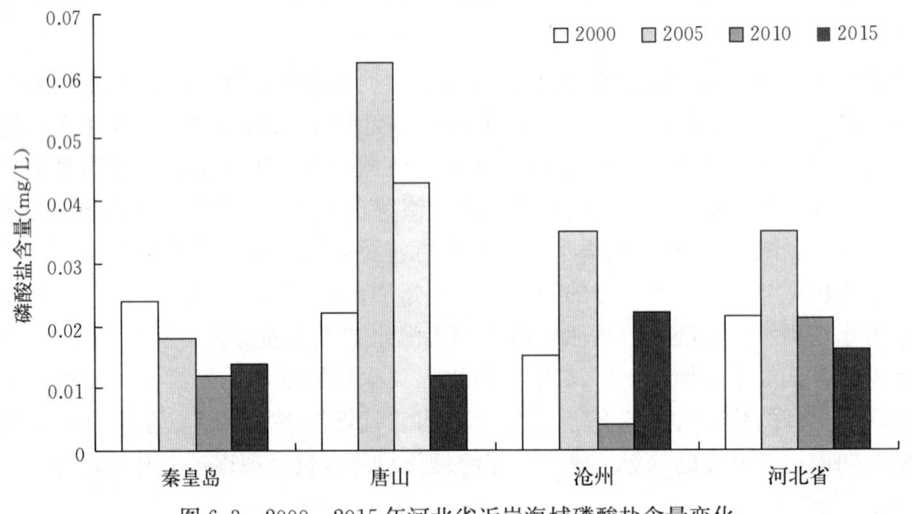

图 6.3　2000—2015 年河北省近岸海域磷酸盐含量变化

(2) 有机污染

2000—2015 年，河北省近岸海域化学需氧量含量一直符合海水二类水质标准，但整体表现出上升的趋势，2015 年化学需氧量含量较 2000 年上升了 9.2%（图 6.4）。从沿海三市来看，2000 年和 2010 年近岸海域化学需氧量含量表现为沧州＞秦皇岛＞唐山；2005 年化学需氧量含量表现为沧州＞唐山＞秦皇岛；2015 年化学需氧量含量表现为唐山＞沧州＞秦皇岛；同时，2000—2015 年各近岸海域化学需氧量含量基本呈现上升的趋势（图 6.4）。

2000—2015 年河北省近岸海域石油类污染物含量变化比较大，2000—2010 年近岸海域石油类污染物含量呈现上升趋势，2015 年后含量明显下降；其中 2005 年和 2010 年石油类污染物含量已经超出海水二类水质标准，尤其 2010 年石油类污染物含量已经超出海水二类水质标准的一倍多，其他年份符合海水二类水质标准。从空间分布看，2000 年和 2010 年近岸海域中石油类污

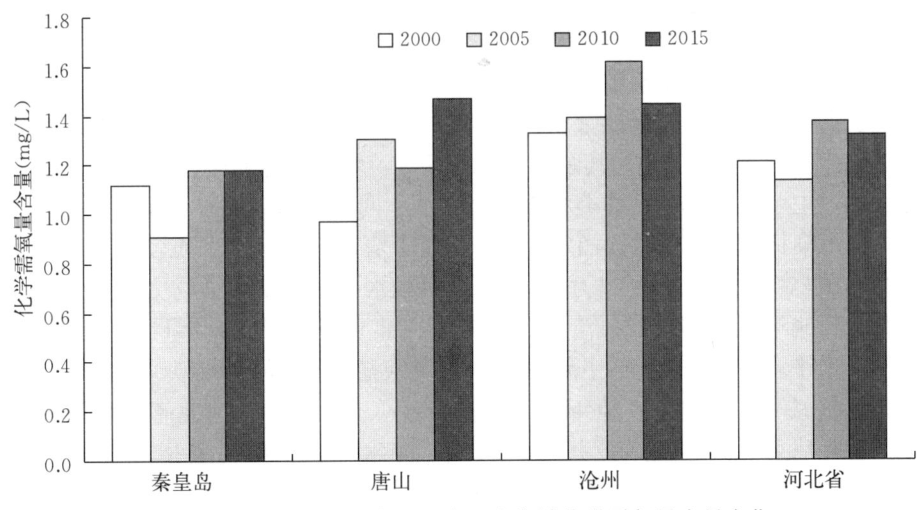

图 6.4　2000—2015 年河北省近岸海域化学需氧量含量变化

染物含量表现为沧州>秦皇岛>唐山，其中 2010 年均超出海水二类水质标准；2005 年石油类污染物含量表现为沧州>唐山>秦皇岛；2015 年 3 片近岸海域石油类污染物含量基本相当，均满足海水二类水质标准（图 6.5）。

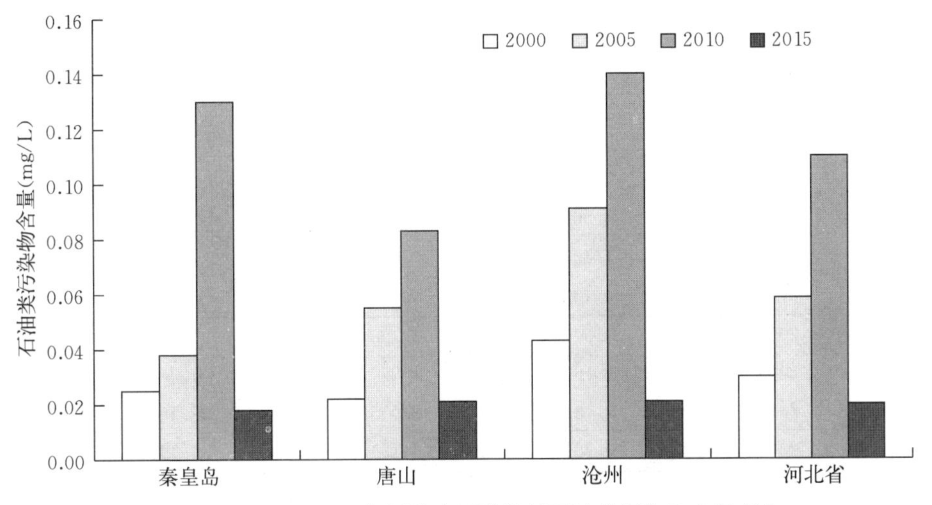

图 6.5　2000—2015 年河北省近岸海域石油类污染物含量变化

从 2000—2015 年各近岸海域化学需氧量和石油类污染物含量来看，河北省近岸海域有机污染物程度由北向南逐渐加重；在时间上表现为，2005—2010 年有机污染程度加重，此后有所缓和。河北省近岸海域有机污染的这种时空分布规律与河北省海洋开发区域的分布、海洋快速开发时间相吻合。

6.3.2 水质污染指数的变化

(1) 单项指标标准指数

根据水质单项指标标准评价结果可知（表 6.1），河北省近岸海域平均单项污染指数除 2010 年外，其余年份均小于 1，属于较清洁区；2010 年达到轻度污染，主要污染物为石油类和无机氧。从不同近岸海域来看，秦皇岛近岸海域单项污染指数在分析时段内均小于 1，属于清洁区，海水水质较好；唐山近岸海域在 2005 年、2010 年均达到了轻度污染水平，主要污染物为磷酸盐和石油类，其他年份水质较好；沧州近岸海域在 2005 年和 2010 年也都达到了轻度污染水平，其中 2005 年主要污染物为磷酸盐和石油类，2010 年主要污染物为无机氮和石油类，其他年份水质较好。总体上，无论河北省近岸海域整体，还是唐山、秦皇岛或沧州近岸海域，海水平均单项污染指数在 2000—2010 年呈现升高的趋势，水质有清洁水平发展到轻度污染水平，2010 年后水质有所好转，2015 年水质又都恢复到清洁水平；从空间分布看，河北省近岸海域水质由北向南污染逐步加重。

表 6.1 河北省近岸海域水质污染指数和富营养化指数

海域	年份	化学需氧量	磷酸盐	无机氮	石油类	某站位污染指数	综合污染指数	富营养化指数
秦皇岛	2000	0.373	0.800	0.233	0.500	0.477	0.658	0.418
	2005	0.304	0.600	0.613	0.760	0.569	0.671	0.671
	2010	0.393	0.400	0.167	2.600	0.890	1.943	0.157
	2015	0.393	0.467	0.567	0.360	0.447	0.510	0.624
唐山	2000	0.323	0.733	0.400	0.440	0.474	0.617	0.569
	2005	0.434	2.067	0.577	1.100	1.044	1.637	3.101
	2010	0.397	1.433	0.833	1.660	1.081	1.401	2.843
	2015	0.490	0.400	0.467	0.420	0.444	0.468	0.549
沧州	2000	0.443	0.500	0.647	0.86	0.613	0.747	0.860
	2005	0.463	1.167	0.683	1.820	1.033	1.480	2.216
	2010	0.537	0.133	1.800	2.800	1.318	2.188	0.773
	2015	0.480	0.733	1.427	0.420	0.765	1.145	3.013
河北省	2000	0.403	0.710	0.533	0.600	0.562	0.640	0.916
	2005	0.377	1.167	0.667	1.172	0.846	1.022	1.758
	2010	0.457	0.700	1.077	2.200	1.108	1.742	2.065
	2015	0.440	0.533	1.033	0.400	0.602	0.835	1.455

(2) 综合指数评价

从综合指数评价结果可知（表 6.1），河北省近岸海域综合污染指数以

2010年最高（1.742），其次是2005年，均属于轻度污染区，其他年份属于清洁海域。从不同近岸海域来看，2000年各近岸海域均属于清洁海域；2005年唐山和沧州近岸海域已经属于轻度污染海域；2010年秦皇岛和唐山近岸海域属于轻度污染海域，而沧州近岸海域已经属于中度污染海域；2015年只有沧州近岸海域属于轻度污染，其他近岸海域属于清洁海域。从不同近岸海域的综合评价指数来看，整个近岸海域综合污染指数平均值由北向南逐渐升高。

6.3.3 富营养化水平评价

从富营养化水平评价结果看（表6.1），河北省近岸海域富营养化程度逐步加重，2000年、2005年、2010年和2015年富营养化指数E值分别为0.916、1.758、2.065和1.455，其中无机氮、磷酸盐是该近岸海域富营养化的主要贡献因子。秦皇岛近岸海域富营养化程度相对较低；唐山近岸海域在2005年时富营养程度最高，其次是2010年；沧州近岸海域在2015年富营养化程度最高，其次为2005年。整个近岸海域富营养化指数E值基本表现为由北向南逐渐升高。

6.4 结论

2000—2015年河北省近岸海域水质污染基本呈现逐步加重的趋势；整个近岸海域富营养化趋势明显，近岸海域由北向南污染程度富营养化程度逐渐加大；其主要污染物为无机氮、磷酸盐和石油类。从不同近岸海域来看，秦皇岛近岸海域水质状况较好属较清洁区，其主要污染物为石油类；唐山近岸海域水质表现为轻度污染的趋势，富营养化问题比较突出，其主要污染物为石油类与磷酸盐；沧州近岸海域水质综合属轻度污染区，富营养化现象明显，主要污染物为无机氮和石油类。

河北省近岸海域沿岸滩涂平坦而宽阔、坡度较小，近岸水交换能力相对较差，一定程度上滞缓了污染物的扩散。同时，沿岸生活废水、工业废水和渔业养殖废水的岸边排放及滩涂渔业养殖，对水体污染均有一定影响。为保护好该区域近岸海域的环境功能，确保海域水质不遭到进一步污染和破坏，保持海洋经济的可持续发展，使之走上一条健康的发展道路，对近岸海域污染防治提出以下建议：①加强对陆源污染物的管理和控制，避免新的排海污染源的产生；②根据海域纳污能力，实施污染物排放总量限制，并优化沿岸水产养殖业结构；③健全海洋环境监测、管理系统，加强对近岸海域滩涂的管理，严禁随意开发、盲目围垦，做好滩涂保护工作，合理开发利用，确保近岸海域滩涂的生态环境和自然环境，有效地防治近岸海域水环境污染。

7 河北省近岸海域生态环境承载力评估

7.1 海域生态环境承载力内涵

海域生态环境承载力可以理解为："在一定时期、一定空间海域范围内，在资源得到合理利用、环境污染得到有效控制、生态系统不被破坏的前提下，资源和环境所能够承载的人口数量和经济规模。"其内涵主要包括以下几个方面：

（1）海洋资源的可持续性

海洋资源是区域发展海洋经济的基础。一方面，海洋资源为区域内人们生产、生活提供丰富的资源，保障人们日常生活；另一方面，海洋资源的合理利用，对维护海洋生态系统平衡有着至关重要的作用。

（2）海洋环境的稳定性

海洋环境是一个复杂的、开放的系统，海洋容纳了来自陆域等其他环境的物质与能量，比陆域环境要复杂得多。海洋占地球面积的70%以上，温度、盐度等理化性质比较稳定，所以其内部环境比较稳定；但海洋环境的稳定性一旦遭到破坏，想要再恢复，是比较困难的。海洋对于调控全球气候、环境等具有重要的意义，保护海洋环境尤为重要。

（3）人口、经济与海洋资源、环境协调发展

随着社会经济的发展，一方面，人类可以通过各种手段提高资源环境对人口增长和经济发展的承载能力；另一方面，人口增长与社会经济的发展，使得对海域开发利用活动增加，对海洋资源与环境的压力也随之加重。因此，要保证沿海地区人口、资源、环境与经济社会协调发展，提高海域的承载能力。

7.2 河北省近岸海域生态环境承载力评估

根据本书5.1构建的基于状态空间法的海域生态环境承载力评价方法和指

标体系，对 2005—2015 年河北省近岸海域生态环境环境承载力进行评估，分析其变化过程及主要影响因素，并以此为基础，提出改善河北省近岸海域生态环境承载力的对策和措施，为实现区域海洋经济、人口、资源、环境协调发展提供决策依据。

7.2.1 评价指标体系

河北省近岸海域生态环境承载力评价指标体系见图 7.1。

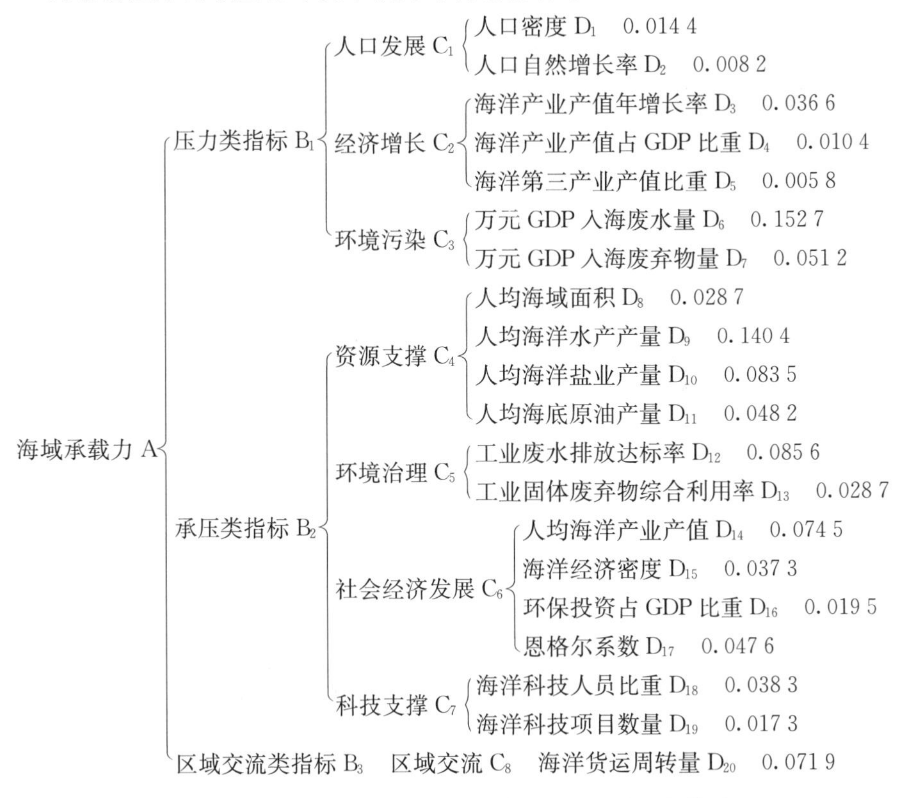

图 7.1 河北省近岸海域生态环境承载力评价指标体系

注：图中数字是用 AHP 法赋权技术所得的指标综合权重值

7.2.2 评价指标权重的确定

本书采用层次分析法（简称 AHP 法）确定指标权重，AHP 法确定因子权重的步骤为以下 4 步。

(1) 构建判断矩阵

假定 A 层中指标 A_k 下层指标为 B_1、B_2、B_3、……、B_n，则判断矩阵如表 7.1。

表 7.1 判断矩阵

A_k	B_1	B_2	B_3	……	B_n
B_1	b_{11}	b_{12}	b_{13}	……	b_{1n}
B_2	b_{21}	b_{22}	b_{23}	……	b_{2n}
……	……	……	……	……	……
B_n	b_{n1}	b_{n2}	b_{n3}	……	b_{nn}

其中，b_{ij} 表示对于 A_k 来说 B_i 对 B_j 的相对重要性值。判断其相对重要程度，主要采用 1～9 比例标度法，标度含义如表 7.2 所示。

表 7.2 相对重要性标度表

标度	定　义
1	i 因素比 j 因素同等重要
3	i 因素比 j 因素略重要
5	i 因素比 j 因素较重要
7	i 因素比 j 因素非常重要
9	i 因素比 j 因素绝对重要
2，4，6，8	为以上两判断之间的中间状态对应的标度值
倒数	i 因素与 j 因素比较得到 b_{ij}，则 j 因素与 i 因素比较得到 $b_{ji}=1/b_{ij}$

（2）单层次指标赋权

计算判断矩阵每一行元素的乘积 M_i：

$$M_i = \prod_{i=1}^{n} b_{ij}\ (i = 1,2,\cdots,n)$$

计算 M_i 的 n 次方根 U_i：

$$U_i = \sqrt[n]{M_i} = \sqrt[n]{\prod_{i=1}^{n} b_{ij}}$$

对 U_i 作归一化处理，即得相应权数为 W_i：

$$W_i = \frac{U_i}{\sum_{i=1}^{n} U_i}$$

计算最大特征值 $\lambda_{\max}$：

$$\lambda_{\max} = \sum_{i=1}^{n} \frac{(AW)_i}{nw_i}$$

(3) 对判断矩阵进行一致性检验

判断矩阵是否具有一致性，首先要计算矩阵最大特征根，然后建立一致性评价值 CI。

$$CI=\frac{\lambda_{\max}-n}{n-1}$$

为得到较为满意的结果，引入判断矩阵的平均随机一致性指标值 RI（表 7.3），计算随机一致性比率 CR：$CR=CI/RI$。只有 $CR<0.1$ 时，判断矩阵的一致性是可以接受的；若 $CR\geqslant 0.1$，则认为判断矩阵不具有一致性，需要做出适当修正使其达到满意的一致性范围。

表 7.3　随机一致性指标 *RI*

矩阵阶数	1	2	3	4	5	6	7	8	9
RI	0	0	0.52	0.89	1.12	1.26	1.36	1.41	1.46

(4) 权重计算

参考相关专家意见，对河北省海域生态环境承载力评价指标进行专家打分，根据专家的意见，分别构造 A－B 层、B－C 层、C－D 层判断矩阵。根据 AHP 法，判断矩阵平均随机一致性指标 CR 均小于 0.1，具有满意的一致性，从而得到各指标的权重（图 7.1）。

7.2.3　指标标准化

由于，各个指标都存在不同的量纲和分布区间，无法直接进行指标间的比较和运算；因此，首先需要对评价指标进行无量纲化处理，以消除各评价指标量纲差异造成的不统一性。根据本书 5.1 确定的海域生态环境承载力指标标准化处理方法，考虑河北省近岸海域具体情况，确定各评估指标的时段理想值（表 7.4）。对 2005—2015 年河北省近岸海域生态环境承载力评估各指标数据进行无量纲化处理，结果见表 7.5。

表 7.4　理想状态值确定方法

指标名称	时段理想状态值	确定方法
海洋产业产值年增长率（%）	7	国际公认的适宜增速
海洋产业产值占 GDP 比重（%）	9.6	2015 年全国平均值
人均海洋产业产值（元/人）	4 720.36	2015 年沿海地区平均值
海洋第三产业产值比重（%）	52.4	2015 年全国平均值
海洋经济密度（万元/km^2）	119.622	时段内最大值为理想值

（续）

指标名称	时段理想状态值	确定方法
海洋货运周转量（亿 t・km）	2 051.40	时段内最大值为理想值
人口自然增长率（%）	5	山东东昌府调查结果
恩格尔系数	40	温饱型小康的标准
人均海域面积（km^2/人）	2 700	全国平均值
海洋科技人员比重（%）	0.24	全国平均值
海洋科技项目数量（个）	108	时段内最大值为理想值
人口密度（人/km^2）	143	2015 年全国平均值
万元 GDP 入海废水量（t/万元）	16	化学需氧量的海水二级水质标准计算
万元 GDP 入海废弃物量（t/万元）	2.5	时段内最低值
环保投资占 GDP 比重（%）	1.5	发达国家数值
人均海洋水产产量（kg/人）	15.66	时段内最大值为理想值
人均海洋盐业产量（kg/人）	76.05	时段内最大值为理想值
人均海底原油产量（kg/人）	88.70	时段内最大值为理想值
工业废水排放达标率（%）	93	2015 年全国平均值
工业固体废弃物综合利用率（%）	61.2	2015 年全国平均值

表 7.5　2005—2015 年河北近岸海域生态环境承载力评估指标数据标准化

指标	D_3	D_4	D_{14}	D_5	D_{15}	D_{20}	D_{12}
2005	4.342 9	0.381 3	0.037 5	1.350 4	0.250 7	0.038 5	2.046 7
2006	1.955 7	0.378 8	0.042 1	1.303 9	0.285 0	0.034 5	1.635 9
2007	0.240 0	0.357 5	0.042 8	1.114 4	0.289 8	0.039 4	2.131 9
2008	0.828 6	0.352 5	0.045 0	1.089 6	0.306 6	0.088 2	1.459 6
2009	1.000 0	0.338 8	0.047 7	0.951 8	0.328 0	0.130 6	1.297 2
2010	1.242 9	0.336 3	0.051 6	0.988 8	0.356 6	0.249 9	1.069 7
2011	3.328 6	0.380 0	0.063 3	1.016 3	0.439 8	0.264 8	1.003 3
2012	3.434 3	0.403 8	0.078 1	1.119 7	0.544 3	0.298 4	0.972 5
2013	4.895 7	0.436 3	0.104 3	1.127 6	0.727 6	0.560 3	0.955 8
2014	2.685 7	0.452 5	0.123 2	1.087 3	0.870 0	0.930 1	0.945 6
2015	2.135 7	0.452 5	0.140 4	1.033 0	1.000 0	1.000 0	0.949 5

（续）

指标	D_{2}	D_{17}	D_{8}	D_{18}	D_{19}	D_{1}	D_{13}
2005	1.460 0	1.210 0	0.051 4	0.041 7	1.394 7	3.280 8	1.312 8
2006	1.258 0	1.153 0	0.051 1	0.125 0	1.709 7	3.331 7	1.295 7
2007	1.362 0	1.094 3	0.050 7	0.250 0	1.127 7	3.324 0	1.540 1
2008	1.346 0	1.017 3	0.049 9	0.375 0	1.000 0	3.347 1	1.436 1
2009	1.018 0	0.923 8	0.049 8	0.458 3	1.204 5	3.412 5	1.457 2
2010	0.996 0	0.938 5	0.049 5	0.541 7	1.232 6	3.390 4	1.377 7
2011	1.056 0	0.929 3	0.049 2	0.500 0	1.472 2	3.407 7	1.276 8
2012	1.032 0	0.880 0	0.049 0	0.458 3	1.892 9	3.426 0	1.222 1
2013	1.158 0	0.880 0	0.049 0	0.458 3	2.523 8	3.445 2	1.333 3
2014	1.220 0	0.920 0	0.048 7	0.500 0	1.963 0	3.466 3	1.177 2
2015	1.246 0	0.865 0	0.048 3	0.541 7	1.656 3	3.490 4	0.966 3

指标	D_{6}	D_{7}	D_{16}	D_{9}	D_{11}	D_{10}
2005	4.705 0	0.851 9	0.066 7	2.002 6	1.097 5	1.334 0
2006	4.261 9	0.703 7	0.066 7	1.685 7	1.394 0	1.249 8
2007	3.651 9	0.592 6	0.100 0	1.484 4	1.085 4	1.535 7
2008	3.114 4	0.370 4	0.133 3	1.364 1	1.104 2	1.247 3
2009	2.078 1	0.592 6	0.133 3	1.291 0	1.142 3	1.173 2
2010	2.070 6	0.925 9	0.040 0	1.236 0	1.157 8	1.099 8
2011	2.115 6	1.296 3	0.066 7	1.211 1	1.187 1	1.000 0
2012	1.800 0	1.333 3	0.133 3	1.228 2	1.175 0	1.231 4
2013	1.756 9	1.592 6	0.333 3	1.154 0	1.119 1	1.290 1
2014	1.481 9	1.666 7	0.400 0	1.084 5	1.080 4	1.225 6
2015	1.428 1	1.518 6	0.666 7	1.000 0	1.000 0	1.224 0

7.2.4 海域生态环境承载力评估结果分析

根据2005—2015年的无量纲化处理数据，运用状态空间评价模型，对河北省近岸海域生态环境承载力状况、压力、承压力和区域交流能力进行分析评价。

(1) 河北省近岸海域生态环境承载力状况分析

根据状态空间模型计算出2005—2015年河北省近岸海域生态环境承载力评价值，结果如图7.2所示。可以看出河北省近岸海域生态环境承载力整体处于超载状态，只有2010年、2012年河北省海域生态环承载力评价值处于0.9～1.2，处于满载状态。其中，承载力评价值最高值出现在2006年，为1.83；最低值出现在2010年，为1.12。承载力评价值整体呈下降趋势，由超载向满载靠近，说明近年来河北省近岸海域生态环境承载力状况有所改善。

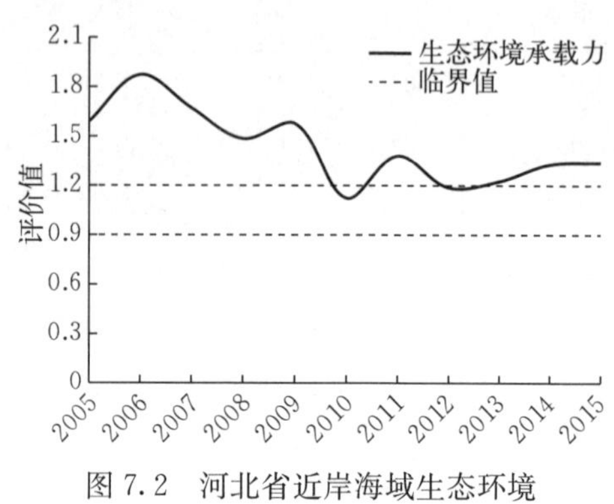

图7.2 河北省近岸海域生态环境承载力年际变化

(2) 河北省近岸海域压力、承压力和区域交流能力分析

由于海域生态环境承载力是一个由多因素组成的复杂系统，需要在上述总体评价的基础上，结合河北省海洋发展状况，对准则层中压力、承压力、区域交流能力指标进行分析，找出影响河北省近岸海域生态环境承载力变动的指标因子。压力、承压力及区域交流能力变化趋势见图7.3。由图7.3可以看出，压力评价值一直居高不下，基本在1.5以上，并且整体上呈上升趋势，这是导致河北省近岸海域生态环境承载力长期处于超载状态的主要原因。在较高的压力影响下，承压力评价值呈下降趋势；但区域交流能力评价值增长趋势明显，是河北省海域生态环境承载力评价值由超载向满载靠近的主要动力。

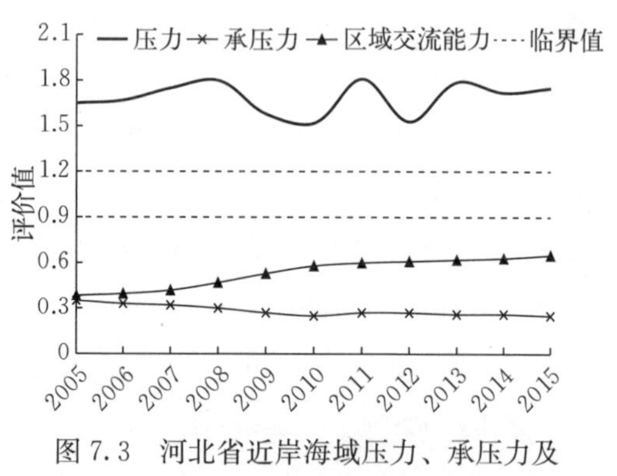

图7.3 河北省近岸海域压力、承压力及区域交流能力评价值变化趋势

① 压力分析。通过对压力指标下环境污染、人口发展、经济增长3个要素层进行分析，进一步分析造成海洋生态环境承载力压力较大的主要原因。由图7.4可以看出经济增长和环境污染评估值较高、人口发展指标评估值较低，说明经济发展和环境污染是导致河北省海域生态环境承载力超载的主要原因。同时，可以从图中看出环境污染和经济增长评估值波动幅度较大，2005—2012

年经济增长压力高于环境污染压力，2012—2015年环境污染压力超过经济增长压力成为主要压力。近10年来，河北省海洋产业生产总值由2005年的594.57亿元增加到2015年的2 070亿元，海洋经济发展迅速；特别是2005年和2006年，河北省海洋产业产值年增长率超过40%。因此，河北省海域生态环境承载力值的最高值出现在2006年。经济迅猛发展带来的环境问题也日益显著，工业废水、工业固体废物排放量持续增加，河北省沿海地区工业废水排放量由2005年的35 249.67万t增加到2014年的109 875.99万t。由图7.5可以看出，自2011年以来，河北省海域生态环境质量状况有所下降。其中，2012年海水水质状况最差，达到海水一、二类水质标准的海域面积仅占河北省海域面积的35.9%；主要河流入海污染物排放总量最大，为323 914.32 t，是近10年平均值的3倍多。自2005年开始，河北省对主要陆源污染入海排污口及重点排污口临近海域环境实施监测，监测结果表明2005—2014年主要排污口超标率较高，基本保持在60%以上（图7.6），环境污染压力逐渐增大，到2012年超过经济增长压力，成为影响河北省海域生态环境承载力的最主要因素。

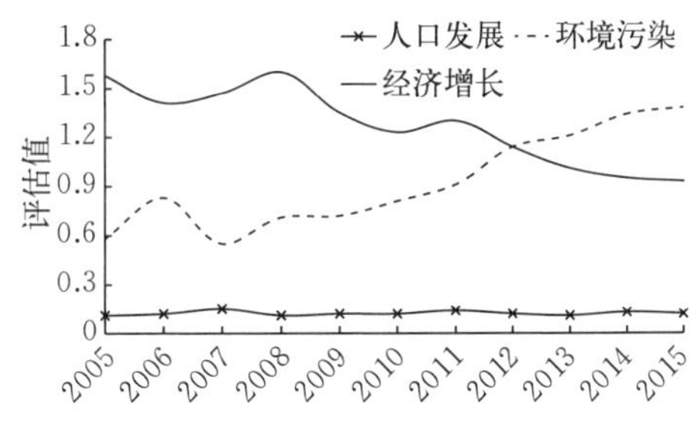

图7.4　2005—2015年环境污染、人口发展、经济增长指标评估值变化趋势

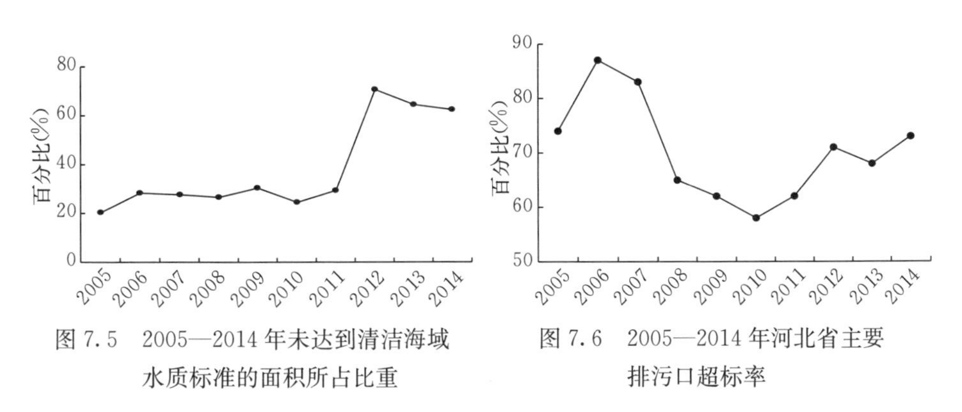

图7.5　2005—2014年未达到清洁海域水质标准的面积所占比重

图7.6　2005—2014年河北省主要排污口超标率

② 承压力分析。由图7.2、图7.3可知，虽然河北省海域生态环境承载状况的有所好转，但由于压力增大，海域生态环境承载力值居高不下，而承压力值呈下降趋势。随着人口增长、社会经济的发展，对海洋的开发力度不断加大，海洋生态环境形势较为严峻。自然岸线保有率不断降低，由2006年的17.92%下降到2013年的13.33%。这与《河北省海洋生态红线》划定的自然

岸线保有率不低于20%的要求存在较大的差距，岸线整治修复工作任重而道远。随着环境压力的不断增大，海洋环境状态下降明显，2012—2014年海水水质达标率分别为35.9%、56.4%、55%，远低于2011年之前的85%以上。赤潮等自然灾害发生频率显著增加，影响范围也不断扩大。自2011年以来，共发生风暴潮、海浪、赤潮等海洋灾害110多次，直接经济损失约22亿元。

为了进一步分析承压力的变化状况，对承压力的资源支撑、环境治理、社会经济发展和科技支撑4个指标进行分析，见图7.7。根据图7.7来看，资源支撑指标和环境治理指标总体上呈下降趋势，而社会经济发展指标和科技支撑指标逐步提高。比较承压力与其各指标的关系，可以看出承压力变化与人均海洋产业产值、海洋经济密度、人均海域面积、环保投资占GDP的比重、人均海洋水产产量、科技支撑指标有密切关系。这反映出河北省海洋经济发展总体水平比较低，海洋产业结构问题突出，基本停留在“渔盐之利，舟楫之便”的基础上，是传统型、初级型海洋经济，产业结构优化度低；同时，人口的过快增长，加大了对海洋资源的开发利用强度，但海洋资源开发总体水平较低，过度捕捞已经使海洋渔业资源不堪重负；与之相配套的环境保护工作相对滞后，环保投资明显不足，工业“固废”综合利用率较低，海洋生态环境遭到了严重破坏；海洋科技发展相对落后，海洋科技投入无论在人员还是资金上与理想值差距较大。为此，调整海洋经济结构，加快海洋科技发展，加强环境治理，改善海洋生态环境，是提高海洋承压能力的关键所在，这也正是减轻海洋生态环境压力的关键。

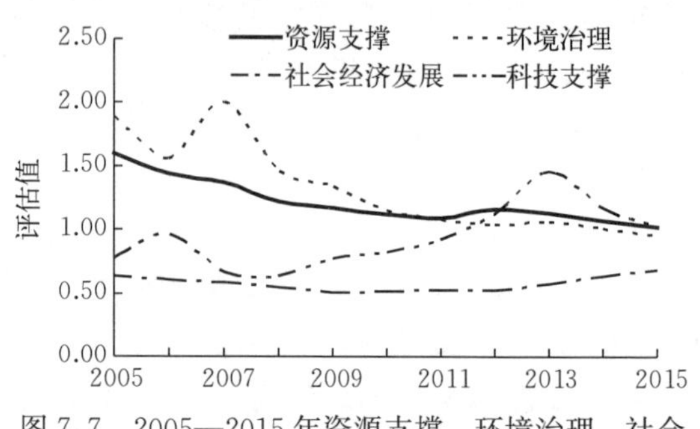

图7.7　2005—2015年资源支撑、环境治理、社会经济发展和科技支撑指标评估值变化

③ 区域交流能力分析。由图7.3可知，区域交流能力随着海洋货运周转量的增加而逐步增强，由2005年的0.385提高到2015年的0.65。

7.2.5　结论

根据前面分析，河北省近海海域承载力面临的主要问题有：①压力过大。人口、环境污染一直处于超压状态，是主要压力。经济发展压力近年逐渐增大，开始处于超载状态；而随着人口的继续增长，污染物排放量增加，环境污染和人口压力将会越来越大，这是导致压力过大的主要因素，它制约了海洋经济的进一步发展。②承压力发展缓慢。环境治理滞后、资源开发利用强大、社会经济发展水平低是制约承压力发展的主要因素。③区域交流能逐步增强。

7.3 河北省近岸海域生态环境承载力动态预测

7.3.1 预测模型

根据河北省 2005—2015 年近岸海域生态环境承载力评估结果，利用本书 5.2 中基于离散灰色预测模型的海域承载力动态预测模型构建方法，建立了符合二级以上精度要求的河北省近岸海域生态环境承载力动态预测模型，在此基础上用同样方法建立压力、承压力和区际交流能力发展变化的预测模型，具体如下：

河北省近岸海域生态环境承载力动态预测模型：

$$x^{(1)}(k+1)=-37.8686e^{-0.0491k}+40.2301$$

河北省近岸海域生态环境压力动态预测模型：

$$x^{(1)}(k+1)=-49.6191e^{-0.0603k}+53.5406$$

河北省近岸海域生态环境承压力动态预测模型：

$$x^{(1)}(k+1)=-36.7237e^{-0.0338k}+38.1302$$

河北省近岸海域生态环境区际交流能力动态预测模型：

$$x^{(1)}(k+1)=1.0478e^{0.1813k}-0.8516$$

7.3.2 预测结果

基于所建立的离散灰色预测模型，以 2015 年为基准，对 2020—2030 年河北省近岸海域生态环境的压力、承压力、承载力及河北省海域区际交流能力进行预测，预测结果如图 7.8、图 7.9 所示。

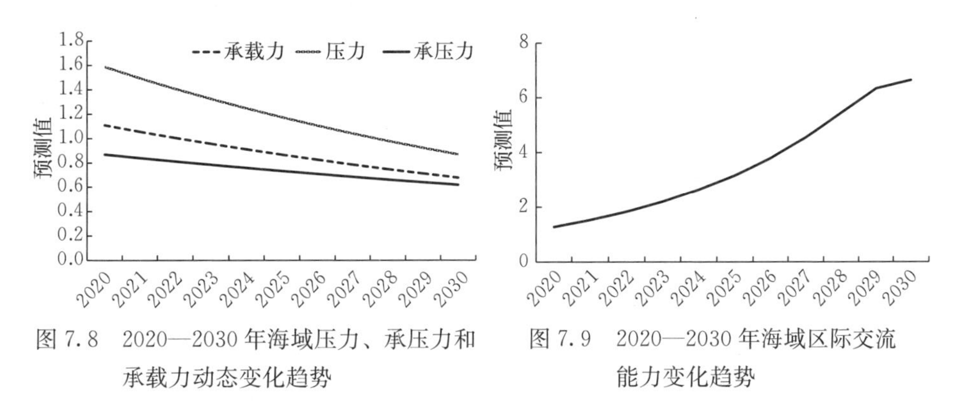

图 7.8 2020—2030 年海域压力、承压力和承载力动态变化趋势

图 7.9 2020—2030 年海域区际交流能力变化趋势

2020—2030 年，河北省近岸海域生态环境承载力将呈现较好的发展趋势，超载状态逐年减缓，但承载力恢复速率逐年降低；其中，2020—2024 年承载

力将一直处于满载状态，2025—2030 年承载力将处于理想的可载状态。2020—2030 年，河北省近岸海域生态环境压力将逐步降低，2020—2027 年压力将处于超载状态，2028—2030 年压力将处于满载状态。同时，河北省近岸海域生态环境承压力将逐步得到提高，2020—2026 年承压力将处于接近满载状态，2027—2030 年承压力将逐步提升到理想的可载状态；但相对压力的降低速度，承压力的恢复速度较为缓慢，与承载力的变化速度和趋势比较一致。2020—2030 年，河北省海域区际交流能力将会一直处于超载状态，而且发展比较迅速（图 7.9）。

鉴于以上预测结果，河北省海洋经济应尽快调整产业结构，降低海域生态环境承受的压力；积极发展海洋科技，提升传统产业的发展水平，加强海洋环境治理；同时，要积极发展海洋客运业务，严格控制海洋货运的发展，减轻对海域环境可能造成的影响。

7.4 河北省近岸海域生态环境承载力可持续发展对策

根据研究结果，结合河北省海洋经济发展规划，得出以下研究结果：

(1) 调整海洋产业结构，促进海洋产业结构优化升级

在河北省海洋产业发展上，应以科技创新和体制创新为动力，大力调整海洋产业结构，优化沿海区域经济布局。海洋渔业总体规模应停止扩张，甚至适度收缩，海洋渔业要向产业化、规范化、集约化方向发展；以港口及临港产业大基地、大项目建设为重点，大力发展化工业、电力工业、机电设备制造业；以重大工程建设为龙头，通过科技进步，调整、改造、提升传统海洋产业；加快发展旅游服务业，壮大海洋油气业、海洋服务业和海水直接利用业等新兴产业，加快进行海洋药物、海洋能的开发试验，逐步形成具有河北特色的海洋产业体系。

(2) 加强海洋环境保护，建立可持续发展的海洋生态系统

根据海洋环境容量，分别制定不同行业、沿海和内陆地区的污染物排放限定标准，实行排污总量控制；坚持开发与保护并重、防治结合、以防为主的方针，通过强化海域的综合管理，预防和控制海洋污染，建立稳定的良性循环的海洋生态系统，保持经济发展与社会进步、环境保护的和谐统一，从而提高海域承载力。

(3) 控制人口数量，提高社会支撑能力

在河北省人口自然增长率有下降趋势的基础上，进一步降低人口的增长率，降低人口数量对海洋资源环境产生的压力。此外，还要大力发展海洋科技教育，大幅度增加科技教育投入，培育高素质海洋科技类人才，促进海洋经济可持续发展水平的提高。

8 曹妃甸海域集约用海适宜性评估

8.1 集约用海的定义

随着陆地资源的日趋减少，海洋资源的开发越来越引起世界各国的重视，海洋经济日益成为一个国家或地区发展的重要增长极。从世界范围看，新一轮的海洋开发热潮正在兴起，有限的内湾水域浅海、滩涂被大量围填。作为沿海省份，河北省海洋开发与保护间矛盾问题突出，“低、小、散”的围填海工程犬牙交错地分布在自然条件相对较好的海岸和海域。这种开发模式不仅带来了自然岸线缩减、海湾消失、自然景观破坏等一系列问题，也造成了近岸海域生态环境破坏、海水动力条件失衡及海域功能严重受损，同时并没有形成规模化的蓝色经济聚集区。因此，开展集约用海十分必要。

所谓集约用海就是，在统一规划和部署下，一个区域内多个围填海项目集中成片开发的用海方式。集约用海不是“大填海”，而是要科学适度用海。正如字面上所表述的，“集约”是在结构上改变传统的粗放用海方式，提高单位岸线和用海面积的投资强度，从而占用最少的岸线和海域，实现最大的经济效益和生态效益。相对于单个围填海项目或工程，集约用海是一种更为高效、生态和科学的用海方式。但是集约用海作为一种改变海域自然属性的用海方式，其实施需要根据区域海域的自然环境状况全面考查是否适宜、适宜程度、限制因素等。本章以曹妃甸区为例，根据5.3所建立的集约用海适宜性评价模型开展海域集约用海适宜性的实证评估。

8.2 曹妃甸海域开发现状

8.2.1 规划情况

在《全国海洋经济发展规划纲要》中，曹妃甸海域属于渤海西南部海洋经济区。“渤海西南部海洋经济区优势海洋资源是油气资源、港口资源和海水资源。北部的海洋开发基础较好，南部较差。主要发展方向为：开发建设歧口、渤中、南堡、曹妃甸海区的油气田，重点建设蓬莱、渤海油气田群；勘探开发赵东、马东东、新港滩海油气区；强化天津港的集装箱干线港地位，继续建设黄骅港、京唐港；继续发展海水淡化和综合利用产业，天津要建成海水淡化利用示范市。调整区内海盐生产能力，发展海洋化工产业。”

2003年，唐山市政府对地区海洋经济的发展做出了具体的部署，编制了《唐山市海洋经济发展战略规划》，曹妃甸海域的发展方向为建设曹妃甸港城和曹妃甸海洋运输与港口工业经济区。

2005年，中国城市规划设计研究院区域规划所编制了《曹妃甸新港工业区城市总体规划》。规划的总体目标为：以大型深水港口为基础，以现代化大型钢铁、大型电厂、石化联合企业和港口物流为核心，建设具有世界先进发展水平、循环经济发展的综合型工业区，成为中国重工业参与国际竞争的发展基地。确定曹妃甸新港工业区城市职能为中国北方沿海地区现代化临港重工业基地。

《唐山港总体规划》将曹妃甸海域功能定位为，以服务曹妃甸循环经济示范区和大宗散货转运为主的大型综合性港区，为临港冶金、石化、能源、装备制造、建材等大型重化工业服务；利用深水岸线资源优势，发展大宗原材料转运功能，并承担“北煤南运”的重要任务。

曹妃甸海域开发建设将在西起双龙河口、东至青龙河口的大陆岸线与沙岛岸线之间的区域进行，充分利用甸头深水资源和潟湖内的潮沟、浅滩，顺应地貌和自然环境，以填筑、开挖相结合的方式形成港口水陆域，利用甸头深槽建设20万t级以上码头；西侧利用二龙沟和浅滩形成第一、二港池，东侧借助老龙沟辐射水域形成第三港池，通过纳潮河将东西两翼港池连通以利于水体交换，最终形成以人工岛为主体、以板块结构为特征的总体布局形态。根据港区资源特点及其功能定位，为了充分适应临港冶金、石化、能源、装备制造等产业发展，和煤炭、原油、铁矿石及综合运输的需求，围绕甸头和3个港池，形成矿石和原油大宗散货作业区、通用码头作业区、煤炭和干散货专业化作业区、液体化工品作业区及部分临港工业专用岸线。

曹妃甸工业区的发展规划是：要建成以大钢铁、大码头、大化工、大电力为标志的工业区。港口规划面积310 km^2，最终将成为北方地区最大的能源枢纽港。根据曹妃甸海域的总体开发建设规划，曹妃甸海域开发建设分成3个阶段：初期起步阶段（2005—2010年），中期快速发展阶段（2011—2020年），远期完善提高阶段（2021—2030年）。初期起步阶段的主要目标和任务是围海造地105 km^2，到2010年建成区面积已达到90 km^2；完成规划区基础配套设施一期工程建设任务，基本建立了钢铁、电力、物流3个功能区框架。中期快速起步阶段的主要目标和任务是增加围海造地150 km^2，到2020年建成区面积已达到 230 km²，建成铁矿石、原油、液化天然气和煤码头，建设大型炼化一体化装置、发电厂、船板预处理中心和修船工程等重点项目，启动曹妃甸精品钢铁基地扩建工程、石化产业基地下游产品等项目，扩建大型石化基地。远期完善提高阶段主要目标和任务是，到 2030 年完成曹妃甸海域 310 km² 的围海造地及其基础设施配套建设任务，建成中国北方地区最大的深水港区，形成世界级规模和水平的重化工业基地。同时，以此为契机，发展临港经济，建设具有 21 世纪国际先进水平的 1 500 万 t 精品钢材基地，1 000 万 t 炼油、100 万 t 乙烯的大型石化基地，以及 480 万 kW 的大型火电厂。曹妃甸深水港项目是唐山市、河北省“十五”乃至“十一五”期间投资规模最大、支撑带动作用最强的重大项目集群，是实现唐山市生产力向沿海转移、打造“四点一线”经济带的重要经济支撑。

8.2.2 实施情况

曹妃甸海域工程建设是一个庞大的工程，主要是利用曹妃甸海域的深水资源优势，建设唐山港曹妃甸港区。从 2003 年开始启动了曹妃甸基础设施建设；至 2007 年底，曹妃甸已完成了填海造地的前期工作（填海造地面积 77 km²）（附图 10～附图 13）。

(1) 道路工程

公路工程：连接唐港高速与曹妃甸港区的青曹公路为一级公路，总投资 5.6 亿元，全长 52.3 km，2002 年 9 月开工，2005 年 10 月全线通车；连接工业区与陆域的一号路，总投资 8 亿元，全长 19.5 km，2003 年 3 月开工，2004 年 5 月全线贯通，2006 年 7 月通过拓宽改造实现双向八车道；西通路路基于 2006 年 6 月全线贯通；全长 61.61 km 的唐曹高速公路于 2006 年底开工建设、2008 年 11 月竣工通车。

曹妃甸通路路基工程：总长 18.447 km，主要作用是连接曹妃甸岛与后方陆域。路基两侧设置防浪墙，路基宽度 16.25 m，路基顶部高程 4.7 m，为“袋装砂＋吹填砂”结构，上部为填筑山皮石面层，满足“汽-20”级汽车通行要求。通路路基工程于 2004 年 10 月中旬全线竣工。

迁曹铁路工程：总投资 48 亿元，全长 222.7 km，主要承担我国“北煤南运”和疏港任务，2005 年 10 月开工，2006 年底竣工通车。

曹妃甸通路路基拓宽工程：曹妃甸通路路基拓宽工程由东扩路基、东侧路基和南侧路基 3 部分组成。东扩路基是在现有曹妃甸通路路基基础上向东实施拓宽，公路、绿化带、铁路合并布置，拓宽后通路路基总宽度 69 m。该工程于 2005 年 8 月开工建设，2006 年 10 月竣工投入使用。

曹妃甸煤码头通路路基工程：连接拟建的曹妃甸煤码头与后方陆域的通路

路基工程，路基设计总长约 18 km，路基顶宽按满足四车道公路、双线铁路需要设计。公路路基堤顶宽度 19 m，铁路路基堤顶宽度 25 m。该工程于 2005 年 8 月开工建设，2006 年年底完工。

曹妃甸通路路基西扩工程：曹妃甸通路路基西扩工程是为了满足曹妃甸港区的全面开发建设需求，在距离现有通路路基西侧堤顶前沿线 45 m 处开始建设，用于布置高压走廊、综合管线带。该工程于 2005 年 12 月初开工建设，2006 年 5 月底完工。

（2）围海造地工程

矿石码头造地工程：依托曹妃甸甸头，围堤采用袋装砂结构，吹填砂形成矿石码头港区陆域。该工程于 2004 年上半年开工建设，2005 年上半年竣工。

钢材基地造地工程：围海造地一期工程于 2006 年 3 月竣工，形成陆域面积 11.95 km^2，为精品钢材基地建设奠定了基础，整个港区已形成陆域面积 40 km^2。

煤炭作业区围海造地工程：主要是满足煤码头堆场及北侧预留区的陆域需要。围海造地工程位于煤码头通路路基工程与规划内港池之间，于 2006 年年底建成，其南侧的防波堤也同时形成。

曹妃甸综合服务区围海造地一期工程：综合服务区一期工程围海造地包括华润电厂、工业区水厂和工业区变电站用地。

（3）曹妃甸海上输电线路高压铁塔塔基工程

为满足后方陆域向前方港区及工业广场输电需求，2004 年底建成曹妃甸海上输电线路高压铁塔塔基工程，高压输电线布置在通路路基西侧，采用凸堤方式布置，凸堤尺寸 20 m×30 m，凸堤间距 200 m。

8.2.3 曹妃甸新区经济发展状况

随着曹妃甸海域开发建设及相关产业的不断聚集发展，逐渐建设形成了曹妃甸新区。曹妃甸新区于 2011 年已获得投资 600.9 亿元。曹妃甸工业区是新区的龙头，也是产业聚集的核心区，规划面积 380 km^2，其中陆域 310 km^2、水域 70 km^2。按照国务院批准的产业发展总体规划，工业区功能定位为能源、矿石等大宗货物的集疏港、新型工业化基地、商业性能源储备基地和国家级循环经济示范区。按照主导产业，曹妃甸工业区划分为现代港口物流、钢铁电力、化学、装备制造、高新技术、综合保税六大功能区。

截至 2011 年年底，曹妃甸工业区共完成产业项目 26 项，总投资 966.17 亿元。2015 年，在建项目有 72 项、总投资 577.72 亿元，曹妃甸矿石码头二期、通用码头三期和通用散货码头投入试运营，初步形成了现代港口物流、钢铁电力、化工、装备制造和高新技术五大产业竞相发展的格局。

8.3 评估指标数据来源与量化

根据本书5.3中集约用海适宜性评价指标的计算方法，参考相关统计资料和实际调查数据，对曹妃甸海域集约用海适宜性评价指标进行量化。

8.3.1 生态适宜性指标要素层指标量化

（1）浮游植物初级生产力指标分值

根据浮游植物初级生产力指标分值计算方法，依据2004年河北省海洋资源调查结果、河北省908专项调查成果（2007年）及2015年河北省海洋环境监测评价报告（河北省海洋环境监测中心），得到曹妃甸海域浮游植物初级生产力指标，根据5.3的式（5－1）计算指标分值，结果如表8.1。

表8.1 曹妃甸海域浮游植物初级生产力指标原始值及分值

年份	原始值（mgC/m^2）	分值
2004	250.4	0.00
2007	306.1	0.24
2015	484.75	1.00

（2）生物群落结构指标分值

根据浮游植物、浮游动物和底栖生物的生物多样性指数指标分值计算方法，依据索安宁等人对曹妃甸围填海工程开展的环境影响回顾性评价、河北省908专项调查成果（2007年）及2015年河北省海洋环境监测评价报告（河北省海洋环境监测中心），得到曹妃甸海域生物群落结构指标，由5.3中式（5－1）计算指标分值，计算结果如表8.2。

表8.2 曹妃甸海域生物群落结构指标分值

年份	浮游植物多样性指数分值	浮游动物多样性指数分值	底栖生物多样性指数分值
2004	1.00	1.00	1.00
2007	0.20	0.00	0.20
2015	0.00	0.23	0.00

（3）水质（除pH外）各三级指标分值计算方法

根据水质指标（除pH外）的三级指标分值计算方法，依据2004年河北省海洋资源调查结果、河北省908专项调查成果（2007年）及2015年河北省海洋环境监测评价报告（河北省海洋环境监测中心），得到曹妃甸海域水质指标（除pH外）监测结果，再由5.3中式（5－3a）和（5－3b）计算指标分值，结果如表 8.3。

表 8.3 曹妃甸海域水质指标（除 pH 外）分值

年份	溶解氧分值	化学需氧量分值	无机氮分值	磷酸盐分值	石油类分值
2004	1.00	1.00	1.00	1.00	1.00
2007	1.00	1.00	0.80	0.88	0.91
2015	1.00	1.00	1.00	0.97	0.66

（4）pH 指标分值

根据 pH 指标分值计算方法，依据 2004 年河北省海洋资源调查结果、河北省 908 专项调查成果（2007 年）及 2015 年河北省海洋环境监测评价报告（河北省海洋环境监测中心），得到曹妃甸海域 pH 监测结果，再由 5.3 中（5－4）计算指标分值，结果如表 8.4。

表 8.4 曹妃甸海域 pH 分值

年份	原始值	分值
2004	8.15	1.00
2007	8.05	1.00
2015	8.19	1.00

8.3.2 生物体质量指标量化

根据生物体质量各三级指标分值计算步骤，根据 2004 年河北省海洋资源调查结果、河北省 908 专项调查成果（2007 年）及 2015 年对曹妃甸海域生物质量实际调查结果，得到曹妃甸海域生物体质量指标监测结果，再由 5.3 节中式（5－3b）计算指标分值，结果如表 8.5。

表 8.5 曹妃甸海域生物体质量指标分值

年份	石油烃分值	总汞分值	镉分值	铅分值	砷分值	六六六分值	滴滴涕分值	粪大肠菌群分值
2004	1.00	1.00	0.69	1.00	1.00	1.00	1.00	0.25
2007	1.00	1.00	0.48	0.91	0.62	1.00	1.00	0.38
2015	0.32	1.00	1.00	0.40	0.55	1.00	1.00	0.33

8.3.3 生境改变风险可接受度指标量化

（1）水质恶化风险指标分值

按照水质恶化风险指标的量化方法，根据生态适宜性指标中水质各指标分值，以 2004 年为基准年，采用 5.3 中式（5－5）计算得到水质恶化风险指标的分值（表 8.6）。

表 8.6 曹妃甸海域水质恶化风险指标分值

年份	pH 分值	溶解氧分值	化学需氧量变化量	无机氮分值	磷酸盐分值	石油类分值	分值
2004	1.00	1.00	1.00	1.00	1.00	1.00	1.00
2007	1.00	1.00	1.00	0.94	0.96	0.97	0.99
2015	1.00	1.00	1.00	1.00	0.99	0.89	0.99

（2）围填海强度指标分值

按照围填海强度指标分值的计算方法，以 2004 年为基准年，根据河北省 908 专项调查结果（2007 年）及 2015 年河北省海洋环境监测评价报告（河北省海洋环境监测中心），可知曹妃甸海域年均单位岸线围填海面积（表 8.7），并按 5.3 中式（5－6）进行负向指数归一化处理，得到围填海强度指标分值（表 8.7）。

表 8.7 曹妃甸海域围填海强度指标分值

年份	围填海面积（km^2）	单位岸线围填海面积（km^2/km）	分值
2004	0.00	0.00	1.00
2007	154.07	1.64	0.58
2015	199.05	2.12	0.87

（3）自然岸线丧失风险指标分值

自然岸线丧失风险指标一般根据自然岸线保有率变化量进行评价，对于没有自然岸线的评价区域，采用生态岸线长度的变化量评价。以 2004 年为基准年，根据河北省 908 专项调查结果（2007 年）及 2015 年河北省海洋环境监测评价报告（河北省海洋环境监测中心），曹妃甸海域自然岸线保有率见表 8.8，采用 5.3 中式（5－5）进行正向指数归一化处理，得到指标分值（表 8.8）。

表 8.8 曹妃甸海域自然岸线丧失风险指标分值

年份	自然岸线保有率（%）	分值
2004	100	1.00
2007	2.75	0.72
2015	0.00	0.87

(4) 海底冲淤状态指标分值

海底冲淤状态指标根据相对于基准年的冲淤距离进行评价。以2004年为基准年，根据河北省908专项调查结果（2007年）及2015年河北省海洋环境监测评价报告（河北省海洋环境监测中心），曹妃甸海域海底冲淤距离见下表8.9，采用5.3中式（5-7）进行正向指数归一化处理，得到指标分值（表8.9）。

表8.9 曹妃甸海域海底冲淤状态指标分值

年份	海底冲淤距离（m）	分值
2004	0.00	1.00
2007	−0.44	0.86
2015	−0.60	0.92

8.3.4 经济可行性指标量化

(1) 海洋生态系统服务价值的计算

① 食品生产价值。食品生产价值是指海洋生态系统可提供给人类的贝类、鱼类、虾蟹、海藻等海产品的价值。根据5.3中式（5-8）关于食品生产价值计算方法，依据《唐山市统计年鉴》，对曹妃甸海域海洋生态系统提供食品生产价值进行计算。根据区域区划调整，曹妃甸海域海洋捕捞和海水养殖量主要统计滦南县和唐海县。2004年，曹妃甸海域海水捕捞量为83 168 t，海水养殖总量为42 818 t；2007年分别为66 405 t和42 107 t；2015年分别为58 668 t和33 139 t。参考张慧等人的计算方法，水产品平均市场价格为10元/kg，利润率取20%，计算得到2004年、2007年和2015年曹妃甸海域海洋生态系统提供的食品生产价值分别为251 972元、217 024元和183 614元。

② 原料生产职务价值。海洋蕴藏着大量的宝贵资源，是人类生产生活的重要原料来源，为人类提供着丰富的化工原料、医药原料和装饰观赏材料。根据5.3中式（5-9）对原料生产服务价值计算方法，计算曹妃甸海域海洋生态系统为人类提供的各种原料的价值。河北省近岸海域生态系统原料生产功能主要体现在海洋盐业为盐化工业提供原料。由于缺乏对曹妃甸海域海洋盐业生产的相关统计资料，而且唐山市海洋盐业生产主要集中在曹妃甸海域，因此采用唐山市海洋盐业产值来表示曹妃甸海域海洋生态系统原料生产服务价值。根据《唐山市统计年鉴》，曹妃甸海域2004年、2007年和2015年海洋生态系统原料生产服务价值分别为6.50亿元、10.34亿元和7.7亿元。

③ 氧气生产价值。氧气生产主要指通过海洋各种藻类植物的光合作用释

放氧气，对调节氧气和二氧化碳的平衡起着至关重要的作用。根据光合作用方程式可以推算出植物每生产 1 g 干物质，可以释放氧气 1.19 g。氧气的生产成本采用工业制造氧气的费用 400 元/t 作为估算标准。依据海域初级生产力估算海洋生态系统释放的氧气的数量，结合 5.3 中式（5－10）对氧气生产价值的计算方法，算出 2004 年、2007 年和 2015 年曹妃甸海域生态系统氧气生产价值分别为 2 063.93 万元、2 522.96 万元和 3 995.57 万元。

④ 气候调节服务价值。气候调节服务价值采用碳税率或人工造林费用来确定。根据光合作用方程式可以推算出植物每生产 1 g 干物质，需要吸收二氧化碳 1.63 g。根据目前国际上通用的碳税率标准和我国的实际情况，采用我国的造林成本 250 元/t 和国际碳税标准 150 美元/t 的平均值 635 元/t 作为碳税标准。依据海域初级生产力变化估算海洋生态系统固定的温室气体的数量，根据 5.3 中式（5－11）计算出 2004 年、2007 年和 2015 年曹妃甸海域海洋生态系统的气候调节服务价值分别为 4 487.96 万元、5 486.09 万元和 8 688.25 万元。

⑤ 水质净化服务价值。水质净化价值可采用替代成本法评价。根据曹妃甸海域的主要污染物，选择化学需氧量、无机氮、磷酸盐作为污染评价因子。根据国务院《排污费征收使用管理条例》，化学需氧量的去除成本为 1 320 元/t，无机氮的去除成本为 1 500 元/t，磷酸盐的去除成本为 2 500 元/t。根据河北省海洋环境监测中心每年对曹妃甸区域海洋环境监测的结果，曹妃甸海域年入海污染物的量为：2004 年，氮 5.238 t、磷 4.74 t、化学需氧量 135.63 t；2007 年，氮 4.64 t、磷 3.35 t、化学需氧量 57.53 t；2015 年，氮 2.817 t、磷 3.031 t、化学需氧量 44.25 t。根据 5.3 中式（5－12）计算出 2004 年、2007 年和 2015 年曹妃甸海域水质净化服务价值分别为 19.87 万元、9.13 万元和 7.02 万元。

⑥ 旅游娱乐服务价值。为便于与其他服务价值评估结果比较，本书采用了旅游业的增加值评估旅游娱乐服务价值。2011 年以前，没有对曹妃甸区的旅游业发展进行单独统计，而曹妃甸海域旅游业在唐山市旅游业收入中占据极其重要地位，所以以唐山市旅游业增加值代表曹妃甸海域旅游业增加值。2004 年、2007 年、2015 年曹妃甸海域旅游娱乐服务价值分别为 14.55 亿元、9.8 亿元和 51.0 亿元。

⑦ 文化用途服务价值。文化用途服务是指海洋为影视剧创作、文学创作、教育、音乐创作等提供场所和灵感的服务。海洋文化的特征表现在两个方面：精神要素层面，指人们对海洋的认识、观念、思想、意识和心态；物质要素层面，以海洋为载体而产生的海洋型生活方式（与海洋有关的衣食住行、生活理念、习俗信仰、语言文学艺术）。对于曹妃甸海域，此部分服务价值尚未表现。

⑧ 知识扩展服务价值。海洋生态系统知识扩展服务的评估是一个非常复杂的问题。到目前，未见比较成熟的方法。因此，采用区域海洋生态系统的科研经费投入量作为海洋生态系统知识扩展服务的估计值。由于海洋区域生态系统的科研经费投入量缺乏相应的统计资料，因此采用河北省海洋科研机构经费收入来估算海洋生态系统知识扩展服务价值。根据《中国海洋统计年鉴》，2004 年、2007 年和 2015 年河北省海洋科研机构经费收入分别为 79 566.2 万元、138 342 万元和 110 173 万元。

根据以上对海洋生态系统服务价值的计算，汇总如表 8.10。

表 8.10　曹妃甸海域海洋生态系统服务价值构成及估算（万元）

年份	食品生产	原料生产	氧气生产	气候调节	水质净化	旅游娱乐	知识扩展
2004	25.20	65 000	2 063.93	4 487.96	19.87	145 500	79 566.2
2007	21.70	103 400	2 522.96	5 786.09	9.13	98 000	138 342
2015	18.36	77 000	3 995.57	8 688.25	7.02	510 000	110 173

（2）基于生态系统服务价值的成本效益率

根据以上对海洋生态系统服务价值的计算，结合 5.3 中式（5－13）、式（5－14）计算成本效益率。在此以 2004 年为基准年、2015 年为评价年，得到曹妃甸海域集约用海带来的生态系统服务总的年均增加值 $B(t)$ 为 59 034.1 万元，集约用海所带来的生态系统服务总的年均减少值 $C(t)$ 为 2.81 万元。根据 5.3 中式（5－15）曹妃甸海域集约用海对生态系统的效益成本率为 $BCR>1$，从而效益成本率指标分值取为 1。

8.3.5　曹妃甸海域集约用海适宜性评估指标量化结果

结合以上对曹妃甸海域集约用海适宜性评估指标的量化方法和量化结果，全部指标都以 2004 年为基准年、2015 年为评价年，综合得到表 8.11。

表 8.11　曹妃甸海域集约用海适宜性评估指标量化结果

目标层（A）	准则层（B）	次准则层（C）	要素层（D）	评价年
	一级指标	二级指标	三级指标	2015 年
集约用海适宜性	生态适宜性	活力	浮游植物初级生产力	1.00
		生物群落结构	浮游植物多样性指数	0.00
			浮游动物多样性指数	0.23
			底栖生物多样性指数	0.00

（续）

目标层（A）	准则层（B）	次准则层（C）	要素层（D）	评价年
	一级指标	二级指标	三级指标	2015年
集约用海适宜性	生态适宜性	水质	pH	1.00
			溶解氧	1.00
			化学需氧量	1.00
			无机氮	1.00
			磷酸盐	0.97
			石油类	0.66
	生物体质量	贝类生物质量	石油烃	0.32
			总汞（Hg）	1.00
			镉（Cd）	1.00
			铅（Pb）	0.40
			砷（As）	0.55
			六六六	1.00
			滴滴涕	1.00
			粪大肠菌群	0.33
	生境改变风险可接受度	水质恶化风险	水质指标变化量	0.99
		围填海强度	年均单位岸线围填海面积	0.87
		自然岸线丧失风险	自然岸线保有率变化量	0.87
		海底冲淤状态	冲淤距离	0.92
	经济可行性	成本效益率	海洋生态系统服务价值变化	1.00

8.4 评价结果

根据以上综合评价方法，通过计算得到曹妃甸海域集约用海适宜性评价结果为0.821。其中，生态适宜性评估值为0.672，生物体质量评估值为0.70，生境改变风险可接受度为0.913，经济可行性为1.00。该结果表明曹妃甸海域集约用海的适宜性高，可以进行适度的集约用海。

尽管曹妃甸海域集约用海适宜性高，但从适宜性评估各指标变化来看，在集约用海前后变化比较大的指标主要是生物群落结构指标，各类生物的多样性在集约用海后有明显的降低。这表明集约用海活动对区域生物群落产生了一定的影响。同时集约用海活动实施后，曹妃甸海域海洋生物体内石油烃、铅、砷等污染物含量有所上升，影响到海洋生物质量。随着集约用海活动的进行，曹妃甸海域围填海强度增加，自然岸线保有率明显降低，从而也一定程度上导致了生境改变风险可接受度降低。

随着曹妃甸海域集约用海活动的继续，以及后期港口、石化等工业项目的运行，对曹妃甸海域的海洋资源环境会造成持续的影响，将影响到其集约用海适宜性。因此，为保证和进一步提高曹妃甸海域集约用海的适宜性，促进其海洋资源环境的可持续利用，提出曹妃甸海域集约用海布局优化建议：

（1）建立循环经济型的现代产业体系

曹妃甸海域开发规划中提出了以精品板材、装备制造、石油化工和现代物流等为主导产业，以电力、新型建材、海水淡化为关联配套产业，构建钢铁、石化、电力三大循环经济型产业链，形成曹妃甸循环经济型重化工产业体系基本发展框架。发展循环经济可以最大限度地减少资源消耗和污染排放，但重化工产业毕竟是高能耗、高排放的资源依赖型产业，根据曹妃甸海域海洋资源环境条件及可持续发展的要求，应发展现代产业体系，建设以先进制造业和现代服务业为主体，以创新能力强、技术含量高、经济效益好、资源消耗低、污染排放小的产业群为核心，以高效运转的技术、人才、资本、信息等先进生产要素体系为支撑，具有曹妃甸特色的循环经济型现代产业体系。

（2）建立科学合理的产业空间布局体系

围绕产业内部及产业间物料运输便捷、工业生产对海洋资源环境敏感点综合影响小的产业布局目标要求，科学规划布局钢铁、石化、装备、物流及其他配套产业，形成功能区划分清晰、产业布设合理的曹妃甸空间布局框架。整个工业区由 4 个港池划分为 3 个独立的片区，一港池、三港池及甸头中间填海区域为示范区南片区，一港池和二港池包围的小地块为西片区，一港池、三港池向岸的地块为示范区北片区。其中，港口物流区主要布设在一港池和二港池包围的西片区，三港池两侧布设公共港区和保税港区；钢铁产业区布设在南片区中间地块；石化产业属重污染企业及煤盐化工的较重污染源企业应尽量远离敏感点，尽量避开正上风向，布设在南片区东侧地块，有利于与钢铁、电厂、海水淡化产业实现物质循环、能量梯级利用及水资源的循环利用；装备产业属于污染较轻产业，布局在北片区青林路东地块，紧邻三港池、四港池集装箱码头及保税港区；运输污染煤盐化工产业布局在北片区青林路西地块西部地区；高新技术产业布局在北片区青林路西地块，与生产服务和综合服务、综合发展产业区相邻；综合发展和综合服务产业布局在北片区北部青林公路两旁。

9 曹妃甸海域集约用海对海域生态影响评价

曹妃甸海域位于河北省唐山市南部，是环渤海的中心区域，现辖“两区一县一城”，规划面积 1 943 km^2，陆域海岸线约 80 km。自 2003 年起，在西起双龙河口、东至青龙河口，大陆岸线与沙岛岸线之间的区域，以填筑、开挖相结合的方式，逐步开始实施大规模的集约用海活动。随着集约用海活动的实施，大量岸线资源被占用，如 2005 年曹妃甸海域自然岸线 19.97 km，2008 年自然岸线仅为 3.19 km，至 2010 年自然岸线全部消失，全部形成人工岸线；2008 年曹妃甸海域填海面积为 154.07 km^2，2010 年填海面积增加到 183.92 km^2，2011 年填海面积增加到 199.05 km^2，2015 年围填海总面积为 223.87 km^2。随着曹妃甸海域的逐步开发，带动了邻近区域的开发建设，逐步形成了由曹妃甸新区、乐亭新区、丰南沿海工业区和芦汉经济开发区的构成“四点一带”宏伟的集约用海格局。根据相关的研究成果，曹妃甸海域集约用海对海洋水动力、海洋生态等方面具有一定的影响，但曹妃甸海域集约用海对海域生态环境影响的综合评估尚未见相关报道。根据 5.4 中集约用海对海域生态环境影响评价指标体系和评价方法，以曹妃甸海域为例开展实证研究，客观评价集约用海对海域生态环境的影响，为集约用海科学管理提供技术支撑。

9.1 指标权重的确定

本书采用层次分析法来确定评估指标的权重。结合曹妃甸海域实际状况，把解决集约用海对海域生态环境的影响程度问题作为目标层，首先运用层次分析法构造准则层评估指标判断矩阵，确定准则层评估指标的权重并进行一致性检验；确定准则层指标权重后，进行 3 轮专家调查（每次不少于 15 人），利用德尔菲法在分析专家调查结果可信度基础上，确定因素层评估指标权重；然后采用与因素层同样的方法，确定指标层的权重。得到的曹妃甸海域集约用海对海洋生态环境影响评估权重值见表 9.1。

表 9.1　集约用海对曹妃甸海域生态环境的影响评估指标体系及权重

评估目标	一级指标及权重	二级指标及权重	三级指标及权重	
集约用海对海域生态环境的影响	海洋生物群落 0.680	浮游植物 0.167	浮游植物多样性指数	0.475
			浮游植物密度变化	0.275
			初级生产力	0.250
		浮游动物 0.167	浮游动物多样性指数	0.475
			浮游动物密度变化	0.275
			浮游动物生物量变化	0.250
		底栖生物 0.499	底栖生物生物量变化	0.250
			底栖生物多样性指数	0.475
			底栖生物密度变化	0.275
		鱼类 0.167	鱼卵及仔鱼密度	1.000
	海洋环境 0.320	海水环境 0.279	无机氮	0.255
			活性磷酸盐	0.255
			石油类	0.163
			悬浮物	0.072
			COD	0.255
		沉积环境 0.167	有机碳	0.500
			硫化物	0.500
		水动力 0.183	涨潮流速变化	0.209
			落潮流速变化	0.209
			纳潮量减少率	0.583
		生物质量 0.371	铅	0.200
			镉	0.200
			汞	0.200
			砷	0.200
			石油烃	0.200

9.2　评估指标标准化

根据2002年（集约用海项目实施前）和2015年（集约用海项目基本完成）曹妃甸海域现场调查结果和本书建立的评估方法和评估指标体系，开展曹妃甸海域集约用海对海域生态环境影响的评估与分析。水质、沉积物和海洋生物调查采样点的布设如图 9.1 所示，共 36 个采样点，采样及分析方法均按《海洋监测规范》（GB 17378—2007）和《海洋调查规范》（GB 12763—2007）执行。采样时间于每年 3 月份、5 月份、8 月份、10 月份进行。水动力相关指标中涨潮、落潮流速测定采用直读式海流计，根据《海洋调查规范》（GB 12763—2007），进行了 4 个站位（图 9.1 中 1 站位、2 站位、3 站位、4 站位）海流的连续观测。海湾纳潮量参考了《曹妃甸海域使用适宜性论证报告》（2002 年）和 908 专项调查（2009 年）中关于曹妃甸海域纳潮量的相关数据。所有的调查或实测数据经平均化处理后，构成曹妃甸海域集约用海前、集约用海后的海域生态环境调查指标原始数据。然后根据 5.4 中所确立的赋值方法，对原始数据进行标准化处理，结果见表 9.2。

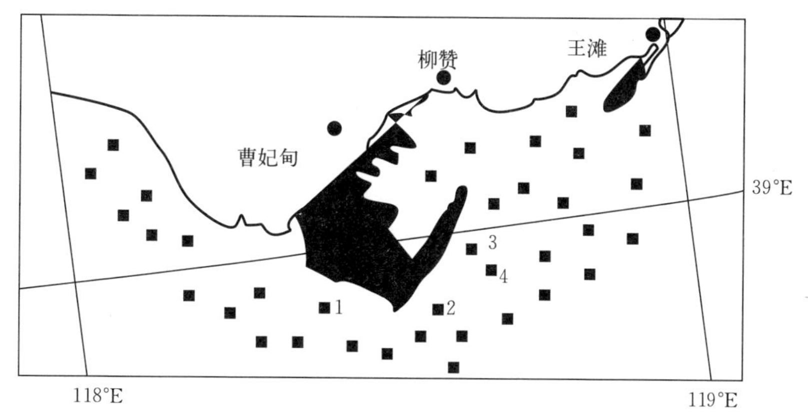

图 9.1 曹妃甸海域生态环境调查及采样示意图

表 9.2 集约用海对曹妃甸海域生态环境影响评价指标标准化结果

指标	影响轻微	影响较大	影响严重	标准化结果	
				集约用海前	集约用海后
浮游植物多样性指数	>3.0	>1.0～3.0	≤1.0	100	70
浮游植物密度变化	>50%A～150%A	>10%A～50%A 或 >150%A～200%A	≤10%A 或 >200%A	100	70
初级生产力 [mgC/(m² · d)]	≤200	>200～300	>300	70	40
浮游动物多样性指数	>3.0	>1.0～3.0	≤1.0	70	70
浮游动物密度变化	>75%B～125%B	>50%B～75%B 或 >125%B～150%B	≤50%B 或 >150%B	40	70

（续）

指　标	影响轻微	影响较大	影响严重	标准化结果	
				集约用海前	集约用海后
浮游动物生物量变化	＞75%C～125%C	＞50%C～75%C或＞125%C～150%C	⩽50%C或＞150%C	70	40
底栖生物生物量变化	＞75%D～125%D	＞50%D～75%D或＞125%D～150%D	⩽50%D或＞150%D	100	70
底栖生物多样性指数	＞3.0	＞1.0～3.0	⩽1.0	70	40
底栖生物密度变化	＞75%E～125%E	＞50%E～75%E或＞125%E～150%E	⩽50%E或＞150%E	70	40
鱼卵及仔鱼密度（个/m^3）	＞50.0	＞5.0～50.0	⩽5.0	100	70
无机氮（mg/L）	⩽0.2	＞0.2～0.3	＞0.3	100	40
活性磷酸盐（mg/L）	⩽0.015	＞0.015～0.03	＞0.03	70	40
石油类（mg/L）	⩽0.05	＞0.05～0.3	＞0.3	70	70
悬浮物（mg/L）	⩽10.0	＞10.0～100.0	＞100.0	70	70
COD（mg/L）	⩽3.0	＞3.0～4.0	＞4.0	100	70
有机碳（%）	⩽2.0	＞2.0～3.0	＞3.0	100	100
硫化物（mg/L）	⩽300	＞300～500	＞500	100	100
涨潮流速变化（cm/s）	＜5.0	5.0～10.0	⩾10.0	100	100
落潮流速变化（cm/s）	＜5.0	5.0～10.0	⩾10.0	100	100
纳潮量减少率（%）	＜2.0	2.0～5.0	⩾5.0	100	100
铅（mg/kg）	⩽0.1	＞0.1～2.0	＞2.0	100	70
镉（mg/kg）	⩽0.2	＞0.2～2.0	＞2.0	100	100
汞（mg/kg）	⩽0.05	＞0.05～0.1	＞0.1	100	100
砷（mg/kg）	⩽1.0	＞1.0～5.0	＞5.0	100	70
石油烃（mg/kg）	⩽15	＞15～50	＞50	100	70

9.3 评估结果

根据5.4中所建立的评估方法及实地调查结果，对曹妃甸海域集约用海对海域生态环境的影响进行了综合评估，评估结果见表9.3。

表 9.3 集约用海对曹妃甸海域生态环境的影响评估指数

评估指数	集约用海前	集约用海后	指数变化值 ΔI	评估等级
浮游植物	92.5	62.5	32.43%	严重影响
浮游动物	70	62.5	10.71%	一般影响
底栖生物	77.5	47.5	38.70%	严重影响
鱼类	100	70	30.00%	较大影响
海水环境	85.3	54.7	35.87%	严重影响
沉积环境	100	100	0%	轻微或无影响
生物质量	100	82	18%	较大影响
水动力	100	100	0%	轻微或无影响
海域生物群落综合指数	82.51	56.27	31.80%	严重影响
海域环境评价指数	95.9	80.68	15.87%	较大影响
海域生态环境综合指数	86.79	64.08	26.16%	较大影响

9.3.1 集约用海对曹妃甸海域生物群落的影响

根据表 9.3，集约用海实施前曹妃甸海域生物群落评价指数为 82.51，海域生物群落健康良好；集约用海实施后其评价指数为 56.27，海域生物群落受到轻度干扰；海域生物群落评价指数降低 31.80%，集约用海对曹妃甸海域生物群落影响总体上已属严重影响。说明集约用海已经使曹妃甸海域生物群落受到严重的损失。

在曹妃甸海域集约用海实施前后，浮游植物多样性指数由 3.57 降低到 2.72，浮游植物密度由 16.21 万个/m^3 增加到 29.3 万个/m^3，浮游植物初级生产力由 250.4 mgC/(m^2 · d) 增加到 306.1 mgC/(m^2 · d)；浮游植物评估指数由集约用海实施前的 92.50 降低到实施后的 62.5，降低了 32.43%，达到严重影响的程度。这可能是由于集约用海的实施使得该区域内人类活动强度加大、人口密度和各类工业活动强度增大，入海营养盐的数量也随之增加。

由于集约用海施工过程中使海水中悬浮物增加，悬浮颗粒黏附在浮游动物体表面或被滤食性浮游动物吞食，干扰其正常的生理功能，甚至造成内部消化系统的紊乱，从而对浮游动物产生了不良的影响。曹妃甸海域浮游动物多样性指数由集约用海实施前的 2.57 降低到实施后的 2.13，生物量也由 204.45 mg/m^3 降低到 154 mg/m^3；浮游动物评估指数由实施前的 70 降低到实施后的 62.5，降低了 10.71%，影响程度一般。

集约用海会彻底改变海洋底栖生物原有的底质环境，大部分底栖生物因被掩埋、覆盖而死亡；因此，集约用海对底栖生物造成的损失是巨大的。曹妃甸海域集约用海实施前，海域底栖生物的多样性指数为 2.89，底栖生物量为 35.6 g/m^2，底栖生物密度为 213.3 个/m^2；集约用海后，曹妃甸海域底栖生物的多样性指数为 0.94，底栖生物量为 17.8 g/m^2，底栖生物密度为 139 个/m^2。底栖生物评估指数由集约用海前的 77.5 降低到集约用海后的 47.5，降低了 38.70%，达到严重影响程度。

集约用海施工过程中会导致海水中悬浮颗粒增加。不同种类的海洋生物对悬浮物浓度的忍受限度不同。一般仔鱼对悬浮物浓度的忍受限度比成鱼低得多；同时，集约用海活动还改变了海域环境，导致重要渔业资源衰退，甚至使许多重要的渔业资源产卵场消失、渔场外移。集约用海实施前，曹妃甸海域鱼卵和仔鱼的密度为 55.45 个/m^3，集约用海后鱼卵和仔鱼的密度下降为 18.53 个/m^3，鱼类生物评价指数降低了 30%。可见集约用海对曹妃甸海域鱼类生物产生了较大的影响。

综上所述，集约用海对曹妃甸海域生物群落的影响比较明显，但对不同类型生物的影响程度有所差异，对底栖生物的影响最大，其次为浮游植物和鱼类生物，对浮游动物的影响最低。

9.3.2 集约用海对曹妃甸海域环境的影响

从表 9.3 的分析结果来看，曹妃甸海域在集约用海前后，海域环境评价指数均大于 75，海域环境状况良好。但从其评价指数的变化来看，集约用海完成后的评估指数较集约用海实施前降低了 15.87%，表明集约用海的实施对曹妃甸海域环境有较大的影响。从海域环境不同构成要素所受的影响来看，海水环境所受的影响最大，由良好状态退化到中度以上污染程度，其评价指数降低了 35.87%，已经达到严重影响程度。

随着集约用海的逐步实施，各种临海产业不断发展，人口也逐步向沿海区域聚集，曹妃甸海域及周边区域的开发强度也不断加大，各种工业废水、生活污水的产生量也随之增加。根据统计，2002 年曹妃甸海域通过入海河流和直排入海的污染物中化学需氧量为 4.39 万 t，氨氮为 0.35 万 t；2012 年入海的污染物中化学需氧量为 6.14 万 t，氨氮为 0.42 万 t；海水中化学需氧量含量由 0.67 mg/L 上升到 3.23 mg/L，无机氮含量由 0.134 mg/L 上升到 1.341 mg/L。2002 年，未达到海水一类水质标准的面积占整个海域面积的 22.02%；2005 年后，曹妃甸海域呈现出中度污染（四类）和严重污染（劣四类）的状态；2012 年，海水污染加剧，未达海水一类水质标准的海域面积占到了 74.8%，远超往年最大值。

区域上，京唐港海域和黑沿子—南堡海域常年处于超标状态。曹妃甸海域水质自2007年开始变差，海水中主要污染物为活性磷酸盐、无机氮、铅和油类；其中，活性磷酸盐和无机氮在近海广泛分布，铅污染主要集中在黑沿子海域，油类污染主要分布在曹妃甸南堡海域。此外，随着入海污染物的量的增加，曹妃甸海域生物质量也受到一定的影响，海域贝类体内检出污染物种类和分布范围均呈增加趋势，超标残余物主要为镉、铅、砷、石油烃等。2005—2006年，海水均检出油类超标；2007—2008年，贝类体内石油烃残余物均检出超标后，直到2015年此问题仍存在。生物质量评估指数由集约用海前的100降低到集约用海后的82，降低了18%。沉积物环境和水动力在集约用海工程实施前后没有受到明显的影响。

9.3.3 集约用海对曹妃甸海域生态环境的综合影响

集约用海对曹妃甸海域生态环境影响的综合评价结果见表9.3。集约用海实施前，曹妃甸海域生态环境综合指数为86.79；集约用海实施后，其综合指数为64.08。曹妃甸集约用海导致周边海域的生态环境综合指数衰减了26.16%，海域生态环境受到较大影响。其中，海域环境评价指数衰减了15.87%，主要由海水中化学需氮量、无机氮类污染物浓度增加所致。海域生物群落评价指数衰减了31.80%，主要由底栖生物、鱼类和浮游植物评价指数变化所导致。说明曹妃甸海域集约用海工程对海域生态环境产生了较大的影响，但对海域生物群落的影响大于对海域环境的影响。从具体影响因子看，集约用海对曹妃甸海域的影响主要表现在水质、底栖生物和浮游植物群落方面。截至2015年，曹妃甸海域生态环境一般，水体营养盐、有机物含量普遍较高，大部分水域都劣于海水二类水质标准，部分生物体内铅、砷和石油烃含量超标，生物群落结构状况较差，鱼卵及仔鱼密度偏低；重要的经济鱼类消失，海洋生物资源衰退趋势明显。

9.4 结论

集约用海已经使曹妃甸海域生态环境受到较大影响，生态环境质量一般，其中对海洋生态的影响程度大于对海洋环境的影响程度；从生态环境具体构成要素来看，对海水水质、底栖生物、浮游植物影响最为严重。导致这一结果的原因主要包括：

（1）集约用海工程的建设占用海域空间

以曹妃甸工业区为例，2003年以曹妃甸岛为基础开始集约用海建设，到2005年集约用海开始向曹妃甸工业区浅滩发展，2006年在曹妃甸岛的南部通过填海造地的方式开始港口工程建设，2007年开始占据曹妃甸工业区沿岸潮间；2008—2011 年在继续海上填海造地的同时，集约用海工程开始向陆地发展。截至 2011 年，曹妃甸工业区集约用海建设总面积达到了约 275.5 km²，其中占用滩涂面积 131.8 km²、海域面积 72.7 km²。由于集约用海占据了大量的滩涂，曹妃甸海域滩涂面积逐渐减小，仅 2007—2008 年就减少了41.2 km²；截至 2011 年，滩涂面积只剩约 18 km²。因此，集约用海的建设实施，使得该区域内海洋空间资源逐步萎缩，滩涂生物的栖息空间快速消失，生物资源遭受严重损失。

（2）集约用海建设促进了沿海地区城镇化、临港产业的发展和人口向海转移，导致入海污染物量增加

曹妃甸海域地理位置得天独厚，为临港产业发展提供了优越条件。在政府高度重视及企业高密度投资的支持下，一批大型项目逐渐入驻，逐步形成了现代物流、钢铁、石化、装备制造四大产业为主导的现代化临港产业区。伴随一些大型企业入驻，大量人口不断向沿海迁移，区域人口迅速增长，城镇化的速度逐步加快；从而导致农业用地、滩涂、湿地等不断地被占用，逐步转变为工业、住宅等建设用地。虽然，曹妃甸海域没有大江大河入海，但有许多小型入海河流，如沙河、陡河、青龙河、双龙河、大清河等。随着临港产业的发展及沿海区域城镇化，陆源入海污染物量增加，2003 年曹妃甸海域入海河流污染物排放量为 10 933.4 t，2012 年则达到 165 524.28 t。相关研究也表明，自 2006 年起曹妃甸海域化学需氧量、活性磷酸盐入海通量均超出了海水二类水质标准环境容量，无机氮入海通量超出海水一类水质标准环境容量。

针对曹妃甸海域生态环境现状，提出以下政策建议：

① 把海域生态环境保护放在首位。对近岸海域环境容量进行科学规划和有效利用；加强对本区域“三废”的集中处理，废水经处理达标后深海排放，保护好本区域的海水环境质量。

② 加强对海洋生物资源的保护与修复。通过人工鱼礁、海洋牧场等措施促进本区域海洋生物资源的恢复，改善区域海洋生态环境。

③ 建立集约用海后评估制度。分析集约用海实施后对毗邻海域生态环境的影响，及时发现、总结集约用海的经验和教训，提高集约用海水平，引导集约用海走健康、可持续发展之路。

10 曹妃甸区域集约用海对海域资源影响评价

10.1 集约用海对海域资源的影响

进行集约用海对海域资源影响评价的目的是分析海域开发活动对海域资源的影响程度，提出减少其影响的对策措施，更好地利用、保护和管理海域资源。因此，需要就集约用海对海域资源的影响进行全面分析。综合相关学者的研究成果，集约用海对海域资源的影响主要表现在以下几个方面：

（1）对海域生物资源的影响

集约用海活动不仅占用大量滩涂，而且减弱海流流速、加速淤积、改变底质成分，进而改变用海范围内海洋生物原有的栖息环境，造成生物多样性、均匀度和生物密度下降，渔获量减少，许多重要的渔业资源产卵场随之消失，渔场外移，近海渔业资源遭到严重损害。集约用海实施期间导致海水中悬浮物增加，悬浮颗粒会黏附在浮游动物体表面，干扰其正常的生理功能，造成内部消化系统紊乱，从而导致浮游动物生物量降低。集约用海实施过程中造成的悬浮物浓度增加还会使水体透光性减弱，光强减少，对浮游植物的光合作用起阻碍作用；同时，陆域的形成减少了海域面积和水体体积，相对减少了浮游植物的生长空间，减少了区域浮游植物的总量，从而可能影响整个海洋食物链。相对于对浮游生物群落的影响，集约用海对底栖生物群落的威胁来得更直接；海洋取土、吹填、掩埋等集约用海活动造成海域生存条件剧变，占用和破坏了海洋底栖生物的栖息空间，导致底栖生物数量减少、群落结构改变、生物多样性降低。

（2）对海域空间资源的影响

在各种海域资源中，集约用海对海域空间资源的占用最为明显。集约用海的实施在一定程度上占用了海域空间资源，不断蚕食海域和滩涂，海域空间利用率会逐步升高。由于集约用海建设占用了部分自然岸线，使得自然岸线变为人工岸线，自然岸线保有率逐步降低。大规模的集约用海活动将天然滨海湿地转化为建设用地，改变了湿地的自然属性，导致自然湿地面积减少，严重影响了湿地在气候调节、水文调节、污染物净化等方面的功能，对湿地造成不可逆转的破坏。

(3) 对港口航道资源的影响

集约用海活动的实施，可能阻断或影响水流，导致区域水动力条件减弱、海域纳潮量减少；集约用海区域附近流场将有所改变，水流流速和流向均可能发生改变。随着海域水动力条件的变化，岸滩局部可能会发生比较明显的冲淤变化，改变底质成分。同时，集约用海施工过程中机械搅动、吹沙填海、航道疏浚等活动也会改变海域的水文特征。随着用海活动的实施及后期的项目建设，对港址资源需求也会进一步加大，宜港岸线资源也将会逐步被港口所取代。

(4) 对滨海旅游资源及其他资源的影响

集约用海可能会占据一定的景观资源，使得滨海旅游资源密度降低；但也可能集约用海并没有占用旅游资源，反而形成具有旅游价值的工程景观，丰富当地的旅游资源。另外，随着集约用海的实施及后期项目的建设，开发区域内的矿产资源、能源资源等的开发利用强度也可能会进一步加大。

10.2 曹妃甸区域海域资源优势

(1) 港址资源优势

港址是曹妃甸海域发展的最大优势。曹妃甸海域拥有深水岸线 69.5 km，岛前 500 m 水深即达 25 m，深槽水深 36 m，为渤海最低点，不冻不淤；是渤海沿岸唯一不需开挖航道和港池即可建设 30 万 t 级大型泊位的天然港址，10 万t 级船舶可自由进出，15 万 t 级船舶可乘潮进港，30 万 t 级巨轮可在港停泊，可建上百个万 t 以上级泊位码头。在这里可建设公共码头，也可供大型企业修建业主码头。截至 2015 年，曹妃甸海域已建成矿石码头一期和二期、煤码头一期、原油码头、散杂货泊位、通用码头二期等 10 座码头（泊位数 22 个），矿石码头三期、煤炭码头二期、联想通用件杂货泊位、多用途（集装箱）泊位等码头正在加紧建设。曹妃甸海域港口正在朝着国际化、大型化、现代化功能完善的综合性贸易大港迈进。

(2) 土地优势

曹妃甸海域滩涂广阔，浅滩面积达 1 000 多 km^2。其中，曹妃甸工业区现有存量土地 210 km^2，可为临港产业布局、港口物流贸易发展和城市开发建设提供充足的用地，且具有国内其他同级开发区不具备的价格优势。

(3) 湿地资源优势

曹妃甸海域拥有 540 km^2 的湿地资源，主要以滨海湿地为主，包括河口、滩涂、芦苇荡、池塘、湖泊、稻田等。湿地内生物资源丰富，有野生植物63科164属238种、鸟类17目52科307种；其中，国家一级保护鸟类有丹顶鹤、白鹳、黑鹳、金雕等9种，国家二级保护鸟类有42种，是鸟类于澳大利亚—西伯利亚迁徙的重要驿站和栖息场所。百里苇荡、万顷池塘、群鸟争鸣、鹤舞鸥飞，绘成一幅壮美的大自然画卷。

(4) 区位优势

曹妃甸海域区位优势明显，地处环渤海经济圈的核心位置、河北沿海经济隆起带的中心区域，毗邻京津两大城市，距北京220 km，距天津120 km，处在京津冀一小时经济圈内。交通网络发达，大秦、京哈、京山等铁路干线和唐津、沿海等高速公路贯通相连，已形成对接京津、面向“三北”、连通全国的路网体系。

通过将优势资源的相互比较，港口、航道资源是曹妃甸发展的最大优势资源。因此，曹妃甸集约用海主要影响的资源为港口、航道资源，集约用海影响最大的指标为港口、航道资源指标。在港口、航道海域也有旅游资源，因而旅游指标成为次重要的指标。在港口、航道海域进行大规模养殖的情况较为少见，渔业资源指标的权重相对较轻。

10.3　指标权重确定方法

为了使权重的确定更有科学性，需建立层次结构模型，即将问题所包含的因素分层，用层次框图描述层次的递阶结构、因素的从属关系。把解决曹妃甸集约用海对海域资源的影响程度问题作为目标层；准则层为实现总目标而采取的策略、准则等。当上一层次的元素与下一层次的所有元素都有联系时，称完全的层次关系；只与下一层次的部分元素有联系时，称不完全的层次关系。各层次间也可以建立子层次，子层次从属于主层次中某个元素，又与下一层次的元素有联系。利用层次分析法和德尔菲法相结合的方法进行集约用海对海域资源影响评价指标权重的确定。

第一类：若主要受影响资源为港口、航道资源，则集约用海影响最大的指标为港口、航道资源。以主要受影响资源为港口、航道资源构建层次结构矩阵，根据专家打分获得指标两两比较的结构矩阵，见表10.1。

表10.1　主要受影响资源为港口、航道资源的判断矩阵

评价指标	港口、航道资源	旅游资源	海洋生物资源	空间资源	其他资源
港口、航道资源	1	4	3	4	5

（续）

评价指标	港口、航道资源	旅游资源	海洋生物资源	空间资源	其他资源
旅游资源	1/4	1	1/2	1	2
海洋生物资源	1/3	2	1	2	3
空间资源	1/4	1	1/2	1	2
其他资源	1/5	1/2	1/3	1/2	1

主要受影响资源为港口、航道资源，权重值见表10.2。

表10.2　主要受影响资源为港口、航道资源权重值

评价指标	港口、航道资源	旅游资源	海洋生物资源	空间资源	其他资源
指标权重	48%	12%	21%	12%	7%

第二类：主要受影响资源为旅游资源，集约用海影响最大的指标为旅游资源指标。以主要受影响资源为旅游资源构建层次结构矩阵，根据专家打分获得指标两两比较的结构矩阵见表10.3。

表10.3　主要受影响资源为旅游资源的判断矩阵

评价指标	港口、航道资源	旅游资源	海洋生物资源	空间资源	其他资源
港口、航道资源	1	1/3	1/2	2	3
旅游资源	3	1	1.5	3	4
海洋生物资源	2	2/3	1	2	3
空间资源	1/2	1/3	1/2	1	2
其他资源	1/3	1/4	1/3	1/2	1

主要受影响资源为旅游资源，权重值见表10.4。

表10.4　主要受影响资源为旅游资源权重值

评价指标	港口、航道资源	旅游资源	海洋生物资源	空间资源	其他资源
指标权重	17%	38%	26%	12%	7%

第三类：主要受影响资源为海洋生物资源，集约用海影响最大的指标为海洋生物资源指标。以主要受影响资源为海洋生物资源构建层次结构矩阵，根据专家打分获得指标两两比较的结构矩阵，见表10.5。

表 10.5 主要受影响资源为海洋生物资源的判断矩阵

评价指标	港口、航道资源	旅游资源	海洋生物资源	空间资源	其他资源
港口、航道资源	1	1/2	1/3	2	3
旅游资源	2	1	1/2	4	5
海洋生物资源	3	2	1	5	6
空间资源	1/2	1/4	1/5	1	2
其他资源	1/3	1/5	1/6	1/2	1

主要受影响资源为海洋生物资源，权重值见表 10.6。

表 10.6 主要受影响资源为海洋生物资源权重值

评价指标	港口、航道资源	旅游资源	海洋生物资源	空间资源	其他资源
指标权重	15%	28%	43%	8%	6%

利用德尔菲法计算二级指标体系的权重，曹妃甸海域集约用海对海域资源影响评价指标综合权重值见表 10.7。

表 10.7 曹妃甸海域集约用海对海域资源影响评价指标体系权重

<table>
<tr><th>目标层</th><th>准则层</th><th>因素层</th><th>指标层</th></tr>
<tr><td rowspan="14">集约用海对海域资源影响评价</td><td rowspan="4">海洋生物资源 0.358</td><td>浮游植物 0.167</td><td>浮游植物密度 0.5、浮游植物多样性 0.5</td></tr>
<tr><td>浮游动物 0.167</td><td>浮游动物生物量 0.5、浮游动物多样性 0.5</td></tr>
<tr><td>底栖生物 0.499</td><td>底栖生物生物量 0.5、底栖生物多样性 0.5</td></tr>
<tr><td>鱼类 0.167</td><td>鱼卵和仔鱼密度 1.0</td></tr>
<tr><td rowspan="3">海洋空间资源 0.207</td><td>湿地 0.283</td><td>自然湿地面积保有率 1.0</td></tr>
<tr><td>岸线 0.327</td><td>自然岸线保有率 1.0</td></tr>
<tr><td>海域 0.390</td><td>海域空间利用率 1.0</td></tr>
<tr><td rowspan="2">港口、航道资源 0.305</td><td>水动力 0.333</td><td>纳潮量减少率 0.5、最大流速变化率 0.5</td></tr>
<tr><td>港口资源 0.667</td><td>宜港岸线利用率 1.0</td></tr>
<tr><td>滨海旅游资源 0.08</td><td>旅游资源密度 1.0</td><td>旅游资源密度变化率 1.0</td></tr>
<tr><td rowspan="2">其他资源 0.05</td><td>矿产资源 0.5</td><td>矿产资源利用变化率 1.0</td></tr>
<tr><td>能源资源 0.5</td><td>能源资源利用变化率 1.0</td></tr>
</table>

注：表内数字为各级指标的权重。

10.4 评价指标数据标准化

根据曹妃甸海域开发建设规划及实施情况，以 2003 年（未开发）为基准年，以2015年（开发第一阶段完成）曹妃甸海域现场调查结果和相关统计数据（表10.8）及所建立的集约用海对海域资源的影响评价方法，对曹妃甸海域集约用海对海域资源的影响进行评价分析。其中，旅游资源数据、矿产资源数据和能源资源数据来源于《2003年唐山市统计年鉴》和《2015年唐山市统计年鉴》，海洋生物资源数据和港口、航道资源数据来源于2003年和2015年实地调查，空间资源数据来源于2003年和2015年美国陆地卫星Landsat TM数据、“环境一号”卫星数据和中巴资源卫星（CBERS）的CCD数据。

表10.8　曹妃甸海域海洋资源调查结果

指标层	2015年	赋值
浮游植物密度（10^4个/m^3）	29.30	70
浮游植物多样性	2.32	40
浮游动物生物量（mg/m^3）	154.00	10
浮游动物多样性	2.13	40
底栖生物生物量（g/m^2）	9.60	70
底栖生物多样性	1.58	70
鱼卵及仔鱼密度（个/m^3）	0.68	100
自然湿地面积保有率（%）	66.37	70
自然岸线保有率（%）	23.50	100
海域空间利用率（%）	64.50	100
纳潮量减少率（%）	0.12	10
最大流速减小率（%）	2.63	10
宜港岸线利用率（%）	56.30	100
旅游资源密度变化率（%）	−400.00	100
矿产资源利用变化率（%）	0.00	10
能源资源利用变化率（%）	0.00	10

10.5　评估结果

根据确定的各评价指标的权重，利用综合指数法计算曹妃甸集约用海对海域资源影响的综合评价指数，评价结果见表10.9。评价结果表明，曹妃甸集约用海对海域资源的影响较大，其影响已不可接受，应严格控制开发规模。从不同海洋资源分析，对海洋生物资源和港口、航道资源的影响较大。从调查数据来看，与集约用海前相比，海洋生物多样性显著降低，浮游植物、浮游动物和底栖生物多样性分别降低了35.01%、17.12%和42.54%。

表10.9 曹妃甸集约用海对海域资源影响评价结果

评价指数	评分值	评价等级
海洋生物资源	64.99	影响较大
海洋空间资源	91.51	影响严重
港口、航道资源	70.03	影响较大
滨海旅游资源	100.00	影响严重
其他资源	10	影响较小
综合	72.07	影响较大

曹妃甸集约用海对海洋空间资源的影响已属严重影响。自2003年曹妃甸集约用海开始实施到2015年集约用海区域内自然湿地面积减少33.63%，自然岸线保有率仅为23.50%，仅曹妃甸工业区围填海面积达到199.05 km^2，区域内海域空间利用率大幅提高。

曹妃甸集约用海对滨海旅游资源的影响也达到严重影响水平，但与对空间资源的影响有所不同。集约用海前曹妃甸滨海旅游资源的密度仅为0.001个/km^2；随着曹妃甸集约用海的逐步开展，形成了工程景观，带动了区域内旅游资源的开发，滨海旅游资源的密度于2015年达到了0.005个/km^2。因此，曹妃甸集约用海的实施提高了曹妃甸区域滨海旅游资源的密度。

曹妃甸集约用海工程对水动力的影响较小，但由于曹妃甸港的建设，一半以上的宜港岸线被利用，总体上对港口资源的影响比较大。曹妃甸区域有着丰富的矿产资源和能源资源，但暂未开采利用；因此，集约用海对矿产资源和能源资源尚没有产生影响。

这一评估结果与索安宁等人对曹妃甸开展的回顾性评价及生态服务功能损失评估的结果相符。由评估结果来看，曹妃甸海域在以后开发建设中应加强对集约用海项目的论证，尽量减少对自然岸线和现有滩涂的占用，注重保护渔业资源、空间资源，提高集约用海水平。

根据评估结果，曹妃甸海域在今后的海域开发建设过程中注意以下3个方面：

① 曹妃甸集约用海在满足海洋经济发展需要的同时，最大限度节约开发利用海洋资源。海洋开发活动应该把海域资源放在首位，努力做到开发与保护并重，重点利用港口、航道资源，注重保护渔业资源、旅游资源。在规划后续项目建设中应尽量减少对自然岸线的占用，同时海洋开发应尽量减少对现有滩涂的占用，减少渔业资源主产区的破坏，保护渔业资源。

② 完善海洋资源补偿机制，提高资源补偿费征收标准。我国海洋资源补偿费的征收标准过低，没有充分达到资源耗竭性补偿要求，不利于资源的持续利用，应予以适当提高。

③ 加强海洋资源保护。遵循“科学、安全、经济”的原则，科学规划近岸海域环境容量，加强海洋环境监测，有效利用海洋环境容量资源，为经济发展服务。

11 河北省集约用海对滨海湿地影响评价

为了进一步验证所建立的集约用海对滨海湿地的影响评估技术的有效性，以及滨海湿地信息综合提取模型和滨海湿地遥感景观参数提取模型的适用性，选择河北省沿海滨海湿地作为技术试点应用。

11.1 河北省沿海滨海湿地信息综合提取

为了比较集约用海前后滨海湿地的变化情况，根据遥感图像质量、云量等信息，分别选取 2000 年、2005 年、2010 年和 2015 年的影像进行数据预处理，经反射率计算、图像裁剪后，计算用于分类的特征波段，后采用最大似然分类方法对图像进行分类，并对分类结果进行去噪等处理，得到分布结果（附图 14～附图 17），并得到集约用海前后各滨海湿地类型的面积信息（表 11.1）。

表 11.1 河北省 2000—2015 年滨海湿地面积统计

单位：km^2

年份	碱蓬地	芦苇地	河流水面	水库坑塘	海涂	滩地	浅海水域	其他	合计
2000	9.39	2.73	11.52	127.16	143.02	7.47	2 549.56	82.46	2 933.31
2005	5.89	0	11.52	213.75	125.71	6.23	2 156.91	3.16	2 523.17
2010	10.68	0	11.41	197.98	76.51	2.21	1 952.64	30.21	2 281.64
2015	1.18	0.61	12.38	195.15	135.50	1.28	1 802.19	49.96	2 198.25

11.2 河北省滨海湿地分布时空变化分析

根据河北省 2000—2015 年滨海湿地类型及分布（附图 14～附图 17），可以看出河北省滨海湿地主要集中在沧州、曹妃甸及北部地区沿海区域，主要类型有碱蓬地、芦苇地、河流水面、水库坑塘、海涂、滩地、浅海水域及其他类湿地组成。

表 11.1 是河北省 2000—2015 年的滨海湿地面积统计结果，其中除浅海水域占湿地面积比重较大外，水库坑塘相对于其他几类湿地也占有较大的优势；其次为海涂及其他类湿地；碱蓬地、河流水面、滩地面积较少；芦苇地在 2005—2013 年曾消失，至 2014 年在月牙岛再次发现少量芦苇地。从总面积变化趋势上分析，2000—2015 年河北省滨海湿地总面积呈逐渐减小的趋势，2000—2005 年呈现缓慢减少，2005—2010 年减小速度增快，2010—2015 年减小速度有所放缓（图 11.1）。

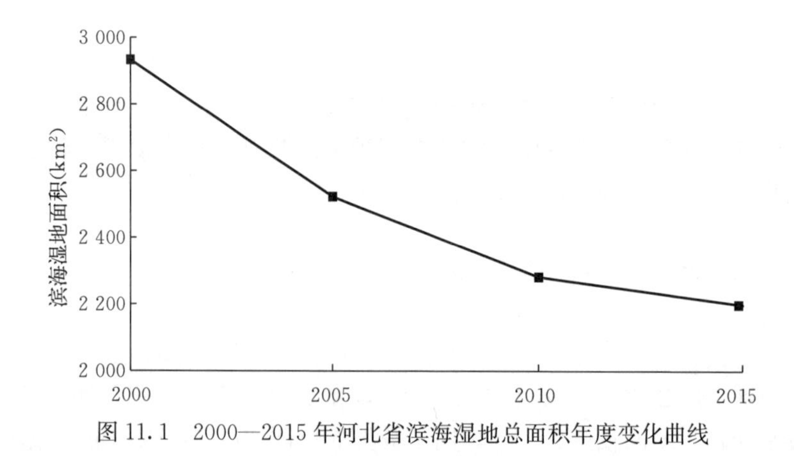

图 11.1　2000—2015 年河北省滨海湿地总面积年度变化曲线

图 11.2、图 11.3 与图 11.4 显示了 2000—2015 年各滨海湿地类型的面积变化过程，可以看出浅海水域湿地面积整体呈现减小的趋势；水库坑塘面积呈

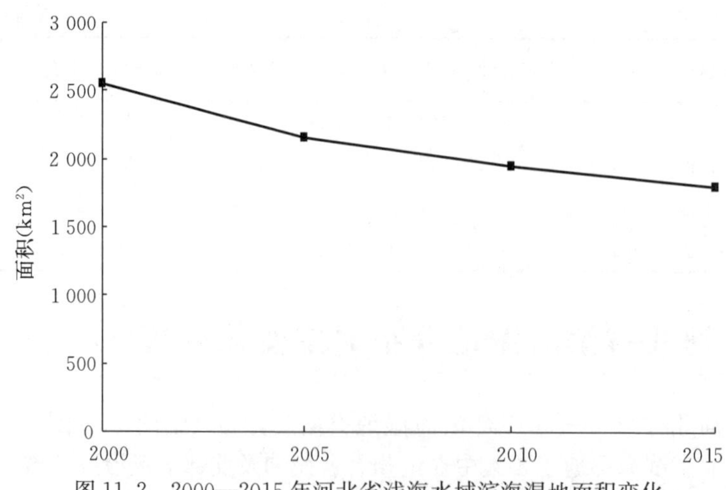

图 11.2　2000—2015 年河北省浅海水域滨海湿地面积变化

现先增加后减少的趋势，2000—2005 年有了较大幅度的增加，2005—2015 年又出现了小幅的减少；海涂面积在 2000—2005 年有较小的波动，但 2005—2010 年间明显减少；碱蓬地、芦苇地、河流水面、滩地 4 类湿地面积基本呈现持续减少的趋势。其他类型湿地面积在 2005 年急剧减少，2010—2015 年有所增加。

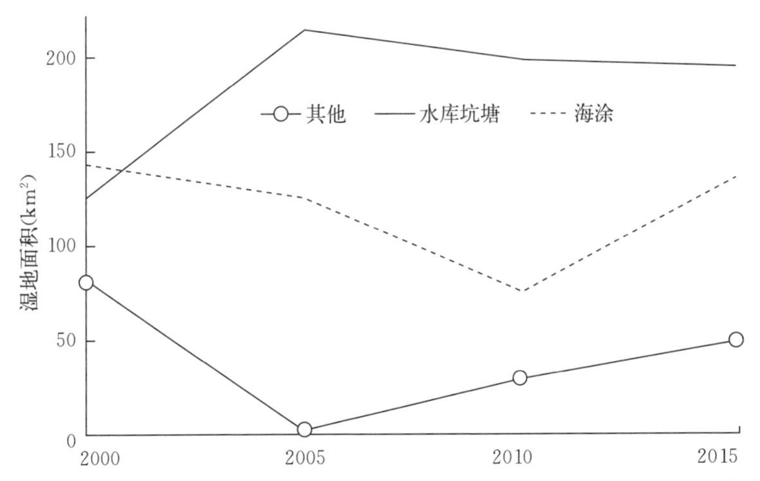

图 11.3　2000—2015 年河北省水库坑塘、海涂及其他类型滨海湿地面积变化

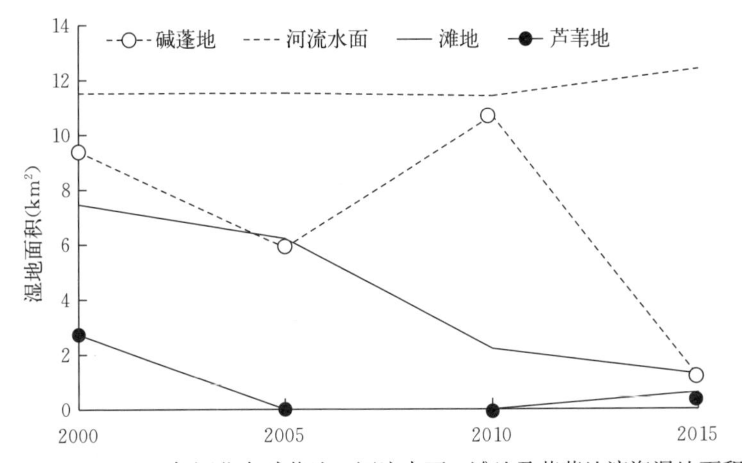

图 11.4　2000—2015 年河北省碱蓬地、河流水面、滩地及芦苇地滨海湿地面积变化

11.3　河北省滨海湿地景观格局变化分析

11.3.1　景观百分比（PLAND）

如图 11.5 所示，2000—2015 年河北省滨海湿地景观中占主要地位的湿地

类型为水库坑塘、海涂两类。其中，水库坑塘景观百分比在2000—2015年处于增长的趋势；海涂及其他类型湿地在2000—2015年景观百分比有所降低；滩地、碱蓬地、河流水面和芦苇地景观百分比变化不大，基本处于稳定态势。

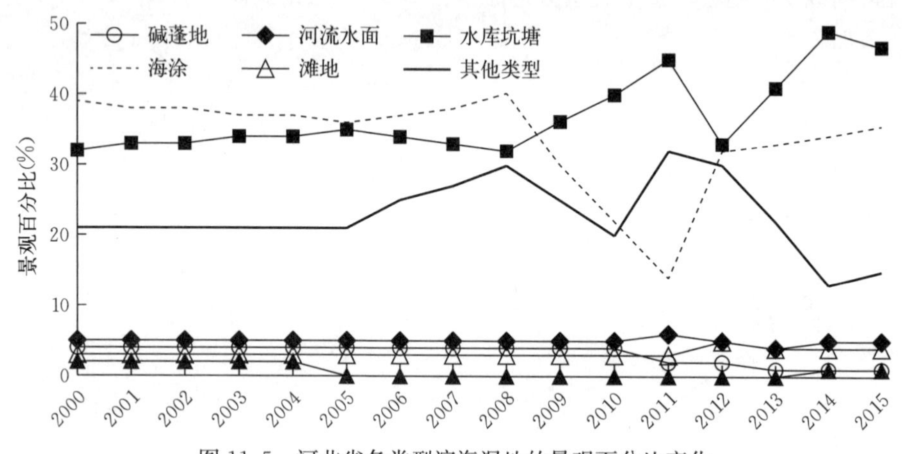

图11.5 河北省各类型滨海湿地的景观百分比变化

11.3.2 斑块数（NP）

2000—2015年，河北省各类型滨海湿地的斑块数变化如图11.6所示。2008年之前，各类湿地斑块数保持稳定，但之后除芦苇地、滩地及河流水面3种类型的湿地斑块数保持稳定外，其余各类滨海湿地斑块数发生明显变化；其中，碱蓬地、海涂斑块数呈现减少趋势，水库坑塘、其他类型湿地斑块数呈现增加趋势。

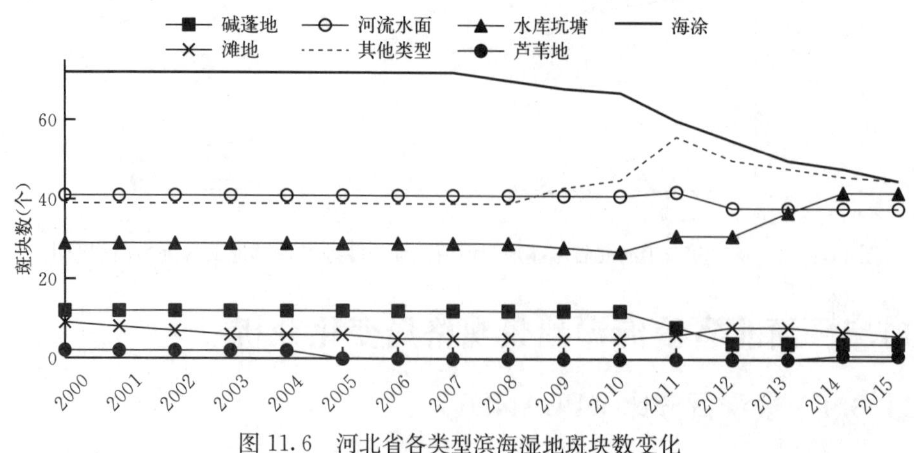

图11.6 河北省各类型滨海湿地斑块数变化

11.3.3　最大斑块指数（LPI）

2000—2015 年期间，各类型湿地的最大斑块指数变化如图 11.7 所示。从图中可以看出，海涂、水库坑塘和其他类型是河北省滨海湿地的优势和主导类型，且最大斑块数波动比较剧烈；碱蓬地、芦苇地、河流水面、滩地 4 类湿地最大斑块数保持较稳定，没有出现较为剧烈的变动。

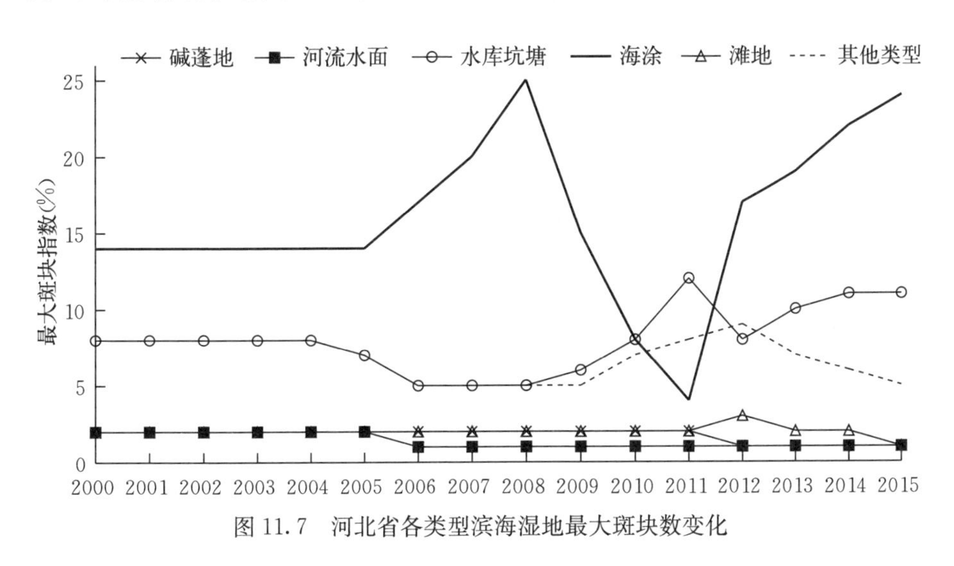

图 11.7　河北省各类型滨海湿地最大斑块数变化

11.3.4　斑块平均面积（AREA _ MN）

2000—2015 年，河北省各类型滨海湿地的斑块平均面积变化如图 11.8 所示。图中显示水库坑塘的斑块平均面积最大，且表现出一定的波动；海涂的斑

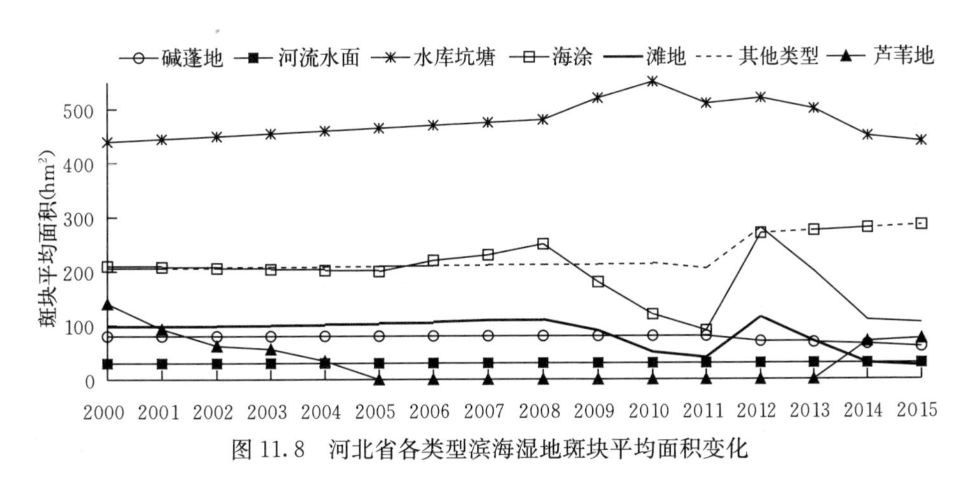

图 11.8　河北省各类型滨海湿地斑块平均面积变化

块平均面积呈先降低后增加的趋势；滩地、碱蓬地、芦苇地和其他类型的斑块平均面积总体呈现降低趋势。由此反映出水库坑塘、海涂的破碎度整体上基本保持稳定状态，其他各类湿地破碎度有不同程度的增加。

11.3.5 斑块形状指标

湿地景观斑块形状变化通常用湿地边缘长度和斑块周长-面积分维数来衡量。2000—2015年，各类型湿地的边缘长度变化统计如表11.2所示。芦苇地于2005—2013年曾消失，2014年又出现少量芦苇地，其边缘长度和碱蓬地、滩地的边缘长度均较小；河流水面、水库坑塘、海涂及其他类型边缘长度较长。总体上，所有类型湿地边缘长度均呈现减少趋势。

表11.2 2000—2015年河北省各类型湿地边缘长度变化统计表

单位：m

类型	2000年	2005年	2008年	2010年	2011年	2012年	2015年
碱蓬地	57 800	44 300	42 100	57 200	34 800	6 200	6 100
芦苇地	15 400	0	0	0	0	0	6 400
河流水面	104 900	104 800	105 200	103 900	88 400	89 500	88 300
水库坑塘	202 600	274 300	219 400	207 800	146 300	198 000	7 900
海涂	256 300	237 300	207 800	193 900	87 900	134 700	166 800
滩地	34 100	29 200	24 800	7 400	10 200	7 600	7 900
其他类型	107 800	11 500	43 000	41 800	57 000	49 300	65 700

2000—2015年河北省各类型湿地的周长-面积分维数在1.10～1.60浮动，碱蓬地、海涂及其他类型的斑块形状复杂程度不高；河流水面周长-面积分维数指数一直保持最高，说明其斑块形状较为复杂，受人工干扰较少；水库坑塘周长-面积分维数指数一直处于最小，其斑块指数表现为较为规则的形状（表11.3）。

表11.3 2000—2015年河北省各类型湿地斑块周长-面积分维数统计结果

类型	2000年	2005年	2008年	2010年	2011年	2012年	2015年
碱蓬地	1.341 4	1.513 9	1.414 8	1.312 6	—	—	—
芦苇地	—	—	—	—	—	—	—
河流水面	1.504 2	1.504 4	1.504 4	1.534 4	1.495 9	1.483 2	1.487 6
水库坑塘	1.295 6	1.300 0	1.292 3	1.292 4	1.278 3	1.264 9	1.257 2
海涂	1.358	1.360 6	1.362 2	1.387 6	1.390 8	1.329 3	1.346 8
滩地	—	—	—	—	—	—	—
其他类型	1.342 3	1.277 2	1.376 7	1.387 2	1.390 7	1.341 7	1.291 7

注：“—”表示无数据。

11.3.6 景观异质性

湿地景观异质性通常斑块聚集度指数和景观多样性指数来衡量。

2000—2015 年河北省各类型湿地的斑块聚集度指数变化如图 11.9 所示。2008 年之前，除河流水面外，其他几种类型湿地聚集程度较高，均在 90%以上，景观自然连通度较好；2008 年之后，滩地聚集程度波动较大，整体呈现降低趋势，其他类型滨海湿地聚集度较稳定。

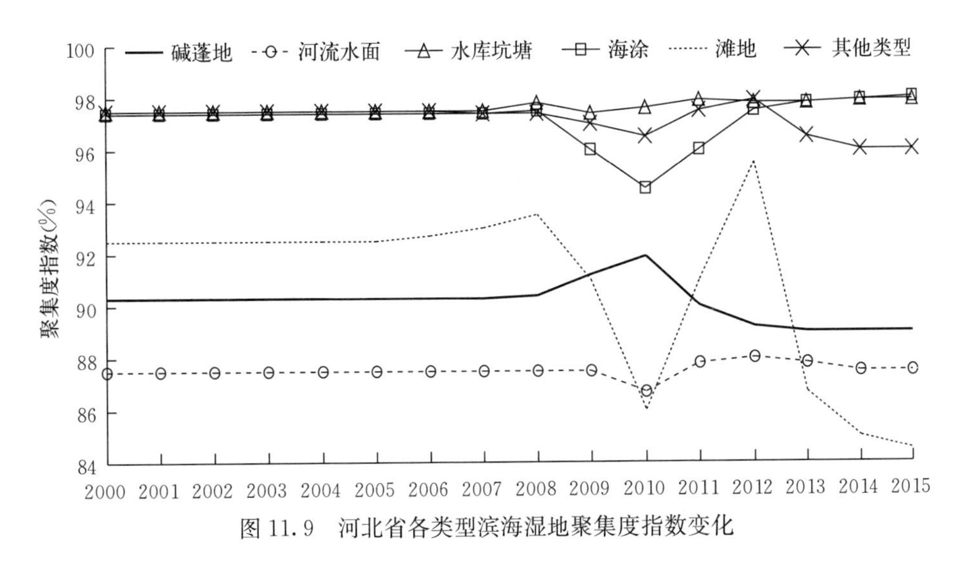

图 11.9 河北省各类型滨海湿地聚集度指数变化

河北省滨海湿地景观多样性指数总体上呈现下降趋势，其中 2000—2011 年下降明显，2012—2015 年又有所增加（图 11.10），表明河北省滨海湿地结构正处于逐步恢复过程中。

图 11.10 河北省滨海湿地景观多样性指数变化

11.4　河北省集约用海对滨海湿地影响综合评估

集约用海前后河北省滨海湿地类型面积变化评价如表 11.4 所示。

表 11.4　河北省滨海湿地类型面积变化评价

类别	增加/减少	面积变化（km^2）	比例（%）	等级
碱蓬地	减少	8.21	87.43	影响较大
芦苇地	减少	3.00	100.00	影响较大
河流水面	增加	0.85	7.38	影响较小
水库坑塘	增加	65.1	51.20	影响较大
海涂	减少	2.65	1.85	影响较小
滩地	减少	6.20	82.99	影响较大
浅海水域	减少	740.35	29.03	影响一般
其他类型	减少	44.87	54.41	影响较大

集约用海前后河北省滨海湿地植被覆盖度变化评价如表 11.5 所示。

表 11.5　滨海湿地类型植被覆盖度变化评价

类别	集约用海前植被覆盖度（2000 年）	集约用海后植被覆盖度（2015 年）	植被覆盖度变化值	等级
碱蓬地	0.575 7	0.511 7	12.51%	影响较大

在对滨海湿地各景观格局参数变化进行指标考核时，主要统计集约用海前后各湿地景观格局参数的数值，计算变化百分比，计算公式如下：

$$变化百分比=\frac{集约用海后湿地景观格局参数-集约用海前湿地景观格局参数}{集约用海前湿地景观格局参数}\times 100\%$$

通过计算得到河北省滨海湿地各景观格局参数见表 11.6 和 11.7。

表 11.6　2000 年与 2015 年河北省滨海湿地景观多样性、景观优势度和均匀度变化

指标	景观多样性	景观优势度	景观均匀度
2000 年	0.567	1.261	0.699
2015 年	0.659	0.997	0.837
变化百分比（%）	16.23	−20.94	19.74
等级	影响较大	影响较大	影响较大

表 11.7　2000 年与 2015 年各滨海湿地类型景观分离度、景观破碎度和斑块分维数变化

类型	景观分离度	景观破碎度	斑块分维数
碱蓬地	影响一般	影响一般	影响一般
芦苇地	影响较大	影响较大	影响较大
河流水面	影响较小	影响较小	影响较小
水库坑塘	影响较大	影响较大	影响较大
海涂	影响较小	影响较小	影响较小
滩地	影响一般	影响一般	影响一般
浅海水域	影响较小	影响较小	影响较小
其他类型	影响一般	影响一般	影响一般

从河北省集约用海前后滨海湿地面积统计和湿地类型的面积变化来看，湿地面积总体呈减少的趋势；与 2000 年相比，2015 年河北省滨海湿地面积减少了 25.2%。从湿地类型的面积变化来看，水库坑塘呈现明显增加的态势，碱蓬地、芦苇地、滩地、浅海水域及其他类型则大幅减少，河流水面、海涂的面积变化不明显。

从河北省集约用海前后滨海湿地景观参数变化可知，河北省滨海湿地景观多样性和均匀度有较明显的改善。从各湿地类别的具体景观参数及其分布范围可以看出，滩地、海涂在人类活动影响下破碎化程度有所降低，说明集约用海对滨海湿地类型转变有重要影响。滨海湿地中芦苇地曾在 2005—2012 年消失，碱蓬地植被覆盖度在分析时段内也明显下降，同时景观破碎化和斑块分维数也均有增加，说明人类活动对湿地植被影响也很大。从景观格局参数来看，集约用海前后，人类活动对部分景观的干扰程度加大。从集约用海前后湿地退化区域空间分部特征分析，河北省滨海湿地退化的主要原因为城镇化建设、港口工程建设的快速扩张。评估结果表明集约用海工程对河北省滨海湿地生态环境影响较大，在今后发展海洋经济的同时，应注重维持和保护滨海湿地的生态环境。

12 海水养殖对河北省海洋环境的影响

海水养殖业历来是河北省水产业的支柱产业。自 20 世纪 50 年代初，河北省海水养殖业开始萌芽，20 世纪 70 年代末中国对虾人工育苗技术和养殖技术的突破，使对虾养殖成为河北省 80 年代和 90 年代初海水养殖业的亮点。1991 年，全国对虾养殖产量为 22 万 t，河北省产量为 33 482 t，占全国产量的 15.22%。随着海水养殖技术的快速发展，贝类、鱼类养殖尤其是海湾扇贝和红鳍东方豚相继成为河北省海水养殖的支柱产业。目前，河北省已有对虾、贝类、海蜇、沙蚕、海参、梭子蟹、鱼类等 20 多个海水养殖品种。养殖方式有池塘粗养、精养、混养、滩涂精养、室内工厂化养殖、海上筏式养殖等多种，形成了良好的多维、立体化发展态势，海洋养殖业生产规模和效益逐步提高。

随着海水养殖业的迅速发展，盲目扩大规模和投入的负面影响日益严重，大量外源性饵料、肥料的人工投入使水体中的氮、磷含量猛增，养殖环境不断恶化，养殖病害逐年加重，水体富营养化加重，赤潮频发，养殖区及邻近海域的生态环境受到严重污染和破坏。据统计数据表明，我国近岸海域赤潮的发生规律与沿海地区对虾养殖量呈正相关关系。海水养殖对海洋生态环境影响已经普遍引起人们的关注。

12.1 河北省海水养殖现状及发展历程

12.1.1 海水养殖现状

2015 年，河北省海水养殖面积 129 435.45 hm^2，总产量 609 586 t。其中，工厂化养殖面积 295.45 hm^2，总产量 10 974 t，主要养殖品种有大菱鲆、牙鲆、半滑舌鳎、河豚等；池塘养殖面积 29 783 m^2，总产量 34 063 t，主要养殖品种有中国对虾、南美白对虾、日本对虾、三疣梭子蟹等；滩涂养殖面积 33 584 hm^2，总产量 58 065 t，主要养殖品种有菲律宾蛤仔、青蛤、缢蛏等；浅海养殖面积 65 773 hm^2，总产量 506 484 t，其中筏式养殖品种为海湾扇贝、底播品种为魁蚶和毛蚶。

12.1.2 海水养殖发展历程

海水养殖业是河北省支柱海洋产业之一。改革开放以来，海水养殖业得到快速发展，为繁荣地方经济、扩大就业、丰富居民的“菜篮子”等作出了重大贡献。自2000年以来，海水养殖产量总体上呈增加趋势。海水养殖面积由2000年的69 942 hm^2 增加到2015年的129 435.45 hm^2，增长了为85.1%；海水养殖产量由2000年的154 661 t增加到2015年的609 586 t，增长了294.1%；海水养殖业产值由2000年的37 873万元增加到2015年的249 185万元，年平均增长率为12.6%（图12.1）。海水养殖业资源的利用效率增长明显，经济效益可观。

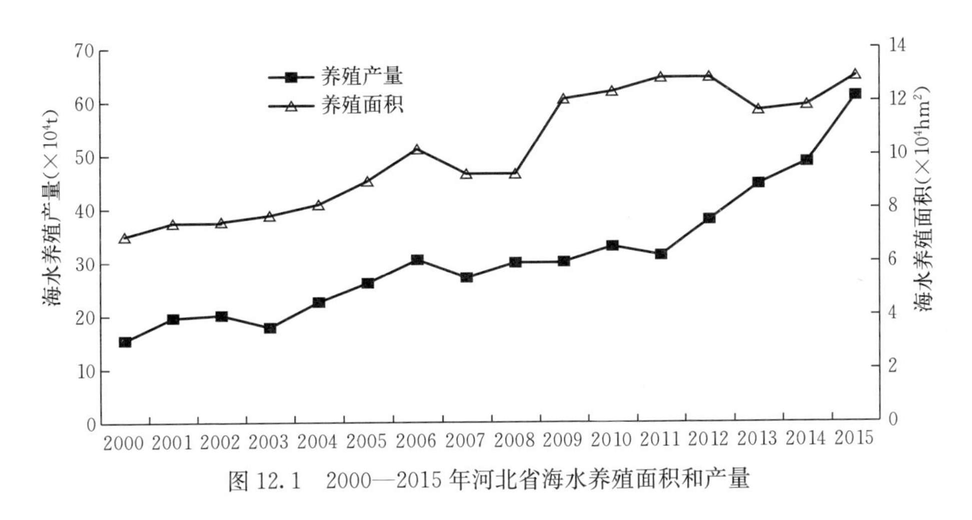

图12.1 2000—2015年河北省海水养殖面积和产量

从河北省海水养殖产业结构与区域布局可以发现，产业结构不尽合理，区域发展不够平衡。贝类养殖产量占全省海水养殖产量的85.32%，虾蟹类和鱼类养殖所占比重偏低，较高经济价值的鱼类品种少、规模小。海湾扇贝占全省贝类养殖产量的54%，而且养殖面积过于集中，一旦遭受病害或风灾，将直接影响河北省整个贝类养殖业。沧州市的海水养殖规模和养殖产量明显低于秦皇岛市和唐山市，且沿海捕捞生产与浅海、滩涂养殖开发的矛盾比较突出。

从空间区域看，不同的自然条件决定了养殖面积、养殖品种和养殖产量的分布有较大的差别。秦皇岛市以扇贝养殖为主，产量占全市海水养殖产量的98.47%；唐山市以贝类养殖占优势，占全市养殖产量的88.68%，养殖的主要贝类品种有蛤类（文蛤、青蛤、杂色蛤和四角蛤蜊）、牡蛎、毛蚶和海湾扇贝；沧州市以虾蟹类养殖为主，占全市养殖产量的58.56%，对虾（南美白对虾、斑节对虾、日本对虾）和梭子蟹是沧州市主要海水养殖品种。

12.2 海水养殖对海洋环境影响的研究方法

12.2.1 样品采集与分析

2002—2015年，根据《河北省海洋环境监测方案》对河北省的昌黎新开口浅海扇贝养殖区（以下简称昌黎养殖区）、抚宁南戴河扇贝养殖区（以下简称南戴河养殖区）、李家堡对虾池塘养殖区（以下简称李家堡养殖区）、乐亭捞鱼尖贝类养殖区（以下简称乐亭养殖区）、南堡贝类养殖区（以下简称南堡养殖区）、冯家堡对虾养殖区（以下简称冯家堡养殖区）进行了监测（图12.2）。每个海水养殖区内设7个水质站位、3个底质沉积物站位。水质站位于每年7、8、9月进行3次监测。底质沉积物站位于每年8月进行1次监测。

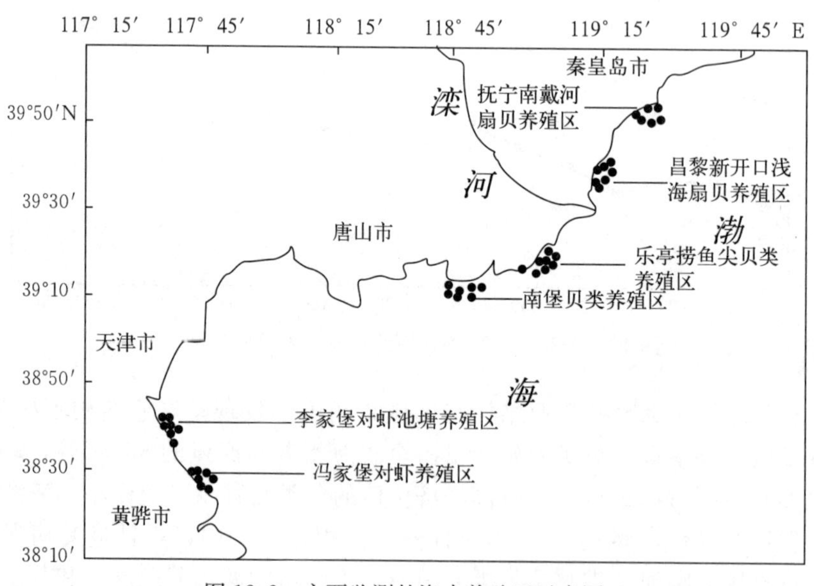

图12.2　主要监测的海水养殖区示意图

各养殖区主要监测项目有：

① 水质。粪大肠菌群、水温、透明度、pH、溶解氧、盐度、无机氮、活性磷酸盐、叶绿素a、悬浮物、铅、汞、锌、化学需氧量等。

② 沉积物。汞、锌、铅、砷、硫化物、有机质、粪大肠菌群、总磷、总氮等。

水质、沉积物监测分析方法（包括采样和现场与实验室分析）按照《海水增养殖区监测技术规程》进行。

12.2.2 评价指标

（1）河北省海水养殖区水质评价指标的确定

根据所选择的监测原则，共采集到 6 个养殖区域 42 个监测站位 14 年（2002—2015 年）的海洋环境监测数据。对这些数据进行统计分析，发现盐度、水温、透明度、悬浮物、pH 等因子有很强的匀致性，无论是时间还是空间变化并不大，一些毒性很强的污染物含量极低或未检测出；确定活性磷酸盐、无机氮、铅、汞、锌和化学需氧量 6 项时空变化显著。将海水养殖环境影响严重的因子作为评价河北省海水养殖区水质变化特征的指标。

（2）河北省海水养殖区沉积物质量评价指标的确定

根据河北省海水养殖区 18 个监测站位 11 年（2002—2012 年）沉积物中监测到的污染物含量和时空变化状况，通过数据对比和统计分析，在河北省海水养殖区沉积物质量时空变化特征的评价中，选择时空变化显著、污染严重的因子作为评价指标。评价指标为汞、锌、砷、总磷、总氮和硫化物。

12.2.3 评价方法

（1）海水水质变化特征评价方法

影响海水水质的因子众多，包括物理因子、化学因子及生物因子。这些因子具有复杂、多变的特点。海水化学要素的浓度不是个稳定的值，它会随潮汐、风浪、海流而变化，所采集到的资料也只是多个时间的统计值。因此，对河北省海水养殖区水质评价时，本书选择了模糊综合评价法。模糊综合评价法，是一种运用模糊数学原理分析和评价具有“模糊性”的事物的系统分析方法。模糊综合评价法的具体方法是将参评因子与每个适宜性等级建立隶属函数，对参评因子的评价由参评因子与适宜性等级的隶属度决定，评定结果为参评因子与适宜性等级的隶属值矩阵；参评因子对适宜性的影响大小用权重系数表示，并构成权重矩阵；将权重矩阵与隶属值矩阵进行复合运算，得到一个综合评价矩阵，可以评价水体质量对各级水质标准的隶属程度。

模糊综合评价法的根本出发点在于引入了模糊集合的概念，将普通的二值集合｛0，1｝变为区间上连续分布的模糊集合［0，1］。这样模糊集合的特征函数，即隶属度就可以在［0，1］区间连续取值。根据模糊数学原理，模糊综合评价模型的构建过程如下：

① 建立评价空间，确定评价集和因子集。

评价集 $\mathbf{U}=\{U_1, U_2, U_3, \cdots, U_n\}$，为所有的评价因子所组成的集合，

式中 U_n 表示第 n 个评价因子。

因子集 $\mathbf{V}=\{V_1, V_2, V_3, \cdots, V_N\}$，为所有的评价等级所组成的集合，式中 V_N 表示第 N 个评价因子。

② 确定评价因子的隶属函数。

隶属函数是用来定量描述评价因子对海水水质隶属程度大小的函数形式。根据指标分级系统的各级标准分别建立每种评价因子相对于不同级别的隶属函数。隶属函数的确定方法是根据问题的性质套用现成的某些形式的模糊分布，然后根据数据确立分布中包含的参数。常用的隶属函数大致有降半矩形分布、降半 r 型分布、降半正态分布、降半梯形分布、降半凹（凸）分布和降半哥西分布 6 种形式，参照前人隶属函数构造的经验，并结合研究区域的实际情况，本书选用了较为简便的半梯形分布隶属函数。

假设评价集分为 4 个等级时，半梯形分布隶属函数的计算公式如下：

当 $j=1$ 时，即第一级的隶属函数为：

$$r_{i1}=\begin{cases}1 & x_i \leqslant s_{i1} \\ (s_{i2}-x_i)/(s_{i2}-s_{i1}) & s_{i1}<x_i<s_{i2} \\ 0 & x_i \geqslant s_{i2}\end{cases}$$

当 $j=2$ 时，即第二级的隶属函数为：

$$r_{i2}=\begin{cases}1 & x_i=s_{i2} \\ (x_i-s_{i1})/(s_{i2}-s_{i1}) & s_{i1}<x_i<s_{i2} \\ (s_{i3}-x_i)/(s_{i3}-s_{i2}) & s_{i2}<x_i<s_{i3} \\ 0 & x_i \leqslant s_{i1} \text{ 或 } x_i \geqslant s_{i3}\end{cases}$$

当 $j=3$ 时，即第三级的隶属函数为：

$$r_{i3}=\begin{cases}1 & x_i=s_{i3} \\ (x_i-s_{i2})/(s_{i3}-s_{i2}) & s_{i2}<x_i<s_{i3} \\ (s_{i4}-x_i)/(s_{i4}-s_{i3}) & s_{i3}<x_i<s_{i4} \\ 0 & x_i \leqslant s_{i2} \text{ 或 } x_i \geqslant s_{i4}\end{cases}$$

当 $j=4$ 时，即第四级的隶属函数为：

$$r_{i4}=\begin{cases}0 & x_i \leqslant s_{i3} \\ (x_i-s_{i3})/(s_{i4}-s_{i3}) & s_{i3}<x_i<s_{i4} \\ 1 & x_i \geqslant s_{i4}\end{cases}$$

式中，x_i 为第 i 种评价因子的实际监测值（mg/L），r_{ij} 为第 i 种因素对第 j 级的隶属度，s_{i1}、s_{i2}、s_{i3}、s_{i4} 为第 i 种因子 1 级～4 级的分级标准。

③ 建立因子评价矩阵 $\boldsymbol{R}$。

将各评价单元实测值按各级隶属函数计算因子的隶属度，其结果为评价集V的模糊子集，对于第 i 个因子，其评价集为 $\boldsymbol{R}=\{r_{i1}, r_{i2}, r_{i3}, r_{i4}\}$，式中 i 分别代表一个评价因子，每个评价单元分别得到1个 $n\times4$ 模糊矩阵 $\boldsymbol{R}$。

$$\boldsymbol{R}=\begin{vmatrix} r_{11} & r_{12} & r_{13} & r_{14} \\ r_{21} & r_{22} & r_{23} & r_{24} \\ \cdots & \cdots & \cdots & \cdots \\ r_{n1} & r_{n2} & r_{n3} & r_{n4} \end{vmatrix}$$

④ 确定评价因子权重 $\boldsymbol{A}$。

模糊综合评价中赋权方法很多，根据海水水质成分的复杂性，采用超标法赋权并归一化，突出主要污染因子。

$$a_i=\frac{x_i}{s_{i0}}$$

$$\bar{a}_i=\frac{a_i}{\sum_{i=1}^{n}a_i}$$

式中，a_i 为第 i 种评价因子的权重，$\bar{a}_i$ 为归一化后第 i 种评价因子的权重，x_i 为第 i 种评价因子的实测值（mg/L），s_{i0} 为第 i 种因子海水水质标准的均值（mg/L）。

⑤ 模糊矩阵复合运算。

通过建立的单因素评价矩阵 $\boldsymbol{R}$，以及权值 A，就可得到对单元评价结果 B。合成算子很多，这里取常用的M（•＋）算子，即 $\boldsymbol{A}$ 和 $\boldsymbol{R}$ 中对应行列的元素先相乘后相加，得出隶属度向量 $\boldsymbol{B}$。

$$\boldsymbol{B}=\boldsymbol{A}*\boldsymbol{R}=(b_1, b_2, b_3, b_4)$$

其中，$\boldsymbol{B}$ 为基于诸因子的综合评价结果。按模糊数学最大隶属度原则，取隶属度最大者所对应的等级作为评价单元的最终级别。水质评价采用GB 3097—1997中海水二类水质标准。

根据模糊综合评价结果，按模糊数学最大隶属度原则，得到各年各养殖区的海水水质级别。以隶属度为参数的多单元的海水水质优劣比较不能直接以最大的隶属度作为比较标准，其从优到劣的排序原则应是同级别水质，比较各水样邻级较劣级别的模糊综合评判隶属度向量 $\boldsymbol{B}$，小的先排；不同级别水质，较劣的后排；若同属于最劣的一级则说明水质同样最差。因此，如果以隶属度为标准进行海水水质优劣的评价，先以隶属度为基础，并根据多单元水质从优到劣的排序原则，引入一个海水水质优劣指数 Z。其评价方法是首先确定海水水质级别，以等级的高低评价海水水质的优劣；再对同等级别的海水水质用该单元所属等级的邻级较劣级别的隶属度来评价海水水质优劣；最终得到的 Z 整数位的值即为该单元海水水质等级，并且 Z 越大说明水质越差。海水水质优劣指数的计算公式如下：

当 $Ci=1$、2、3 时，

$$Z=Ci+Di+1$$

当 $Ci=4$ 时，

$$Z=4$$

式中，Ci 为该单元的海水水质等级；$Di+1$ 为该单元海水水质所属等级邻级较劣级别的隶属度。

(2) 海水养殖区各污染因子的分担率

以 GB 3097—1997 中海水二类水质标准作为评价标准，采用综合污染指数法计算各海水养殖区综合污染指数 P_j，计算方法如下：

$$P_j=\sum_{i=1}^{m}P_i$$

式中，P_i 为各污染因子污染指数，m 为参与评价的污染因子的项数。

污染分担率（K_i）为 i 项污染因子在诸污染因子中的分担率，计算方法如下：

$$K_i=\frac{P_i}{P_j}\times 100\%$$

(3) 海洋沉积物质量变化特征评价方法

国内外的专家学者提出了很多种海洋沉积物污染的评价方法，用来反映沉积物质量的状况，主要有地累积指数、沉积物富集系数法、潜在生态危害指数法、单因子评价法、多因子评价法等。上述方法前人都在沉积物污染评价中选用过，每种方法各有优点也有弊端。例如，地累积指数法在国际和国内都广为采用，简单易行、易于推广，在资料不充分条件下不失为一种有效的方法；但实际工作中需要开展多点位或多种重金属复合污染评价，该方法难以适用。沉积物富集系数法可消除不同区域条件的影响，适用于对不同区域的沉积物进行评价比较，但是对资料要求较高，不仅需污染区的资料，还需清洁区的资料；单因子评价法和多因子评价法对底质评价结果与重金属潜在生态危害指数评价所得的结果比较吻合，但是前者忽略了生物对不同底质条件下重金属的毒性响应特性和重金属毒性差别，不能揭示各种重金属的生态危害效应。潜在生态危害指数法通过综合考虑重金属毒性、重金属在沉积物中普遍的迁移转化规律，以及评价区域对重金属污染的敏感性，并且与区域背景值进行比较，消除了区域差异及异源污染影响，但是没有充分考虑沉积物的地质特征、上覆水的化学特征、水动力条件等决定重金属地球化学特征及赋存形态因素的作用。

对河北省海水养殖区海洋沉积物质量及时空变化评价选取的评价指标是汞、锌、砷、总磷、总氮和硫化物，既需要了解沉积物整体的质量，又需要反映不同重金属对海洋沉积物质量的影响。从这个角度考虑，本书对海洋沉积物质量的评价选用综合指数法和潜在生态危害指数法。

① 沉积物质量综合指数评价法。

沉积物质量综合指数评价法的公式：

$$p=\frac{p_j}{N}$$

$$p_j = \frac{1}{n}\sum_{i=1}^{n} p_{ij}$$

$$p_{ij}=\frac{c_{ij}}{c_{i0}}$$

式中，p 为养殖区海洋沉积物综合指数均值；p_j 为 j 养殖区沉积物综合指数；p_{ij} 为 j 养殖区 i 项污染物的污染指数；c_{ij} 为 j 养殖区 i 项污染物的均值；c_{i0} 为 i 项污染物评价标准值；N 为参与评价的养殖区数；n 为参与评价污染物项数。评价标准和分类级别采用《海洋沉积物质量》（GB 18668—2002），考虑到河北省海水养殖生产的需要，本书中执行的是第一类标准。

② 沉积物重金属污染的潜在生态危害指数法。

采用瑞典科学家 Hakanson 提出的沉积物评价方法，对河北省海水养殖区沉积物重金属污染的潜在生态危害进行评价。根据这一方法，区域内沉积物中第 i 种重金属的潜在生态危害系数（E_r^i）及多种重金属的潜在生态危害指数（RI）的计算公式分别为：

$$E_r^i = T_r^i c_f^i$$

$$c_f^i=\frac{c_s^i}{c_n^i}$$

$$RI = \sum_{i=1}^{n} E_r^i$$

式中，T_r^i 为重金属 i 的毒性响应参数，反映重金属 i 的毒性水平和生物对其污染的敏感程度；c_f^i 为重金属的富集系数；c_s^i 为表层沉积物重金属 i 实测值；c_n^i 为沉积物中重金属 i 的背景值。

重金属含量背景值 c_n^i 采用工业化前与现代文明前沉积物中该金属的含量，砷、锌、汞的背景值分别为 15 mg/kg、175 mg/kg、0.25 mg/kg。重金属毒性响应参数 T_r^i 采用相关文献中毒性参数，砷、锌、汞的毒性响应参数分别为 10、1、40。同时，根据相关文献的调整方法，用定量的方法划分出砷、锌、汞潜在生态危害的程度，具体评价标准见表 12.1。

表 12.1　E_r^i 和 RI 值的评价标准

指数类型	范围	污染程度	指数类型	范围	污染程度
E_r^i	<40	轻微	RI	<100	低风险
	≥40，<80	中等		≥100，<200	中风险
	≥80，<160	强度		≥200，<400	高风险
	≥160，<320	很强		≥400	很高风险
	≥320	极强			

12.3　海水养殖对海水水质的影响

12.3.1　海水养殖区水质变化特征

根据所建立的海水水质模糊综合评价方法和水质优劣指数计算方法，河北省各海水养殖区水质优劣指数（Z）见表 12.2。2002—2015 年河北省各海水养殖区平均水质优劣指数变化范围 1.741 0～3.734 9，平均为 2.942 3，接近三类水质指数。昌黎养殖区在分析时段内水质优劣指数变化范围 1.853 3～3.394 5，平均为 2.759 6；其中，2002—2009 年水质优劣指数为三类，2010—2012 年为二类，2013—2015 年改善为一类。南戴河养殖区水质始终优于其他养殖区，2002—2009 年水质优劣指数为二类，2010—2015 年改善为一类，水质优劣指数平均为 1.741 0。乐亭养殖区在分析时段内水质优劣指数由三类改善为二类；2003—2010 年为三类，2011—2015 年保持二类，水质优劣指数平均为 2.752 1。南堡养殖区水质变化比较复杂，2002—2004 年水质优劣指数为三类，2005—2009 年恶化为四类，2012—2015 年改善为三类，水质优劣指数平均为 3.109 7。李家堡养殖区在 2002—2008 年水质优劣指数均为四类，2009—2012 年为三类，2013—2015 年为二类，水质优劣指数平均为 3.556 4。冯家堡养殖区在 6 个养殖区中水质最差，2002—2011 年水质优劣指数均为四类，2012—2015 年改善为三类，水质优劣指数平均为 3.734 9。

表 12.2　河北省各海水养殖区水质优劣指数 Z

年份	昌黎养殖区	南戴河养殖区	乐亭养殖区	南堡养殖区	李家堡养殖区	冯家堡养殖区
2002	3.092 0	2.247 4	3.098 9	3.134 5	4.000 0	4.000 0
2003	3.253 7	2.185 0	3.174 5	3.291 9	4.000 0	4.000 0
2004	3.200 7	2.173 5	3.123 4	3.157 1	4.000 0	4.000 0
2005	3.191 9	2.150 2	3.092 4	4.000 0	4.000 0	4.000 0

（续）

年份	昌黎养殖区	南戴河养殖区	乐亭养殖区	南堡养殖区	李家堡养殖区	冯家堡养殖区
2006	3.016 6	2.000 0	3.027 1	4.000 0	4.000 0	4.000 0
2007	3.394 5	2.072 6	3.058 4	4.000 0	4.000 0	4.000 0
2008	3.328 4	2.487 1	3.161 6	4.000 0	4.000 0	4.000 0
2009	3.062 5	2.297 2	3.077 8	4.000 0	3.409 0	4.000 0
2010	2.396 0	1.241 5	3.000 0	2.296 9	3.365 9	4.000 0
2011	2.367 8	1.250 2	2.118 7	2.108 2	3.065 3	4.000 0
2012	2.000 0	1.077 5	2.228 0	2.475 4	3.061 0	3.134 2
2013	1.876 6	1.071 2	2.187 4	2.387 6	2.985 7	3.089 5
2014	1.873 4	1.063 5	2.097 6	2.335 7	2.965 3	3.052 1
2015	1.853 3	1.056 8	2.083 6	2.348 7	2.937 6	3.013 4

从不同年份河北省 6 个养殖区水质达标率分析，2002—2009 年只有南戴河养殖区水质达标，达标率仅为 16.7%；2010 年，昌黎养殖区、南戴河养殖区和南堡养殖区水质达到养殖用水要求，水质达标率上升到 50%；2011—2012 年，昌黎养殖区、南戴河养殖区、乐亭养殖区和南堡养殖区水质达到养殖用水要求，水质达标率上升到 66.7%；2013—2015 年，除冯家堡养殖区水质不能满足养殖区用水要求外，其他养殖区水质均达标，但李家堡养殖区水质优劣指数为近三类。总体上，2002—2015 年河北省海水养殖区水质呈现出转好的趋势，水质整体呈现北部海域好于南部海域，这可能与陆源污染、生活污水入海及沿海企业直接排污、养殖自身污染等因素有关。

12.3.2 海水养殖区首要污染物分析

污染分担率体现了单项污染因子指数对综合水质污染的影响大小，污染分担率最高的因子即为水体的首要污染物。选取 2002—2015 年各养殖区水体活性磷酸盐、无机氮、铅、汞、锌和化学需氧量 6 个参数。将逐年的监测数据平均后，根据 12.2.3 中的计算方法，计算出河北省海养殖区各污染因子的污染分担率，见表 12.3。从表 12.3 中可看出，河北省海水养殖区活性磷酸盐为首要污染物，其次是无机氮、铅和汞的污染，其平均分担率都超过 14%。从不同养殖区分析，昌黎养殖区和乐亭养殖区首要污染物为活性磷酸盐，其次为无机氮；李家堡养殖区、南堡养殖区和冯家堡养殖区首要污染物为无机氮，其次为活性磷酸盐；抚宁南戴河养殖区首要污染物为活性磷酸盐，其次为铅，无机氮污染分担率相对较低。河北省海水养殖区氮、磷污染明显的主要原因可能是养殖区附近入海河流流域内生活污水大量排放、农业生产中化肥施用量的逐年上升、农田灌溉及农业养殖等生产废水几乎无任何处理就通过河流汇入海洋；同时，河北省海水养殖区普遍存在养殖密度过大、海水交换不畅的问题，再加上邻近区域基本处于大规模开发建设阶段，人口密度大，工业较为发达，工业排污和生活污水量不断增加，使养殖区水质氮、磷污染日益加剧。

表 12.3　河北省海水养殖区各污染因子的分担率及首要污染物

养殖区	化学需氧量	无机氮	活性磷酸盐	铅	汞	锌	首要污染物
昌黎养殖区	12.85%	24.15%	27.32%	11.02%	12.04%	12.62%	活性磷酸盐
南戴河养殖区	15.66%	13.42%	26.17%	18.48%	11.76%	14.51%	活性磷酸盐
乐亭养殖区	12.32%	23.76%	27.45%	10.64%	12.75%	13.09%	活性磷酸盐
南堡养殖区	11.17%	25.00%	20.11%	16.79%	16.69%	10.24%	无机氮
李家堡养殖区	12.29%	23.25%	22.30%	14.60%	15.12%	12.46%	无机氮
冯家堡养殖区	11.61%	24.99%	21.02%	14.10%	16.36%	11.92%	无机氮
平均	12.65%	22.43%	24.06%	14.27%	14.12%	12.47%	活性磷酸盐

12.4　海水养殖对沉积物质量的影响

12.4.1　海洋沉积物中主要污染物评价

采用单因子污染指数法确定各养殖区沉积物中的主要污染因子，方法与分级标准见 12.2.3。选择以《海洋沉积物质量标准》（GB 18668—2002）规定的一类评价指标的最高限值为评价标准，计算出 11 年中各养殖区的单因子污染指数，结果见表 12.4。

表 12.4　各海水养殖区海洋沉积物中各评价因子单项污染指数

污染物	养殖区	2002 年	2003 年	2004 年	2005 年	2006 年	2007 年	2008 年	2009 年	2010 年	2011 年	2012 年
砷	昌黎养殖区	0.291	0.426	0.469	0.473	0.492	0.501	0.503	0.534	0.560	0.494	0.437
	南戴河养殖区	0.510	0.580	0.552	0.563	0.592	0.637	0.618	0.635	0.690	0.605	0.585
	乐亭养殖区	0.436	0.480	0.502	0.504	0.502	0.564	0.563	0.601	0.625	0.546	0.539
	南堡养殖区	0.569	0.579	0.664	0.689	0.674	0.662	0.663	0.720	0.780	0.605	0.670
	李家堡养殖区	0.719	0.733	0.714	0.781	0.810	0.814	0.839	0.895	1.290	0.895	0.920
	冯家堡养殖区	0.632	0.642	0.659	0.692	0.727	0.736	0.737	0.885	1.005	0.650	0.755

（续）

污染物	养殖区	2002年	2003年	2004年	2005年	2006年	2007年	2008年	2009年	2010年	2011年	2012年
锌	昌黎养殖区	0.052	0.057	0.064	0.067	0.068	0.076	0.090	0.107	0.142	0.195	0.371
	南戴河养殖区	0.216	0.270	0.297	0.326	0.343	0.365	0.509	0.505	0.756	0.886	0.919
	乐亭养殖区	0.194	0.242	0.269	0.284	0.322	0.343	0.376	0.407	0.455	0.491	0.555
	南堡养殖区	0.363	0.383	0.426	0.532	0.566	0.602	0.681	0.735	0.925	0.935	1.002
	李家堡养殖区	0.391	0.446	0.557	0.655	0.689	0.726	0.815	0.863	1.125	1.158	1.188
	冯家堡养殖区	0.405	0.424	0.530	0.662	0.712	0.750	0.847	0.895	1.053	1.151	1.265
汞	昌黎养殖区	0.140	0.154	0.170	0.195	0.215	0.240	0.255	0.400	0.560	0.510	1.275
	南戴河养殖区	0.160	0.165	0.185	0.220	0.275	0.290	0.305	0.425	0.985	0.725	1.415
	乐亭养殖区	0.170	0.209	0.256	0.285	0.295	0.435	0.565	0.615	1.150	1.005	1.600
	南堡养殖区	0.230	0.240	0.264	0.345	0.425	0.550	1.230	1.650	1.820	1.470	1.955
	李家堡养殖区	0.325	0.390	0.505	0.610	0.840	1.280	2.405	2.200	3.365	2.810	2.910
	冯家堡养殖区	0.270	0.565	1.125	1.700	3.400	3.740	3.935	3.635	4.105	3.800	4.010
硫化物	昌黎养殖区	0.297	0.357	0.400	0.436	0.494	0.767	0.846	0.880	1.058	1.112	1.301
	南戴河养殖区	0.545	0.735	0.956	1.195	1.494	1.902	2.025	2.117	2.266	2.329	2.455
	乐亭养殖区	0.506	0.633	0.704	0.905	1.122	1.568	1.725	1.797	1.874	2.029	2.058
	南堡养殖区	0.376	0.435	0.461	0.496	0.555	1.077	0.993	1.181	1.348	1.496	1.581
	李家堡养殖区	0.473	0.582	0.696	0.866	0.950	1.107	1.479	1.672	1.779	1.830	1.882
	冯家堡养殖区	0.414	0.532	0.639	0.785	1.030	1.410	1.502	1.604	1.673	1.754	1.822
总磷	昌黎养殖区	0.692	0.806	0.901	0.925	0.941	0.987	1.012	1.036	1.053	1.059	1.066
	南戴河养殖区	0.590	0.685	0.746	0.801	0.828	0.848	0.862	0.936	0.973	1.003	1.044
	乐亭养殖区	0.705	0.819	0.887	0.939	0.962	0.998	1.034	1.062	1.104	1.116	1.126
	南堡养殖区	0.732	0.875	0.948	0.998	1.042	1.088	1.097	1.117	1.139	1.162	1.179
	李家堡养殖区	0.743	0.906	0.980	1.032	1.068	1.126	1.176	1.203	1.227	1.244	1.271
	冯家堡养殖区	0.767	0.886	0.976	1.019	1.064	1.111	1.140	1.169	1.169	1.173	1.230
总氮	昌黎养殖区	0.297	0.326	0.344	0.415	0.438	0.483	0.528	0.649	0.719	0.809	0.843
	南戴河养殖区	0.256	0.295	0.325	0.368	0.416	0.450	0.459	0.512	0.557	0.671	0.681
	乐亭养殖区	0.360	0.413	0.495	0.643	0.760	0.866	0.905	0.979	0.997	1.116	1.255
	南堡养殖区	0.302	0.357	0.382	0.469	0.512	0.579	0.672	0.694	0.744	0.857	0.886
	李家堡养殖区	0.360	0.396	0.435	0.517	0.576	0.647	0.715	0.794	0.897	1.018	1.146
	冯家堡养殖区	0.346	0.379	0.428	0.485	0.503	0.599	0.673	0.777	0.824	0.909	1.123

2002—2012年，河北省海水养殖区沉积环境污染程度呈现逐步加重的趋势，海洋沉积物质量逐步变差，对海水养殖的危害也逐步加大。从空间上看，冯家堡养殖区在被评价的11年中海洋沉积物质量是所有养殖区中相对较差的；从单因子污染物来看，汞、硫化物、总磷与其他站位相比浓度都比较高。李家堡养殖区、乐亭养殖区和南戴河养殖区底质环境的污染速度比较快，污染程度仅次于冯家堡养殖区。综合6个养殖区来看，冯家堡养殖区和李家堡养殖区的海洋沉积物质量相对较差；南戴河养殖区、乐亭养殖区和南堡养殖区海洋沉积物质量稍好；昌黎养殖区海洋沉积物质量相对较好。

根据污染物分担率计算结果，河北省海水养殖区沉积物中主要污染因子是硫化物、总磷和汞，分担率分别为32.7%、31.8%和22.7%；砷、总氮和锌的污染状况一般，分担率分别为1.8%、4.5%和6.4%。

12.4.2 海洋沉积物质量综合评价

对河北省海水养殖区海洋沉积物质量综合评价采用综合指数法，方法见12.2.3；分级标准参考李宗品、孙克诚等的《辽东湾近岸养殖区环境研究》，即综合指数≤0.5为清洁底质、0.5<综合指数≤0.8为轻污染底质、综合指数>0.8为重污染底质。具体评价结果见表12.5。

表12.5 河北省海水养殖区海洋沉积物质量综合评价

年份	2002	2003	2004	2005	2006	2007	2008	2009	2010	2011	2012
综合指数	0.436	0.483	0.553	0.636	0.724	0.859	0.949	1.025	1.189	1.157	1.287

由表12.5可以看出，2002—2012年河北省海水养殖区海洋沉积物的污染程度逐步加重，2004—2006年河北省海水养殖区海洋沉积物已经开始呈现轻度污染，2007—2012年沉积物污染达到重污染程度。

12.4.3 海洋沉积物中重金属潜在生态危害评价

本书采用潜在生态危害指数法对河北省海水养殖区沉积物中重金属潜在生态危害进行分析。该方法以环境背景值为基础，根据每种重金属的毒性响应系数的不同求出单项重金属的潜在生态危害系数，再对所有单项重金属的潜在生态危害系数求和得到综合生态危害系数，依据其分值和污染程度的分级标准对海洋养殖区沉积物中重金属的生态危害进行分析评价。具体评价方法和分级标准参见12.2.3。评价结果见表12.6。

表 12.6 河北省各海水养殖区海洋沉积物中重金属潜在综合生态危害系数

年份	昌黎养殖区	南戴河养殖区	乐亭养殖区	南堡养殖区	李家堡养殖区	冯家堡养殖区
2002	8.405	12.105	11.413	15.251	20.322	17.407
2003	10.657	13.244	13.296	15.728	22.629	27.003
2004	11.748	13.537	15.113	17.644	26.150	45.241
2005	12.605	14.819	16.083	20.683	30.495	64.195
2006	13.490	16.981	16.409	23.072	38.271	119.097
2007	14.425	18.086	21.734	26.946	52.435	130.136
2008	14.945	18.437	25.903	48.784	88.839	136.473
2009	20.004	22.493	28.036	63.060	83.073	128.887
2010	25.509	41.368	45.523	69.433	125.844	145.663
2011	23.067	32.026	39.861	55.908	102.846	131.253
2012	46.945	53.867	72.352	72.325	106.405	139.471

从表 12.6 可知，2002—2012 年所有养殖区的生态危害系数都在逐步增加。其中，昌黎、南戴河、乐亭和南堡 4 个养殖区生态危害系数全部小于 100，说明 4 个养殖区在 11 年中海洋沉积物中重金属潜在生态危害都处于低风险，海洋沉积物质量良好；但李家堡养殖区在 2010—2012 年、冯家堡养殖区在 2006—2012 年重金属生态危害系数均大于 100，重金属生态危害加重，达到中度风险，海洋沉积物质量开始恶化。

12.5 结论

通过对 2007—2015 年河北省海水养殖区水质变化的分析发现，河北省海水养殖区水体中主要污染物是无机氮、活性磷酸盐、铅和汞，其中以活性磷酸盐污染和无机氮最为严重；2002—2015 年所有养殖区水质都呈现出向好的方向发展的趋势，昌黎养殖区、南戴河养殖区、乐亭养殖区和南堡养殖区基本可以满足养殖用水的要求，但冯家堡养殖区和李家堡养殖区水质仍然为三类到四类水质，不能满足养殖用水的要求。这可能与该地区大量陆源排污和海水养殖中过量投饵及大量使用药物有关。

河北省海水养殖区沉积物中主要污染因子是硫化物、总磷和汞，海洋沉积物质量逐年恶化，重金属生态危害的风险逐年加大，呈现北低南高的格局。从海洋沉积物质量的时空变化分析来看冯家堡养殖区和李家堡养殖区的海洋沉积物质量相对较差，已达到重污染程度，重金属生态危害程度也最高；南戴河养殖区、乐亭养殖区和南堡养殖区海洋沉积物质量稍好；昌黎养殖区海洋沉积物质量相对较好。

要实现河北省海水养殖业可持续健康发展，应从以下方面努力：加强海水养殖科技研究；推行健康养殖模式；控制陆源排污，加强治理；合理投饵，减少药残，精品养殖；加强养殖区科学规划与利用；建立排水标准，规范排水行为，加强环境监测，预防突发事故。

13 陆源输入对近岸海域环境的影响分析

陆地和海洋的相互作用已成为全球环境变化研究的重点问题，入海河流的水质状况和污染物输送通量作为陆地对海洋影响的中心问题日益受到广泛关注。从 1993 年起，英国在北海沿岸实施了一系列陆地海洋相互作用的研究。入海河流的污染主要来自工业和生活废水、农业非点源污染。由于人类活动强度的增加，入海河流污染的程度也在不断地加强，使得河口区域水质和底泥的污染程度明显加重，进而造成海域赤潮等严重的环境问题。环渤海地区是我国的经济热点地区之一，而海洋是环渤海区域经济发展的重要支持系统。但是随着工业和城市的发展，大量的氮、磷等营养物质和有机碳等化学耗氧物质排入河流，造成环渤海河口区域部分水质和底泥的环境污染程度处于中度或严重污染状态，使得渤海呈现出富营养化状态。据调查，陆源入海污染物占入海污染物总量的 87%，居首位；其中，经过河流入海的污染物，占陆源入海污染物的 95%。因此，研究环渤海河流污染状况对于渤海的环境治理有很重要的意义。

秦皇岛市是环渤海地区的重要城市之一，河流流域面积大于 100 km^2 的有 23 条，属冀东沿海水系的河流均为入海河流，其中石河、汤河、戴河、洋河、饮马河为 5 条重点入海河流。随着社会经济的高速发展，用水量与排污量日益增加，水资源紧缺程度和水污染程度日趋严重。目前，5 条重点河流中只有石河、戴河水质良好，洋河、汤河、饮马河水质变至Ⅴ类或劣Ⅴ类水质［《地表水环境质量标准》(GB 3838—2002)］。这些受污染的河水直接流入渤海，不可避免地对海洋生态环境产生了不利影响，如赤潮、近海水质污染、鱼虾资源衰退、海洋生态环境恶化等；同时，还直接影响了北戴河、南戴河、“黄金海岸”的旅游业发展，沿海特色海产品也因污染而降低了产量和质量。因此，掌握秦皇岛市入海河流环境现状及其变化规律，分析其造成的生态影响，对合理开发利用水资源，保护和恢复河流生态环境，实现可持续发展有着重要意义。

本章以秦皇岛市典型入海河流为例，借鉴有关研究成果和方法，通过对入海河流环境变化、流域社会经济等现状调查，分析秦皇岛市入海河流环境变化过程及其污染物入海通量，并对入海河流环境变化的生态影响进行评估，为秦皇岛市入海河流的综合治理提供科学依据，为创新型城市、生态市建设提供决策依据。

13.1　典型入海河流环境变化过程及趋势

通过收集1995—2015年秦皇岛典型入海河流的相关监测资料、调查资料，对入海河流的水质、入海污染物通量的变化等进行了分析。

13.1.1　研究方法

收集1995—2015年秦皇岛入海河流水质监测结果，结合河流补充调查的水质情况，选用化学需氧量、氨氮、溶解氧、高锰酸盐指数、生化需氧量、石油类、挥发酚、汞、铅、砷、镉、铬（六价）、氰化物、总磷、总氮、铜、锌、氟化物、硫化物等20项指标，以《地表水环境质量标准》（GB 3838—2002）中Ⅲ类标准为评价标准，采用单因子指数法和平均综合污染指数法，对秦皇岛主要入海河流水质进行评价和分析。

（1）单因子指数法

$$I_i=\frac{C_i}{C_s}$$

式中，I_i为污染物i的单因子指数，C_i为污染物i的实测浓度（mg/L），C_s为污染物i的水环境质量标准（mg/L）。

（2）平均综合污染指数法

用于评价水体的污染程度，以比较不同水体的污染程度。

$$Z_j=\sum I_i/n$$

式中，Z_j为j断面平均综合污染指数，n为j断面污染物种类。

（3）河流水质分级表（表13.1）

表13.1　河流水质分级表

Z	$Z<0.2$	$0.2\leqslant Z<0.5$	$0.5\leqslant Z<2$	$2\leqslant Z<4$	$Z\geqslant 4$
污染程度	清洁	轻度污染	中度污染	重度污染	严重污染

13.1.2　入海河流水质现状与评价

秦皇岛的主要入海河流包括戴河、石河、汤河、洋河和饮马河。根据多年的水质监测资料及其补充调查，采用单因子指数法对秦皇岛主要入海河流分别进行水质现状评价，同时采用平均综合污染指数法评价各条河流的污染水平，评价结果详见表 13.2。

表 13.2 秦皇岛主要入海河流水质评价结果

河流	年份	平均综合污染指数	污染程度	主要污染物
饮马河	1995	10.67	严重污染	化学需氧量、氮
	1998	15.32	严重污染	氮、化学需氧量、磷
	2003	24.83	严重污染	氮、化学需氧量、磷
	2010	4.985	严重污染	氮、磷、化学需氧量、石油
	2015	7.083	严重污染	氮、磷、化学需氧量
石河	1995	0.57	中度污染	化学需氧量、氮、石油
	1998	0.47	轻度污染	化学需氧量、氮、磷、石油
	2003	0.25	轻度污染	化学需氧量、磷
	2010	1.366	中度污染	化学需氧量、氮、汞
	2015	1.032	中度污染	化学需氧量
戴河	1995	0.28	轻度污染	化学需氧量、石油
	1998	0.23	轻度污染	氮、磷
	2003	0.22	轻度污染	氮、磷
	2010	1.952	中度污染	氮、磷、化学需氧量
	2015	1.532	中度污染	氮、磷、化学需氧量
汤河	1995	1.01	中度污染	化学需氧量、氮
	1998	0.52	中度污染	化学需氧量、氮
	2003	0.24	轻度污染	氮
	2010	1.748	中度污染	化学需氧量、氮
	2015	1.642	中度污染	化学需氧量、氮
洋河	1995	0.41	轻度污染	石油、氮、化学需氧量
	1998	0.63	中度污染	氮、化学需氧量、磷
	2003	0.71	中度污染	氮、化学需氧量、磷
	2010	2.33	重度污染	化学需氧量、氮、磷、石油
	2015	2.39	重度污染	磷、氮

根据单因子指数法对秦皇岛入海河流水质评价结果进行分析可知，2015 年总体水质较差，其中洋河、饮马河的水质为劣Ⅴ类，失去使用功能；其余河流水质在Ⅲ类～Ⅳ类，基本满足水质目标要求；主要污染物是氮、磷和化学需

氧量。按照平均综合污染指数法，在秦皇岛主要入海河流中，饮马河属于严重污染，洋河属于重度污染，其他河流都属于中度污染。按照污染分担率，2015年饮马河水质最差，其次为洋河，石河水质相对较好。

根据不同年份平均综合污染指数，秦皇岛主要入海河流的污染程度呈现如下变化规律：

长期以来饮马河水质污染程度比较高，1995—2003年平均综合污染指数基本直线上升，2003年污染程度达到最大；2003—2010年水质有所好转，但仍然属于严重污染；2010—2015年污染程度又呈现上升的趋势。饮马河水质污染变化基本呈现“N”形变化规律（图13.1）。

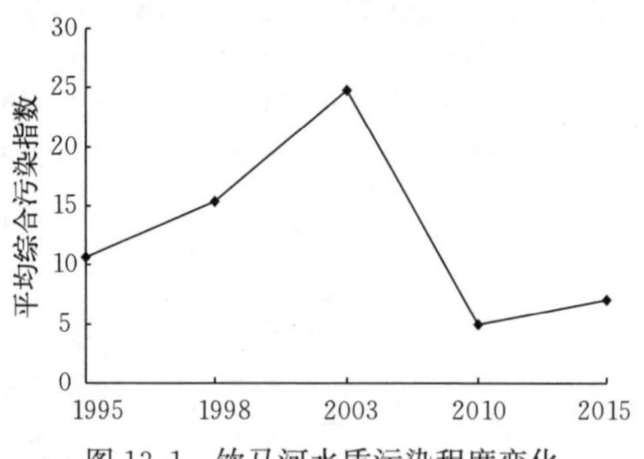

图13.1 饮马河水质污染程度变化

石河、戴河、汤河和洋河水质污染程度的变化规律基本一致，2003—2010年都呈台阶式上升（图13.2）。1995—2003年，洋河水质由轻度污染发展到中度污染，石河与汤河水质由中度污染恢复到轻度污染，戴河水质一直处于轻度污染状态。2003—2010年，各河流水质污染程度均明显升高；其中，石河、戴河和汤河水质由轻度污染上升为中度污染，洋河水质由中度污染上升为重度污染。2010—2015年，洋河水质污染程度仍呈现上升趋势，并处于重度污染；石河、戴河和汤河水质污染程度略微下降，但仍处于中度污染。

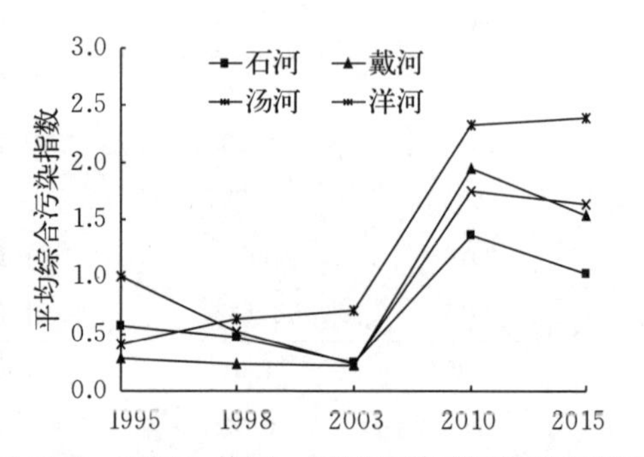

图13.2 石河、戴河、汤河和洋河污染程度变化

13.2 主要河流入海污染物总量变化

13.2.1 研究方法

根据收集和调查的监测数据资料，对秦皇岛市主要入海河流的入海污染物总量进行计算，计算方法如下：

a河流i种污染物的入海量（q_{ai}）：

$$q_{ai}=C_i \times L_a \times 365$$

式中，C_i 为 a 河流中 i 污染物的平均浓度（mg/L），L_a 为 a 河流的平均流量（L/d）。

a 河流入海污染物的总量（Q_a）：

$$Q_a=\sum_{a=1}^{n} q_{ai}(i=1, 2, \cdots, n)$$

式中，n 为入海污染物种类数。

入海污染物总量（Q）：

$$Q=\sum_{a=1}^{m} Q_a(a=1, 2, \cdots, m)$$

式中，m 为入海河流的数量。

13.2.2 主要河流污染物入海量的年际变化

根据收集和监测到的 1990 年、1995 年、1998 年、1999 年、2000 年、2002 年、2003 年、2004 年、2010 年和 2015 年秦皇岛主要入海河流的监测数据计算污染物入海量。

(1) 戴河

戴河的污染物入海量以 1990 年最高，为 0.47 万 t；1995 年明显下降至 0.09 万 t，2000 年出现一个小的峰值后下降，至 2003 年为 0.09 万 t；但 2004—2015 年污染物入海量又有所升高，到 2015 年上升为 0.22 万 t（图 13.3）。主要污染因子为高锰酸盐指数、生化需氧量、溶解氧、氨氮等。

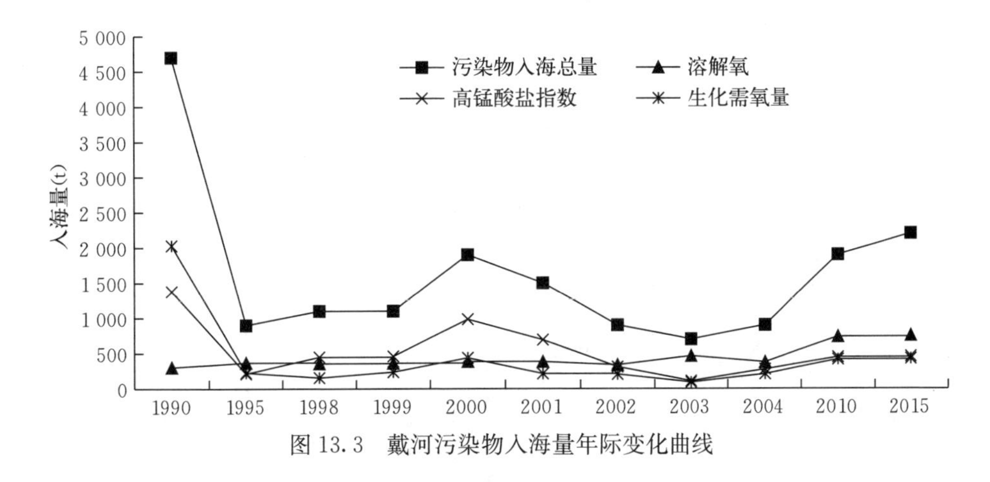

图 13.3 戴河污染物入海量年际变化曲线

(2) 石河

石河和戴河的污染物入海量变化情况基本相似，1990 年为 1.16 万 t，

1995 年下降到 0.47 万 t，1998 年又略有上升，之后基本呈下降趋势，2004 年仅为 0.20 万 t；但 2004—2010 年，污染物入海量有明显上升，2010 年达到 1.914 万 t；2015 年略有下降（图 13.4）。主要污染因子为高锰酸盐指数、生化需氧量、溶解氧、氨氮等。

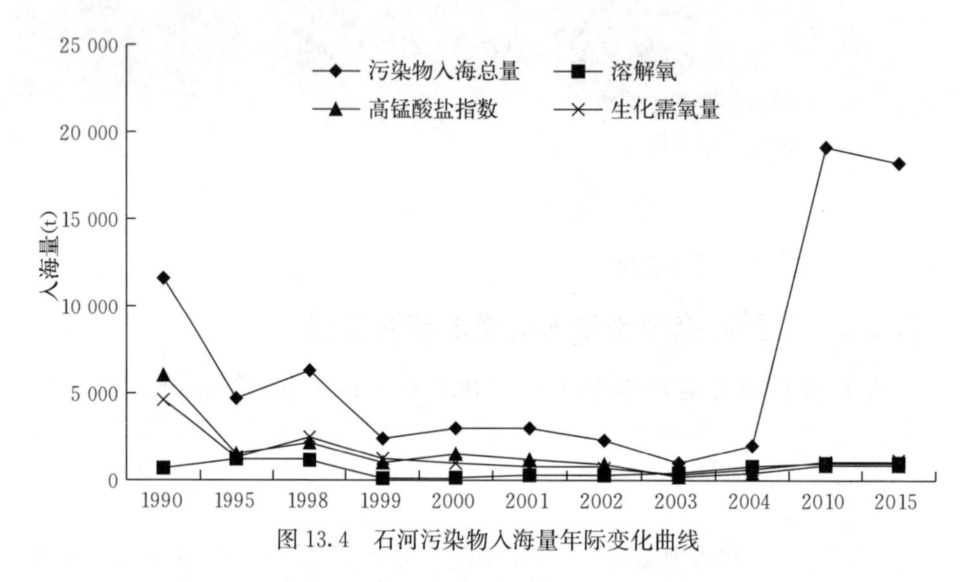

图 13.4　石河污染物入海量年际变化曲线

(3) 汤河

1995—2010 年，汤河的污染物入海量基本呈减少趋势，2001—2015 年下降尤为明显；1995 年为 0.17 万 t，2015 年下降至 0.039 万 t（图 13.5）。主要污染因子为高锰酸盐指数、生化需氧量、溶解氧、氨氮等。

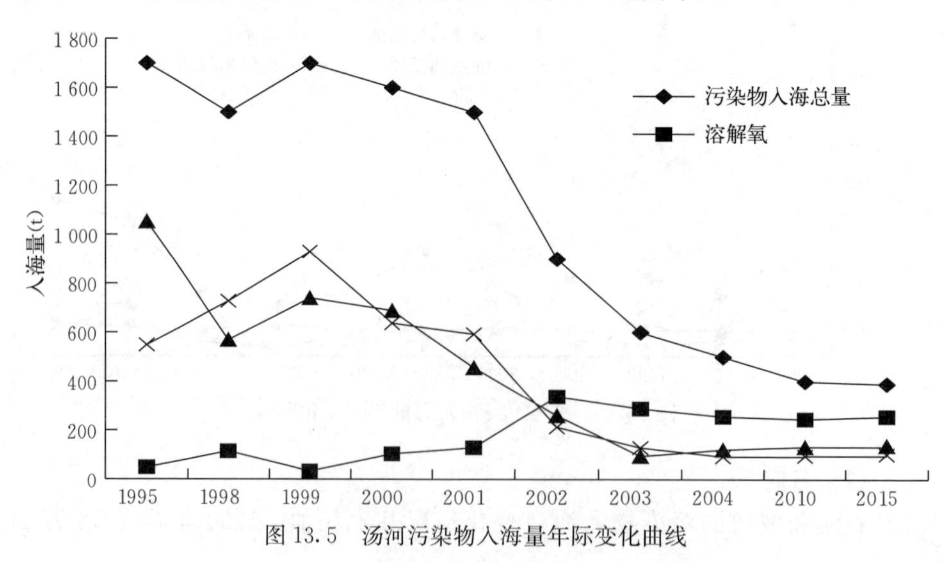

图 13.5　汤河污染物入海量年际变化曲线

(4) 洋河

1998—2000年洋河污染物入海量变化不大，在2001年急剧增加到1.03万t，之后逐年减少，2004年为0.28万t；但2004—2010年污染物入海量又开始大幅上升，到2010年为1.34万t；2015年略有下降（图13.6）。主要污染因子为高锰酸盐指数、生化需氧量、溶解氧、氨氮等。

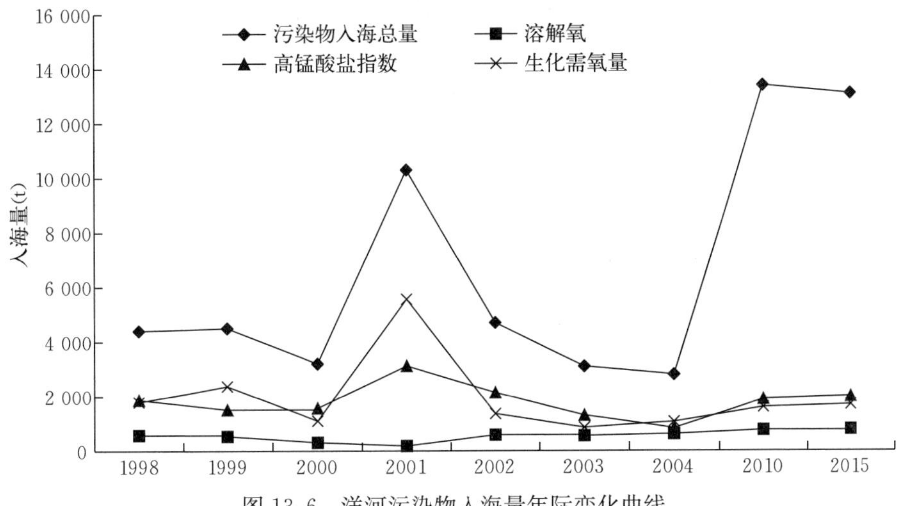

图13.6　洋河污染物入海量年际变化曲线

(5) 饮马河

饮马河的污染物入海量于1998—2002年基本呈现缓慢上升的趋势；2003年急剧上升至最大值8.62万t，之后又开始下降，到2010年下降为1.12万t；2015年增长到1.23万t（图13.7）。主要污染因子为高锰酸盐指数、生化需氧量、溶解氧、氨氮等。

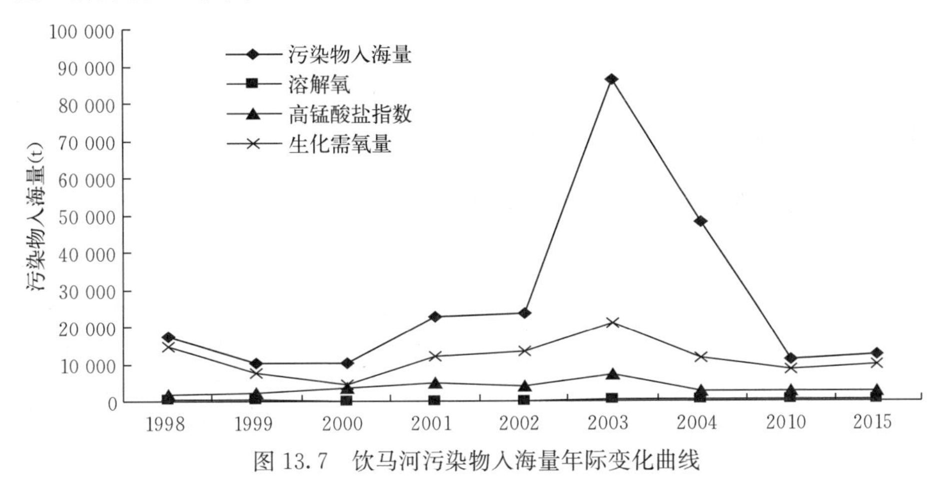

图13.7　饮马河污染物入海量年际变化曲线

13.2.3 主要河流污染物的入海总量的年际变化

1990 年，秦皇岛市主要入海河流污染物入海量为 1.63 万 t，1995 年下降至 0.73 万 t；1998—2002 年基本呈逐渐增加的趋势，2002 年为 3.25 万 t；而 2003 年急剧上升至 9.20 万 t，此后又开始下降，至 2010 年下降为 2.71 万 t；2015 年上升到 3.87 万 t（图 13.8）。总体上，1990—2015 年，秦皇岛市主要入海河流的污染物入海量以 2003 年最高，达到 9.20 万 t，为 1995 年的 12.6 倍，其中饮马河的污染物入海量所占比重最高。因此，饮马河污染物入海量的变化对秦皇岛市污染物入海总量变化的影响至为关键。主要污染因子为高锰酸盐指数、生化需氧量。

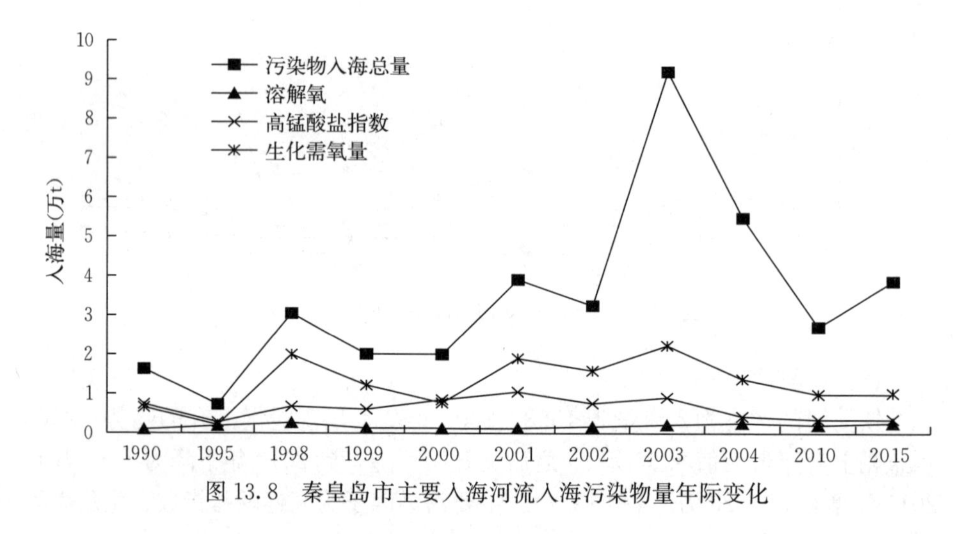

图 13.8 秦皇岛市主要入海河流入海污染物量年际变化

13.3 典型入海河口区域环境变化

根据 2004—2015 年的秦皇岛市典型入海河口环境监测资料，对入海河口水质、沉积物和底栖生物的变化进行了统计分析。

13.3.1 洋河河口区域环境变化

随着洋河污染物入海量的变化，洋河河口水质呈现明显的变化。河口水体中的主要污染物，如化学需氧量、生化需氧量、氮、磷、石油类等的污染指数，呈现逐年上升的趋势（图 13.9）。其中，无机氮在 2010—2015 年超出海水二类水质标准；其次是石油类，在 2010—2015 年也超出海水二类水质标准；其他污染物虽然没有超出海水二类水质标准，但污染指数相对偏高，磷酸盐污染指数在 2012 年达到了 0.90。洋河河口水质主要污染物为无机氮和有机物。

洋河河口沉积物在2004—2015年被污染程度较轻，主要污染物的污染指数相对较低；但也呈现出逐年上升的趋势，尤其是硫化物和石油类污染物（图13.10）。

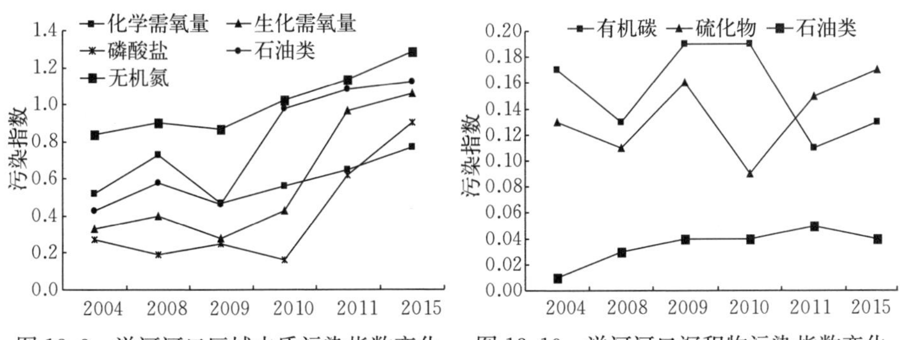

图13.9 洋河河口区域水质污染指数变化　　图13.10 洋河河口沉积物污染指数变化

随着污染物的不断入海，洋河河口区域大型底栖生物呈现明显的衰退趋势。与2004年相比，2015年大型底栖生物的栖息密度降低74.94%；其中，环节动物栖息密度降低93.48%，软体动物栖息密度降低96.87%，节肢动物栖息密度降低83.56%，其他动物降低20%（表13.3）。从生物量分析，与2004年相比，2015年大型底栖生物总生物量降低了88.04%；其中，环节动物生物量降低了92.44%，软体动物生物量降低了98.5%，节肢动物生物量降低92.86%，其他动物生物量降低42.31%（表13.4）。随着洋河入海污染物总量的不断增加，洋河河口区域生态环境呈现不断衰退的趋势。

表13.3 洋河河口区域大型底栖生物栖息密度变化（个/m^2）

年份	2004	2008	2009	2010	2011	2015
环节动物	215	62	44	60	74	14
软体动物	320	282	38	16	20	10
节肢动物	146	134	74	76	22	24
其他	10	2	8	2	4	8
总密度	423	480	164	388	120	106

表13.4 洋河河口区域大型底栖生物生物量变化（g/m^2）

年份	2004	2008	2009	2010	2011	2015
环节动物	4.50	4.08	34.30	2.93	3.38	0.34
软体动物	106.50	97.40	0.86	1.15	1.16	0.69
节肢动物	28.60	20.90	36.19	9.08	0.627	2.04
其他	29.80	32.80	0.38	0.03	0.92	17.19
总生物量	169.40	155.18	71.73	13.18	6.07	20.25

13.3.2 饮马河河口区域环境变化

随着饮马河污染物入海量的变化，饮马河河口水质呈现明显的变化。河口水域污染物中除石油类污染指数有波动外，化学需氧量、生化需氧量、无机氮、磷酸盐等的污染指数都呈现逐年上升的趋势。其中，无机氮污染上升最为明显，其次是磷酸盐，到2015年均超出海水二类水质标准；化学需氧量、生化需氧量等有机污染指标虽然没有超出海水二类水质标准，但污染指数也呈现出逐年升高的趋势（图13.11）。饮马河河口水质主要污染物为无机氮和磷酸盐。

饮马河河口沉积物环境质量较好，均符合一类海洋沉积物标准（图13.12）。

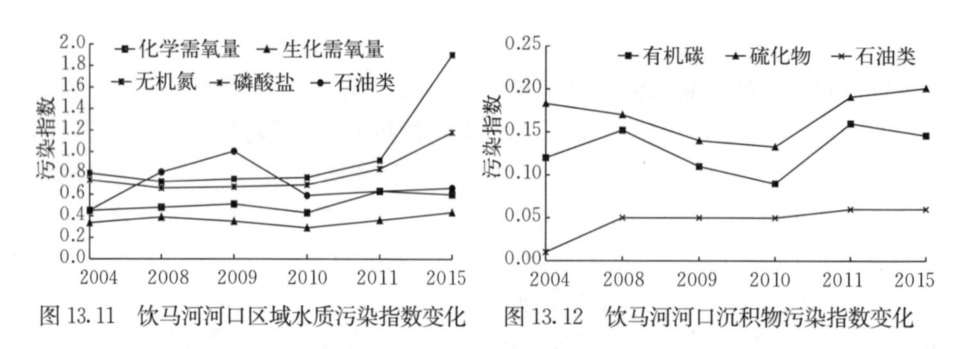

图13.11 饮马河河口区域水质污染指数变化　图13.12 饮马河河口沉积物污染指数变化

随着污染物的不断入海，饮马河河口区域大型底栖生物呈现明显的衰退趋势。与2004年相比，2015年大型底栖生物的总栖息密度降低54.46%；其中，环节动物栖息密度降低82.22%，软体动物栖息密度降低56.36%，节肢动物栖息密度降低23.20%，其他动物降低60%（表13.5）。从生物量分析，与2004年相比，2015年大型底栖生物总生物量降低88.92%；其中，环节动物生物量降低92.66%，软体动物生物量降低593.56%，节肢动物生物量降低12.04%，其他动物生物量降低82.08%（表13.6）。随着饮马河入海污染物总量的不断增加，饮马河河口区域生态环境呈现不断衰退的趋势。

表13.5 饮马河河口区域大型底栖生物栖息密度变化（个/m²）

年份	2004	2008	2009	2010	2011	2015
环节动物	135	76	64	60	50	24
软体动物	55	56	38	26	24	24
节肢动物	125	112	104	96	92	96
其他	10	6	8	8	6	4
总密度	325	250	214	190	172	148

表 13.6 饮马河河口区域大型底栖生物生物量变化（g/m^2）

年份	2004	2008	2009	2010	2011	2015
环节动物	20.31	15.54	4.05	3.37	3.15	1.49
软体动物	80.75	27	12.1	11.17	11.06	5.2
节肢动物	5.81	5.86	4.52	4.26	4.01	5.11
其他	0.67	0.58	0.49	0.37	0.23	0.12
总生物量	107.54	49.98	21.16	19.17	18.45	11.91

通过对 2004—2015 年饮马河河口区域和洋河河口区域生态环境变化的分析，可以看出随着污染物入海量的变化，河口水域污染也呈现加重趋势，尤其是无机氮、磷酸盐；河口区域大型底栖生物呈现明显的衰退趋势；入海河口沉积物污染质量较好。说明入海河流污染对海洋生态环境已经产生了一定的影响。

13.4 入海河流环境变化对近岸海域生态环境影响

13.4.1 研究方法

(1) 数据来源

秦皇岛市相关统计数据来源于《秦皇岛市统计年鉴》《河北省统计年鉴》等。水文数据资料来源于河北省“908”专项调查《河北省海岸带调查》，收集并整理了 2006—2015 年汤河秦皇岛站位、洋河牛家店站位、戴河北戴河站位、饮马河东岗上站位的逐日水文数据。水质资料来源于 2006—2015 年各条河流入海断面的水质监测数据。为研究河流对近岸海域水质的影响，采用河北省海洋环境监测中心《2006—2015 年河北省海洋环境监测报告》中的相关数据。河流水质监测和海水水质监测项目主要有氨（氨氮）、高锰酸盐指数、磷酸盐、石油类、叶绿素 a、硝酸盐氮、亚硝酸盐氮、总氮、总磷、生化需氧量等。秦皇岛市主要入海河流、入海断面位置和水质监测站位见图 13.13。

(2) 数据处理及研究方法

① 河流首要污染物及污染分担率分析。用于评价各条河流污染状况的污染指数包括污染因子的污染指数（H_i）和综合污染指数（H_j）。计算公式：

$$H_i = C_i / S_i$$

式中，i 为污染因子，C_i 为污染因子 i 的实测值，S_i 为污染因子 i 的评价标准值，采用《地表水环境质量标准》（GB 3838—2002）中的三类水质标准作为标准值。

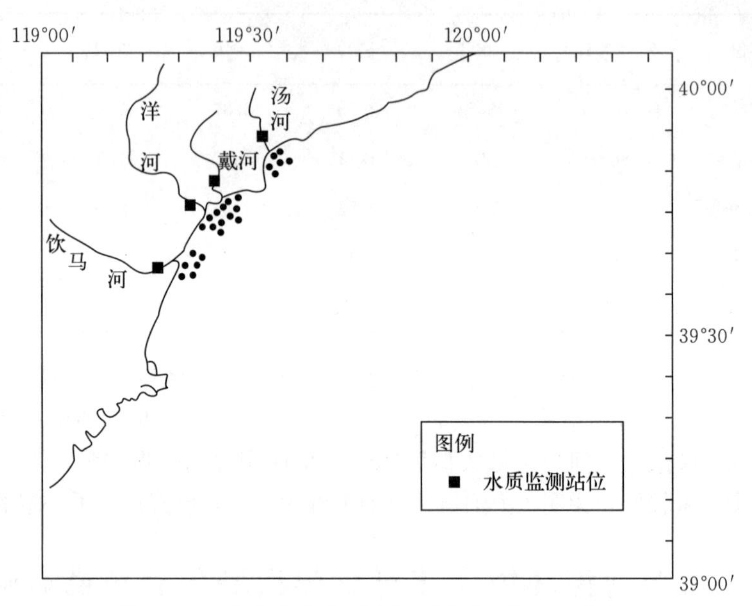

图 13.13　秦皇岛市主要入海河流及入海断面位置

综合污染指数（H_j）计算公式：

$$H_j = \sum_{i=1}^{m} H_i$$

式中，m 为参与评价的污染因子的项数；平均污染指数（h_j）用综合污染指数（H_j）除以参与评价污染因子的项数，$h_j<0.2$ 时为清洁，$0.2\leqslant h_j<0.5$ 时为轻度污染，$0.5\leqslant h_j<2$ 时为中度污染，$2\leqslant h_j<4$ 时为重度污染，$h_j\geqslant 4$ 时为严重污染。

污染分担率（K_i）为 i 项污染因子在诸污染因子中的分担率，计算公式：

$$K_i = h_i / h_j \times 100\%$$

② 入海河流富营养化评价。鉴于水体富营养化评价的复杂性，本书采用国家生态环境部推荐的综合营养状态指数法：

$$TLI = \sum_{j=1}^{m} W_j \times \text{TLI}\ (j)$$

式中，TLI 为综合营养状态指数，W_j 为第 j 种参数的营养状态参数权重，TLI（j）为第 j 种参数的营养状态指数，评价指标有叶绿素 a、总磷、总氮、高锰酸盐指数。

③ 入海河流对近岸海域水质影响分析方法。利用 2006—2015 年河流及近岸海域监测结果，选择河、海多年间同时监测的且污染程度比较高的项目：高

锰酸盐指数、生化需氧量、无机氮（硝酸盐氮、亚硝酸盐氮和氨氮之和）、磷酸盐、石油类对 4 条河流分别进行相关系数的计算，揭示其间内在的规律。回归线的相关系数 r 公式：

$$r=\frac{\sum xy-(\sum x\sum y)/n}{[\sum x^2-(\sum x)^2/n][\sum y^2-(\sum y)^2/n]}$$

其中，x 为河流历年监测平均值；y 为近岸海域历年监测均值；n 为统计年，本次计算中取 10。

13.4.2　结果分析

（1）主要入海河流污染状况

秦皇岛市的入海河流主要有汤河、洋河、戴河和饮马河。为评价各条河流的污染状况，采用 2006—2015 年河流水质监测数据的平均值，按照上述的计算方法，分别得出 4 条河流的水质指数和污染情况（表 13.7）。

表 13.7　主要入海河流污染状况

河流	综合污染指数	平均污染指数	环境质量	首要污染物及分担率
饮马河	56.16	7.62	严重污染	高锰酸盐指数（34.04%）、无机氮（29.53%）
洋河	34.26	2.96	重度污染	磷酸盐（36.44%）、高锰酸盐指数（28.38%）
戴河	3.38	0.48	轻度污染	无机氮（56.79%）、高锰酸盐指数（17.04%）
汤河	1.21	0.29	轻度污染	无机氮（40.80%）、高锰酸盐指数（25.06%）

饮马河属山溪性河流，发源于卢龙县杨山北侧张家沟，于昌黎县大蒲河口入海，流域面积 534 km^2，沿途主要接纳昌黎县城生活污水、工业废水和池塘养殖废水。在 4 条河流中，饮马河水质污染程度最高，其平均污染指数已经达到严重污染水平。其中，高锰酸盐指数和无机氮对水质污染的分担率最大，两者污染分担率总和已达到 63.57%；其次为磷酸盐，分担率为 24.61%。

洋河流域面积 1 029 km^2，水量居于各河首位，流域内基本为坡地农田，植被覆盖较低，主要接纳农业非点源污染物、沿途村庄淀粉加工废水及生活废水。洋河水质已经达到重度污染。其中，磷酸盐和高锰酸盐指数对水质污染的分担率达到 64.82%；其次为无机氮，分担率为 25.39%。

戴河为常年性河流，于联峰山西注入渤海，流域面积 290 km^2，沿途主要接纳北戴河区部分生活污水。戴河的水质为轻度污染，但已接近中度污染。其主要污染物无机氮和高锰酸盐指数对水质污染的分担率达到 73.83%；其次为磷酸盐，分担率为 17.04%。

汤河是流经秦皇岛市区的主要河流，流域面积 184 km^2，沿途主要接纳秦皇岛市海港区的生活污水。汤河水质在 4 条河流中相对较好，为轻度污染。其首要污染物为无机氮和高锰酸盐指数，二者的分担率达到 65.86%，其次为磷酸盐。

因此，秦皇岛市主要入海河流都已出现不同程度的污染，首要污染物为无机氮、高锰酸盐指数，其次为磷酸盐。

(2) 主要入海河流的富营养化状况

2006—2015 年，河北省海域共发生赤潮 17 次，有 10 次发生在秦皇岛海域；其高发期主要集中在夏季，累积发生面积明显增大，秦皇岛海域已成为赤潮的多发区。海域富营养化是赤潮发生的物质基础，因此研究秦皇岛海域营养盐的来源对于赤潮的防治有非常重要的意义。根据 13.4.1 中计算方法，对秦皇岛市 4 条主要入海河流的富营养化程度进行评价分析（图 13.14）。结果表明，秦皇岛市 4 条主要入海河流中，汤河为轻度富营养，戴河为中度富营养，洋河和饮马河都已达到重度富营养化；秦皇岛入海河流的富营养化现象非常严重，河流输入是陆源污染入海的主要来源。

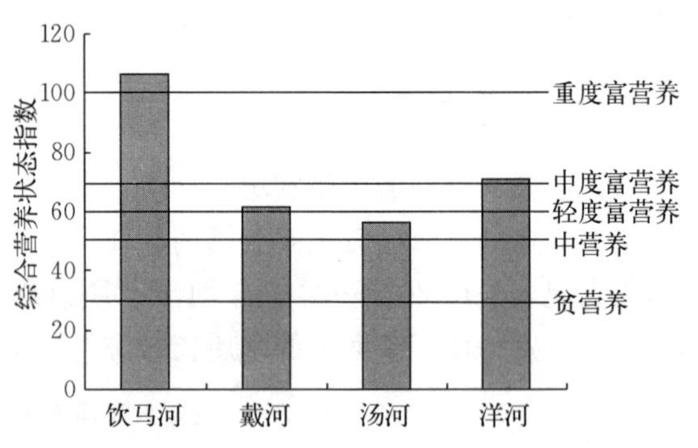

图 13.14 秦皇岛主要入海河流综合营养状态指数

(3) 入海河流对近岸海域水质影响

根据 2006—2015 年的监测数据，分别对 4 条河流及其对应海域海水的 5 个监测项目进行相关分析，结果见表 13.8。根据相关系数检验表，在置信水平为 95%时，10 年相关系数应大于 0.878。结果显示，4 条河流河及其对应海域间具有线性关系的项目有高锰酸盐指数、无机氮、磷酸盐，其相关系数范围为 0.908～0.963，大于 0.878，具有明显的相关性；表明随着陆域社会经济的发展，流域内城镇、工业及生活的有机物和氮污染负荷，以及大量氮磷化肥的施用，为入海氮、磷营养物质提供了主要来源。

生化需氧量相关系数范围为 0.728～0.794。由于，该指标是反映水中可生物降解的有机物量；所以，在河流、海洋盐度有差异的情况下，生物降解能力本身存在差异，反映到监测值上，就不具备线性关系，但存在一定的相关性。同时，秦皇岛近岸海域石油类污染物主要来自港口、海上船舶等泄露，在河、海之间无相关性。因此，秦皇岛近岸海域的水质主要受河流影响，尤其是有机物、氮、磷污染物；应加强对入河污染物的管理，重点应放在对生活污水、农业面源污染的治理上，以改善近岸海域的水质状况。

表 13.8 河与海间各污染因子相关系数

项目	相关系数			
	戴河	洋河	饮马河	汤河
高锰酸盐指数	0.941	0.908	0.971	0.928
生化需氧量	0.728	0.783	0.785	0.794
无机氮	0.963	0.919	0.937	0.932
磷酸盐	0.935	0.955	0.948	0.936
石油类	0.262	0.376	0.424	0.269

13.4.3 结论

秦皇岛市主要入海河流都已出现不同程度的污染，其中饮马河污染最重，洋河次之，戴河和汤河污染程度相对较轻。通过污染分担率分析，秦皇岛市入海河流的首要污染物为无机氮、高锰酸盐指数，其次为磷酸盐。

秦皇岛市的 4 条主要入海河流中，汤河处于轻度富营养状态，戴河处于中度富营养状态，而洋河和饮马河都已达到重度富营养化状态。秦皇岛入海河流的富营养化现象非常严重，河流输入是陆源污染入海的主要来源。2006—2015 年，秦皇岛 4 条主要入海河流污染物入海通量呈减小的趋势。其中，饮马河和洋河年均入海污染物量占到秦皇岛市陆源入海污染物总量的 94.91%，加强对这两条河流污染的综合治理对于秦皇岛市近岸海域污染防控意义重大。

秦皇岛近岸海域的水质主要受入海河流影响，其中高锰酸盐指数、无机氮、磷酸盐在河、海间存在线性关系，具有强相关性；生化需氧量在河、海间不存在明显线性关系，但具有一定的相关性；而石油类污染物在河、海之间不存在线性关系，也无相关性。

秦皇岛近岸海域水质主要受入海河流水质的影响，尤其与饮马河和洋河关系最为密切。因此，应加强对入河污染物的管理，尤其是有机物、氮、磷污染物，防治重点应放在生活污水、农业面源污染的治理上，以改善近岸海域的水质状况。

13.5 人类活动对入海河流-河口-近岸海域营养盐输移的影响

近年来，全球沿海地区人类活动强度进一步加大，如土地利用方式变化、化肥大量施用、城市快速扩张等，导致河流中营养物质含量明显升高。这些营养物质大多来自流域内农业化学肥料的流失，是河流中无机营养盐最重要的来源。河流携带流域内产生的这些营养盐通过河口区域进入海洋。同时，沿海池塘养殖、渔业活动等发生在河口区域及海上的人类活动也在快速发展。在这些人类活动的共同作用下，大量的氮、磷等营养物质不断输入海洋，是海域富营养化和赤潮频发的主要原因。

据联合国环境规划署估算，全球范围海洋氮、磷等污染物 80%以上来源于陆源输入。目前，关于氮、磷等营养盐从陆地到海洋的输移过程的研究，已经成为国际社会关注的焦点，也是河口、海域污染控制中重点。虽然，河流在营养盐从陆地到海洋的输移过程中发挥了重要作用；但是，在关于陆地到海洋的营养盐输移研究中，大多数研究将河流、河口、海域分别作为单一对象进行研究，缺乏对河流-河口-海域系统中营养盐输移的整体性和系统性研究。有的研究仅以河口和近海作为研究对象，导致难以识别营养盐的来源；有的研究局限于营养盐在陆地区域或河流中的迁移过程，导致无法识别和评价陆源营养盐的输入对河口、海域生态环境的影响。同时，许多研究集中在大江、大河，而对中小型的、交换条件较好的河流在营养盐入海中的作用研究较少。本节以环渤海区域的入海河流——饮马河为例，分析人类活动对氮、磷等营养盐在河流-河口-近岸海域系统中输移的影响，为海域富营养化和赤潮问题的综合治理提供科学的依据。

13.5.1 研究区域概况

饮马河位于河北省秦皇岛市，属山溪性河流；全长 35.5 km，流域面积 534 km^2，年平均径流量 1.167 亿 m^3；从秦皇岛市昌黎县大蒲河口注入渤海湾。流域内地貌类型以低山丘陵为主，另外有河谷平地。饮马河流域是秦皇岛市重要的农业生产区，是经济林和粮食生产基地，主要种植葡萄、玉米、小麦等。流域内降水集中于夏季，夏季降水量为 510～585 mm，占全年的 75%。受降水过程的影响，流域内农业生产投入的氮、磷等化学肥料随着地表径流汇入饮马河，使得饮马河水中溶解性营养盐含量较高，成为导致海域富营养化的一个潜在因素。同时，饮马河河口区域营养物质丰富，水流较缓，浪小，底质较细；河口南岸分布着许多养殖池塘，面积超过 800 hm^2，主要养殖扇贝、对虾等，年产量超过 10 万 t，养殖过程中产生的废水直接排入河口区域；河口北岸区域主要为渔港码头和砂石码头。详见图 13.15。

13.5.2 样品采集与分析

分别于 2013 年和 2014 年的春季（2—4 月份）和夏季（8—10 月份）对河流、河口和近岸海域的水样进行了采集。按照河水盐度梯度变化，在河流、河口和近岸海域分别设置 10～15 个采样点，在高潮位时采集水样。每个采样点

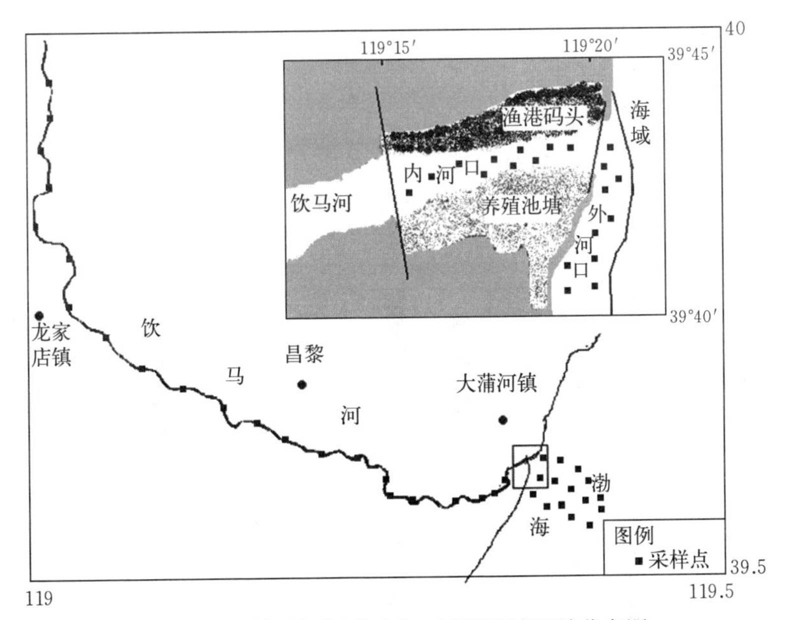

图 13.15　饮马河河流-河口-近岸海域区域分布图

采集表层水样，如果水深超过 1 m，则加采底层水样。根据海水养殖的周期，在低潮位时采集养殖池塘排放水水样。

水样的主要监测分析项目有水温、盐度、悬浮物、pH、溶解氧、总溶解性氮、溶解性有机氮、硝酸盐氮、亚硝酸盐氮、氨氮、磷酸盐等，其中总溶解性氮由溶解性有机氮减去无机氮获得。水样采集、前处理、储存、运输、分析均按《地表水和污水监测技术规范》（HJ/T 91—2002）、《海洋调查规范》（GB/T 12763—2007）和《海洋监测规范》（GB 17378—2007）所规定的方法进行。数据使用 SigamaPlot12.0 软件进行分析。

13.5.3　研究结果与分析

(1) 饮马河河流-河口-近岸海域系统理化特征

在饮马河河流-河口-近岸海域系统中，根据水体盐度的变化，将其划分为 4 个区域：盐度≤0.5 的水域为河流区；0.5＜盐度≤10 直到河流入海口处的水域为内河口区；10＜盐度≤20 为外河口区，盐度变化比较大，包括河口处的浅滩区域；盐度＞20 的水域为近岸海域区（图 13.15）。

在饮马河的河流-河口-近岸海域区域中，无论是河流还是海域，表层水温在所有季节基本相似，但整体上春季水温（6.9～11.8 ℃）明显低于夏季水温（17.9～25.2 ℃），反映出该区域暖温带季风性气候的特征。河水中饱和溶解氧含量为 80%～100%，海水中饱和溶解氧含量为 90%～120%。无论海水还是河水，溶解氧浓度普遍表现为春季（9.28 mg/L）高于夏季（6.8 mg/L）；尽管河水中 pH 有一定的变化（7.0～7.5），但总体上随盐度的增加而增加，平均为 7.2；海水中 pH 平均为 8.15。

（2）养殖池塘营养盐特征

如图 13.16 所示，饮马河河口区域养殖池塘中营养盐含量季节性变化比较

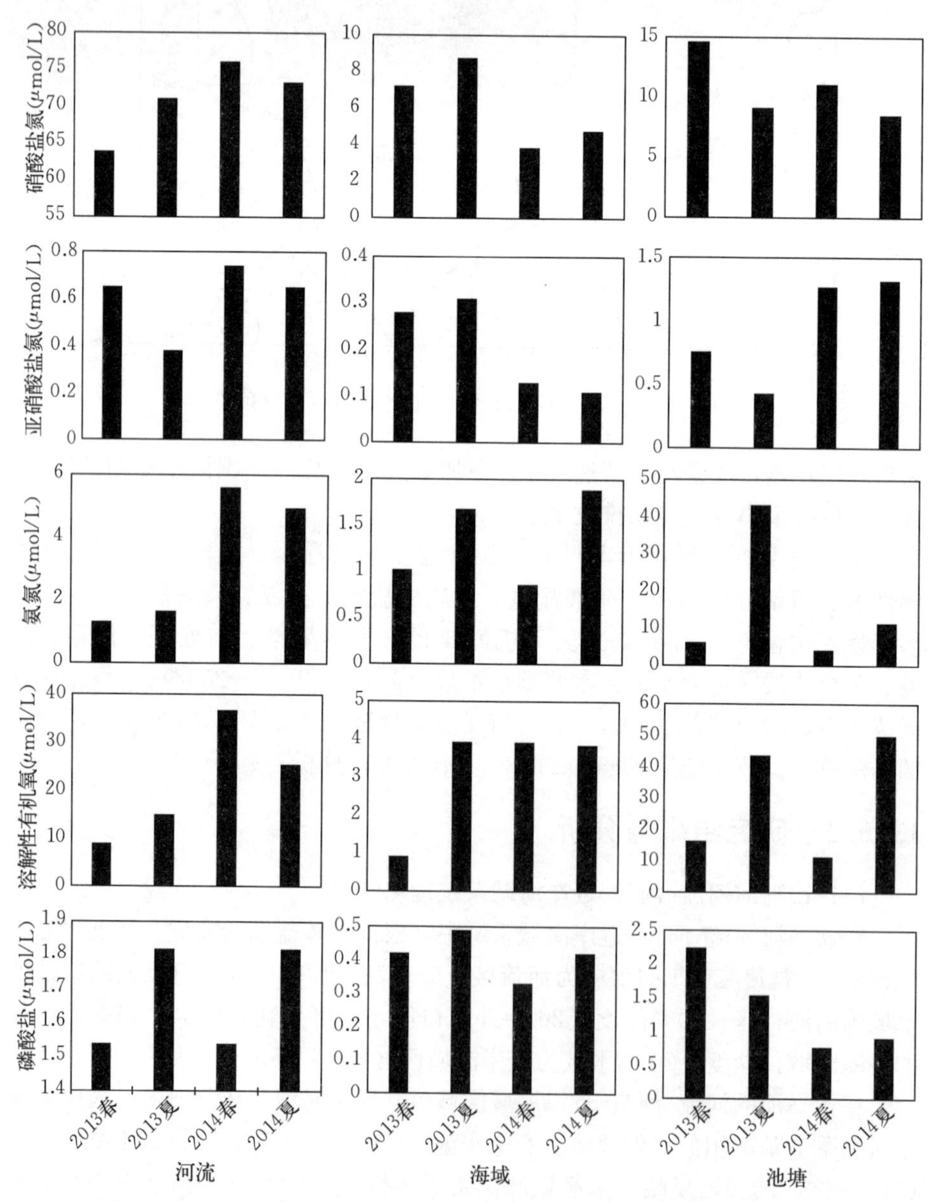

图 13.16 饮马河河流、近岸海域和养殖池塘中主要溶解性营养盐浓度

明显。在养殖池塘排放水中，氨氮和无机氮的含量夏季高于春季，但氨氮含量则春季高于夏季。这可能是由于春季养殖生物尚未进入旺盛生长期，水体中溶解氧比较丰富。夏季，养殖池塘的排放水中溶解性有机氮含量明显高于河水（$P<0.05$），而硝酸盐氮含量则明显低于河水（$P<0.05$）。养殖池塘排放水中氮磷比为 9.64～34.29。

大多数养殖池塘在冬季和早春基本处于闲置状态，大量的养殖废水一般在夏季、秋季养殖产品收获后排放。因此，本节仅计算了夏季、秋季养殖池塘中营养盐的总量。养殖池塘排放水中营养盐的总量由池塘中营养盐的平均浓度和池塘中水的体积计算得到，其中池塘中水的体积由养殖面积（800 hm^2）和养殖池塘平均水深（1.3 m）计算得到。养殖池塘营养盐排放量见表 13.9。养殖池塘每年总溶解性氮输出量为 37.32 t，其中以溶解性有机氮为主，占到年输出总量的 44.98%；每年磷酸盐的输出量为 0.83 t。

表 13.9　不同来源营养盐年输出量

营养盐	硝酸盐氮	亚硝酸盐氮	氨氮	溶解性有机氮	总溶解性氮	磷酸盐
河流输出量（t/年）	862.56	13.81	45.34	381.12	1 302.96	35.62
养殖池塘排放量（t/年）	5.52	0.65	9.16	16.79	37.32	0.83
河流输出量占总量的比例（%）	99.3	95.5	83.19	95.78	97.21	97.71
养殖池塘排放量占总量的比例（%）	0.64	4.50	16.81	4.22	2.79	2.29

（3）河流中营养盐的特征

如图 13.16 所示，相对于河水中的磷酸盐而言，饮马河河水中无机氮的含量比较丰富，氮磷比的变化范围为 23～267，平均为 45。总溶解性氮中硝酸盐氮含量远超过氨氮、亚硝酸盐氮和溶解性有机氮，占到总量的 60%以上。河水中所有营养盐的含量均表现出明显的波动性，其中 2013 年夏季的硝酸盐氮（2.39～117.78 μmol/L）、磷酸盐（0.1～2.52 μmol/L）和 2014 年春季氨氮（0.23～19.94 μmol/L）、亚硝酸盐氮（0.26～1.54 μmol/L）、溶解性有机氮（6.56～80.35 μmol/L）波动最明显。与秦皇岛地区其他入海河流相比，饮马河河水中无机氮浓度明显高于其他河流；磷酸盐含量与本地区的洋河、滦河和人造河基本在同一范围内，但比戴河、汤河、石河等河流明显要高；高浓度的无机氮使得饮马河中氮磷比值也高于其他河流。根据我国地表水水质分类标准（GB 3838—2002），饮马河属于重污染的河流。

饮马河属山溪性河流，河流流量与流域降水量变化密切相关。根据相关研究，饮马河流域内 75%以上降水集中在夏、秋季节，雨季径流量占全年径流量的 80%以上。根据饮马河东岗上水文站逐日水文数据，得出河流月径流量。

将旱季（冬、春季，11月至翌年4月）和雨季（夏、秋季，5—10月）径流量分别求和，再分别乘以相应季节河流中营养盐的平均浓度，得到不同季节河流营养盐输出量，结果如图13.17所示。饮马河营养盐输出量在夏、秋季节高于冬、春季节，这种季节性变化与硝酸盐氮和磷酸盐含量的季节性变化密切相关。根据河流月径流量及相应月份主要营养盐的平均浓度计算得出饮马河营养盐年均输出量（表13.9）。饮马河自上游携带的氮、磷等营养物质中，总溶解

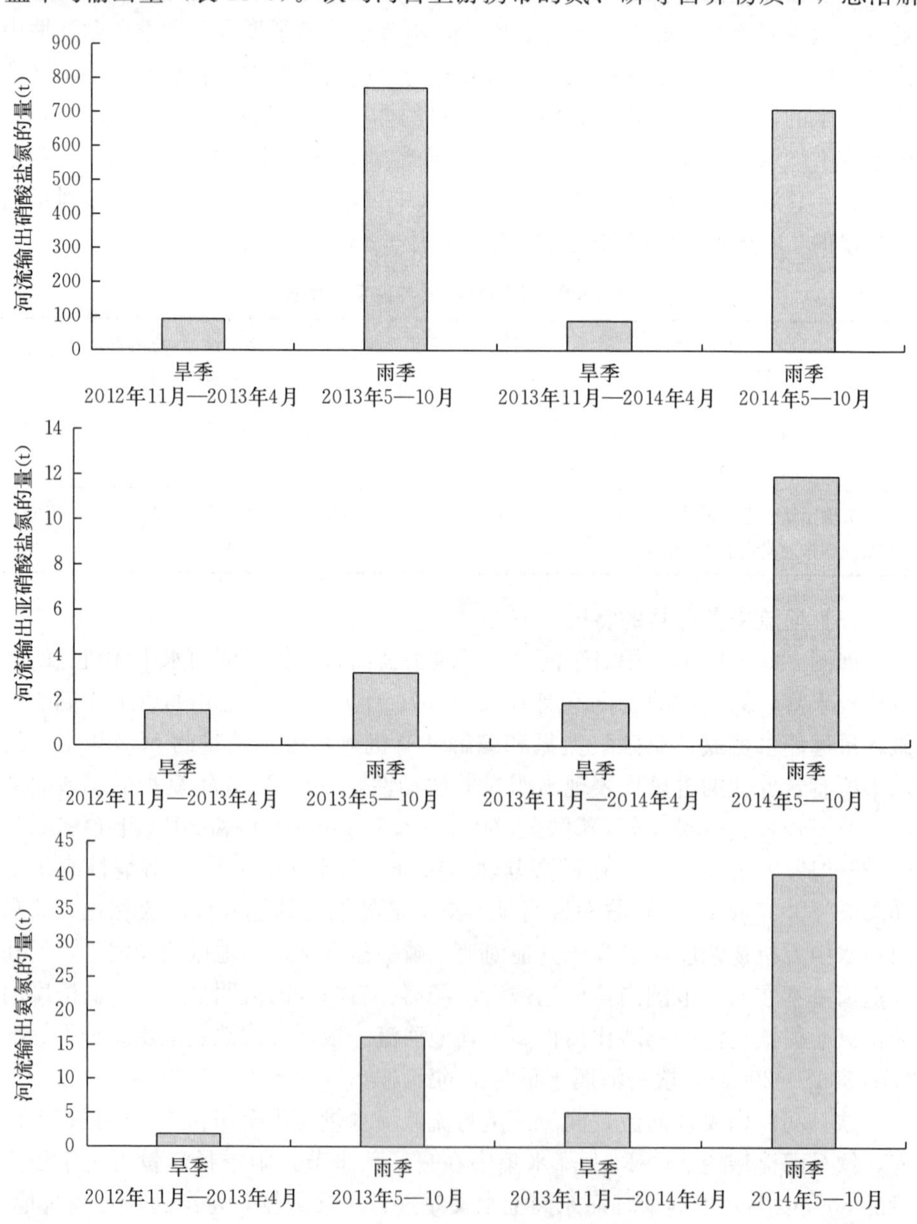

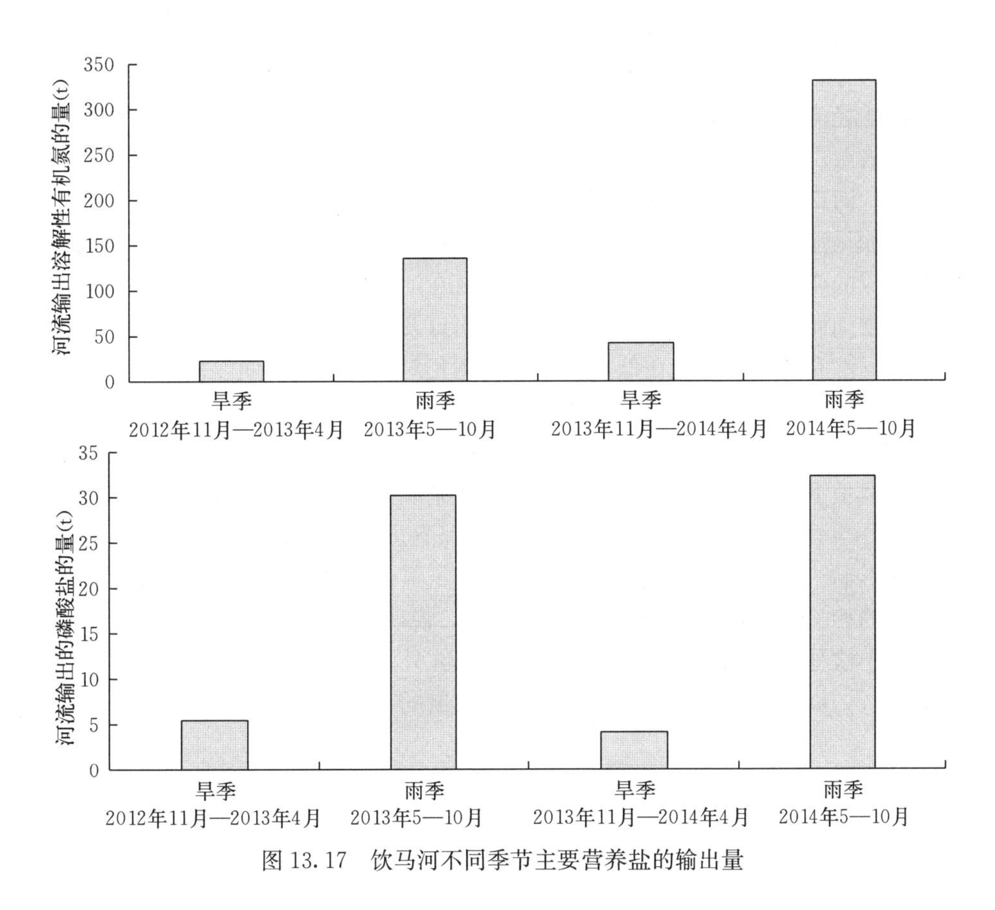

图 13.17 饮马河不同季节主要营养盐的输出量

性氮输出量为 1 302.96 t/年，其中以硝酸盐氮为主，占到年输出总量的 66.20%；磷酸盐的输出量为 35.62 t/年。与其邻近的滦河相比，滦河流域面积 44 750 km^2，总溶解性氮年输出量为 2 113.048 t，而饮马河流域面积仅仅只有滦河的 1.21%，但其总溶解性氮的年输出量却达到了滦河的 61.66%；磷酸盐的年输出量也与滦河相差无几。

饮马河河水中以硝酸盐氮为主的无机氮主要与其流域内农业活动的强度密切相关，尤其是流域内农业土壤中化肥的流失。大量施用无机肥料是我国农业生产过程中的一个典型特征。根据相关研究，2011 年秦皇岛市年氮肥和磷肥施用量分别为 53 188 t 和 6 505 t（折纯量，分别以 N 和 P_2O_5 计），平均化肥施用量为 332.03 kg/hm^2，超过国际安全标准的 1.5 倍。根据饮马河流域农田面积（约 20 000 hm^2）及《渤海陆源非点源入海污染物总量监测与评价技术指南》所确立的农业土壤氮肥、磷肥流失率（分别为 30%和 20%，折纯量），计算得到饮马河流域农业土壤氮肥、磷肥流失量分别为 1 422.84 t/年和 113.8 t/年。河水中较高的磷酸盐含量也与流域内农业生产过程中化肥的施用有关。在我国传统的农业生产中，习惯于大量的施用氮肥，从而导致农业土壤中磷素的不足；为弥补这一问题，又过量施用磷肥。植物对磷肥比较低的利用率使得多余的磷随径流流失进入水域中。因此，农业土壤中磷肥的流失是河水中磷酸盐的主要来源。

(4) 河口区域营养盐的特征

在饮马河河流-河口-近岸海域系统中，水体主要溶解性营养盐的含量由河流到海域的变化如图 13.18 所示。硝酸盐氮在河水中含量最高，随后基本随着盐度的增加而逐步降低，表明河流输入是河口及近岸海域中硝酸盐氮的主要来源。溶解性有机氮的含量在低盐度水体中则相对比较稳定，而亚硝酸盐氮和氨氮含量在低盐度水体中呈增加的趋势，基本在内河口水体中达到最大值。在 10<盐度≤20 的外河口区域中，所有的营养盐均被迅速稀释，含量随盐度的增加基本呈下降的趋势，其中硝酸盐氮和亚硝酸盐氮与盐度呈现明显的负相关关系（$P<0.01$，$R>0.9$）。由图 13.18 可以看出，尽管受到海水强烈的稀释作用的影响，但在河口区域尤其外河口区域氨氮的浓度依然比较高，氨氮与盐度之间的相关性较弱（$P<0.05$，$R<0.5$），说明在外河口区域存在氨氮的来源。由于饮马河河口水流较缓、底质较细，在外河口区域还分布着一些滩涂贝类养殖区。贝类的代谢物成为外河口区域氨氮的一个来源。根据实际调查，饮

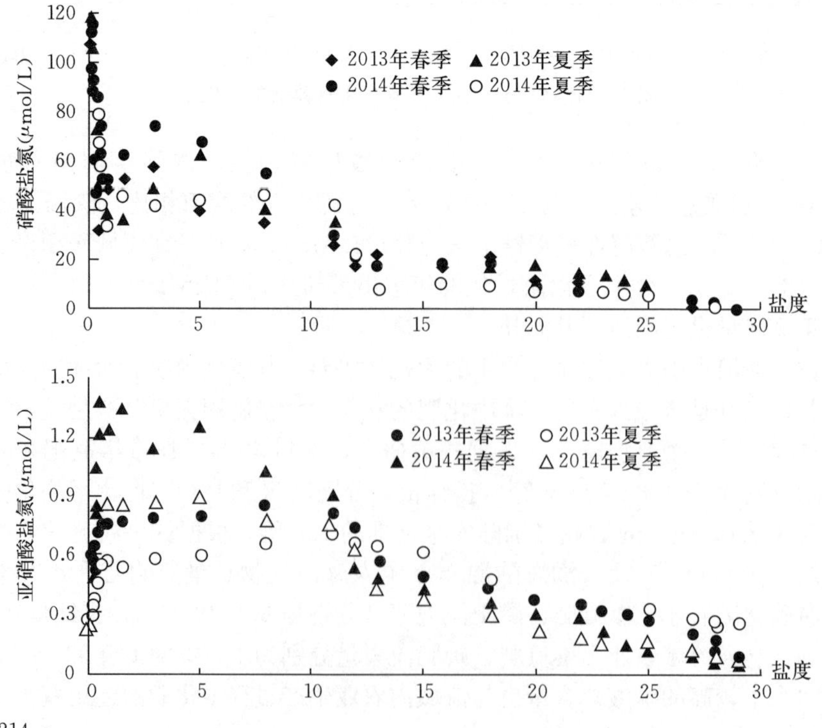

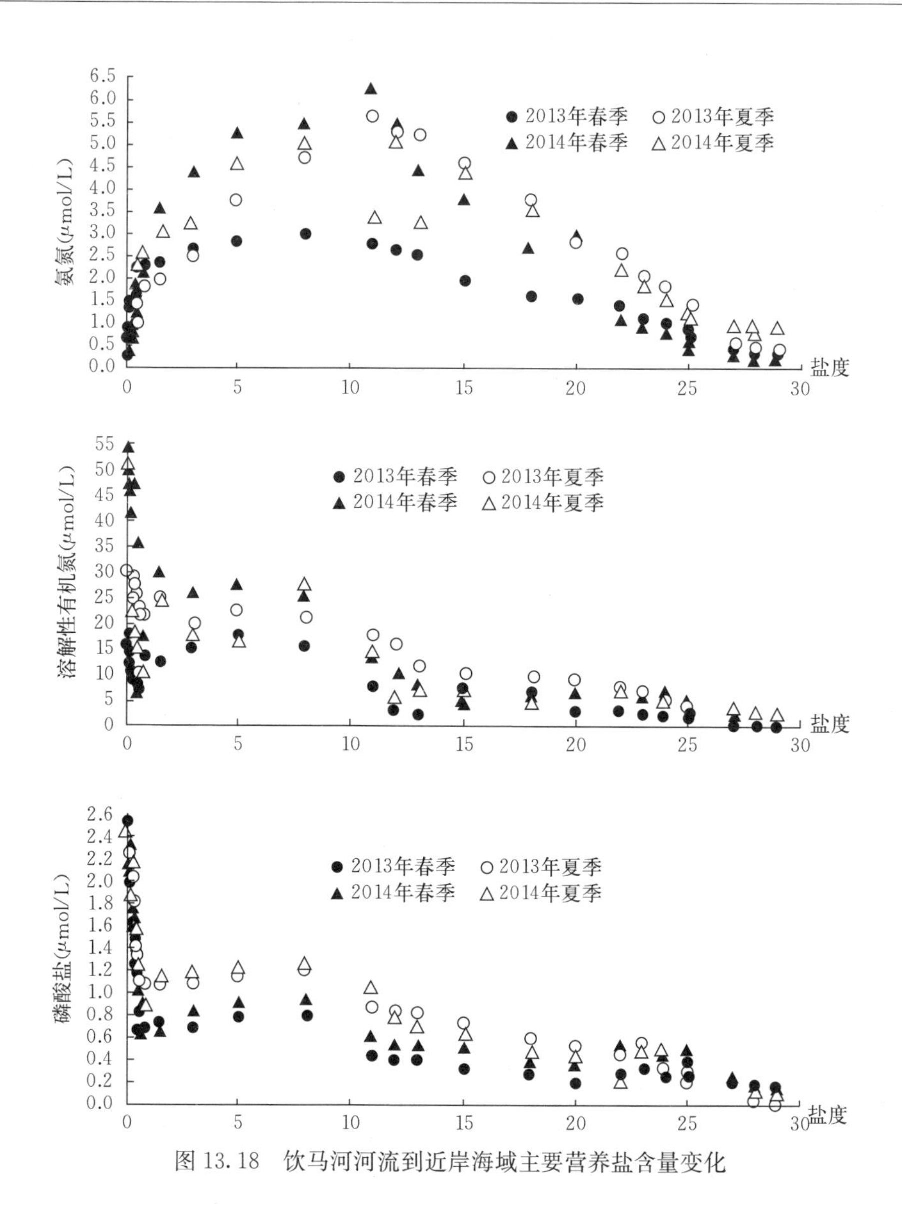

图 13.18　饮马河河流到近岸海域主要营养盐含量变化

马河外河口区域养殖贝类的年产量近 200 t，结合海水贝类养殖产量与干重的转换系数及双壳贝类氨氮平均排泄速率 0.89 μmol/(gdw · h)，计算得出释放到外河口区域氨氮约为 1.63×10^4 mol/h。可见，海水滩涂养殖对外河口区域营养盐的输入产生了一定的影响。

自饮马河上游，河水中的磷酸盐含量在经历一个明显的下降阶段后，到内河口区域其含量开始呈现增加的趋势，表明内河口附近有磷酸盐的输入；且磷酸盐含量有明显的季节变化，一般夏季的含量高于春季。在我国众多的河流中，由于颗粒物的吸附作用，溶解性磷酸盐的含量一般比较低。根据实际监测，饮马河悬浮性颗粒物的含量为7～45 mg/L，高于周边其他河流（洋河4～32 mg/L，汤河2～25 mg/L，戴河0～18 mg/L），为磷酸盐的迁移提供了机会。随着河水不断流向海洋，水体pH逐步升高，吸附在颗粒物上的磷酸盐会发生解析现象。由饮马河河流到海域，水体的pH由河水中7.0～7.5逐渐升高到海域中8.0～8.2。大量被颗粒物吸附的磷酸盐也在河口区域及近岸海域被解析出来。同时，在饮马河河口北岸区域还分布有小型地方性渔港，每年入港渔船约150条、运输船约100条。这些船舶和港口生活污水的排放，把氮、磷等营养盐也排入河口区域，从而成为饮马河河口区域营养盐的一个来源。

根据图13.18可以看出，河流输移是饮马河河口区域营养盐的主要来源。池塘养殖虽然也提供了河口区域营养盐的一个来源，但由于养殖池塘水的更换频率较低，养殖池塘废水排放对河口区域营养盐的贡献相对较小。

(5) 近岸海域中营养盐特征

如图13.16所示，饮马河近岸海域海水中硝酸盐氮相对于河水中的含量明显较低；氨氮相对河水而言则保持着相对较高的含量；亚硝酸盐氮含量虽然相对于河水有明显的降低，但并没有完全枯竭，表明在近岸海域中依然进行着活性氮的转化。海域中磷酸盐的浓度也较河流中降低70%以上；氮磷比在3.54～52.25，平均为18，比河水中有明显的降低（t检验法，所有季节，$P<0.05$）。在总溶解性氮的组成方面，河水与海水有明显的区别，海水中硝酸盐氮含量占总溶解性氮总量<60%，溶解性有机氮所占比重增加，尤其在2013年溶解性有机氮所占比重超过了55%。在所有季节中，海水中氨氮和亚硝酸盐氮在总溶解性氮中占比（分别为9.79%～17.76%和1.03%～2.96%）高于河水中的占比（分别为1.76%～4.74%和0.43%～0.86%，$P<0.05$）。与河水相比，海水磷酸盐含量最高值出现在2013年夏季，硝酸盐氮、氨氮的最小值出现在2014年春季，海水中营养盐含量的季节性变化较弱。尽管有潮汐的冲刷稀释作用，近岸海域中氨氮、溶解性有机氮和磷酸盐含量仍然相对较高，表明有营养盐在不断汇入近岸海域。较高的营养盐含量及较高的透明度为饮马河近岸海域浮游植物生长提供了条件，叶绿素a的含量也相应地比较高，一般为4.3～6.5 μg/L。

饮马河营养盐输出总量随季节而变化，夏季输出量相对较高。但由于夏季比较大的降水量使营养盐得到稀释，也就掩盖了饮马河河流与近岸海域营养盐含量的季节性差异。尽管养殖池塘不断将营养盐输入近岸海域，但其氨氮年输出量仅占到入海总量的16.81%，而硝酸盐氮和亚硝酸盐氮年输出量分别占其入海总量的0.64%和4.5%（表13.15）。每年养殖产品收获后，约有37.32 t总溶解性氮和0.83 t磷酸盐释放到河口区域进而汇入海域，而饮马河年输出总溶解性氮量和磷酸盐量均占到入海总量的97%以上。因此，即使有养殖池塘排放营养盐，饮马河河流营养盐的输入仍是近岸海域中营养盐的最主要的来源。养殖池塘相对于饮马河所携带的营养盐而言，其影响较小。

13.5.4 结论

本节证实了小流域营养盐输移对近岸海域的影响，也说明中小型河流应纳入区域入海营养盐负荷的估算，更准确地反映人类活动对海陆营养盐输移过程的影响。在快速发展的环渤海区域，人类活动对陆源污染入海通量起着决定性的作用，尤其是由河流携带输入海域的氮、磷等营养物质与陆地上人类活动密切相关。

饮马河虽然流量不大，但是由于其比较高的营养盐输出而成为秦皇岛近岸海域营养盐的一个重要来源。饮马河河水无机氮的含量比较丰富，以硝酸盐氮为主，河流总溶解性氮和磷酸盐年输出量均占到其入海总量的97%以上；且夏秋季节营养盐入海量高于其他季节，季节变化明显。这些氮、磷营养盐主要来自流域内农业土壤中化肥的流失。因此，控制饮马河流域内农业土壤化肥的流失是防治近岸海域污染的关键所在。

相对于河流，养殖池塘废水中溶解性有机氮和氨氮含量较高，但由于其比较低的废水排放频率及比较低的营养盐含量，并不构成河口区域营养盐的主要来源。港口船舶生活废水的排放，一定程度上提高了河口区域水体中营养盐的含量，进而影响近岸海域中营养盐的组成。在近岸海域，受潮流扩散作用的影响，海水硝酸盐氮含量低于河流中的含量，但由于滩涂贝类养殖的释放，溶解性有机氮和氨氮保持着相对较高的含量。这说明饮马河近岸海域的初级生产可能是靠初级生产者与底栖的消费者之间进行营养盐快速的原位循环来维持。在水动力条件的影响下，饮马河携带的陆源污染物通过扩散进入到海域，可能不会迅速发生富营养化，但会导致海域污染程度逐步加重。饮马河河流-河口-近岸海域系统营养盐来源的多样性，使得在近岸海域环境保护中不仅要关注营养盐的组成，也要注意不同来源营养盐的入海量，加强对不同来源营养盐输出的监测及调控，以有效防治海域环境污染，保持区域内生态环境与经济发展的协调性。

14 河北省沿海开发活动生态环境效应评估

14.1 研究区域概况

河北省沿海区域位于渤海西部，地处中国经济新一轮发展的重要增长极—环渤海经济圈的中心区域，属北温带大陆性季风气候，大陆岸线长度 499.44 km，所辖海域面积 722 645 hm^2。沿海行政区包括秦皇岛、唐山、沧州三市。自 2000 年以来，河北省加快了海洋经济发展的步伐，随着《河北省海洋经济发展规划》的实施，确定了以港口及临港产业大基地、大项目建设为重点，大力发展重化工业、电力工业、机电设备制造业的海洋经济发展格局，到 2016 年海洋生产总值达到 2 283 亿元，是 2005 年的 4 倍多。但随着海洋经济的发展和各项沿海开发活动的深入，海洋生态环境问题也日益突出，主要表现为海域富营养化程度不断加重、赤潮频发、海洋生态结构退化、海洋功能区受损等。

本章主要针对河北省沿海开发活动产生的影响进行研究，涉及的地域范围主要包括山海关区、海港区、北戴河区、抚宁县、昌黎县、乐亭县、滦南县、唐海县、黄骅市、海兴县、曹妃甸新区、渤海新区及北戴河新区等。

14.2 评价指标权重

根据 5.7 所建立的海岸带开发活动生态环境效应评估指标体系及方法，采用层次分析法确定权重，各指标综合权重见表 14.1（$CR<0.1$）。

表 14.1 河北省沿海开发的生态环境效应评估指标体系

目标层	生态环境效应评估指标体系								
准则层	压力类（A）		综合权重	状态类（B）		综合权重	响应类（C）		综合权重
指标层	A_1	沿海地区人口自然增长率	0.133 1	B_1	海域利用率	0.015 7	C_1	沿海地区工业废水达标排放率	0.033 6

（续）

目标层	生态环境效应评估指标体系					
准则层	压力类（A）	综合权重	状态类（B）	综合权重	响应类（C）	综合权重
指标层	A_2 沿海地区人口密度	0.016 9	B_2 人均滩涂面积	0.012 5	C_2 沿海地区工业固废综合利用率	0.032 0
	A_3 海洋产业产值增长率	0.087 2	B_3 鱼类群落的多样性	0.053 9	C_3 沿海地区城市污水处理率	0.033 6
	A_4 海洋产业产值占 GDP 比重	0.073 1	B_4 海水水质综合指数	0.036 4	C_4 海洋自然保护区面积占国土面积比例	0.018 4
	A_5 单位岸线围填海强度	0.053 4	B_5 海域主要污染物浓度	0.040 8	C_5 环保投资占 GDP 比重	0.014 0
	A_6 自然湿地面积	0.049 1	B_6 自然岸线比例	0.012 2	C_6 海洋科技人员占总人口比重	0.009 1
	A_7 岸滩侵蚀速率	0.033 3	B_7 初级生产力	0.051 3	C_7 海洋科技项目经费	0.009 1
	A_8 工业万元产值废水排放量	0.016 9	B_8 赤潮年累计发生面积	0.042 9	C_8 海洋第三产业产值占海洋产值比重	0.013 7
	A_9 养殖空间资源利用量	0.038 2	B_9 海岸带森林湿地覆盖率	0.017 8		
	A_{10} 渔业资源捕捞量	0.044 2	B_{10} 沿海地区恩格尔系数	0.007 6		

14.3　评价指标数据来源与标准化

14.3.1　数据来源

研究数据主要来源于 1984 年河北省海岸带资源调查，2003 年河北省海洋资源调查，1984—2015 年河北省经济年鉴，1994—2015 年中国海洋统计年鉴，1985—2015 年河北省统计年鉴，2000—2015 年秦皇岛市、沧州市、唐山市国民经济与社会发展公报，2002—2015 年河北省海洋环境质量公报，2002—2015 年河北省海域使用管理公报，2002—2015 年秦皇岛市、沧州市、唐山市环境质量公报，以及中国科学院遥感所提供的渤海三大湾岸线卫星遥感监测数据（2000—2015 年）。其中，经济类指标消除了物价要素，以可比价格进行换算。

14.3.2　数据标准化

根据所建立的数据标准化方法，对各指标的原始数据进行标准化处理。各指标标准化结果见表 14.2。

表 14.2 河北省沿海开发的生态环境效应评估指标标准化结果

指标	A_1	A_2	A_3	A_4	A_5	A_6	A_7	A_8	A_9	A_{10}	B_1	B_2	B_3	B_4
1984	1.000	1.000	0.000	0.000	1.000	1.000	1.000	1.000	1.000	1.000	1.000	1.000	1.000	1.000
1993	0.287	0.249	0.488	0.117	0.973	0.741	0.306	0.795	0.676	0.696	0.849	0.741	0.815	0.000
2000	0.633	0.124	0.548	0.112	0.909	0.326	0.000	0.644	0.465	0.000	0.766	0.567	0.769	0.399
2003	0.252	0.112	0.595	0.252	0.631	0.261	0.422	0.821	0.579	0.068	0.454	0.200	0.077	0.755
2007	0.022	0.018	1.000	1.000	0.000	0.019	0.306	0.000	0.249	0.014	0.126	0.067	0.000	0.603
2015	0.000	0.000	0.618	0.616	0.776	0.000	0.422	0.646	0.000	0.308	0.000	0.000	0.046	0.551

指标	B_5	B_6	B_7	B_8	B_9	B_{10}	C_1	C_2	C_3	C_4	C_5	C_6	C_7	C_8
1984	1.000	1.000	0.000	1.000	1.000	0.000	0.000	0.000	0.000	0.000	0.000	0.000	0.000	0.000
1993	0.000	0.281	0.137	0.974	0.828	0.431	0.348	0.427	0.115	0.405	0.004	0.167	0.170	0.241
2000	0.294	0.082	0.152	0.807	0.811	0.686	0.857	0.561	0.301	0.432	0.080	0.333	0.390	0.619
2003	0.500	0.032	0.749	0.651	0.404	0.880	0.950	0.718	0.629	0.676	0.157	0.500	0.562	0.630
2007	0.235	0.000	1.000	0.418	0.017	0.900	0.971	0.764	0.903	1.000	0.245	0.500	1.000	1.000
2015	0.324	0.075	0.299	0.000	0.000	1.000	1.000	1.000	1.000	0.486	1.000	1.000	0.790	0.717

14.4 河北省沿海开发活动生态环境效应评估

运用所建立沿海开发生态环境效应评估方法，将 1984 年、1993 年、2000 年、2003 年、2007 年及 2015 年沿海开发生态环境效应评估的有关指标的数值进行标准化处理后，对河北省沿海开发产生的生态环境影响进行分析评估。

14.4.1 河北省沿海开发的生态环境效应分析

由图 14.1 可以看出，自 1984 年以来，河北省随着各类沿海开发活动的不断进行，开发活动的生态环境效应日益明显，1984 年、1993 年、2000 年、2003 年、2007 年和 2015 年的生态环境效应综合指数分别为 0.617、0.442、0.467、0.457、0.432、0.387，沿海开发活

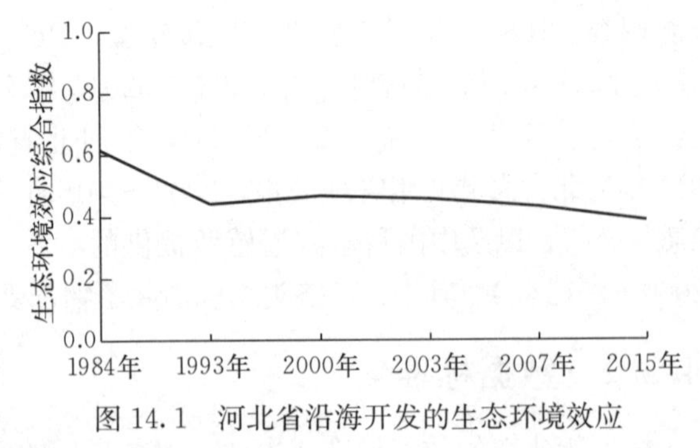

图 14.1 河北省沿海开发的生态环境效应

动对生态环境的影响程度变化趋势呈现较小→一般→较大。这表明沿海的开发活动对生态环境的影响总体上越来越强烈，与此时期内河北省沿海开发活动强度的变化相一致。

1984年以前为河北省沿海开发利用的初期阶段，开发利用面积共计63 506.62 hm^2，利用方式以稻田和盐田为主，对生态环境的影响相对较低。1984—1993年，伴随着改革开放，沿海地区经济逐步发展，陆地资源的供需矛盾日渐显现，促使滩涂围垦养殖和盐业发展迅速，开发利用面积达90 136.32 hm^2；同时，此阶段填海开发活动也逐渐增多，主要为京唐港的建设、秦皇岛各港口的建设和扩建工程等；海洋生态环境也随着各种开发活动的不断发展而受到一定的破坏，生态环境综合效应由较小发展到一般。1993—2015年，海域开发速度有所减缓，海水养殖逐步由粗放式向集约化养殖方式发展，养殖产量和经济效益的高低不再依赖养殖面积，盐田产量已基本满足市场需求。但随着海洋经济的不断发展，沿海地区各产业对海洋空间资源的需求不断增长，促使填海活动有所发展，主要为秦皇岛热电厂、黄骅港、秦皇岛港及山海关船厂的扩建工程等。2003年后，河北省海域开发利用重点进一步向港口工程建设、临海工业转移，表现为曹妃甸港大规模建设、黄骅港电厂工程建设。2007年，曹妃甸临港工业区建设用海达到顶峰时期，围填海面积达到了239.53 hm^2/km，港口工程建设用海已经成为海域开发利用活动的主要类型，海域开发活动的生态环境综合效应指数达到0.432。2007年以后，随着曹妃甸港的继续开发建设，乐亭临港产业聚集区、沧州渤海新区的相继开工建设，对海域的开发利用又进入一个新的高潮。2015年，仅临港工业及城镇建设用海比2007年就增加了4 752.75 hm^2，海域开发活动强度进一步加大，生态环境效应更加明显，影响程度已经达到不可接受水平。

14.4.2 河北省沿海开发的生态环境效应评估子系统分析

河北省沿海开发的生态环境效应评估包括压力、状态、响应子系统，其评估结果如图14.2所示。

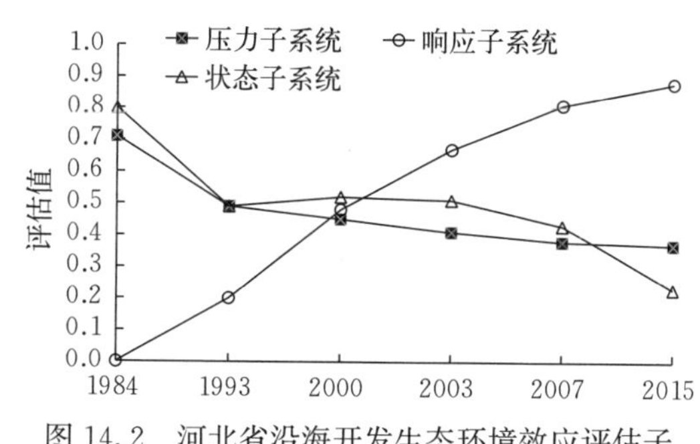

图14.2 河北省沿海开发生态环境效应评估子系统评估值变化

压力子系统主要反应各类影响海域生态环境的沿海开发活动。自1984年以来，压力子系统评估值基本呈现减小的趋势，这说明随着沿海开发活动的进行及沿海地区社会经济活动的不断发展，人类对海域生态环境的胁迫作用越来越强烈，海域生态环境正承受着来自各方面的日益增加的压力；其中，对海域生态环境影响的程度较大的因素为人口增长、海洋产业发展、围填海活动等。随着海岸带沿海地区人口的增长、海洋经济及海洋产业的发展等胁迫因素的加大，海岸带空间资源开发利用强度也随之增大，导致大量湿地被占用。天然湿地面积自1984年的276 547.5 hm^2 减少到2015年的208 377.02 hm^2，生态环境受到破坏，造成湿地生境失调、生物多样性降低、湿地环境调配功能降低；围填海强度持续增强，单位岸线围填海面积自1984年的22.06 hm^2/km 增加至2010年的70.79 hm^2/km。由此可见，人类在对海域开发利用的同时，所造成的资源、环境压力非常严峻。

状态子系统是反映河北省海域生态环境质量情况，状态子系统评估值基本呈现减小的趋势，表明随着沿海开发活动的增强，海域生态环境质量呈现退化的趋势。对海域生态环境状态影响较大的因素为鱼类群落的多样性、初级生产力、赤潮发生情况、海域主要污染物浓度等。1984—2015年，近岸海域主要污染物浓度自1984年的0.14 mg/L升高为2015年的0.37 mg/L，近岸海域水质综合指数自1984年的2.35升高为2015年的3.98，赤潮发生的面积也由1984年的3.0 hm^2/年增加到3 350 hm^2/年。污染物浓度和水质综合指数的升高、赤潮的发生面积的扩大均反映出海域质量状况呈现退化的趋势。

响应子系统反映的是人类通过建立一系列调控措施来弥补由开发活动对海域生态环境造成的压力，以改善海域环境状态。河北省沿海开发活动的响应子系统评估值在分析时段内一直呈稳步好转的趋势，这反映了在面对日益严重的负面环境效应时，人类逐渐认识到环境的重要性，采取了积极有效的措施。其中，对海域生态环境影响比较大的响应因素有沿海地区工业废水达标排放率、沿海城市污水的处理率、沿海地区工业固废综合利用率等。例如，沿海地区工业废水达标排放率由1984年的30%提高到2015年的98.6%，沿海城市污水处理率由5.7%提高到100%，沿海地区工业固废综合利用率由8.73%提高到95.79%。同时，河北省也加大了对海洋生态环境的保护和治理力度，制定了相应保护管理措施和制度。但是沿海开发活动仍在继续增强，如2007年围填海强度达到1984年的10倍多，自然岸线的比例则不到1984年的一半；同时，随着河北省沿海开发活动的进行，2015年沿海地区人口密度达到483.29人/km^2，远超出全省平均值。生态环境承受的压力随之持续增大，再加上海域环境状态对于调控措施的反映有一定的滞后性；因此，响应子系统各种措施的改善，对状态的好转并没有表现出积极的作用。

14.4.3　河北省沿海开发的生态环境效应空间变化

河北省沿海包括秦皇岛、唐山和沧州三市，中间被天津隔开。由于沿海各地开发方式和开发程度的差异，所造成的生态环境效应也有所不同。根据 5.7 的评估方法，分别对成秦皇岛、唐山和沧州三市进行评估，以分析沿海开发活动的生态环境效应的空间差异。评估结果见图 14.3。由图可以看出，随着各地海域活动的不断进行，沿海三市开发活动的生态环境效应也逐渐显现，其影响程度变化趋势基本与河北省整体变化趋势一致，均呈现较小→一般→较大的变化规律。但由于各地沿海开发活动方式与开发程度存在差异，河北省沿海开发活动生态环境效应呈现出一定的空间差异。

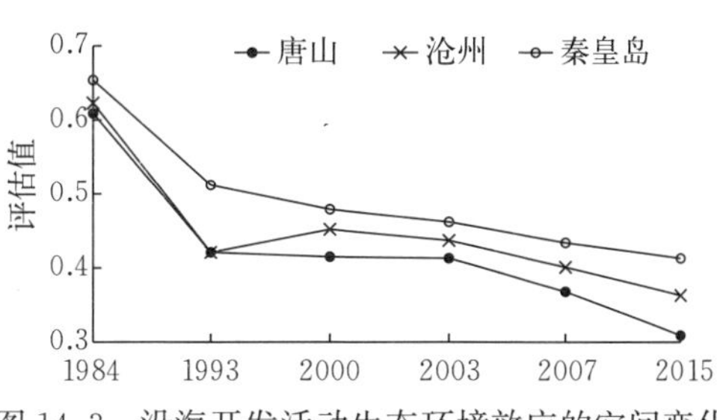

图 14.3　沿海开发活动生态环境效应的空间变化

秦皇岛多年来在不断地进行各种开发活动，对生态环境的影响也逐渐显现。生态环境效应综合指数由 1984 年的 0.654 降低到 2015 年的 0.413，基本呈下降的趋势，生态环境影响程度由较小发展为一般。自 2009 年以来，秦皇岛沿海海域几乎年年发生不同规模的赤潮。根据河北省海洋局公布的数字，2009 年 5—8 月赤潮累计发生面积达 1 519 km^2；2010 年 5—7 月赤潮累计发生面积达 3 350 km^2；2011 年，河北省海域 4 次赤潮全部发生在秦皇岛海域，累计面积达 288 km^2。海域生态环境状况呈现衰退的趋势。

但在沿海三市中，秦皇岛沿海开发活动的生态环境影响属相对较轻。这与秦皇岛城市性质有一定的关系。作为重要的旅游避暑胜地，保护海洋生态环境在秦皇岛一直是重中之重，各种开发活动的规模和强度相对于其他地区较小，2015 年单位岸线围填海仅为 1.85 hm^2/km，海域利用的主要方式为渔业用海和交通运输用海。因而，秦皇岛沿海开发活动对生态环境造成的影响也相对较小，尚在可有条件接受的范围内。

唐山沿海区域一直都是开发早、发展快、带动力强的区域；尤其自 2003 年以来，通过启动实施以曹妃甸为龙头的唐山沿海开发战略，不断加快推进生产力布局向沿海转移，沿海开发活动突飞猛进。单位岸线围填海强度由 2003 年的 0.81 hm^2/km 发展到 2015 年的 38.81 hm^2/km，开发活动的重点是港口工程建设、临海工业，表现为曹妃甸港大规模建设和京唐港扩建工程，此外围海养殖也增长了一定的规模。随着唐山沿海开发活动的深入，生态环境效应也日益明显。1984 年，生态环境效应指数为 0.609，影响程度较小；1993—2003

年生态环境效应指数在0.413～0.421变化，影响程度为一般；2003年后，随着曹妃甸区域开发活动的进行，生态环境效应指数在2007年和2015年分别为0.368和0.309，影响程度为较大，已经达到不可接受的水平。相比较而言，在沿海三市中唐山沿海开发强度较大，其生态环境影响也最大。根据河北省海洋环境质量公报，曹妃甸海域随着其开发建设及人类活动的日益频繁，使该区域沿岸水域磷的浓度不断升高，由2000年的接近海水三类水质标准（0.029 mg/L）退化到2015年接近海水四类水质标准（0.043 mg/L）；无机氮污染问题自2000年以来也逐步加重；自2000年以来，海洋生物体内污染物的种类逐渐增加，主要污染物种类由重金属镉逐渐转变为铅、砷和石油烃，污染程度不断加重；海洋底栖生物和潮间带生物多样性明显降低，分别为2003年的80%和46%。

自2007年以来，沧州市大力实施“从大运河走向渤海湾”发展战略，着力推进建设大港口、聚集大产业、发展大城市“三大任务”，沿海开发活动快速发展。沧州沿海地区传统以围海养殖为主要用海方式，其次为交通运输用海。2007年，渤海新区的成立和建设，使沧州沿海开发活动迈上了一个新台阶。2003年沧州市沿海围海造地面积为980.9 hm^2，2008年达到1 962.75 hm^2，5年间增长了1倍。由于沧州沿海地区开发较晚，开发活动所造成的生态环境效应近年才逐渐显现，1984年、1993年、2000年、2003年、2007年和2015年沧州沿海开发活动的生态环境效应指数分别为0.623、0.421、0.452、0.437、0.401和0.363，影响程度较小→一般→较大，目前已经达到不可接受的水平。根据河北省海洋环境质量公报，自2007年以来，沧州近岸海域无机氮的含量不断升高，2015年已经超过海水二类水质标准；海域磷酸盐污染明显加重，已经退化到劣四类水质；同时，有机污染也呈现逐步升高的趋势。海域生物体内石油烃的污染程度不断加重，2015年其含量已经超出了一类海洋生物质量标准，生物体内污染物种类由重金属铅、镉逐渐转变为石油烃、砷和滴滴涕。海洋底栖生物和潮间带生物多样性明显降低，分别比2007年的降低22%和35%。

14.5　评估结果

通过分析河北省沿海开发活动对生态环境的影响，建立了沿海开发活动生态环境效应评估指标，并利用综合评估指数法进行评价。结果表明，自1984年以来，随着各类沿海开发活动的不断进行，河北省沿海开发活动对生态环境的影响程度呈现较小→一般→较大的变化，生态环境效应日益明显，其影响程度已经达到不可接受的水平。尽管各种响应措施不断完善，但是由于沿海开发利用所造成的资源、环境压力依然严峻，再加上生态环境状态对于响应措施的反映有一定的滞后性。因此，响应子系统各种改善措施，对生态环境状态的好转并没有表现出积极的作用，海域质量状况仍呈现退化趋势。

由于河北省不同沿海区域的开发强度和方式有所不同，开发活动的生态环境效应呈现出空间上的差异。整体上，以秦皇岛沿海开发活动的生态环境效应最小，尚可有条件接受；唐山沿海开发活动的生态环境效应最大，于2007年已经达到不可接受的水平；沧州沿海开发活动的生态环境效应居于秦皇岛和唐山之间，于2015年达到不可接受的水平。因此，唐山和沧州沿海区域需要进一步加强生态环境的恢复和保护工作。

良好的海洋生态环境，是海洋经济持续发展的重要保障。为协调海域开发与生态环境之间的关系，保护好河北省海域的生态环境功能，实现海洋经济的可持续发展，对河北省海域开发和保护提出如下建议：①建立健全海域开发利用规划，依据空间资源条件优势，全方位调控各类海洋资源的开发利用，优化海域利用类型布局、集约利用海洋资源，最大限度地缓解近岸海域资源供需矛盾，减轻资源压力；②加强海域开发的动态监测，以“3S”技术为基础，建立海域信息数据库，构建动态监测系统，及时准确掌握资源开发利用后的动态变化、生物多样性等信息，为海域的科学管理和合理利用供科学依据；③加强海洋环境保护，严格控制影响海洋环境的污染物排放入海，充分发挥滨海湿地的调控作用，开展重点海域开发区域生态环境的修复，提高生态系统的整体功能。

15 人类活动影响下曹妃甸海域环境与生态安全评估

本章根据 5.8 所建立的人类活动影响下海域环境与生态环境的评估方法，对人类活动影响下曹妃甸海域环境与生态安全状态进行评估，并分析其变化过程。

15.1 数据来源

研究数据主要来源于 2003 年河北省海洋资源调查、《中国海洋统计年鉴》(1997—2015 年)、《河北渔业年鉴》(2000—2015 年)、《河北经济年鉴》(1994—2015 年)、《河北省统计年鉴》(1985—2015 年)、2000—2015 年唐山市国民经济与社会发展公报、2002—2015 年河北省海洋环境质量公报、2002—2015 年河北省海域使用管理公报、2002—2015 年唐山市环境质量公报及中国科学院遥感所提供的渤海三大湾岸线卫星遥感监测数据（2000—2015 年）等。

15.2 指标权重的确定

根据 5.8 所确定的评估指标权重评定方法，采用层次分析方法确定了各评估指标的权重，结果见表 15.1。

表 15.1 基于“成因-结果”的曹妃甸海域环境与生态安全综合评估指标权重

系统	分系统	子系统	指标
海域环境与生态安全综合评估指标体系	成因 0.6	社会经济发展 0.2	人口自然增长率 0.2
			人口密度 0.2
			GDP 增长率 0.3
			海洋产业产值占 GDP 比重 0.1
			港口吞吐量 0.2

（续）

系统	分系统	子系统	指标
海域环境与生态安全综合评估指标体系	成因 0.6	海洋资源利用 0.3	围填海面积 0.3
			宜港岸线利用率 0.3
			渔业资源捕捞量 0.3
			海域利用率 0.1
		环境污染压力 0.3	入海污染物量 0.4
			养殖年均排污量 0.3
			海水富营养化指数 0.3
		生态环境补偿 0.2	工业废水达标排放率 0.3
			工业固废综合利用率 0.2
			城市污水处理率 0.3
			海洋自然保护占国土面积比例 0.1
			环保投资占 GDP 比重 0.05
			海洋第三产业比重 0.05
	结果 0.4	海域状况 0.1	滩涂面积 0.5
			自然岸线比例 0.5
		生物群落 0.3	浮游植物密度 0.1
			浮游动物密度 0.1
			浮游动物生物量 0.1
			鱼类资源密度 0.3
			底栖动物生物量 0.2
			底栖动物密度 0.2
		生物安全 0.1	生物残毒评价指数 1.0
		环境质量 0.3	溶氧度 0.1
			化学需氧量 0.2
			活性磷酸盐 0.2
			无机氮 0.2
			石油类 0.1
			硫化物 0.1
			有机碳 0.1
		生态功能 0.2	滨海自然湿地面积 0.5
			初级生产力 0.5

注：表中数字为相应指标的权重

15.3 指标数据标准化

本章采用指数法对各指标原始数据进行标准化，计算方法见 5.8。各指标数据标准化后的结果见表 15.2。

表 15.2 指标数据标准化结果

指标类型	指标	标准值												
		2002	2003	2004	2005	2006	2007	2008	2009	2010	2011	2012	2013	2014
成因	人口自然增长率	0.227	0.495	0.306	0.073	0.195	0.000	0.000	0.805	0.220	0.610	0.483	0.476	0.588
	人口密度	0.129	0.121	0.121	0.117	0.110	0.106	0.106	0.105	0.093	0.090	0.009	0.004	0.000
	GDP 增长率	0.880	0.728	0.722	0.464	0.000	0.315	0.368	0.567	0.536	0.823	0.806	0.894	0.936
	海洋产业产值占 GDP 比重	0.675	0.662	0.656	0.611	0.487	0.384	0.343	0.152	0.015	0.132	0.060	0.026	0.000
	港口吞吐量	1.000	1.000	1.000	1.000	0.964	0.928	0.886	0.804	0.526	0.375	0.304	0.123	0.000
	围填海面积	1.000	0.998	0.994	0.969	0.914	0.796	0.550	0.349	0.209	0.144	0.038	0.003	0.000
	宜港岸线利用率	1.000	0.834	0.737	0.625	0.569	0.519	0.487	0.249	0.092	0.053	0.021	0.004	0.000
	渔业资源捕捞量	0.000	0.031	0.027	0.029	0.031	0.223	0.285	0.284	0.307	0.314	0.335	0.376	0.389
	海域利用率	0.485	0.456	0.450	0.444	0.392	0.337	0.314	0.189	0.132	0.011	0.004	0.002	0.000
	陆源入海污染物量	0.841	0.835	0.797	0.754	0.575	0.476	0.354	0.267	0.233	0.203	0.157	0.118	0.000
	养殖年均排污量	0.162	0.000	0.011	0.015	0.165	0.228	0.273	0.293	0.363	0.392	0.429	0.453	0.465
	海水富营养化指数	0.795	0.757	0.665	0.443	0.226	0.126	0.000	0.084	0.125	0.203	0.308	0.477	0.655
	工业废水达标排放率	0.947	0.955	0.979	0.980	0.980	0.981	0.983	0.975	0.961	0.974	0.978	0.989	1.000
	工业固废综合利用率	0.420	0.446	0.583	0.607	0.700	0.703	0.832	0.914	0.914	0.953	0.968	0.978	1.000
	城市污水处理率	0.525	0.669	0.751	0.834	0.828	0.869	0.932	0.952	0.968	0.975	0.983	0.991	1.000
	海洋自然保护区占国土面积比例	0.000	0.000	0.000	0.000	1.000	1.000	1.000	1.000	1.000	1.000	0.911	0.911	0.911
	环保投资占 GDP 比重	1.000	0.982	0.784	0.850	0.743	0.599	0.593	0.533	0.581	0.551	0.527	0.515	0.563
	海洋第三产业比重	0.215	0.250	0.264	0.293	0.346	0.930	0.550	0.591	0.688	0.760	0.825	0.911	1.000
结果	滩涂面积	1.000	0.979	0.964	0.951	0.924	0.823	0.539	0.337	0.236	0.142	0.128	0.121	0.118
	自然岸线比例	1.000	0.958	0.765	0.597	0.368	0.146	0.064	0.000	0.000	0.000	0.000	0.000	0.000
	浮游植物密度	1.000	0.595	0.495	0.380	0.345	0.325	0.303	0.183	0.207	0.259	0.427	0.520	0.675
	浮游动物密度	1.000	0.751	0.524	0.437	0.406	0.391	0.361	0.350	0.460	0.544	0.587	0.604	0.637
	浮游动物生物量	1.000	0.799	0.717	0.668	0.656	0.606	0.588	0.399	0.179	0.231	0.248	0.268	0.329
	鱼类资源密度	1.000	0.852	0.762	0.691	0.664	0.633	0.605	0.502	0.434	0.468	0.481	0.490	0.504

（续）

指标类型	指标	标准值												
		2002	2003	2004	2005	2006	2007	2008	2009	2010	2011	2012	2013	2014
结果	底栖动物生物量	1.000	0.939	0.865	0.845	0.822	0.544	0.505	0.458	0.454	0.536	0.578	0.715	0.835
	底栖动物密度	1.000	0.927	0.899	0.780	0.639	0.274	0.251	0.202	0.165	0.207	0.387	0.404	0.437
	生物残毒评价指数	0.619	0.555	0.523	0.379	0.384	0.394	0.384	0.258	0.265	0.165	0.000	0.068	0.110
	溶解氧	1.000	0.943	0.885	0.848	0.747	0.712	0.704	0.784	0.777	0.792	0.872	0.867	0.983
	化学需氧量	0.328	0.292	0.241	0.146	0.073	0.051	0.022	0.000	0.022	0.036	0.066	0.088	0.131
	磷酸盐	0.491	0.453	0.377	0.245	0.094	0.038	0.000	0.094	0.094	0.132	0.189	0.340	0.453
	无机氮	0.414	0.387	0.305	0.154	0.100	0.063	0.000	0.012	0.033	0.069	0.106	0.151	0.290
	石油类	0.971	0.900	0.014	0.000	0.314	0.171	0.529	0.40	0.543	0.529	0.829	0.729	0.717
	硫化物	0.000	0.071	0.113	0.188	0.452	0.413	0.452	0.745	0.803	0.651	0.700	0.664	0.682
	有机碳	0.111	0.000	0.697	0.636	0.656	0.646	0.606	0.424	0.817	0.776	0.747	0.697	0.677
	滨海自然湿地面积	1.000	0.899	0.746	0.701	0.595	0.530	0.492	0.414	0.381	0.325	0.324	0.321	0.320
	初级生产力	1.000	0.929	0.679	0.628	0.570	0.517	0.499	0.507	0.494	0.551	0.894	0.880	0.885

15.4 曹妃甸海域环境与生态安全综合评估结果

采用综合指数法，根据 5.8 的研究方法，对 2002—2014 年曹妃甸海域的环境与生态安全进行综合评价，评价结果见表 15.3。

表 15.3 2002—2014 年曹妃甸海域环境与生态安全综合评估结果

年份	2002	2003	2004	2005	2006	2007	2008	2009	2010	2011	2012	2013	2014
成因评估值	0.605	0.6	0.587	0.531	0.482	0.475	0.453	0.437	0.41	0.399	0.401	0.443	0.455
结果评估值	0.739	0.695	0.615	0.535	0.505	0.415	0.396	0.348	0.343	0.341	0.394	0.42	0.467
综合安全度	0.659	0.638	0.598	0.533	0.491	0.451	0.430	0.401	0.383	0.376	0.398	0.433	0.459
安全度等级	中度安全	中度安全	安全预警	安全预警	安全预警	安全预警	安全预警	安全预警	较不安全	较不安全	较不安全	安全预警	安全预警

综合表 15.3 与图 15.1 可知，在 2003 年进行大规模人类活动之前，曹妃甸海域环境与生态总体处于中度安全等级。随着人类活动日渐频繁，对海域资源的利用强度逐步增加，人口不断聚集，各类入海污染物也不断增加，使得在

人类活动高峰期（2004—2011年），海域环境与生态综合安全度明显降低，安全度等级由中度安全退化到安全预警，最后至较不安全。2011年以后，曹妃甸人类开发活动基本结束，成因评估值逐步开始升高，其对海域产生的影响逐渐减轻，而结果评估值也相应地有所好转，综合安全度也逐步有所上升；但长期人类活动对海域环境与生态安全产生的累积效应在短时间内难以消除，使得2010—2012年安全度等级仍处于较不安全等级。随着时间的推移，人类活动对海域环境与生态安全产生的累积效应逐渐减弱，2013—2014年曹妃甸海域环境与生态逐步恢复到安全预警等级。

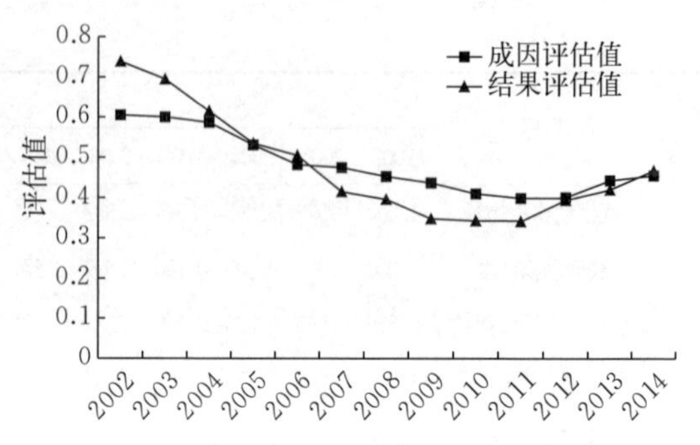

图 15.1　曹妃甸海域环境与生态安全成因评估值与结果评估值的变化

从综合安全度的变化来看，人类开发活动对曹妃甸海域环境与生态安全造成了一定的影响，尤其是在人类开发活动实施阶段，影响最为明显。在人类开发活动结束后，尽管曹妃甸海域环境与生态安全状态有所恢复，但评估值偏低，仍处于安全预警等级。在以后的建设和发展过程中，应该重点考虑海域环境与生态安全状态，控制或降低人类活动对海域生态环境的影响，同时积极开展海域生态环境的保护和修复，保障海域生态环境的可持续发展。

本章基于"成因-结果"指标法构建海域环境与生态综合安全评估指标体系，确定了海域环境与生态综合安全度分级标准，并对曹妃甸海域2002—2014年的环境与生态安全进行了综合评估。结果表明，在沿海开发活动影响下，曹妃甸海域环境与生态安全度等级的变化规律为开发前的中度安全等级→开发中的安全预警等级→开发后期的较不安全等级→开发结束后的安全预警等级；可见，人类开发活动对曹妃甸海域环境与生态安全造成了一定的影响，尤其是在开发活动实施阶段，影响最为明显。

16 河北省海洋资源环境与海洋经济协调发展评估

在追求海洋经济增长的过程中，人们忽视了对海洋资源环境的保护，近岸海域污染越来越严重，海域环境质量明显下降，生态环境日趋恶化，在一定程度上阻碍或制约了海洋资源的持续利用和海洋经济的持续发展。因此，协调好海洋经济与海洋资源环境之间的关系，实现资源环境的可持续利用，促进海洋经济的持续发展是众多沿海国家和地区共同关心的重要课题。

河北省是一个海洋大省，海洋资源类型较多，开发潜力较大，着力打造具有鲜明区域特点和产业优势的海洋经济板块是河北省海洋经济发展的主基调。随着海洋开发力度的不断加大，河北省海洋经济得到快速发展，海洋主要产业产值由 2000 年的 69.19 亿元提高到 2016 年的 2 283 亿元，海洋经济总体规模不断扩大，海洋经济综合实力显著提高。然而在海洋经济快速发展过程中，河北省海洋资源环境问题日趋突出，海洋环境质量恶化，海洋生物资源衰退，滨海湿地退化，海岸侵蚀日趋严重，赤潮灾害时有发生。因此，研究河北省海洋经济发展与海洋资源环境的协调性，对推进河北省海洋经济和海洋资源环境的协调发展具有重要的实践意义。根据 5.9 所建立的海洋经济与资源环境协调发展评价模型，选取河北省 1984—2015 年海洋经济和资源环境的样本数据进行实证分析，揭示其海洋经济与资源环境协调发展程度的变化趋势及根源。

国内外已开展了众多关于资源环境与经济协调发展的研究。19 世纪 30 年代，国外便开始了相关的研究，当时的研究过于强调经济发展；到 70 年代提出了稳态经济发展模式；到 90 年代提出了协调发展理论，认为经济发展是不断适应环境变化的过程；目前，与协调发展相关的研究已经转向定量化及一些相关理论的研究。国内对于经济与资源环境协调发展的定性研究较晚，19 世纪 80 年代末才开始探索生态经济协调发展理论；90 年代形成了比较全面的协调发展理论，提出协调度和协调发展度的计量模型及其指标体系；随后许多专家学者开展了协调发展的定量化研究。虽然上述研究取得了许多重要成果，但对陆域经济与环境协调进行研究的较多，对海洋经济与海洋资源环境协调持续发展进行研究的较少，特别是对河北省海洋资源环境与海洋经济发展之间协调性的研究至今未有耳闻。

16.1 数据来源与标准化

本章的研究数据主要来源于1984年河北省海岸带资源调查，2003年河北省海洋资源调查，《中国海洋统计年鉴》（1997—2015年），《河北渔业年鉴》（2000—2015年），《河北经济年鉴》（1994—2015年），《河北省统计年鉴》（1985—2015年），2000—2015年秦皇岛市、沧州市、唐山市国民经济与社会发展公报，2002—2015年河北省海洋环境质量公报，2002—2015年河北省海域使用管理公报，2002—2015年秦皇岛市、沧州市、唐山市环境质量公报，以及中国科学院遥感所提供的渤海三大湾岸线卫星遥感监测数据（2000—2015年）等。

根据5.9的研究方法，采用极差标准化的方法对数据进行标准化处理。指标权重确定采用均方差赋权法，结果见表16.1。

表16.1 河北省海洋经济指标与海洋资源环境指标

系统	目标层	指标层	系统	目标层	指标层
海洋经济指标	经济效益	海洋产业产值增长率0.078	海洋资源环境指标	海洋资源	单位岸线围填海强度0.075
		海洋产业产值占GDP比重0.094			自然湿地面积0.080
		海洋土要产业产值0.099			养殖空间资源利用量0.069
	生产能力	海洋水产品产量0.089			渔业资源捕捞量0.083
		海洋盐业产量0.090			海域利用率0.081
		海洋原油产量0.090			自然岸线比例0.077
		港口货物吞吐量0.096			海岸林地覆盖率0.087
		入境旅游人数0.096		海洋灾害	赤潮年累计发生面积0.076
	产业结构	海洋第三产业比重0.087			海岸侵蚀速率0.066
	发展潜力	海洋科技人员比重0.084		海洋环境	海水水质综合指数0.068
		海洋科技项目经费0.095			主要污染物浓度0.068
				海洋生态	鱼类群落的多样性0.091
					初级生产力0.079

注：表中数字为相应指标的权重

16.2 研究结果

16.2.1 海洋资源环境质量综合指数分析

根据5.9海洋资源环境质量综合指数的计算方法，得到河北省1984—2015年海洋资源环境质量综合指数 $f(x)$，见图16.1。由图16.1可知，1984—2015年，河北省海洋资源环境质量综合指数总体呈现下降趋势，最低值出现在2015年，达到0.199，仅为1984年的1/5；1984—2015年海洋资源环境质量综合指数年平均降低4.82%，表明海洋资源环境质量总体逐年衰退。1984—2015年，海洋资源环境质量综合指数年均降低速度极不均衡。其中，1984—1993年年均降低率为5.04%，1993—2000年年均降低率为3.33%，2000—2003年年均降低率为2.86%，2003—2007年年均降低率为14.92%，2007—2010年年均降低率为2.18%，2010—2015年年均降低率为0.59%。从海洋资源环境质量综合指数降低速率来看，2003—2007年河北省海洋资源环境质量衰退速度最快。自2003年以来，河北省加快了海洋资源开发的步伐，曹妃甸临港工业区、渤海新区、乐亭临港产业区等相继建成，海洋经济发展速度加快，海洋资源环境所受的影响也逐渐加大。2003—2007年河北省单位岸线围填海强度由102.27 hm^2/km增加到239.53 hm^2/km。由于海岸带开发活动，2003—2007年河北省滨海湿地减少的面积占到1984—2015年滨海湿地面积总减少量的24.13%，海岸带森林覆盖率减少3%，赤潮发生面积由1 171 hm^2/年增加到1 951 hm^2/年。海洋资源环境受到明显影响。

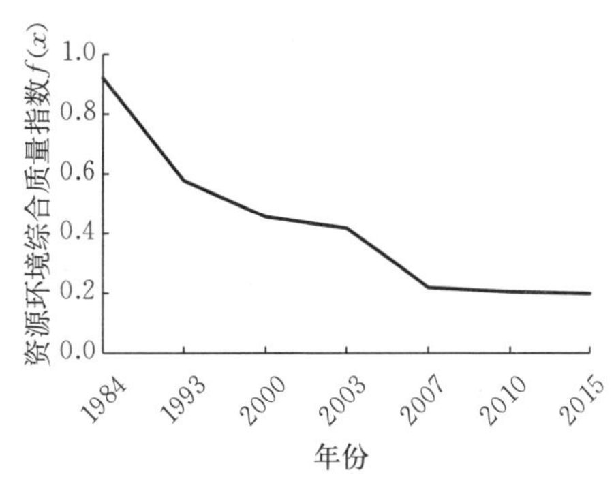

图16.1 河北省海洋资源环境综合指数变化

16.2.2 海洋经济发展综合指数分析

根据5.9海洋经济发展综合指数的计算方法，得到河北省1984—2015年海洋经济发展综合指数 $g(x)$，见图16.2。由图16.2可知，1984—2015年，河北省海洋经济发展综合指数呈现上升趋势，最高值为2015年的0.891，是1993年的3.54倍。在分析时段内，河北省海洋经济呈现快速发展趋势。1984—2015年，河北省海洋经济发展综合指数年均增长率为15.54%，其中1984—1993年海洋经济发展综合指数年均增长速度最快，为43.12%。1984—1993年，河北省海洋经济发展从无到有，海洋产业产值增长率从1984年的

1.25%增加到1993年的19.92%，海洋经济规模快速扩大。2013—2015年，河北省沿海开发活动的实施，使得海洋经济快速发展，海洋产业产值占GDP比重由2003年2.57%提高到2007年9%，海洋产业产值增长率由2003年24.04%提高到2007年39.54%。2003—2007年海洋经济发展综合指数年均增长速度达到了13.36%，高于1993—2000年（7.72%）、2000—2003年（5.79%）、2007—2010年（1.91%）和2010—2015年（0.05%）的增长速度。这也与此阶段海洋资源环境综合指数快速衰退相互印证。

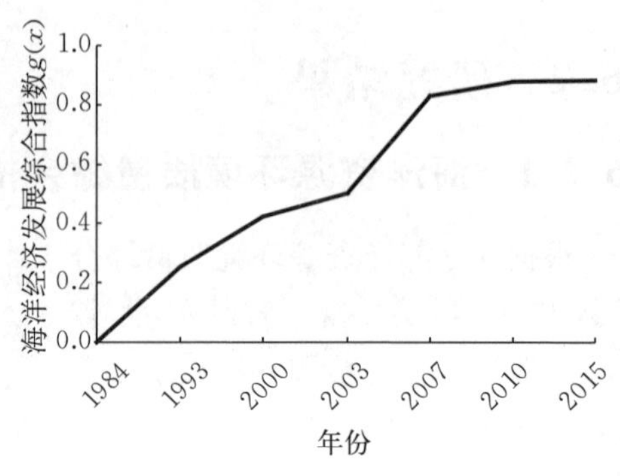

图16.2　河北省海洋经济发展综合指数变化

16.2.3　河北省海洋经济与海洋资源环境协调发展评估

根据5.9海洋经济与海洋资源环境协调发展评估方法，计算得出1984—2015年河北省海洋资源环境与海洋经济发展协调度C和协调发展水平D，结果见表16.2。由表16.2可知，1984—2015年河北省海洋资源环境与海洋经济协调发展度为0～0.670。其中，1984—1993年由严重失调过渡到濒临失调状态，海洋资源环境与海洋经济协调性相对较差；2000—2003年，海洋资源环境与海洋经济基本处于协调发展状态；2003—2015年，两者均处于轻度失调状态。

为了更详细地反映海洋资源环境与海洋经济的协调发展水平，同时也为了反映海洋资源与海洋经济发展水平的高低，本章对协调发展度类型进行了更详细的划分。根据相关研究可知：$f(x)-g(x)>0.1$时，为经济受损型；$f(x)-g(x)<-0.1$时，为资源环境受损型；$0\leqslant|f(x)-g(x)|\leqslant0.1$时，为资源环境/经济受损型（$D>0.5$时为资源环境/经济同步型）。由表16.2可以看出，1984年河北省海洋资源环境与海洋经济协调发展类型属严重失调类经济受损型，1993年属濒临失调类经济受损型，2000—2003年属资源环境/经济同步型，2003—2015年属轻度失调类资源环境受损型。

表16.2　河北省海洋资源环境与海洋经济协调发展度评价结果

年份	1984	1993	2000	2003	2007	2010	2015
协调度	0	0.605	0.996	0.976	0.291	0.230	0.213
协调发展水平	0	0.500	0.661	0.670	0.390	0.353	0.341

（续）

年份	1984	1993	2000	2003	2007	2010	2015
等级	严重失调	濒临失调	协调发展	协调发展	轻度失调	轻度失调	轻度失调
$f(x)-g(x)$	0.921	0.326	0.032	−0.084	−0.610	−0.674	−0.692
类型	经济受损型	经济受损型	资源环境/经济同步型	资源环境/经济同步型	资源环境受损型	资源环境受损型	资源环境受损型

从系统内部来看，现阶段河北省海洋经济发展相对加快，而资源环境保护则相对滞后，且两方面相差较大，处在失调状态之中。2000—2015年，河北省海洋经济发展非常迅速，综合评价指数出现逐年上升的趋势，而海洋资源环境综合评价指数则逐年降低；沿海地区的开发加快了海洋经济的发展，但沿海的海洋环境保护、海洋管理工作则相对滞后，海域资源环境整体质量不断下降。随着新一轮海洋经济发展浪潮的推进，海洋经济的发展对海洋资源环境的压力必然越来越大。为了在推进海洋经济发展的同时有效地保护资源环境，必须采取有效措施来促进海洋资源环境与海洋经济的协调发展。

16.3 结论

海洋经济与海洋资源环境相互影响、相互制约，形成了一个复杂的系统。利用系统分析的理论，根据河北省海域资源环境和海洋经济发展的实际，建立海洋经济与海洋资源环境协调发展评价指标体系。对河北省不同时期海洋经济与海洋资源环境的协调发展进行评价，结果表明，河北省海洋资源环境质量综合指数总体呈现下降趋势，而海洋经济发展综合指数呈现快速上升的趋势，海洋资源环境与海洋经济协调性相对较差。1993年以前是海洋经济发展滞后影响了海洋资源环境与经济发展协调发展度；2000—2003年，海洋资源环境与海洋经济基本处于协调发展状态；2004—2015年，资源环境受损影响了海洋资源环境与经济发展协调度，出现轻度失调。总体上，河北省海洋资源环境与海洋经济发展并没有达到良性互动状态，而且随着海洋经济发展，海洋资源环境呈现受损的状态。要改变此状况，必须加快转变海洋经济发展方式，加快海洋结构调整，优化产业结构，加强技术创新，加快海洋低碳经济的发展。同时，要高度重视海洋资源环境保护工作，积极开展海洋资源环境保护与综合整治，全面提升河北省海洋资源环境质量，实现海洋资源环境与海洋经济的协调发展。

17 唐山湾近岸海域生态环境对人类活动的响应

17.1 海域水环境对人类活动的响应

海湾是连接陆地与海洋的过渡环境，生态过程比较复杂，且容易受到人类活动的影响。随着人口的增加和经济的快速发展，沿海区域的生态环境问题日益突显；尤其在河口和海湾区域，富营养化等各种污染问题频繁发生。这直接导致河口、海湾或近岸海域水体生态环境的退化，引发赤潮，使生物多样性降低及生物资源的锐减等，造成巨大的经济损失。因此，有关海湾生态系统、生物资源、生态环境等的研究已受到世界各国海洋科学家的广泛关注。一些研究表明，河口、海湾或近岸水体生态环境已明显受到沿岸人类活动的影响。不断增强的人类活动，使得大量氮、磷等营养物质沿江河汇入近岸海域，导致近岸海域营养盐含量逐年升高。

唐山湾位于中国经济增长的第三极——环渤海经济圈的中心地带。随着经济快速发展和沿海区域快速开发，人类活动对唐山湾海域生态环境的影响也日渐显现。但关于唐山湾海域生态环境的研究相对较少，张彩霞对唐山湾海域资源开发利用情况进行了分析，杜肖等人研究了唐山湾海域渔业资源的多样性，方成等人对唐山岸线资源的利用过程中的环境效应进行研究，而在人类活动影响下海域生态环境的变化研究方面尚未见相关报道。本章基于1995—2012年的监测数据，全面分析了唐山湾近岸海域水环境对人类活动的响应特征；同时，利用主成分分析方法，识别唐山湾水体多年来的演变模式，为唐山湾及其周边地区海洋环境保护和经济协调发展提供了理论依据。

17.1.1 研究方法

(1) 研究区域

唐山湾位于渤海湾北部，118°～119°E，38.7°～39°N，以曹妃甸岛为中点，形成西起芦汉经济开发区、东到乐亭新区的大凹湾，所涉及的主要行政区域包括海港经济开发区、曹妃甸区、南堡经济开发区、丰南沿海工业区、芦汉经济开发区。唐山湾海岸线长约 170 km，浅海面积近 2 000 km^2，其中 60%以上海域水深超过 10 m。唐山湾地处大陆性季风气候区，年平均气温 11.2～12.3 ℃，多年平均降水量 554.9 mm，多集中在夏季；海水平均水温 13.4 ℃。唐山湾沿岸没有大型河流汇入，但有 6 条季节性小型入海河流（沙河、双龙河、青龙河、小清河、大清河和陡河）汇入唐山湾。20 世纪 90 年代，唐山湾人口相对较少，大多从事传统制盐业、渔业或农业生产，工业几乎空白；但随着唐山湾沿海的逐步开发，以及由曹妃甸新区、乐亭新区、丰南沿海工业区和芦汉经济开发区构成的“四点一带”格局的形成，唐山湾沿岸人口数量快速增长，由 2000 年不足 30 万人增长到 2012 年 43 万人。临海工业、产业也在此期间逐步发展起来。唐山湾沿岸主要开发区工业总产值由 1993 年的 97.78 亿元增长到 2012 年的 1 515.23 亿元，工业总产值增长至 15.5 倍。随着唐山湾工业化和城镇化进程的不断加快，大量工业、生活污水不断汇入唐山湾海域，2012 年年均陆源入海污染物总量约为 93 956 t，其中悬浮物 46 659 t、生化需氧量2 798 t、氨 2 232 t。这些污染物主要来源为河流汇入、沿海开发区工业废水和生活污水的排放、港口排污。

（2）采样与分析方法

分析所用数据来自《河北省海洋环境监测报告》（2002—2012 年）和《唐山市海洋环境监测报告》（1995—2001 年）。唐山湾海域生态环境监测开始于 1995 年，止于 2012 年，其中 1998 年、2001 年和 2006 年监测站位与其他年份有所出入，故在分析时将这 3 个年份的数据予以舍弃。唐山湾海域共 25 个监测站位（图 17.1），于每年的 3 月、5 月、8 月、10 月分别采集唐山湾海水底层和表层样品。水质监测的采样及分析方法均按《海洋监测规范》的规定执行。主要监测指标包括温度（温度表法）、盐度（盐度计法）、pH（pH 计

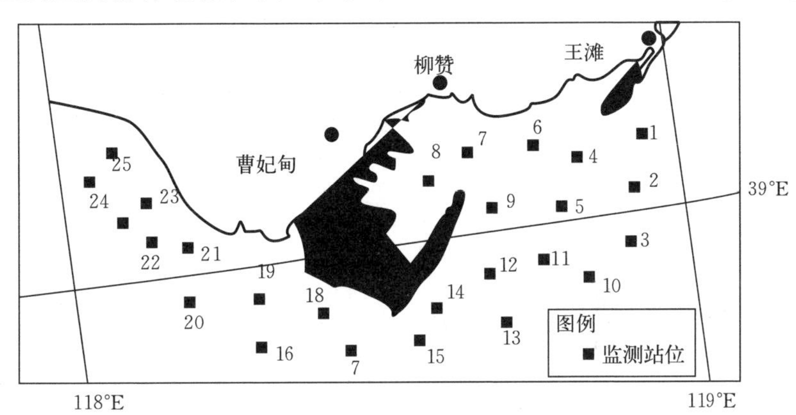

图 17.1　唐山湾海域监测站位分布图

法）、溶解氧（DO，碘量法）、化学需氧量（COD，碱性高锰酸钾法）、亚硝酸盐氮（NO_2^- - N，盐酸萘乙二胺分光光度法）、硝酸盐氮（NO_3^- - N，锌镉还原法）、氨氮（NH_4^+ - N，靛蓝分光光度法）、磷酸盐（PO_4^{3-} - P，磷钼蓝分光光度法）、硅酸盐（SiO_3^{2-} - Si，硅钼黄法）、叶绿素 a（Chl - a，丙酮萃取分光光度法）。无机氮（DIN）为亚硝酸盐氮、硝酸盐氮和氨氮三者含量之和。

(3) 数据分析方法

为了识别唐山湾海域营养盐结构的变化，主要选取了磷酸盐、氨氮、硝酸盐氮、亚硝态氮、硅酸盐、无机氮、叶绿素 a 7 项指标。根据监测资料，计算出唐山湾 1995—2012 年（1998 年、2001 年、2006 年除外）各指标逐年的均值进行分析。基于 15 年 7 项指标逐年的均值，利用主成分分析（PCA）来识别唐山湾水质变化趋势。全部数据的计算及统计分析采用 SPSS12.0 及 SigamaPlot12.0 来实现。

17.1.2 研究结果

(1) 含氮营养盐时空变化特征

如图 17.2（a）所示，氨氮在 1995 年平均浓度为 0.389 μmol/L，到 2012 年增加到 2.577 μmol/L，年增加速率为 0.129 μmol/L；硝酸盐氮在 1995 年平均浓度为 0.544 μmol/L，到 2012 年增加到 2.94 μmol/L，年增加速率为 0.141 μmol/L；亚硝酸盐氮在 1995 年平均浓度为 0.227 μmol/L，到 2012 年增加到 0.666 μmol/L，年增加速率为 0.02 μmol/L。无机氮浓度均有增加的趋势，硝酸盐氮浓度增加的速度最大，其次为氨氮，最小的为亚硝酸盐氮。从图 17.2（b）中可以看出，氨氮和硝酸盐氮一直为无机氮的主要形态，氨氮占

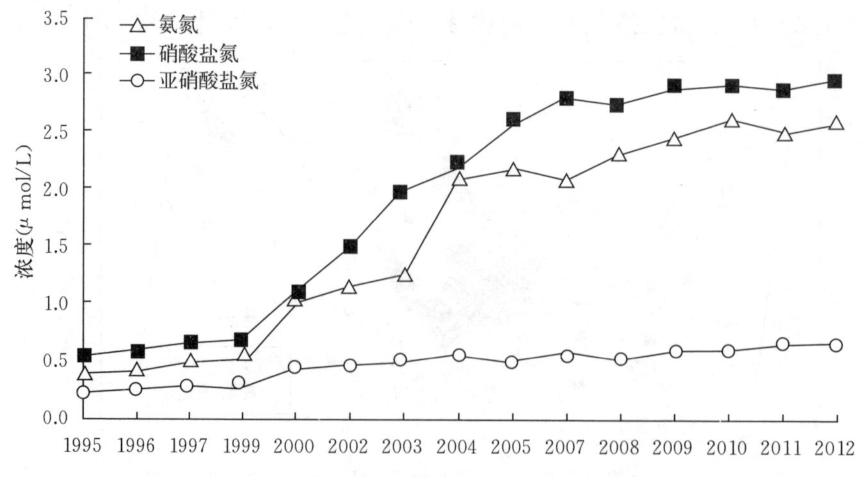

(a)

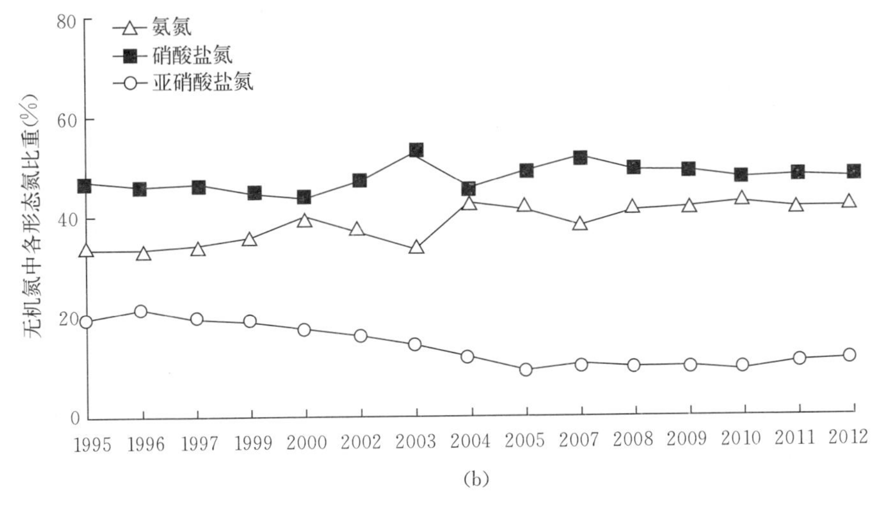

图 17.2　无机氮含量及其组成变化趋势

无机氮的百分比在 30%～45%，硝酸盐氮占无机氮的百分比在 40%～55%，而亚硝酸盐氮占无机氮百分比基本低于 20%。

以 2000 年、2005 年和 2012 年唐山湾海域营养盐监测结果为例，分析唐山湾海域营养盐的平面分布情况。图 17.3 为海域无机氮的分布情况，2000 年，无机氮分布的高值区主要出现在曹妃甸岛以东大清河口和双龙河口附近海域；无机氮分布基本呈现由东向西，由近岸向远岸逐渐降低的趋势。2005 年，无机氮的高值区主要出现在曹妃甸以西海域（即丰南沿海区域）；无机氮分布基本呈现由东向西逐渐升高，由近岸向远岸逐渐降低的趋势。2012 年，无机氮的分布与 2005 年分布基本一致，所不同的是曹妃甸以西海域无机氮上升更

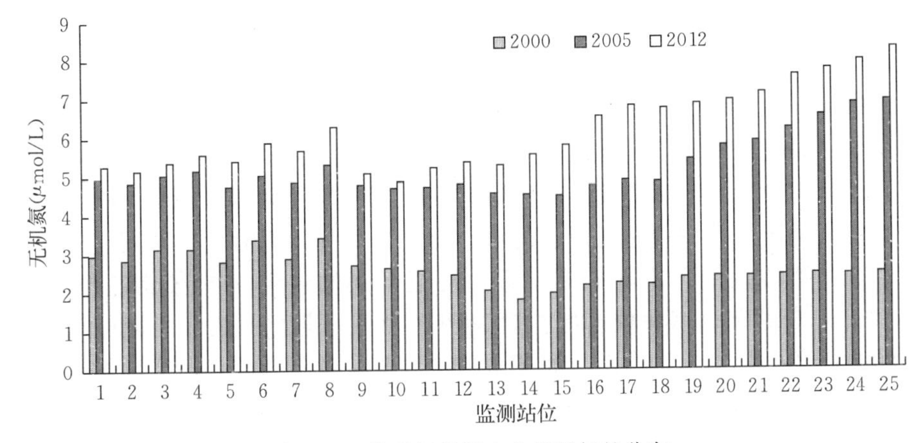

图 17.3　典型年份海水中无机氮的分布

加明显。总体上，唐山湾海域无机氮浓度呈现升高的趋势，相对而言曹妃甸以西海域比以东海域上升速度快；唐山湾海域无机氮的分布从近岸到远岸逐渐降低，高值区由曹妃甸东部海域转向曹妃甸西部海域。

(2) 磷酸盐变化特征

1995—2012 年唐山湾海域磷酸盐浓度呈现降低的趋势，由 1995 年 0.445 μmol/L 降低到 2012 年的 0.238 μmol/L，年递减速率为 0.012 μmol/L，如图 17.4 所示。磷酸盐在生物循环过程中处于比较稳定的状态。春季是浮游植物和浮游动物繁殖的季节，大量消耗水体中的营养盐；同时，春季雨量较少，陆地径流并不能带来充足的营养盐补充。因此，磷酸盐含量降低。夏、秋季节处于雨季时期，陆地径流带来丰富的营养盐，磷酸盐浓度逐渐升高。冬季温度下降，浮游植物和浮游动物出现衰退和死亡，一部分被分解的磷酸盐重新溶解在水体中，另一部分则形成有机磷沉积在底层。

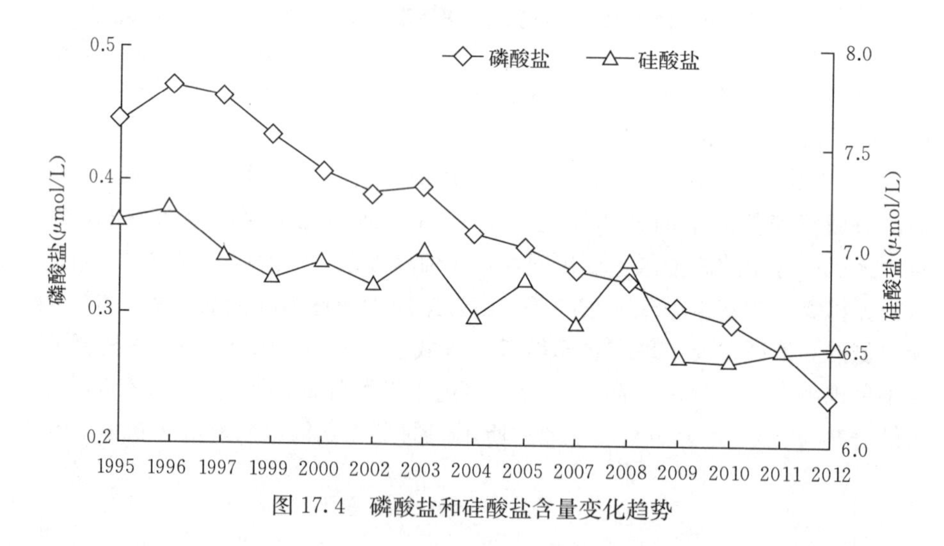

图 17.4 磷酸盐和硅酸盐含量变化趋势

2000 年、2005 年和 2012 年唐山湾海域各监测站位磷酸盐的分布情况如图 17.5 所示。2000 年磷酸盐普遍较高，高值区主要分布在曹妃甸以东海域，并呈现由近岸向远岸逐步降低的趋势。2005 年磷酸盐含量有所降低，分布的高值区仍然在曹妃甸以东海域，但在曹妃甸西部海域，尤其是丰南沿海区域，磷酸盐的含量降低不明显，甚至个别站位磷酸盐含量略有升高。2012 年，曹妃甸以东海域磷酸盐含量明显降低，曹妃甸西部海域成为磷酸盐的高值区。总体上，唐山湾海域磷酸盐含量呈现降低趋势，个别站位略有升高；与无机氮的分布类似，磷酸盐的高值区由曹妃甸东部海域转向曹妃甸西部海域。

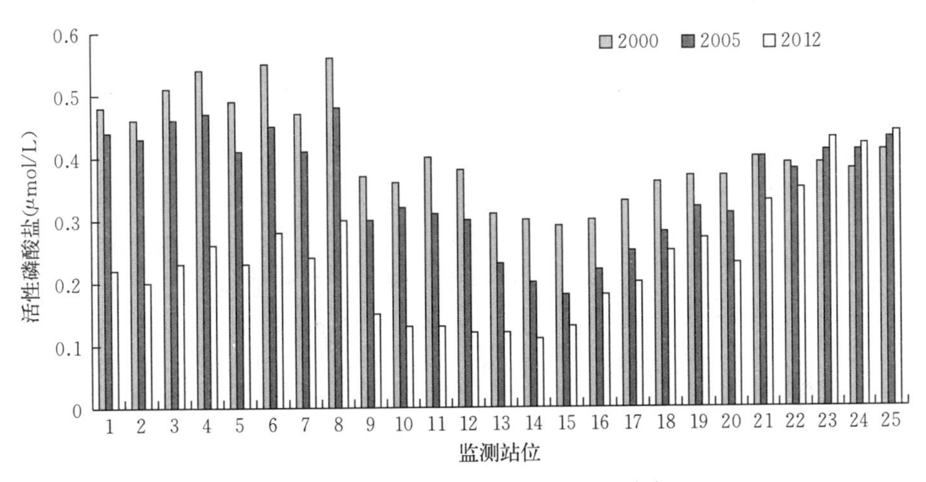

图 17.5 典型年份海水中磷酸盐的分布

(3) 硅酸盐变化特征

1995—2012 年，唐山湾海域硅酸盐（$SiO_3^{2-}-Si$）含量介于 6.431～7.189 μmol/L，呈现下降趋势，但下降幅度不大，年递减速率为 0.038 μmol/L，如图 17.4 所示。硅酸盐是浮游植物生长所必需的重要营养源之一。当浮游植物生长、繁衍处于盛期，硅酸盐被浮游植物所吸收，使海水中的硅盐含量下降。当浮游植物生长受到抑制时，如水温升高，海水中硅酸盐含量又有一定的回升。但海水中硅酸盐含量的变化及分布除受浮游植物影响外，还受到大陆排水和水体运动的影响。从 2000 年、2005 年和 2012 年唐山湾海域各监测站位硅酸盐的分布情况来看（图 17.6），硅酸盐整体分布比较均匀，其高值区基本分布在沿岸河

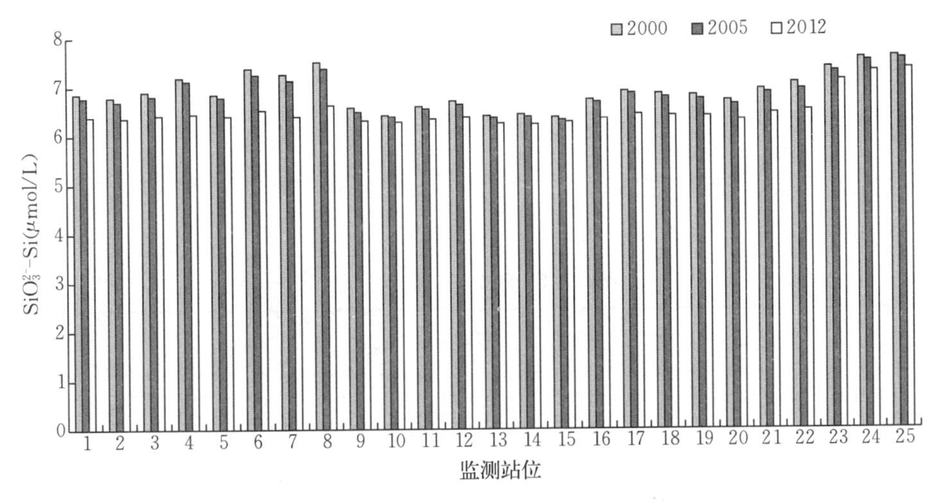

图 17.6 典型年份海水中硅酸盐的分布

流汇入区域。唐山湾沿岸虽然没有大河的汇入，但沿岸分布的大清河、双龙河等小型河流的汇入，使活性硅酸盐得以补充。加之水体垂直循环作用，使底层硅盐不断补充到上层。

(4) 营养盐结构变化特征

海水中硅：氮：磷是重要的海洋化学与海洋生物学参数，是研究浮游植物限制因子的关键指标。根据1963年Redfield提出的三者按浮游植物光合作用同化比例为16：16：1，若偏离该比例预示着浮游植物受到氮、磷或硅限制。一些研究表明，若氮：磷<10与硅：氮>1表明受氮限制；若硅：氮<1与硅：磷<3，表明受硅限制；当硅：磷>20～30时，表明受磷限制。利用多年监测的数据，采用Redfield标准（硅：氮：磷=16：16：1），对唐山湾海域浮游植物营养盐限制因子进行评价。根据唐山湾海域近20年硅：氮：磷的监测结果（表17.1）可知，总体上硅酸盐相对过剩，而无机氮和磷酸盐则表现出明显的阶段性。唐山湾海域氮：磷在3.0～26.0波动，平均氮：磷为12.37。其中，在2005年以前，氮：磷均在16.0以下，磷酸盐相对过剩、无机氮相对缺乏；2007年以后，氮：磷在16.0～26.0波动，无机氮相对过剩、磷酸盐相对缺乏。唐山湾海域近20年氮：磷与硅：氮变化结果如图17.7所示。因为，无机氮浓度近20年为增长趋势，而硅酸盐则为负增长，使得硅：氮具有下降的趋势。一方面无机氮浓度增加，另一方面磷酸盐浓度减小，使得氮：磷具有增加的趋势。因此，唐山湾海域1995—2005年为氮限制阶段，2007年以后为磷限制阶段。这说明唐山湾海域水质从磷贡献向氮贡献转变，人类活动已经影响到唐山湾水体的营养盐结构。

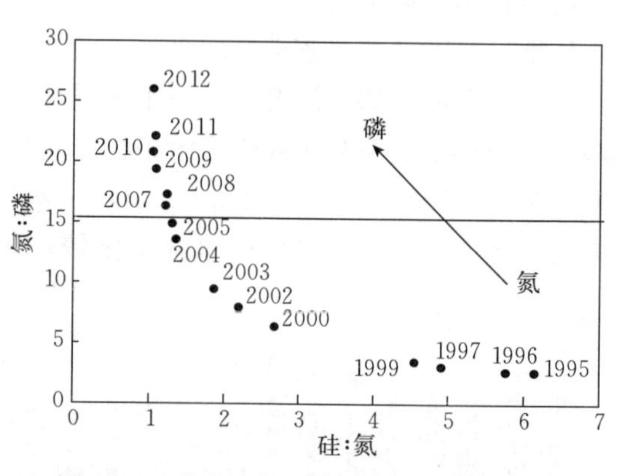

图17.7 唐山湾氮：磷和硅：氮变化趋势

表17.1 硅：氮：磷的变化

年份	1995	1996	1997	1999	2000	2002	2003	2004
硅：氮：磷	16：3：1	15：3：1	15：3：1	16：3：1	17：6：1	17：8：1	18：9：1	18：14：1

年份	2005	2007	2008	2009	2010	2011	2012
硅：氮：磷	19：15：1	20：16：1	21：17：1	21：19：1	22：21：1	24：22：1	27：26：1

(5) 水质变化趋势

运用1995—2012年每年4个季度7个变量共60组数据组成的数据矩阵，采用主成分分析识别水质的年变化趋势和各年份之间的差别（表17.2、表17.3）。主成分分析提取的前两个主成分，共解释了93.27%的原始数据的方差。其中，第一主成分（PC1）解释了71.52%的方差，以无机氮、硝酸盐氮、氨氮、磷酸盐和亚硝酸盐氮为代表，表明此主成分为氮、磷因子，即人类活动因子；第二主成分（PC2）解释了21.75%的方差，以叶绿素a和硅酸盐为代表，表明水质状态因子。

表17.2　变量相关系数

变量	磷酸盐	氨氮	硝酸盐氮	亚硝酸盐氮	无机氮	硅酸盐	叶绿素a
磷酸盐	1.000						
氨氮	−0.955**	1.000					
硝酸盐氮	−0.939**	0.984**	1.000				
亚硝酸盐氮	−0.871**	0.925**	0.937**	1.000			
无机氮	−0.953**	0.995**	0.996**	0.942**	1.000		
硅酸盐	−0.465	0.312	0.350	0.228	0.335	1.000	
叶绿素a	−0.089	0.231	0.293	0.434	0.271	−0.464	1.000

**表示在0.01水平上显著相关。

表17.3　变量载荷

变量	PC1	PC2
无机氮	0.995	0.02
硝酸盐氮	0.992	0.026
氨氮	0.986	0.007
磷酸盐	−0.962	0.171
亚硝酸盐氮	0.955	0.187
叶绿素a	0.278	0.884
硅酸盐	0.381	−0.821
特征值	5.006	1.522
方差贡献（%）	71.521	21.749
方差累计贡献（%）	71.521	93.27

水质年变化趋势如图17.8所示，表现了两个不同阶段的水质状态。第一阶段为1995—2005年，此阶段为高磷低氮，主成分得分主要来自磷酸盐的

贡献；但在2000年以后，氮的含量有较大的增长，在第一主成分轴向正方向移动。第二阶段为2007—2012年的阶段，主要以氮为特征的阶段。唐山湾海域水质具有明显的变化趋势，这与前述营养盐单因子之间结构变化相一致。

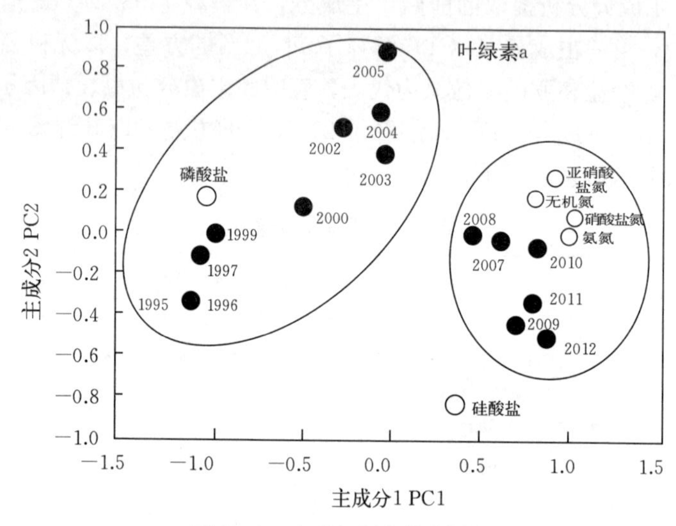

图 17.8　水质年际变化趋势图

17.1.3　原因分析

研究表明，随着唐山湾海域人类活动强度的增加，营养盐的浓度和结构均发生了明显的变化。主要表现为两个方面：一是总溶解无机氮的含量持续上升，磷酸盐、硅酸盐含量下降，尤其在2003年以后无机氮含量升高更加明显。二是营养盐结构的改变，2005年以前，磷酸盐相对过剩、无机氮相对缺乏；2007—2012年，无机氮相对过剩、磷酸盐相对缺乏。

根据营养盐输入的途径，唐山湾海域（海港经济开发区、曹妃甸新区、南堡经济开发区、丰南沿海工业区、芦汉经济开发区）营养盐的来源主要包括陆源排放和海水养殖。20世纪90年代，唐山湾沿岸人口密度较小，主要从事海洋渔业、农业和制盐业。到2000年，唐山湾沿岸人口不足30万人，而且基本集中在曹妃甸以东区域。2003年以后，随着沿海开发战略的实施，唐山湾沿岸产业结构转为以工业为主导的产业结构，使人口明显增加；尤其是曹妃甸区域的开发和建设，如曹妃甸港、华润电厂、首钢京唐钢铁、中石化炼油厂、三友化工等相继建设和投产，使得曹妃甸及其以西区域人口明显增加。至2012年，唐山湾沿岸人口增加到近43万人，比2003年增加了13万人；其中，曹妃甸新区人口增长了近6万人，南堡经济开发区增长了近3万人。同时，随着区域的开发及围填海工程的实施，具有水质净化功能滨海湿地被大量占用；2012年，唐山湾沿岸滨海湿地已经减少到 12.09 万 hm^2，比 2000 年减少了 4.4 万 hm^2。

根据 1995—2012 年唐山市统计年鉴的统计数据显示，随着工业的发展及人口的增加，近 20 年来唐山湾入海氨氮由 1995 年的 510.47 t 增加到 2012 年的 2 567.74 t，达到 1995 年5 倍以上（图 17.9）。从入海污染物的来源来看，2000 年，唐山湾入海的2 183.1 t的总氮中，工业排放量占 6.2%，生活污染源占 51.8%，农业污染源占 26.7%，养殖污染占 15.3%；2012 年，唐山湾总氮入海量达到 9 532.20 t，工业排放量占到 63.63%，生活污染源占 34.01%，农业污染源占 1.55%，养殖业占 0.8%。由此可见，随着工业发展、人口增加等人类活动强度的加大，唐山湾海域氮类污染物入海量不断增加，其主要来源也由生活污染源逐渐转变为工业污染源。

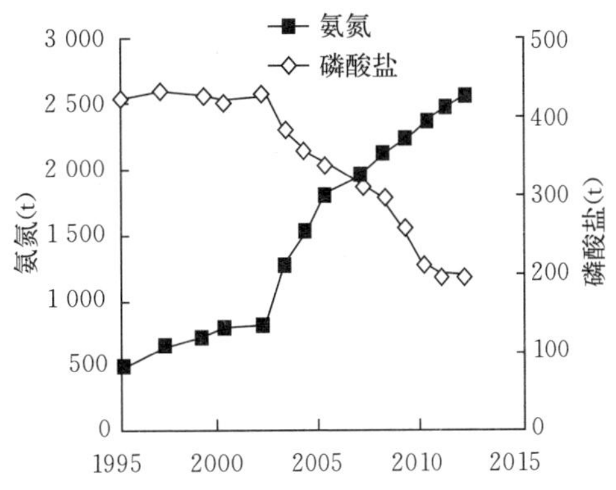

图 17.9　唐山湾海域氮、磷污染物年入海量

进入 20 世纪 90 年代以后，唐山湾海域海水养殖业快速发展，曹妃甸以东河口区域及近岸海域逐步成了唐山湾沿岸重要的海水养殖区。根据相关统计和监测，唐山湾海域年入海的磷酸盐主要来自生活污染源和养殖业污染源，二者占到入海总量的 98.46%，其中海水养殖占到 60%以上，曹妃甸以东海域成为磷酸盐的高值区。但在 2003 年进行唐山湾开发后，原有的部分养殖区被围填海工程所占据；同时，2010 年在曹妃甸以东海域实施的海岸带综合整治修复工程，使得大面积的养殖区被退养还滩，海水养殖面积明显萎缩。截至 2012 年，唐山湾海水养殖区面积减少到 20 962 hm^2，仅为 2000 年的 49.66%。唐山湾入海磷酸盐总量由 1995 年的 424.56 t 降低到 2012 年 195.91 t（图 17.9），且生活污染源所占比重达到 80.56%（2012 年）。唐山湾入海磷酸盐由海水养殖污染源为主转变为生活污染源为主。

本节的研究结果表明，唐山湾营养盐结构严重失衡，逐渐由原来的氮限制转变为磷限制。这种现象主要是由于研究时段内无机氮浓度为正增长，而硅酸盐、磷酸盐则为负增长。因此，唐山湾营养盐控制的重点仍然是降低总溶解无机氮的增长幅度。唐山湾营养盐的结构特征与渤海海域营养盐变化情况类似。1995—2015 年，渤海中部营养盐的浓度和结构均发生了显著变化，表现为硝酸盐、亚硝酸盐、总无机氮持续增加，磷酸盐和硅酸盐显著降低，氮磷比值升高，硅氮比值下降。郑丙辉等（2007）发现 1985—2003 年，渤海天津近岸海域氮、磷营养盐结构发生了很大变化，从 1985 年的氮限制状态转变为 2003 年磷限制状态。大亚湾氮磷比平均值由20世纪80年代的1/1.5上升到2010年的大于50/1，营养盐限制因子由氮限制过渡到磷限制。陆源污染通量的不断增加、大型工程的修建等引起水动力环境改变等，使得唐山湾营养盐浓度与结构变化规律与趋势需要引起高度关注。由于，营养盐结构的变化会直接影响海洋浮游植物群落结构的变化，进而引起整个生态系统结构与功能的改变；因此，控制唐山湾营养盐含量，尤其是无机氮含量的增加，对于维持唐山湾生态系统的健康至关重要。

17.1.4 水环境对人类活动的响应特征

通过对唐山湾海域营养盐浓度和结构变化的分析，可以得出如下结论：

① 近20年来，唐山湾海域营养盐含量呈现不同的变化规律，无机氮的含量持续上升，而磷酸盐与硅酸盐则呈现降低的趋势；尤其在2003年唐山湾海域开发以后，无机氮含量升高更加明显。

② 唐山湾海域营养盐结构发生变化，硅氮比呈现下降的趋势，而氮磷比呈现上升的趋势。1995—2005年，唐山湾海域磷酸盐相对过剩、无机氮相对缺乏；2007—2012年唐山湾海域无机氮相对过剩、磷酸盐相对缺乏。

③ 主成分分析显示唐山湾海域水质变化与氮、磷因子关系密切；在人类活动影响下，唐山湾海域水质由开发前至开发初（1995—2005年）高磷低氮的特征转变为开发后（2007—2012年）高氮低磷的特征。唐山湾营养盐浓度与结构变化规律与趋势需要引起高度关注，尤其重点控制无机氮的增长。

17.2 浮游植物群落对人类活动的响应

海岸工程是指在海岸带进行的各项建设工程，主要包括围海工程、海港工程、河口治理工程、海上农牧场、环境保护工程、渔业工程等，工程的建筑物和有关设施大都构筑在沿岸浅水域。曹妃甸区域位于河北省唐山市南部，是环渤海的中心区域，现辖“两区一县一城”，规划面积1 943 km^2，陆域海岸线约为80 km。自2003年起，双龙河口至青龙河口的大陆岸线与沙岛岸线之间的区域，以填筑、开挖相结合的方式，逐步开始实施大规模的海岸工程建设。随着海岸工程建设的实施，大量岸线资源被占用。例如，2005年曹妃甸工业区自然岸线为19.97 km，2008年自然岸线为3.19 km；2010年自然岸线全部消失，形成人工岸线。从海岸工程建设用海来看，2007年曹妃甸工业区填海面积为154.07 km^2，2009年填海面积增加到183.92 km^2，2011年围填海过程基本结束，累计围填海总面积为223.87 km^2。随着曹妃甸区域的逐步开发，带动了邻近区域的开发建设，逐步形成了由曹妃甸新区、乐亭新区、丰南沿海工业区和芦汉经济开发区构成的“四点一带”用海格局。

随着海洋经济的逐步发展，海岸工程建设已经成为扩大社会生存和发展空间、满足海洋开发战略需要的有效手段，具有巨大的社会经济效益。与此同时，海岸工程作为一项严重改变自然属性的人类海洋开发利用行为，也不可避免地对海洋生态环境造成一定的影响，如海水透明度下降、溶解氧降低、改变营养盐平衡、生物资源锐减等。因此，海岸工程建设对海洋生态环境的影响评估也逐步展开。作为海洋生态系统中重要初级生产者的浮游植物，对海洋环境变化十分敏感，其群落结构的变化会引起海洋生态系统中食物网结构的变化，最终影响海洋生态系统的平衡。但在海岸工程建设对海洋生态环境影响评估中，浮游植物却常常被忽视，关于海洋工程建设对浮游植物群落影响的研究尚不多。本节尝试对曹妃甸海域海岸工程建设前、建设中和建设后浮游植物群落结构进行分析，比较海岸工程建设前后浮游植物群落结构的差异，从而探究海岸工程建设对浮游植物群落的影响。

17.2.1 研究方法

(1) 样品采集与分析

调查包括2003年（实施前）、2007年（实施中期）、2009年（实施后期）、2012年（实施完成后）和2015年（实施完成后）5个年度，于每年的夏季（8月）采样，调查海域及调查站位见图17.10。

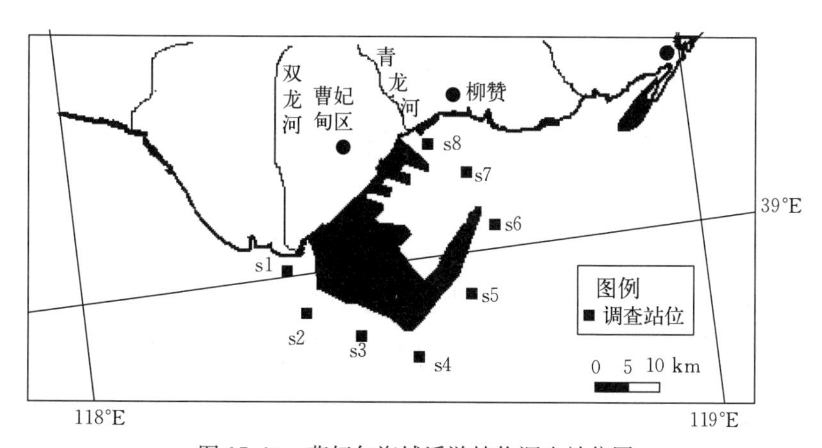

图17.10 曹妃甸海域浮游植物调查站位图

采用浅水Ⅲ型浮游生物网（200目）在采样点附近不同方向进行拖网，过滤浓缩后，用5%福尔马林固定保存，此为浮游植物定性分析样品。浮游植物定量分析样品的收集，则用采水器采集每站位表层水样500 mL，置于聚丙烯瓶中，并立即用1%碘液固定，带回实验室后，用沉降浓缩方法对样品进行浓缩。处理后的样品浮游植物样品均在OlympusBX41生物显微镜100倍和400倍下进行物种鉴定与计数。浮游植物的样品固定、浓缩和定量计数，均依照《海洋监测规范》(GB 17378.5—2007)。

(2) 群落特征计算方法

浮游植物种类多样性分析采用香农-韦弗多样性指数（H'）、PieLou均匀度指数（J）、多样性阈值（Dv）进行评价，生物多样性阈值评价标准见表17.4。

$$H'=-\sum_{i=1}^{n}P_i\log_2 P_i \quad J=\frac{H'}{H_{\max}} \quad \mathrm{Dv}=\frac{H'}{J}$$

式中，n为样品中的种类总数；P_i为第i种的个体数（n_i）与总个体数（N）的比值；$H_{\max}$为$\log_2 S$，表示多样性指数的最大值，S为样品中总种类数。

表17.4 生物多样阈值分级评价标准

评价等级	Ⅴ	Ⅳ	Ⅲ	Ⅱ	Ⅰ
Dv	<0.6	0.6～<1.5	1.5～<2.5	2.5～<3.5	≥3.5
等级描述	多样性差	一般	较好	丰富	非常丰富

群落优势种通过计算物种的优势度（Y）来确定，计算公式如下：

$$Y=\frac{n_i}{N}f_i$$

式中，n_i为群落中第i种的丰度；f_i为第i种出现的频率；N为总丰度。当$Y>0.02$时，该种为优势种。

不同年度浮游植物物种的相似程度利用Jaccard物种相似性指数（J_c）分析，计算方法如下：

$$J_c=\frac{c}{a+b-c}\times 100\%$$

式中，a为群落A生物种类数；b为群落B的生物种类数；c为群落A与群落B共有种数。J_c在0～0.25时，群落组成极不相似；相似性指数在0.25～0.5时，群落组成中等不相似；相似性指数在0.5～0.75时，群落组成中等相似；相似性指数在0.75～1.0时，群落组成极其相似。

(3) 数据分析

年际间浮游植物群落结构组成差异用Bray-Curtis相似性指数，利用ANOSIM分析检验年际群落间结构差异的显著性；通SIMPER分析群落中的优势种和造成群落差异的物种；群落结构分析利用PRIMER7.0软件完成。

17.2.2 研究结果

(1) 浮游植物种类的变化

曹妃甸海域人类开发活动实施前（2003 年），该海域共计有浮游植物种类 33 种，隶属于 2 门 14 属，其中硅藻门 12 属 30 种、甲藻门 2 属 3 种。在开发活动实施过程中，随着开发建设进展到不同阶段，浮游植物种类出现相应的变化。建设中期（2007 年），该海域共计有浮游植物种类 18 种，隶属于 2 门 10 属，其中硅藻 8 属 16 种、甲藻 2 属 2 种。建设后期（2009 年），该海域共计有浮游植物种类 13 种，隶属于 2 门 8 属，其中硅藻 6 属 11 种、甲藻 2 属 2 种。2010 年，曹妃甸海域人类开发活动建设基本结束，海域浮游植物的种类开始恢复。2012 年，曹妃甸海域共计有浮游植物种类 22 种，隶属于 2 门 11 属，其中硅藻 8 属 18 种、甲藻 3 属 4 种。2015 年，曹妃甸海域共计有浮游植物种类 28 种，隶属于 2 门 12 属，其中硅藻 9 属 24 种、甲藻 3 属 4 种。曹妃甸海域浮游植物种类的年际变化见图 17.11。

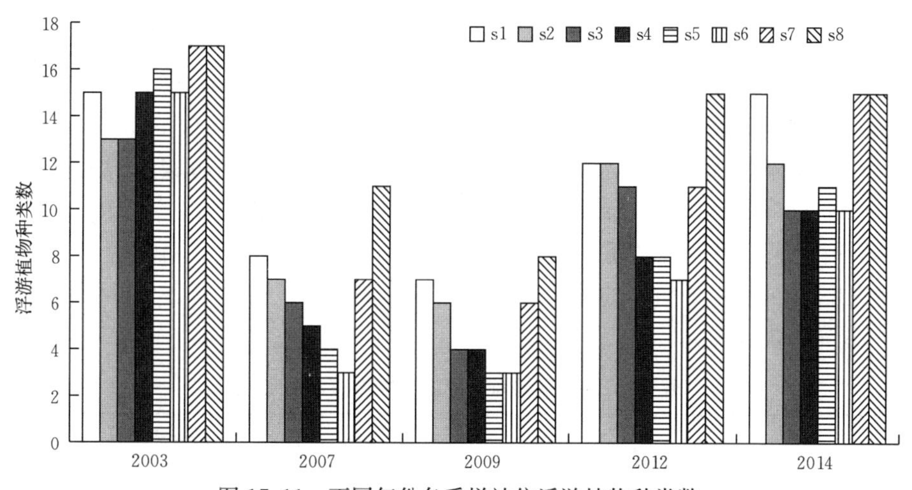

图 17.11　不同年份各采样站位浮游植物种类数

从开发建设不同阶段浮游植物的种类数可以看出，曹妃甸海域浮游植物种类始终以硅藻占绝对优势；在建设施工过程中，尤其是建设后期阶段（2009 年），浮游植物种类受到的影响最大，比工程建设前减少了 20 种，其中硅藻减少了 19 种、甲藻减少了 1 种。工程建设结束后，虽然浮游植物种类有所恢复，但工程结束 2 年后，浮游植物种类数和硅藻种类数仍比工程建设前分别减少了 11 种和 12 种。开发建设完工后 5 年，曹妃甸海域浮游植物种类与工程建设前相比，浮游植物种类数仍然没有恢复到建设前的水平，共减少了 5 种，其中硅藻减少了6种、甲藻增加了1种。可见人类开发建设活动对海域浮游植物种类造成了一定的影响，尤其建设施工阶段浮游植物种类数明显减少，虽在工程结束后浮游植物种类开始逐步恢复，但工程结束5年后仍没有恢复到建设前的水平。

从唐山湾海域不同年份浮游植物种类的空间分布看（图17.11），开发建设前（2003年）各采样站位浮游植物种类分布比较均匀，而其余年份浮游植物种类分布出现一定的差异。基本表现出河口附近（采样站位s1、s2、s7和s8）海域浮游植物种类相对比较丰富，而其他海域（采样站位s4、s5和s6）种类数相对较少。

（2）浮游植物优势种的变化

从表17.5可以看出，曹妃甸海域人类开发活动实施之前（2003年），浮游植物的优势种为具槽帕拉藻（*Paralia sulcata*），属于硅藻门。在开发活动实施的中期阶段（2007年），浮游植物的优势种为尖刺伪菱形藻（*Pseudo-nitzschia pungenss*），属硅藻门，为优势种。在开发活动实施的后期（2009年），曹妃甸海域浮游植物优势种发生了明显的变化，为尖刺伪菱形藻（*Pseudo-nitzschia pungenss*）和夜光藻（*Noctiluca scintillans*），属硅藻门和甲藻门，并列为优势种。开发活动建设结束后（2012年），海域浮游植物优势种为尖刺伪菱形藻（*Pseudo-nitzschia pungenss*）和夜光藻（*Noctiluca scintillans*），属硅藻门和甲藻门，并列为优势种；2015年，曹妃甸海域浮游植物优势种为短角弯角藻（*Eucampia zodiacus*）和夜光藻（*Noctiluca scientillans*），属硅藻门和甲藻门，并列为优势种。可见，曹妃甸海域人类开发活动使得该海域浮游植物优势种发生了明显的演替，由单纯的硅藻门为优势种演替为硅藻门和甲藻门并列为优势种。

表17.5 曹妃甸海域浮游植物丰度和优势度

年份	优势种	细胞丰度的比例（%）	出现频度（%）	优势度
2003	具槽帕拉藻 *Paralia sulcata*	59.59	87.60	0.522
	洛氏角毛藻 *Chaetoceros lorenzianus*	5.10	75.80	0.039
	布氏双尾藻 *Ditylum brightwellii*	8.32	28.52	0.024
	丹麦细柱藻 *Leptocylindrus danicus*	6.78	30.41	0.021
2007	尖刺伪菱形藻 *Pseudo-nitzschia pungenss*	68.52	51.38	0.352
	中肋骨条藻 *Skeletonema costatum*	8.98	53.23	0.048
	格氏圆筛藻 *Coscinodiscus granii*	5.82	53.01	0.031
	布氏双尾藻 *Ditylum brightwellii*	4.89	45.05	0.022

（续）

年份	优势种	细胞丰度的比例（%）	出现频度（%）	优势度
2009	尖刺伪菱形藻 *Pseudo-nitzschia pungenss*	61.88	68.11	0.421
	夜光藻 *Noctiluca scintillans*	13.12	27.32	0.358
	中肋骨条藻 *Skeletonema costatum*	7.88	42.02	0.033
	丹麦细柱藻 *Leptocylindrus danicus*	5.69	44.01	0.025
2012	尖刺伪菱形藻 *Pseudo-nitzschia pungenss*	63.59	55.74	0.354
	夜光藻 *Noctiluca scintillans*	11.61	23.95	0.278
	丹麦细柱藻 *Leptocylindrus danicus*	6.62	51.32	0.034
	布氏双尾藻 *Ditylum brightwellii*	5.95	44.65	0.027
	中肋骨条藻 *Skeletonema costatum*	4.36	48.12	0.021
2015	短角弯角藻 *Eucampia zodiacus*	54.83	70.15	0.385
	夜光藻 *Noctiluca scintillans*	9.86	20.51	0.202
	布氏双尾藻 *Ditylum brightwellii*	6.37	71.20	0.045
	中肋骨条藻 *Skeletonema costatum*	5.83	48.05	0.028
	具槽帕拉藻 *Paralia sulcata*	5.12	41.13	0.021

(3) 浮游植物丰度的变化

从图 17.12 可见，人类开发活动实施前（2003 年），曹妃甸海域浮游植物丰度分布范围为 $58.13\times10^4\sim105.56\times10^4$ 个/m^3，平均丰度为 $(78.17\pm15.83)\times10^4$ 个/m^3。开发建设中期（2007 年），浮游植物丰度分布范围为

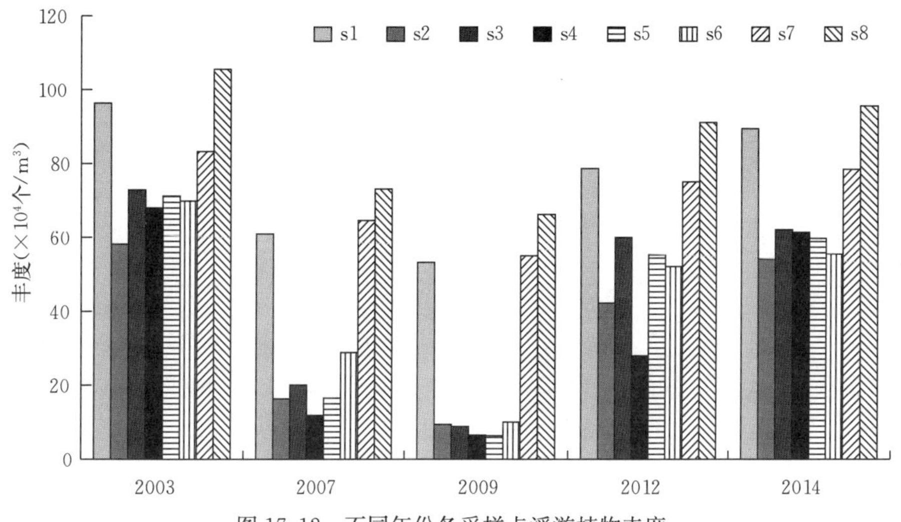

图 17.12 不同年份各采样点浮游植物丰度

$11.83\times10^4\sim73.12\times10^4$ 个/m^3，平均丰度为（36.54 ± 25.27）$\times10^4$ 个/m^3。开发建设后期（2009 年），浮游植物丰度分布范围为 $6.34\times10^4\sim66.25\times10^4$ 个/m^3，平均丰度为（26.95 ± 26.15）$\times104$ 个/m^3。开发建设结束后，曹妃甸海域浮游植物丰度逐步回升，2012 年浮游植物丰度分布范围为 $28.02\times10^4\sim91.08\times10^4$ 个/m^3，平均丰度为（60.31 ± 20.57）$\times10^4$ 个/m^3。2015 年曹妃甸海域浮游植物丰度分布范围为 $54.13\times10^4\sim95.62\times10^4$ 个/m^3，平均丰度为（69.56 ± 16.05）$\times10^4$ 个/m^3。通过对海岸工程建设前后海域浮游植物丰度的对比，可以发现工程建设施工阶段浮游植物丰度明显降低，丰度分布差异也明显大于工程建设之前；海岸工程建设结束后，浮游植物丰度逐步回升，到 2015 年恢复到接近海岸工程建设之前的水平。

（4）浮游植物多样性的变化

表 17.6 列出了曹妃甸海域人类开发活动不同时期各采样站位海域浮游植物多样性、均匀度和多样性阈值。从表中可以看出，曹妃甸海域浮游植物在开发建设施工阶段浮游植物种类多样性指数 H' 和均匀度 J 均明显低于开发建设之前；开发建设结束后，虽然海域浮游植物种类多样性指数 H' 和均匀度 J 均有所上升，但仍然低于开发建设之前的水平。从多样性阈值 Dv 的计算结果来看（表 17.6），在开发建设前后，曹妃甸海域浮游植物多样性呈现出“丰富（2003 年）→较好（2007 年）→一般（2009 年）→较好（2012 年）→较好（2015 年）”的变化规律，与上述浮游植物种类多样性指数 H' 和均匀度 J 的分析结果相一致。这表明人类开发活动已经对曹妃甸海域中浮游植物的物种多样性和种群结构稳定性造成了一定的影响。

表 17.6　曹妃甸海域浮游植物多样性指数、均匀度及多样性阈值

采样点	2003			2007			2009			2012			2015		
	H'	J	Dv	H'	J	Dv	H'	J	Dv	H'	J	Dv	H'	J	Dv
s1	2.71	0.91	2.98	1.28	0.80	1.60	1.12	0.78	1.44	1.66	0.89	1.87	2.13	0.88	2.42
s2	2.42	0.91	2.65	1.13	0.87	1.30	1.07	0.87	1.23	1.46	0.89	1.64	1.98	0.88	2.25
s3	2.23	0.81	2.75	0.92	0.70	1.31	0.85	0.66	1.29	1.13	0.72	1.57	1.74	0.76	2.29
s4	2.17	0.89	2.44	0.89	0.67	1.33	0.53	0.50	1.06	1.09	0.72	1.51	1.69	0.75	2.53
s5	2.15	0.79	2.72	0.77	0.66	1.17	0.69	0.61	1.13	1.23	0.7	1.76	1.45	0.73	1.99
s6	2.55	0.92	2.77	1.11	0.75	1.48	1.05	0.72	1.46	1.46	0.77	1.90	2.03	0.84	2.42
s7	1.86	0.71	2.61	0.81	0.61	1.33	0.61	0.57	1.07	1.05	0.63	1.67	1.43	0.65	2.20
s8	1.92	0.79	2.43	0.76	0.56	1.36	0.52	0.55	0.95	0.88	0.56	1.52	1.78	0.68	2.62
平均	2.25	0.84	2.67	0.96	0.70	1.36	0.81	0.66	1.20	1.25	0.74	1.68	1.78	0.77	2.31

(5) 浮游植物群落结构的变化

通过对不同年份曹妃甸海域浮游植物群落进行相似性分析（ANOSIM），可知不同年度之间浮游植物群落组成差异显著（$R=0.719$，$P=0.01$）。由SIMPER进一步分析显示，2009年浮游植物群落与2003年差异最大，不相似性达到96.8%，具槽帕拉藻造成了约73%的不相似性；2009年浮游植物群落与2015年间不相似性为89.2%，主要贡献者为尖刺伪菱形藻和短角弯角藻；2009年与2012年间浮游植物群落不相似性为76.5%，主要贡献者为布氏双尾藻和中肋骨条藻；2007年与2015年间浮游植物群落不相似性为69.9%，主要贡献者为尖刺伪菱形藻、短角弯角藻和夜光藻；2003年与2007年间浮游植物群落不相似性为66.8%，主要贡献者为具槽帕拉藻、尖刺伪菱形藻和中肋骨条藻。同时，2009年与2007年、2012年与2015年、2003年与2015年、2003年与2012年浮游植物群落不相似性分别为34.3%、5.20%、47.5%和31.1%，即浮游植物群落不相似性相对低于其他年份。这说明海岸工程建设前与建设完成之后，唐山湾海域浮游植物群落结构存在一定的相似性，而人类开发活动实施过程中曹妃甸海域浮游植物群落结构出现了较大程度的演替。以上分析说明，曹妃甸海域人类开发建设活动导致浮游植物群落结构出现了一定程度的演替。

17.2.3 原因分析

(1) 人类开发建设活动对浮游植物种类的影响

分析结果显示，曹妃甸海域人类开发建设活动前后浮游植物种类及优势种均存在明显的差异。在种类组成上，虽然在开发建设活动前后浮游植物全部是由硅藻门和甲藻门组成，但在种类数上呈现减少的趋势；尤其在开发建设实施阶段，浮游植物种类数减少最为明显。在优势种上，开发建设前浮游植物以单纯的硅藻门为优势种，而开始建设后直到建设结束，演替为硅藻门和甲藻门并列为优势种。

浮游植物是一类能在水中保持悬浮状态，适应浮游生活的一类生物。浮游植物对环境变化比较敏感，其生长特征是多种因素综合作用的结果，包括温度、透明度、营养盐、pH、水动力等。对于曹妃甸海域，其开发建设主要采取填海造地的方式，这势必会对原有的潮流场造成一定的影响，原有的水动力条件必然会发生改变。当流速等水动力因素发生改变后，浮游植物群落的结构及优势种等也相应地发生变化。在开发建设之前，曹妃甸海域浮游植物优势种为我国沿岸水域常见的具槽帕拉藻，以附着生活为主，在相对静态环境中容易成为优势种。在建设过程中，浮游植物的优势种尖为刺伪菱形藻和夜光藻，形体相对较大，具有一定的运动能力，适于动态的水体，在稳定水体中难以形成优势种。曹妃甸海域浮游植物优势种的差异可能与开发建设过程中海水动力特征的改变有关。

(2) 人类开发活动对浮游植物丰度及多样性的影响

根据对人类开发建设不同阶段曹妃甸海域浮游植物的分析，发现在开发建设前、建设中和建设后 3 个阶段浮游植物丰度存在明显的差异，且开发建设中和建设后各采样点间浮游植物丰度分布差异也都大于开发建设之前。在相关研究中，如王勇智等对罗源湾围填海前后浮游植物变化分析、曾继平对潍坊滨海旅游度假区建设前后浮游植物变化的分析等，均发现工程建设过程中浮游植物种类和数量都明显降低，工程结束后一定时间内浮游植物种类和数量开始逐步增加，群落结构趋于复杂稳定。对于曹妃甸海域，其开发建设主要采取吹沙填海的方式进行工程作业，开发建设过程中势必产生一定量的悬浮泥沙，导致水域内的局部海水浑浊度增加、透光率减弱，从而削弱了水体的真光层厚度，对浮游植物的光合作用带来不利的影响，进而妨碍浮游植物的细胞分裂和生长、降低单位水体内浮游植物数量，导致局部水域内初级生产力水平降低。工程结束后，海水中悬浮物含量也逐步降低、水体透光率逐步增加，再加上工程建成后各种人类活动强度加大、营养物质不断入海，从而有利于浮游植物的生长。

与浮游植物种类数、丰度变化相似，曹妃甸海域开发建设结束后，浮游植物多样性仍略低于开发建设之前的水平，而开发建设过程中浮游植物多样性水平比建设前降低更加明显。浮游植物多样性阈值也由开发建设前的Ⅱ级水平降低到建设结束后的Ⅲ级水平，而开发建设过程中浮游植物多样性阈值仅为Ⅳ级水平。

依据曹妃甸海域开发建设不同阶段浮游植物丰度、多样性的变化，说明开发建设实施阶段削弱了浮游植物群落的稳定性、分布的均衡性。这种变化可能与开发建设过程中海水动力变化、悬浮物增多等因素有关。

(3) 人类开发活动对浮游植物群落结构的影响

曹妃甸开发建设的不同阶段采集的浮游植物样品鉴定结果表明，虽然在种类组成上浮游植物均是由硅藻门和甲藻门组成，但种类数存在明显的差别，尤其硅藻门变化比较明显；同时，在浮游植物丰度、优势种方面也存在一定的差别。尤其在开发建设实施阶段，无论是在浮游植物种类、丰度、多样性，还是优势种方面，与开发建设之前均有明显的差异，不同年份浮游植物群落结构相似性分析也证明了这一点。随着开发建设的进行，曹妃甸海域浮游植物群落演替过程为 2003 年的具槽帕拉藻为优势种的硅藻型群落、2007 年的尖刺伪菱形藻为优势种的硅藻型群落、2009 和 2012 年的尖刺伪菱形藻和夜光藻为优势种的硅藻-甲藻型群落、2015 年短角弯角藻和夜光藻为优势种的硅藻-甲藻型群落。发生这种演替的机制可能是海岸工程建设导致局部海洋水动力改变、自净能力下降和海水透明度的下降，尤其在开发建设实施阶段，这种改变尤为明显；从而直接或间接对近岸海域生态系统产生影响，使得生态系统结构和功能的演变，导致了附近海区浮游植物种类、丰度、生物多样性的降低，以及优势种和群落结构的变化。

17.2.4 结论

随着人类开发活动的进行，曹妃甸海域夏季浮游植物群落呈现一定的响应特征和演替规律：

① 随着开发建设的进行，曹妃甸海域浮游植物群落优势种呈现如下响应过程：具槽帕拉藻（建设前）→尖刺伪菱形藻（建设中期）→尖刺伪菱形藻和夜光藻（建设后期至工程结束 2 年）→短角弯角藻和夜光藻（工程结束 5 年），优势种由单纯的硅藻门为优势种演替为硅藻门和甲藻门并列为优势种。

② 在开发建设实施阶段，浮游植物种类数、丰度、生物多样性降低最为明显，分别比开发建设前降低了 36.36％、65.52％和 64.00％；在开发建设前后，曹妃甸海域浮游植物多样性阈值呈现出丰富（建设前）→较好（建设中期）→一般（建设后期）→较好（工程结束 2 年）→较好（工程结束 5 年）的变化特点。

③ 在人类开发活动的影响下，曹妃甸海域浮游植物群落响应的总体趋势表现为：由开发建设前及中期的硅藻型群落演替为开发建设后期及结束后的硅藻-甲藻型群落。

17.3 浮游动物群落对人类活动的响应

浮游动物是海洋生态系统的重要组成部分，在生态系统的物质和能量流动过程中发挥着重要的作用。在海洋生态系统中，浮游动物群落结构的时空变化受到生物和非生物因素的驱动，如盐度、水温、溶氧、悬浮物、叶绿素 a 等。在这些因素中，由淡水汇入形成的低盐度，及其所产生的由河流到海域的盐度梯度，一直被认为是河口浮游动物群落结构变化的重要驱动因子。但是，随着近岸海域人类活动强度的加大，海域环境不断发生变化，如海水污染导致近岸海域形成更加明显的环境梯度，使浮游动物群落结构变化的驱动因子变得更加复杂。

唐山湾是河北省沿海地区人口稠密、快速工业化的区域之一。随着唐山湾沿海的开发，尤其是“四点一带”开发战略的实施，该区域海洋开发利用强度逐步加大，各种围填海工程、滨海旅游、围海养殖、临海工业等快速发展，人口不断向沿海聚集，人类活动强度不断加大，各种工业废水、生活污水的入海量也日益增加。自2000年以来，唐山湾近岸海域污染程度不断加重。近年来，已有相关项目开展了唐山湾海域人类活动对海洋生态系统、海洋资源的影响等研究，但均是基于水质参数、浮游植物群落、渔业资源等角度开展的研究，关于唐山湾海域浮游动物群落的研究报道尚不多见，仅有王红等人对曹妃甸海域浮游动物群落和环境因子进行了调查，尚缺乏对浮游动物群落结构变化的驱动因子的分析，难以深入探讨浮游动物群落的适应性变化。因此，本节对唐山湾海域浮游动物群落和环境因子进行周年季节性调查研究，目的是探明唐山湾海域浮游动物群落结构的时空变化及其主要环境驱动因子，为进一步探讨唐山湾海域浮游动物对环境因子的适应性变化及制定调控措施提供科学基础。

17.3.1 研究方法

(1) 研究区域

唐山湾（118°～119°E，38.5°～39°N）位于渤海湾北部，岸线长229 km，沿岸有滦河、陡河、双龙河、大清河等14条河流汇入。自2000年以来，随着海洋经济发展的需要，唐山湾沿岸开发如火如荼，主要开发活动集中在3个区域：乐亭海域、三岛海域和曹妃甸海域。其中，乐亭海域主要指京唐港至滦河口之间的海域，有唐山湾流量最大河流——滦河汇入，水深0～20 m；该海域在3个区域中开发程度最低，海域利用方式以渔业用海为主，海水水质较好，满足海水二类水质标准要求。三岛海域是指石臼坨岛、月坨岛、祥云岛及其周边海域，区域内有青河、大清河等河流汇入，水深1.2～18.0 m；由于三岛旅游区建设，海域利用方式主要以旅游娱乐用海为主，人类活动强度较高，海水受到一定程度的污染，主要污染物为无机氮和磷酸盐，水质介于海水二类和海水三类之间。曹妃甸海域主要是指曹妃甸工业区及其周边海域，有双龙河、青龙河等河流汇入，平均水深20 m；该海域通过围海造地形成曹妃甸港，海域利用方式以工矿用海和交通运输用海为主；由于陆源输入以及曹妃甸新区的建设，该海域人类活动日益频繁，海水污染程度呈现逐步加重的趋势，主要污染因子为氮、磷和石油类，已经超过海水三类水质标准。

(2) 采样与分析

采样时间为2015年4月（春季）、7月（夏季）、10月（秋季）和12月（冬季），采样站位布设见图17.13；其中，乐亭海域布设4个站位（1，2，3，4），三岛海域布设3个站位（5，6，7），曹妃甸海域布设6个站位（8，9，10，11，12，13）。

浮游动物样品采集采用浅水Ⅱ型浮游生物网，在每个站位由底层到表层垂直拖网，所采得的样品置于500 mL塑料瓶中，用5%甲醛固定。所采得的各站点样品在实验室内浓缩至50 mL，在体式镜和显微镜下根据《海洋调查规

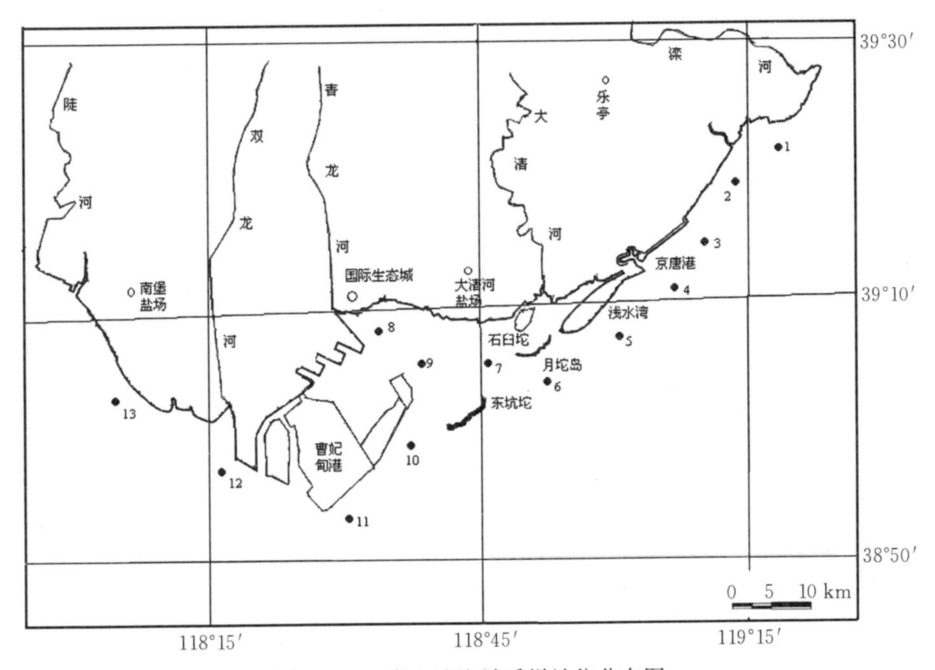

图 17.13 唐山湾海域采样站位分布图

范》(GB/T 12763.6—2007),对浮游动物样品进行分类和计数,计算浮游动物的丰度 (ind/m^3)。

在距海水表层约 0.5 m 处,利用多参数水质仪 (U-5000 型,HORIBA Ltd. Kyoto Japan) 现场测定海水温度 (T)、盐度 (S)、pH 和溶解氧 (DO)。用于海水营养盐分析的水样采自表层 0.5 m 处,样品首先经 0.45 μm 滤膜过滤,−20 ℃保存,带至实验室用营养盐自动分析仪 (AA3,Bran+Luebbe,German) 进行测试分析,主要测定水样中无机氮 (DIN,为硝酸盐氮、亚硝酸盐氮和氨氮之和)、活性磷酸盐 (SRP,以 PO_4^{3-} 计)、硅酸盐 (SRSi,以 SiO_3^{2-} 计);海水中化学需氧量 (COD)、悬浮颗粒物 (SS) 等水质参数按照《海洋调查规范》(GB/T 12763.4—2007) 中规定的方法进行采样分析。叶绿素 a (Chl-a) 用荧光光度计 (Turner-Designs700 型) 进行测定,先将所采集的 500 mL 水样用 0.45 μm 滤膜抽滤,用 90%丙酮溶液于 4 ℃冰箱中浸提 24 h (黑暗),然后 800 r/min 离心 15 min,取上清液,测定酸化前后叶绿素 α 的含量 (海洋调查规范 GB/T 12763.6—2007)。

(3) 数据分析

根据物种出现的频率及个体数量来确定浮游动物群落优势种,计算方法:

$Y=f_iq_i$。其中 Y 为优势度，f_i 为第 i 个物种的出现频率，q_i 为第 i 个物种个体数量占总个体数量的比例。当 $Y>0.02$ 时，确定为优势种。

利用群落排序和相关分析对浮游动物丰度和环境数据进行分析，以区分不同时空条件下驱动浮游动物丰度和群落结构的主要环境因子。本节中所有分析都是在对丰度数据进行对数转换的基础上进行的。①利用 Pearson 相关分析来确定不同季节唐山湾 3 片海域（乐亭海域、三岛海域和曹妃甸海域）浮游动物丰度与环境因子关系。②确定同一季节驱动 3 片海域浮游动物群落结构异质性的环境因子；对唐山湾海域春、夏、秋、冬浮游动物丰度数据进行去趋势对应分析（DCA），结果表明各季节排序轴最大梯度长度均小于 3；选用 RDA 线性模型进行排序分析。在选择参与 RDA 分析的环境因子时，只选择 Monte Carlo 检验（显著性水平 $P<0.05$）中与浮游动物群落结构明显相关的因子。③确定驱动各海域浮游动物群落结构季节变化的环境因素，分析模型的选择确定方法同上，共进行了 3 片海域 4 个季节 12 次 RDA 分析。同样，用于分析的环境因子须是经 Monte Carlo 检验（$P<0.05$）对浮游动物群落结构有明显影响的因子。在本节中，参与分析的环境因子包括无机氮、活性磷酸盐、化学需氧量、溶解氧、硅酸盐、悬浮物、水温、盐度、叶绿素 a，全部数据的计算及统计分析采用 SPSS v19.0 及 CANOCO v4.5 软件实现。

17.3.2 研究结果

（1）环境因子与浮游动物群落特征

唐山湾的乐亭海域、三岛海域和曹妃甸海域环境因子变化如图 17.14 所示。表层海水盐度（S）在各季节间未表现出显著差异（$P>0.126$），但溶解氧、无机氮、活性磷酸盐、悬浮物、水温、叶绿素 a 季节间差异显著（$P<0.012$）。其中，无机氮在夏季含量显著低于其他季节；活性磷酸盐在冬季显著高于春、秋季；悬浮物冬季含量显著高于其他季节；冬、春季溶解氧显著高于夏、秋季；水温以夏季最高，冬季最低；叶绿素 a 则以秋季最高。春季 3 片海域各环境因子均差异显著（$P<0.05$）；除溶解氧、硅酸盐和盐度外，夏季 3 片海域其他环境因子均差异显著（$P<0.05$）；除盐度外，秋季 3 片海域其他环境因子差异均显著（$P<0.05$）；3 片海域中的盐度、无机氮、水温和叶绿素 a 在冬季差异显著，其他环境因子差异均不显著。在空间分布上，无机氮、水温、硅酸盐、悬浮物平均含量在乐亭海域至曹妃甸海域均表现出升高的趋势，而叶绿素 a、溶解氧含量的变化则与之相反；活性磷酸盐含量以曹妃甸海域最高，与三岛海域、乐亭海域差异明显（$P<0.05$），但三岛海域和乐亭海域间活性磷酸盐含量差异则不明显。

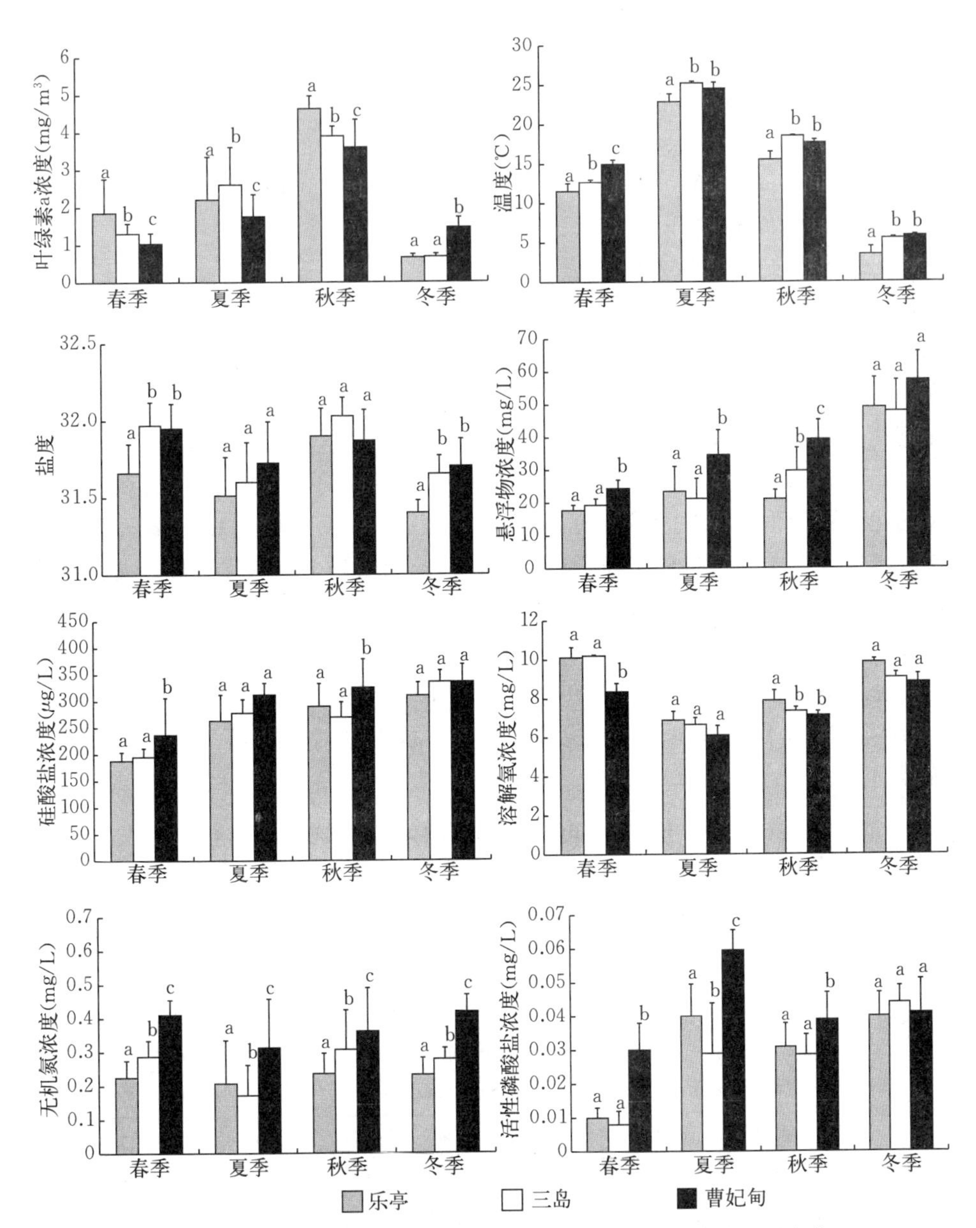

图 17.14　唐山湾乐亭海域、三岛海域和曹妃甸海域环境因子变化

注：a，b，c 表示显著性差异，$P<0.05$

与环境因子变化特征类似，唐山湾 3 片海域浮游动物丰度也表现出时空变化特征，如图 17.15 所示。在 3 片海域中，浮游动物丰度峰值均出现在夏季，最低值均出现在冬季。在春季、秋季和冬季，浮游动物丰度空间分布表现为乐

亭海域＞三岛海域＞曹妃甸海域；其中，春季、夏季差异显著（one - way ANOVA，$P=0.002$），秋、冬季节不显著（one - way ANOVA，$P=0.060$ 和 $P=0.075$）。浮游动物群落结构在乐亭海域、三岛海域和曹妃甸海域之间也表现出一定的差异（表 17.7）。在乐亭海域，拟长腹剑水蚤（*Oithona similis*）为全年优势种，尤其在春季丰度最高，占浮游动物总丰度的 43.4%；小拟哲水蚤（*Paracalanus parvus*）是夏季、秋季均出现的优势种，其在秋季丰度最高；仅在冬季出现的优势种为强壮箭虫（*Sagitta crassa*）；双毛纺锤水蚤（*Acartia bifilosa*）是仅出现在春季的优势种。在三岛海域，强壮箭虫是全年的优势种，尤其在冬季其丰度最高；小拟哲水蚤是出现在夏、秋、冬季的优势种，尤其秋季其丰度最高。在曹妃甸海域，小拟哲水蚤是全年的优势种，其中春季其丰度最高；双毛纺锤水蚤是在春、夏季出现的优势种，春季丰度最高；夜光虫（*Noctiluca scintillans*）是仅出现在秋季的优势种，其占秋季总丰度的 57.1%，占有绝对优势。

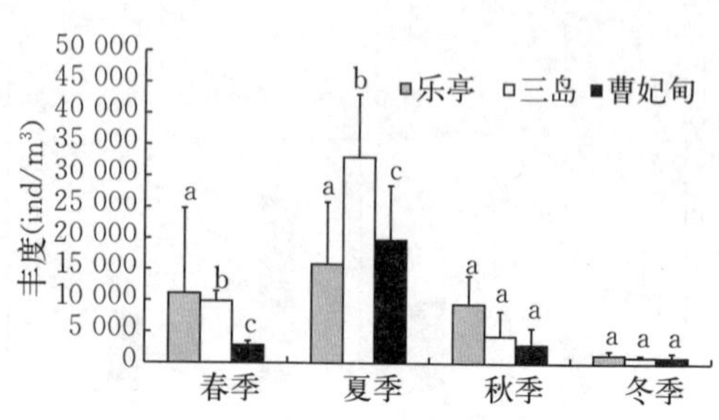

图 17.15 唐山湾不同海域浮游动物丰度变化

注：a，b，c 表示显著性差异，$P<0.05$

表 17.7 唐山湾不同海域浮游动物优势种

季节	优势种		
	乐亭海域	三岛海域	曹妃甸海域
春季	拟长腹剑水蚤（43.4%）*Oithona similis*	腹针胸刺水蚤（56.8%）*Centropages abdominalis*	小拟哲水蚤（43.0%）*Paracalanus parvus*
	双毛纺锤水蚤（13.9%）*Acartia bifilosa*	强壮箭虫（8.4%）*Sagitta crassa*	双毛纺锤水蚤（15.9%）*Acartia bifilosa*
夏季	拟长腹剑水蚤（33.5%）*Oithona similis*	小拟哲水蚤（45.9%）*Paracalanus parvus*	小拟哲水蚤（41.4%）*Paracalanus parvus*
	小拟哲水蚤（17.6%）*Paracalanus parvus*	双毛纺锤水蚤（19.4%）*Acartia bifilosa*	双毛纺锤水蚤（8.3%）*Acartia bifilosa*
秋季	拟长腹剑水蚤（40.4%）*Oithona similis*	小拟哲水蚤（53.1%）*Paracalanus parvus*	夜光虫（57.1%）*Noctiluca scintillans*
	小拟哲水蚤（25.9%）*Paracalanus parvus*	强壮箭虫（11.2%）*Sagitta crassa*	小拟哲水蚤（11.5%）*Paracalanus parvus*

（续）

季节	优势种		
	乐亭海域	三岛海域	曹妃甸海域
冬季	拟长腹剑水蚤（36.6%） *Oithona similis*	强壮箭虫（33.6%） *Sagitta crassa*	小拟哲水蚤（33.0%） *Paracalanus parvus*
	强壮箭虫（22.2%） *Sagitta crassa*	小拟哲水蚤（21.3%） *Paracalanus parvus*	强壮箭虫（17.2%） *Sagitta crassa*

（2）环境因子与浮游动物群落的关系分析

① 环境因子与浮游动物丰度相关性的季节变化。

Pearson 相关分析表明，影响唐山湾海域浮游动物丰度的环境因子随季节而变化。春季浮游动物丰度与溶解氧正相关，与水温、化学需氧量和无机氮负相关；夏季浮游动物丰度与水温、叶绿素 a 正相关，与无机氮、活性磷酸盐、悬浮物负相关；秋季浮游动物丰度与水温、叶绿素 a 正相关，与无机氮、悬浮物负相关；冬季浮游动物丰度与水温、叶绿素 a 正相关，与悬浮物负相关（表 17.8）。

表 17.8 唐山湾海域环境因子与浮游动物丰度相关性分析

变量	丰度			
	春季	夏季	秋季	冬季
溶解氧	0.707**	n. s	n. s	n. s
化学需氧量	−0.601*	n. s	n. s	n. s
pH	n. s	n. s	n. s	n. s
无机氮	−0.673*	−0.669*	−0.642*	n. s
活性磷酸盐	n. s	−0.618*	n. s	n. s
叶绿素 a	n. s	0.668*	0.741**	0.660*
水温	−0.555*	0.716**	0.661*	n. s
盐度	n. s	n. s	n. s	n. s
悬浮物	n. s	−0.588*	−0.561*	−0.689**
硅酸盐	n. s	n. s	n. s	n. s

注：n. s 表不相关；* 表示在 0.05 水平上显著相关；** 表示在 0.01 水平上显著相关

② 影响浮游动物群落结构空间差异的环境因素。

RDA 分析表明影响唐山湾浮游动物群落结构空间差异的环境因素有明显的季节变化（Monte Carlo 检验，$P<0.05$），如图 17.16 所示。春季，曹妃甸海域浮游动物群落与乐亭海域、三岛海域的差异取决于无机氮（28%）和活性磷酸盐（6%），而乐亭海域与三岛海域浮游动物群落的差异取决于盐度

（11%）和水温（4%）。夏季，乐亭海域浮游动物群落与曹妃甸海域、三岛海域的差异取决于叶绿素 a（16%）和水温（7%），而曹妃甸海域与三岛海域浮游动物群落差异取决于悬浮物（12%）和无机氮（4%）。秋季，乐亭海域浮游动物群落与曹妃甸海域、三岛海域的差异取决于叶绿素 a（15%）和水温（8%），而曹妃甸海域与三岛海域浮游动物群落差异取决于悬浮物（10%）和无机氮（6%）。冬季，叶绿素 a（12%）和无机氮（5%）是曹妃甸海域与乐亭海域、三岛海域浮游动物群落结构差异的主要驱动因素，而水温（9%）和盐度（7%）则是乐亭海域与三岛海域浮游动物群落结构差异的驱动因素。

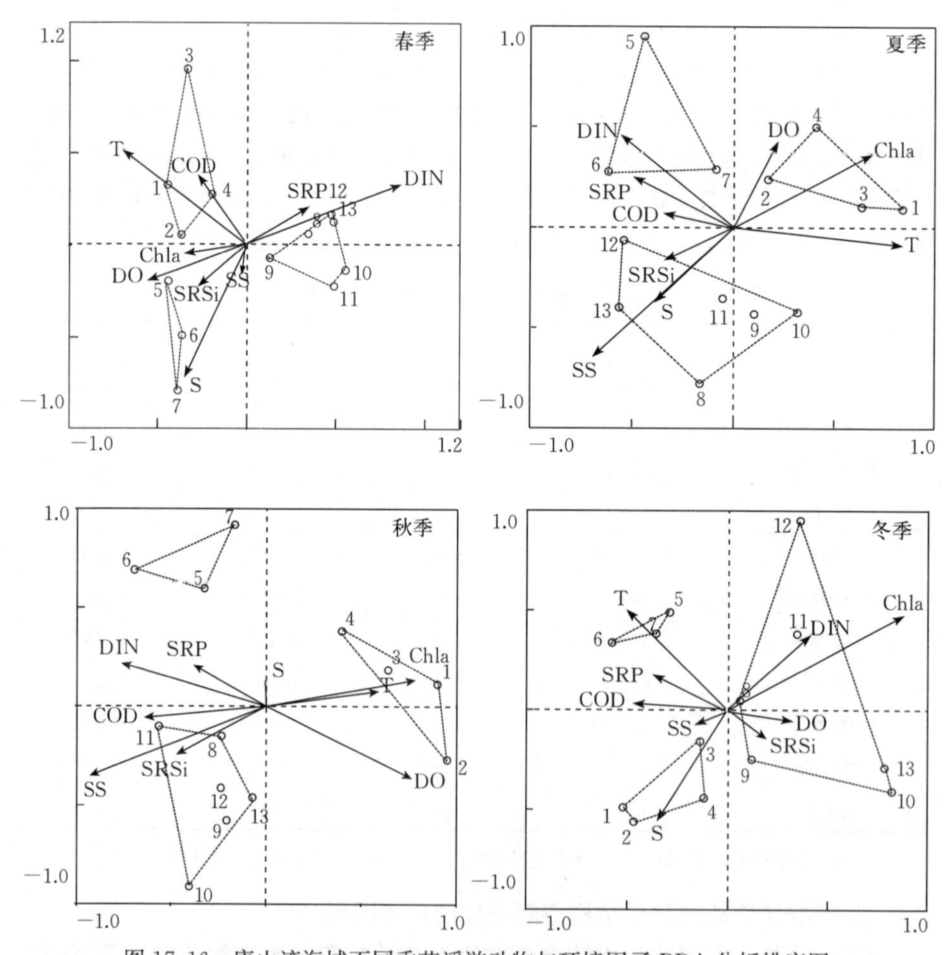

图 17.16 唐山湾海域不同季节浮游动物与环境因子 RDA 分析排序图

③ 影响各海域浮游动物群落结构的环境因素。

RDA 分析显示浮游动物群落结构与环境因素有明显的关系，且存在时空差异。在乐亭海域，春季和冬季影响浮游动物群落结构的主要因素为水温，而悬浮物则是影响夏季和秋季浮游动物群落结构的主要因素（表 17.9）。在三岛海域，影响夏季和秋季浮游动物群落结构的主要因素为悬浮物，而在春季和冬季影响群落结构主要因素分别为溶解氧和水温（表 17.10）。在曹妃甸海域，无机氮是影响冬季和春季浮游动物群落结构的主要因素，而夏季和秋季浮游动物群落结构的主要影响因素分别为悬浮物和活性磷酸盐（表 17.11）。总体上，物理因素是影响乐亭海域和三岛海域浮游动物群落结构的主要因素，而化学因素则是影响曹妃甸海域浮游动物群落结构的主要因素（表 17.12）。

表 17.9　显著影响乐亭海域浮游动物群落结构的环境因子排序（$P<0.05$）

季节	解释变量	变量解释量	*P*	*F*
春季				
	水温	0.43	0.002	12.13
	活性磷酸盐	0.12	0.002	4.71
	溶解氧	0.04	0.010	4.3
夏季				
	悬浮物	0.39	0.002	7.72
	溶解氧	0.20	0.006	5.51
	无机氮	0.08	0.012	2.42
秋季				
	悬浮物	0.45	0.002	10.12
	活性磷酸盐	0.07	0.002	6.01
	叶绿素 a	0.07	0.006	3.81
冬季				
	水温	0.41	0.002	5.12
	叶绿素 a	0.13	0.002	4.05
	盐度	0.08	0.010	1.86

表 17.10　显著影响三岛海域浮游动物群落结构的环境因子排序（$P<0.05$）

季节	解释变量	变量解释量	*P*	*F*
春季				
	溶解氧	0.33	0.002	5.13
	活性磷酸盐	0.12	0.002	3.78
	无机氮	0.11	0.012	3.05

（续）

季节	解释变量	变量解释量	P	F
夏季				
	悬浮物	0.43	0.002	4.28
	无机氮	0.11	0.002	3.15
	溶解氧	0.05	0.018	2.21
秋季				
	悬浮物	0.44	0.002	6.81
	水温	0.12	0.002	4.89
	叶绿素 a	0.12	0.006	3.67
	化学需氧量	0.07	0.010	2.34
冬季				
	水温	0.41	0.002	6.51
	叶绿素 a	0.13	0.002	4.25
	化学需氧量	0.06	0.010	2.18

表 17.11　显著影响曹妃甸海域浮游动物群落结构的环境因子排序（$P<0.05$）

季节	解释变量	变量解释量	P	F
春季				
	无机氮	0.52	0.002	10.41
	活性磷酸盐	0.12	0.002	3.43
	叶绿素 a	0.04	0.012	3.05
	硅酸盐	0.03	0.016	2.19
夏季				
	活性磷酸盐	0.33	0.002	10.92
	叶绿素 a	0.14	0.002	3.51
	硅酸盐	0.14	0.018	2.21
	悬浮物	0.04	0.018	1.78
秋季				
	悬浮物	0.36	0.002	6.81
	叶绿素 a	0.17	0.002	4.89
	溶解氧	0.04	0.006	3.67
	盐度	0.04	0.010	2.34
	化学需氧量	0.04	0.008	1.88

（续）

季节	解释变量	变量解释量	P	F
冬季				
	无机氮	0.42	0.002	4.28
	叶绿素 a	0.12	0.002	2.95
	悬浮物	0.08	0.006	2.46
	溶解氧	0.06	0.010	2.18
	活性磷酸盐	0.02	0.018	1.89

表 17.12　全年各海域物理、化学和生物因素对浮游动物群落结构的解释量

海域	变量解释量		
	化学类变量	生物类变量	物理类变量
乐亭海域	0.51	0.20	1.68
三岛海域	0.85	0.25	1.40
曹妃甸海域	1.75	0.47	0.49

17.3.3　原因分析

唐山湾海域浮游动物丰度和群落结构随季节和区域而变化，与该海域环境污染状况的时空分布一致。污染最重的曹妃甸海域浮游动物群落结构的主要影响因素为化学因素（无机氮和活性磷酸盐）；而污染最轻的乐亭海域浮游动物群落结构的影响因素为物理因素（水温和悬浮物）；三岛海域的污染程度介于曹妃甸海域和乐亭海域之间，其浮游动物群落结构很大程度上受物理因素的影响（水温和悬浮物）。这一结果说明，在污染较轻的乐亭海域和三岛海域温度和悬浮物是影响浮游动物群落结构的主要因素，与胶州湾浮游动物群落结构影响因素类似。同时，这种差异也说明曹妃甸海域污染程度比乐亭海域和三岛海域要重。

尽管在一些监测方法中叶绿素 a 被看作是水体富营养化的生物指标，且与浮游动物群落关系密切，但在本节的研究中显示叶绿素 a 的含量与海域营养状态关系并不密切，而是与悬浮物含量密切相关，与其他受人类活动影响程度较大的近岸海域相关研究的结果相似。同时，在本节的研究中叶绿素 a 不是影响唐山湾海域中浮游动物群落结构的主要因素，表明唐山湾海域浮游植物与浮游动物之间直接的营养联系相对较弱，类似的现象也出现在其他富营养化的海域。由于唐山湾不同海域人类活动强度的差异，自乐亭海域、三岛海域到曹妃甸海域，叶绿素 a 的含量随着悬浮物含量的升高呈降低趋势，与胶州湾海域的研究结果一致。RDA 分析显示在唐山湾 3 片海域中叶绿素 a 对于曹妃甸海域浮游动物群落空间分布解释量高于乐亭海域和三岛海域（表 17.12）。这可能是由于高含量叶绿素 a 对于浮游动物摄食而言是过量的，叶绿素 a 不再是浮游动物生长的限制因子；其次是其他因素的影响已远远超过了叶绿素 a 对浮游动物群落的影响，如污染较重的曹妃甸海域的无机氮的影响。

唐山湾不同海域的浮游动物优势种存在一定的差异。尽管乐亭海域和曹妃甸海域温度和盐度差别不大，但乐亭海域浮游动物优势种为拟长腹剑水蚤，曹妃甸海域浮游动物优势种则为小拟哲水蚤。小拟哲水蚤是在偏暖温带近海分布较广的小型桡足类，是渤海常见生物种类，适宜生长的温度范围为 13～24 ℃。有研究表明，小拟哲水蚤的分布除受水温、盐度等因素的影响外，还受海水中营养盐含量的影响。在春季、夏季和冬季，在曹妃甸海域浮游动物群落中，小拟哲水蚤都是第一优势种（相对丰度分别为 63%、41.4%和 33%），而且在这 3 个季节中，化学因素决定了浮游动物群落的空间分布。这也说明在 3 片海域中曹妃甸海域污染相对较重。

17.3.4 结论

在受人类活动影响的唐山湾海域，影响浮游动物群落结构的环境因素随时间和空间变化而变化。溶解氧、水温和叶绿素 a 是影响唐山湾海域浮游动物群落结构的空间差异的主要因素。在唐山湾不同海域，影响其浮游动物群落结构的因素存在差异，其中影响曹妃甸海域浮游动物群落结构的主要环境因子为无机氮和磷酸盐等化学因素，影响乐亭海域和三岛海域浮游动物群落结构的主要因素为水温、悬浮物等物理因素。

17.4 底栖生物群落对人类活动的响应

17.4.1 研究方法

以曹妃甸海域为例，开展了底栖生物群落对人类活动的响应分析。底栖生物群落结构分析的调查采样点布设、物种多样性指数、优势度、均匀度和数据相关分析同浮游植物群落结构分析的类似。底栖生物群落结构组成差异用 Bray - Curtis 相似性指数分析，年际间的相似程度用相似性分析来检验，群落结构分析利用 PRIMER7.0 软件完成。

17.4.2 底栖生物群落对人类开发活动的响应

(1) 种类组成及优势种对人类开发活动的响应

2003—2014 年，曹妃甸海域底栖生物种类组成上基本都以多毛类、甲壳类和软体类为主；但随着海岸带开发活动的逐步实施，各主要组成种类在数量上的变化还是比较明显的（图 17.17）。其中，多毛类生物种类数一直明显高于其他两个种类，成为近年来曹妃甸海域底栖生物中的主要类群；相对于开发前（2003 年），开发结束后（2012 年和 2014 年）其种类数量损失了 57.9%，在开发活动实施过程中（2019 年）其种类数量损失高达 68%以上。软体动物和甲壳动物种类数量也呈现下降趋势，尤其在开发活动实施过程中（2019 年）其种类数量损失分别高达 50%和 80%；并且这两类生物在底栖生物群落中的构成比例由开发前（2013 年）的 38.9%降低到开发活动结束后（2012 年）的 22%，开发活动结束 2 年后（2014 年）这一比例才逐步回升至 25%。

曹妃甸海域底栖动物群落历年来的优势种变化比较明显，数量上呈现减少趋势。2003 年开发活动实施前，该海域底栖生物群落优势种有 8 种，主要为甲壳类的绒毛细足蟹、日本大鳌蟹；软体类的灰双齿蛤、胡桃蛤；多毛类的乳突半突虫、索沙蚕、强鳞虫、小兴虫。在开发建设过程中，2007 年，该海域底栖生物群落优势种减至 3 种，主要为多毛类的强鳞虫，以及软体类的胡桃蛤和甲壳类的绒毛细足蟹；这可能是由于该海域围填海工程实施过程中，对底栖动物的栖息环境扰动较大。到开发活动后期，2009 年该海域底栖生物群落优势种仅为 2 种，主要为多毛类的小头虫和纽形动物的纽虫。在开发活动结束后，由于该海域开发主要以吹沙填海的方式进行，导致其原有的生境发生了改变，使得海域底栖生物群落优势种并没有恢复，仅有 1 个优势种，为多毛类的小头虫。在开发前后，海域底栖生物优势种明显降低，说明人类开发活动使底栖生物栖息环境受到的扰动较大。这可能与这一时期该海域开始大规模、密集实施围填海工程所致。

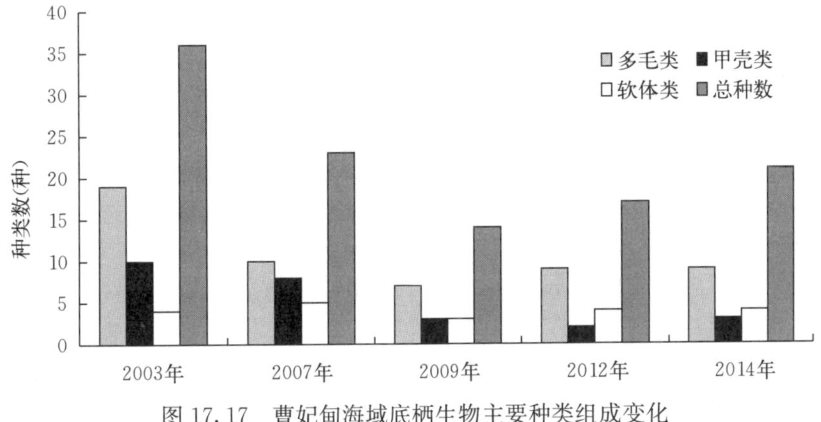

图 17.17 曹妃甸海域底栖生物主要种类组成变化

(2) 栖息密度和生物量对人类开发活动的响应

曹妃甸海域底栖生物的栖息密度和生物量随着人类开发活动的实施也发生了明显改变，均呈下降趋势。同时，还可以看出栖息密度和生物量在2009年处有一个最低点（图17.18）。这可能是由于该海域围填海工程的实施致使底栖生物的栖息环境发生重大变化，而其不能迅速适应。

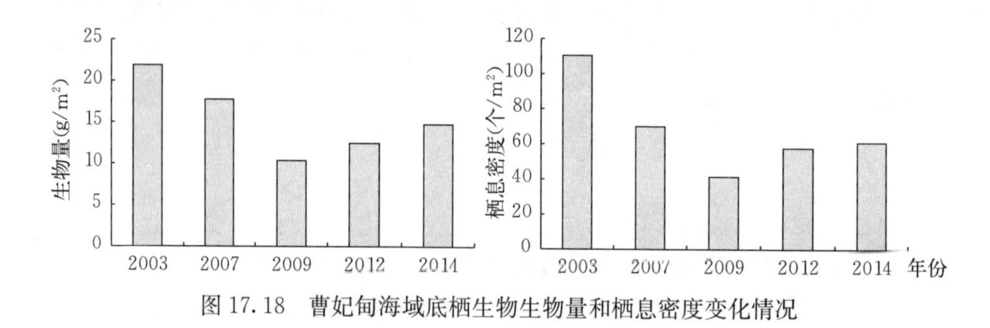

图17.18 曹妃甸海域底栖生物生物量和栖息密度变化情况

(3) 生物多样性对人类开发活动的响应

曹妃甸海域底栖生物物种多样性指数和均匀度指数均较低，说明人类开发活动前后该海域底栖生物多样性较低、分布的均匀度不高；同时，物种多样性指数和均匀度指数均呈降低趋势，表明人类开发活动使该海域底栖生物栖息环境改变，生物多样性持续遭受破坏，群落结构趋于简单（图17.19）。

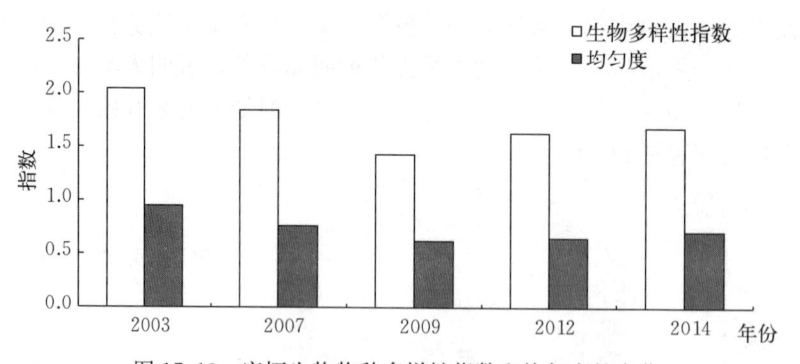

图17.19 底栖生物物种多样性指数和均匀度的变化

(4) 群落结构对人类开发活动的响应

不同年份唐山湾海域底栖生物群落间相似性指数见表17.13。可以看出，不同年份间群落结构相似性指数都比较低。这说明人类开发活动的不同阶段，曹妃甸海域底栖动物群落结构变异程度较大。通过ANOSIM分析，检验该海域底栖生物群落结构年度间差异显著性，结果显示唐山湾海域底栖生物群落结构年度差异显著（R=0.619）（见表17.14）。

表 17.13 不同年份底栖生物群落结构相似性指数（%）

年份	2003	2007	2009	2012
2007	26.29			
2009	22.17	38.60		
2012	28.82	25.61	30.03	
2014	31.52	23.53	24.16	38.13

表 17.14 不同年份底栖生物群落结构相似性分析检验

年份	2003		2007		2009		2012	
	R	*P*	*R*	*P*	*R*	*P*	*R*	*P*
2007	0.765	0.5						
2009	0.802	0.1	0.534	0.1				
2012	0.531	0.1	0.545	0.1	0.667	0.1		
2014	0.605	0.1	0.601	0.1	0.728	0.1	0.502	0.1

注：表中 *R* 为相似性系数，*P* 为显著性水平。

运用丰度生物量比较法对底栖生物群落结构进行分析。结果表明，2003年底栖生物群落丰度曲线和生物量曲线出现一定程度的交叉，群落属于中度干扰条件下的群落；2007—2014 年，群落丰度曲线皆位于生物量曲线之上，群落整体受到外界干扰较大，群落属于整体受到干扰条件下的群落。

在人类开发过程中，群落结构总体受到较大干扰，说明人类开发活动对研究区域底栖生物群落总体有干扰；2007 年以后的底栖生物群落 ABC 曲线与 2003 年的相比，差异较大，受干扰的程度加大，群落由中度干扰条件下的群落逐步退化到整体受到干扰条件下的群落，群落结构趋于不稳定。

17.4.3 底栖生物群落对人类开发活动的响应特征

综合分析曹妃甸海域人类开发活动前后底栖生物群落的变化，呈现如下响应特征：

① 底栖生物种类组成上基本都以多毛类、甲壳类和软体类为主，随着开发活动的逐步实施，各主要组成种类在数量上的损失均超过 50%。

② 优势种变化比较明显，数量上呈现减少趋势，由 8 种减少至 1 种。生物多样性、生物量及丰度均呈现降低的趋势；尤其是开发建设实施阶段，降低最为明显。

③ 海域开发活动的不同阶段，曹妃甸海域底栖生物群落结构的相似性比较低，群落结构变异程度较大。

人类开发活动对底栖生物的影响最大，处在用海范围内的底质环境被完全破坏，对潮间带和底栖生物群落的破坏是不可逆转的，除少量活动能力较强的底栖生物种类能够逃离近岸而存活外，大部分底栖生物被掩埋、覆盖而死亡，其中包括很多重要的经济贝类。此外，高浓度悬浮物同样会间接造成底栖生物的损失。开发建设结束后，受影响的底栖生物群落很有可能会被新的耐受性更强的群落所替代，造成原本经济价值较高的种类被适应性更强的低价值种类取代，成为新的底栖优势种。曹妃甸海域底栖生物群落对人类开发活动的响应可能与以下因素有关：

(1) 底栖动物栖息地的丧失

自 2003 年以来，曹妃甸海域围填海累计占用了大量滩涂和近岸浅海。其对海洋生态的影响，主要表现在对生态敏感区的影响，以及导致的天然生物栖息地生境不可修复的损失。根据生态学中的经典法则物种-面积关系理论：$S=cAz$（其中，S 为物种数量，A 为生境面积，c 和 z 均为常数）可以看出，物种数量与生境面积大小具有直接的关系。由此可以得出，围填海工程导致该地区某些底栖动物栖息地的丧失，直接地影响了底栖动物群落结构的变化。

(2) 纳潮量、沿岸水动力和潮流运行等变化

自 2003 年以来，曹妃甸海域围填海的建设使大量自然岸线逐步消失，逐步形成了人工岸线。海岸线轮廓发生了很大变化，使得沿岸海域水动力减弱、近岸潮流运行受阻、海水与外界交换能力下降、自净能力变差、水质恶化，严重地破坏了底栖生物栖息环境。当海水受到污染时，污染物还会渗入底泥，降低港湾沉积环境质量，从而危及大型底栖生物的栖息地。此外，岸线、滩涂和浅海的水动力变化还会引起泥沙淤积、底质改变。底质与栖息地底栖生物的种类、丰度和生物量密切相关。因此，围填海的面积越大，岸线越凸出，纳潮面积和纳潮量会越小，对底栖生物栖息环境的影响也就越大。

(3) 海洋生态系统的平衡受到破坏

人类开发活动不断占用滩涂和近岸浅海，底栖生物的栖息环境质量持续下降，导致一部分不能适应环境变化的大型底栖生物遭受毁灭性的打击，种间竞争强度减弱，其他种群个体数量增加，海洋生态系统间的平衡遭受破坏，底栖生物的群落结构发生变化。

(4) 生境异质性的单一化

随着人类开发活动的实施，沿岸大面积的滩涂逐渐消失，近岸浅海也不断减少，湿地更是面临着巨大危机。这一系列的变化使得曹妃甸海域生境的异质性越来越低，甚至趋向单一化。Thrush 等人的研究曾表明，生境异质性对海洋生物的多样性有着潜在的影响；生境异质性越复杂，生物多样性越高；生境的单一化可能会直接导致生物多样性的降低。这与研究得出的结果相一致。

17.5 唐山湾海域生态环境对人类活动的响应模式

综合分析水环境、浮游植物群落、浮游动物群落及底栖生物群落对人类活动的响应特征，唐山湾海域在人类活动影响下生态环境表现如下响应特征：

（1）水环境演变模式

在人类活动影响下，唐山湾海域水质由开发前及开发初（1995—2005年）高磷低氮的特征转变为开发后（2007年以后）高氮低磷的特征。

（2）生物群落演变模式

随着人类活动的进行，生物群落多样性、生物量基本呈下降趋势，种类组成趋于简单；生物群落的优势种改变或减少；生物群落结构在人类开发活动影响下发生一定程度的变异，群落趋于不稳定。

① 曹妃甸海域开发建设不同阶段，底栖生物群落结构变异程度较大，表现出明显的衰退特征。

② 受人类活动的影响，唐山湾海域的浮游动物优势种呈现如下响应过程：拟长腹剑水蚤→双毛纺锤水蚤→克氏纺锤水蚤→拟长腹剑水蚤→强壮箭虫。其中，影响曹妃甸海域浮游动物群落结构的主要环境因子为无机氮和磷酸盐等化学因素，影响乐亭海域和三岛海域浮游动物群落结构的主要因素为水温、悬浮物等物理因素。

③ 在人类开发活动的影响下，曹妃甸海域浮游植物群落响应的总体趋势表现为：由开发建设前及中期的硅藻型群落演替为开发建设后期及结束后的硅藻-甲藻型群落。

调 控 篇

18　河北省近岸海域生态环境调控对策

海域生态环境调控是一项系统工程，需要做的工作量大且复杂。既要完善海洋环境保护法律法规体系，又要理顺海洋环境保护管理机制；既要积极建立科学用海的理念，又要推进海洋生态环境保护平台建设；既要从宏观规划保护策略，又要考虑具体的可操作性强的海洋生态环境保护措施。本章主要针对河北省海域人类活动现状及海洋生态环境存在的问题，初步探讨海域生态环境调控的相关对策与措施。

18.1　河北省近岸海域生态环境存在的主要问题

（1）陆源污染物总量居高不下，近岸海域污染加重

全省陆源污染物排放量不断上升，滦河、小青龙河、陡河、宣惠河4条河流年入海污染物总量由2011年的48 795.65 t上升到2014年的57 677.18 t；25个陆源入海排污口超标排放率由2011年的60%上升到2014年的72%；海水水质呈现劣化趋势，达到海水一类水质标准的海域和达到海水二类水质标准的海域占比由2011年的94.08%下降到2014年的57.44%；达到海水四类水质标准的海域和达到海水劣四类水质的海域占比由2011年的1.34%上升到2014年的18.89%，且集中分布于近岸海域。

（2）海洋开发强度不断加大，生态系统不堪重负

随着沿海地区经济的快速发展，海洋资源的开发强度不断加大。2014年，全省海域使用率达25.60%，岸线利用率达99.45%，自然岸线保有量不足15%。大面积平推式围填海，使海域自然生态空间不断被挤压；大量工业废水、生活污水和农业面源污染物排放入海，以及船舶运输、海上石油勘探等突发污染事故，对海洋环境质量产生较大影响；水生生物栖息环境受损，生物多样性下降，资源衰退严重；北戴河海滩、七里海潟湖、滦河口湿地、黄骅淤泥质滩涂等典型海洋生态系统处于亚健康、高风险状态。

（3）海洋灾害和环境突发事故频发，环境影响不断加大

2011—2014年，全省共发生赤潮22次，平均每年发生5.5次，累计影响面积7 493.2 km²，发生区域多集中在秦皇岛、唐山海域，对当地海水养殖、滨海旅游等产业造成较大影响；2011—2014年，全省共发生溢油事故36次，平均每年发生9次，多发于秦皇岛、唐山近岸海域，特别是“蓬莱19-3油田溢油事故”对河北省海洋资源环境造成了极大损害。

(4) 海洋环境管理机制尚不完善，综合监管能力不足

与海洋环境管理密切相关的环保、农业、交通运输、水利等部门间缺乏可高效运行的协调管理机制，相关政策法规不完善、技术标准不统一；市县海洋环境监测机构尚不完善、人员短缺、装备较落后；海洋环境监测站位数量、覆盖范围、监测频次和信息产品尚不能满足海洋资源环境保护和经济社会发展的需要。

18.2 海域生态环境调控的基本原则

(1) 生态优先、严守红线

优先保护自然生态空间，强化自然岸线、河口、海岛、近岸海域等重要海洋生境的保护与修复，维护生态系统健康和安全；严守海洋生态红线，严控各类损害海洋生态系统功能的开发活动，有效遏制海洋生态系统退化趋势。

(2) 陆海统筹、防治结合

根据陆海空间的关联性和海洋系统的特殊性，统筹陆源污染防治与海洋环境保护和修复，坚持“源头治理”，强化对入海河流环境的监督和管理，推进陆域、流域、海域的综合整治，严格控制入海污染物排放总量，防治海洋环境污染。

(3) 分区管理、分类管控

依据区域海洋资源环境条件、开发利用现状和经济社会发展需求，划定海洋环境保护管理区，制定差别化区域管理措施，实施针对性海洋环境监督管控，逐步改善海洋环境状况。

(4) 科技引领、示范先行

注重海洋环境综合管理领域的技术研发、集成与应用，以科技创新引领海洋环境保护和管理；选择具有典型性和代表性的沿海县区先行开展海洋生态文明示范区建设，以点带面，推进海洋生态文明建设。

18.3 近岸海域生态环境调控对策

18.3.1 科学用海，贯彻海洋生态文明建设理念

要把海洋开发利用和保护海洋环境有机结合起来，实现海洋资源的可持续

利用。要进一步强化海洋经济发展中的生态环境保护优先理念。要利用报刊、广播、影视等宣传媒体和舆论工具大力宣传海洋生态文明建设理念，宣讲保护海洋资源、海洋生态环境的重要性、紧迫性，使全社会充分认识科学用海的重要意义，形成人人关心海洋、人人支持保护海洋的良好局面。各级政府应广泛宣传海洋科普知识，让社会公众深刻了解海洋资源有限、海洋环境承载力有限的海洋环保观念，推广海洋资源环境有偿使用理念，以可持续发展观为指导科学开发利用海洋，实现保护海洋环境和发展海洋经济的双赢。要最大程度减小海洋经济发展对生态环境带来的压力，对石化、电力、钢铁、船舶修造等高污染行业进行严格控制，确需建设的必须严格进行环评论证；对滩涂围垦或填海、建造产业功能区、建造跨海桥等涉海基础性项目进行严格的海域使用论证及环境影响评价。要强化涉海项目区域论证和生态评价。进一步加强涉海项目的必要性、先进性、环保性论证，实行问责制，增强威慑力。特别要加强区域内涉海项目群、海洋产业区块的整体环境影响评价论证，更加注重生态效益、社会效益评价，更加重视海洋项目环境污染或生态影响的整体性，从战略上实现海洋污染及生态影响的最小化。

18.3.2　完善立法，加强海洋环境保护法制体系建设

目前，我国海洋生态环境保护法律体系建设上存在许多问题，法律体系建设不健全，法律法规可操作性差，法律体系建设滞后。必须尽快研究制定可操作性强的海洋环境保护法实施细则，构建完善的海洋环境保护法制体系，促使实现海洋生态环境保护从原则性规定到具体规定的转变。

针对存在的立法滞后、现行法律规定下众多涉海管理部门职责权限划分不清、法律威慑力弱等问题，要加速海洋资源与管理的立法。从法律层面清楚界定海岸工程、海洋工程，解决环保部门和海洋部门重复管理、交叉管理问题；把海洋生态补偿机制上升为省级规章或人大条例，提高其法律地位，提升法律威慑力、影响力，落实好“谁污染、谁赔偿”原则，以提高用海成本，延缓海洋开发过热步伐；出台污染物排海总量控制制度，以明确的法律规定限制陆上企业、海岸工程、海洋工程等项目向海洋排污总量，确保对海洋环境的污染物排放量在海洋生态环境的允许范围内。

18.3.3　海陆联动，控制入海污染物总量

从源头全面控制工业、城镇生活和农业的污染物排放。强化钢铁、冶金、造纸、制药、煤化工等重点工业污染防治，加强临港工业区和沿海工业集聚区污染排海监管，建立全过程工业污染排放监管体系；进一步加强沿海城镇污水处理设施建设与改造，完善污水配套管网系统建设；推进规模化畜禽养殖场粪

便和污水储存处理设施建设，优化种植业结构与布局，加快农村环境综合整治。加强海洋工程污染防治，全面提升工业与城镇用海区、港口航运区、矿产与能源区、渔业基础设施区和海洋倾废区的监管水平；加强船舶污染物接收处理设施和港口污染处理设施建设，严格按照法律法规和相关标准要求对船舶排放油类污染物进行监管，提高船舶与港口污染控制水平。

18.3.4 标本兼治，修复受损海洋生态系统

加大自然生态系统保护力度，强化海洋生态红线区管控，有效维护重要海洋生态功能区、生态敏感区和生态脆弱区的生态健康与生态安全，加强已建自然保护区规范化建设，稳步推进自然保护区和海洋特别保护区（海洋公园）建设，有效保护典型海洋生态系统。加强水产种质资源保护区建设和管理，保护水生生物物种资源，加大渔业水域环境修复和资源恢复力度，改善渔业水域生态环境，恢复水生生物多样性。推进沙滩整治修复、河口综合整治、养殖区整治修复、生态廊道建设、海岛整治修复保护和滨海湿地修复保护等海域、海岛、海岸带整治修复保护工程，逐步恢复海洋生态功能。

18.3.5 全面监控，提升海洋环境基础保障能力

加强海洋环境监视、监测能力建设，完善以卫星、飞机、浮标、船舶、雷达等为技术手段的海洋环境立体化监视、监测体系；加强海洋生态红线区管控，开展海洋资源环境承载能力监测预警系统建设，对资源消耗和环境容量接近或超过承载能力的区域及时采取限制性措施；完善监测业务机构布局，强化各级海洋环境监测机构能力建设，优化监测站位布局，调整监测指标和频率；加强海洋灾害和环境突发事故应急预警报能力建设，完善海洋灾害和环境突发事故应急监测、监视与预警系统；加强海洋生态环境保护信息化能力建设，构建海洋生态环境监督管理系统；完善协调管理机制，加强涉海部门间的协调配合，实施联合监测、联合执法、应急联动、信息共享。全面提升海洋环境基础保障能力。

19 河北省海域生态环境调控的重点工程

为了进一步加强海域生态环境保护和管理，有效保护和改善海洋生态环境，恢复受损海洋生态系统功能，提高海洋灾害和环境突发事故的应急预警报能力，推进海洋生态文明建设，为京津冀协同发展和建设经济强省、美丽河北建设提供海洋环境保障，根据河北省海域生态环境存在的问题及海洋生态环境调控的对策措施，河北省海域生态环境调控重点实施了“蓝色海湾”“南红北柳”“生态岛礁”“能力强海”4 大类重点工程。

19.1 “蓝色海湾”整治工程

19.1.1 入海污染物减排

(1) 工业污染源防治

采取关停不符合国家产业政策的小型造纸、制革、印染、染料、炼焦、炼硫、炼砷、炼油、电镀、农药“十小”生产企业，完善企业和工业聚集区污水处理设施与配套排污管网建设；实施清洁化改造造纸、焦化、氮肥、有色金属、印染、农副食品加工、原料药制造、制革、农药、电镀 10 个重点行业污染企业等；在沿海地区，推进循环经济生产模式，建立全过程工业污染排放监管体系，实现工业污染的减排，有效削减工业污染负荷。

(2) 城镇污水污染防治

采取加快污水处理设施建设与改造、配套完善污水管网、加强污泥处理处置、促进再生水利用等措施，以沿海中小城镇为重点，实施城镇污水处理工程，进一步提高沿海城镇生活污水处理率和再生水利用率，逐步实现污泥处理、处置“减量化、无害化、资源化”，有效降低城镇污水对海洋环境的影响。

(3) 农业面源污染防治

采取加强农村人居环境建设、配套完善畜禽粪便和污水储存处理设施、优化种植结构和种植方式、实行测土配方施肥、推广使用高效低毒低残留农药等措施；在沿海农业区实施清洁农村、清洁种植、清洁养殖等工程，实现农村生活污水分散处理和达标排放、畜禽养殖粪便无害化处理和资源化利用、农业土肥资源高效利用、农药污染逐步减轻，有效控制农业面源污染对海洋环境的影响。

(4) 船舶与港口污染防治

完善港口污水、垃圾、粉尘等污染防治设施建设，采取船舶燃油清洁化、岸电使用和尾气后处理等措施，实施秦皇岛港、唐山港、黄骅港船舶与港口污染防治工程，进一步提高船舶与港口污染防治能力，实现港口船舶生活污水、含尘污水、含油污水和船舶垃圾达标处理，降低煤炭码头、矿石码头粉尘污染，减少船舶大气污染物排放，有效减轻船舶与港口污染对海洋环境的影响。

19.1.2 入海河流整治

(1) 河道生态治理

采取清淤清污、净化水体和走廊型人工湿地建设等措施，实施戴河、汤河、饮马河、人造河、蒲河、沙河、二滦河、老米沟、三排干、双龙河、沧浪渠、南排河和石碑河等 26 条入海河流河道生态治理工程，逐步提高入海河流水环境质量，基本消除劣于五类的水体。

(2) 河口综合整治

采取清淤清污、岸线修复、生态护岸建设等措施，实施石河、汤河、人造河、滦河、大清河、陡河和南排河 7 个入海河口综合整治工程，清淤河口海域 2 379 hm^2，修复岸线 27.5 km，逐步恢复入海河口生态功能和河口岸线亲水功能。

19.1.3 岸滩整治

采取人工补沙、离岸潜堤、后滨覆植沙丘、建设滨海景观廊道等措施，实施老龙头海滩、山海关海滩、东山浴场海滩和天马海滩综合整治修复工程，整治修复岸滩 14 km，实现沙滩平衡状态并维持相对稳定，提高沙滩质量和滨海景观价值；采取跟踪监测、维护性喂养等措施，对秦皇岛 16.3 km 整治沙滩实施跟踪监测和维护、提升工程，落实沙滩养护制度，维系和提升沙滩品质。

19.1.4 海水养殖区整治

采取立体养殖、工厂化养殖水循环利用、池塘养殖标准化、养殖规模调控和建设海洋牧场等措施，实施抚宁、昌黎、乐亭、曹妃甸、黄骅海水养殖区整治修复工程。对现有工厂化养殖、池塘养殖区进行高效低排和生态化标准化改造，建设高效低排工厂化养殖示范区 10 hm^2、标准化池塘养殖示范区

350 hm²；综合整治浅海养殖区 40 000 hm²，建设浅海立体化混养和贝藻混养增殖示范区 16 200 hm²；建设国家级海洋牧场示范区 5 处，面积 30 000 hm²；进一步优化养殖用海结构和布局，降低养殖污染，改善渔业生态环境。

19.1.5 海洋生物资源养护

采取渔业增殖、种质资源保护区建设等措施，实施海洋生物资源养护工程，增殖海洋生物资源 30 亿单位，新建水产种质资源保护区 5 个。养护重要渔业品种，保护水产种质资源，恢复海洋生物多样性，改善海洋环境，维持海洋生物资源可持续利用。

19.1.6 海岸生态廊道建设

采取驯化培育适生观赏植物、构建乔-灌-草搭配的人工植被生态系统等措施，实施渤海新区淤泥质海岸生态修复示范工程和北戴河新区受损防护林修复示范工程，构建淤泥质重盐碱土壤海岸防护林示范区 100 hm²，更新改造受损海岸防护林 100 hm²，改善海岸自然景观，提升区域环境质量。

19.1.7 海洋生态文明示范区建设

采取污染物入海减排和治理、海洋生态保护与建设、海洋经济产业转型升级、加强海洋文化宣传教育等措施，以北戴河区为试点，实施海洋生态文明示范区建设，综合提升海洋生态文明水平。

19.2 “南红北柳”生态工程

19.2.1 退化滨海湿地恢复

采取退养还海还滩、清淤、恢复湿地植被、岸线修复等措施，实施七里海潟湖湿地和滦河口湿地恢复工程，退养还海还滩 1 450 hm²，清淤 2 990 hm²；修复以柽柳、芦苇、盐地碱蓬等盐生和湿生植物为主要种类的湿地植被500 hm²，修复岸线 37 km，恢复受损湿地生态功能和岸线自然属性。

19.2.2 滨海湿地生态修复

采取退耕退养退盐还湿、净化水体、生态补水、水生生物资源养护、引种栽培湿地适生植物等措施，实施北戴河湿地、曹妃甸湿地、南大港湿地和海兴湿地生态修复工程，改善湿地生态环境，为湿地野生动植物提供良好栖息环境。

19.3 “生态岛礁”修复工程

19.3.1 海岛岛体修复

采取围堰、回填垫高等工程措施，实施石河南岛和龙岛岛体修复工程，修复岛体 57.5 hm^2，稳定岛体形态，提高岛体高程，提高岛体抗侵蚀能力。

19.3.2 海岛岸滩修复

采取以人工养滩为主，辅以生态型潜堤、后缘覆植沙丘、多道沙堤保护屏障等措施，实施石河南岛和龙岛岸滩修复工程，整治修复沙滩 2 km，构建生态岸线 7 km，实现海岛沙滩平衡状态并维持相对稳定，提高沙滩质量，重建公众亲水空间。

19.3.3 海岛植被修复与构建

采取自然演替和人工抚育相结合的方式，实施石河南岛和龙岛植被修复与构建工程，修复构建植被 30 hm^2，恢复构建海岛植被系统，改善海岛生态环境。

19.3.4 海岛湿地修复

采取退养还湿、地形改造等措施，实施龙岛湿地修复工程，修复景观湿地 10 hm^2，改善海岛生态环境，美化海岛景观。

19.4 “能力强海”建设工程

19.4.1 海洋环境监测能力建设

采取完善省、市、县三级海洋监测体系，优化监测站位和监测频次，扩充监测指标要素，健全在线监测系统，加快船舶走航监测能力建设，提高遥感监测精度和效率等措施；建设县级海洋监测站，全面提高海洋环境监测能力，实现常规监测多要素、全覆盖；建设岸基水质、流速流量在线监测系统，增设浮标在线监测系统，实时在线监控主要入海河口、重点排污口和重点海域水质状况；建造监测船、监测艇，船舶走航监测具备样品采集、处理和分析能力；综合利用海洋卫星、资源卫星等，进一步拓展遥感监测范围和内容。

19.4.2 海洋保护区能力建设

采取完善管理机构、管护制度和基础管护设施（界碑界桩、巡护道路、交通及通信工具、常规实验室及仪器设备、在线监控系统及宣传教育场馆等），深化对保护对象监测、评价及生态恢复与修复研究等措施，规范化建设昌黎黄金海岸国家级自然保护区、乐亭菩提岛诸岛省级自然保护区、黄骅古贝壳堤省级自然保护区、曹妃甸湿地和鸟类自然保护区、南大港湿地和鸟类自然保护区、海兴湿地和鸟类自然保护区6个已建自然保护区，提升已建保护区管护能力；完善黄骅滨海湿地海洋特别保护区（海洋公园）、北戴河国家级海洋公园和滦河口湿地海洋特别保护区（海洋公园）选划的综合考察、论证和方案设计等前期工作，编制海洋特别保护区（海洋公园）总体规划，完成建立海洋特别保护区（海洋公园）的申报，有效保护典型海洋生态系统，维护生态服务功能。

19.4.3 海洋环境科学认知能力建设

组织开展针对重要海洋生态系统和生物多样性优先保护区域的海洋生态专项调查，摸清海洋生态现状和潜在生态风险；组织开展第三次海洋污染基线调查，全面准确掌握海洋环境质量状况、主要污染物分布状况、输移扩散规律、长期变化趋势，以及海洋污染对海洋生态和人类健康的危害；深化对赤潮、绿潮、微微藻等海洋生态灾害形成机理和处置技术研究，为海洋生态灾害监测、预警报和应急处置提供科技支撑。

19.4.4 海洋灾害和环境突发事故应急预警报能力建设

采取健全海洋灾害监测系统、完善海洋灾害应急预案、强化海域污染源监控，以及环境突发事故高发区域应急监测与预警系统建设等措施；提升海洋灾害和环境突发事故应急预警报能力，及时掌握海洋灾害和环境突发事故动态信息，为海洋灾害和环境突发事故应急处置提供保障。

19.4.5 海洋生态环境保护信息化能力建设

采取多系统整合、多元数据信息综合利用等措施，集成海洋环境监测与评价、海洋生态环境保护与建设、海洋环境监督与管理、海洋污染监控与防治、海洋环境突发事故应急等业务，建立省、市、县三级海洋生态环境监督管理系统，提升海洋生态环境保护数据集成与管理、分析评价与决策、行政审批与管理、政务公开与服务的能力，为构建集海洋科学认知、管理支撑、信息共享和智能服务于一体的“智慧海洋”平台奠定基础。

20 典型海域生态环境修复调控的工程案例

20.1 洋河入海河口生态修复工程方案

20.1.1 工程背景

入海河口的环境问题已成为社会与自然和谐发展的焦点问题。当前，秦皇岛部分入海河口淡水资源匮乏、泥沙剧减、河口污染物质激增、滩涂湿地严重丧失、生物多样性下降，河口环境严重受损。尤其以洋河入海河口的健康问题最为突出。

近年来，秦皇岛市洋河入海污水和污染物排海总量持续增加，导致秦皇岛近岸海域，特别是洋河入海河口海域，受到不同程度污染，呈现出程度不等的海域富营养化。入海水量的枯竭，使得陆源污染物在河流入海河口段长期滞留、积累，造成河口水污染状况日趋严重，水质长期处于海水四类水质、海水五类水质，甚至发黑、发臭。洋河入海河口生态环境质量直接影响北戴河海洋环境质量，已成为各级政府和社会各界密切关注的焦点。因此，开展洋河入海河口生态修复十分必要，符合河北省《北戴河及相邻地区近岸海域环境综合整治工作方案》的要求。同时，开展洋河入海河口综合整治工程对促进北戴河旅游事业和经济的可持续发展，以及提高人们的生活水平、创建和谐北戴河，具有重要意义。

20.1.2 洋河入海河口现状分析

秦皇岛市洋河入海河口位于北戴河新区北部，北邻南戴河、北戴河国际旅游区，地理位置坐标为39°46′43″N、119°25′00″E。洋河全长100 km，多年年平均径流量为1.86亿 m^3，流域面积为1 029 km^2，河道坡降大，源短流急。洪水具有峰高、量大、历时短等山溪性河流特点。汛期为6—9月，水量占全年水量的90%左右。洋河水质主要超标因子为化学需氧量、生化需氧量、总磷和粪大肠菌群，且超标倍数较高，对海域环境有一定危害或潜在危害。目前，洋河入海河口主要为渔港码头和砂石码头；在入海河口西侧为海水养殖区；入海河口东侧除渔港基础设施外，均开发为建筑用地（附图18）。

近年来，由于受自然环境条件和人类活动的影响，洋河入海河口区域存在严重的环境问题：

（1）入海河口无序开发，缺乏管理

洋河入海河口码头并未被有规划地开发利用，处于盲目无序的开发状态。河口两侧养殖场、修船厂遍布，河口船只管理无序，植被破坏现象严重，自然景观及生态系统受到很大破坏。

（2）入海河口河道淤积现象严重

由于近年来流域水资源的匮乏，洋河入海河口水量明显减少，导致泥沙沉积物逐渐在河道内淤积；再加上河口处波浪潮汐等的回淤作用，导致河口下游河道淤积；洋河入海河口下游及入海河口处均有不同程度的淤积状况。

（3）海岸侵蚀问题

海岸带地区的泥沙主要由河流入海泥沙供应。由于河流入海泥沙骤减，造成海岸带动力失衡，海岸泥沙亏失，使得入海河口邻近海滩全面侵蚀。目前，洋河入海河口附近沙滩宽度均小于 10 m，部分岸段沙滩滩肩已基本消失，高潮时海水直接冲击海堤。洋河入海河口附近的金海岸浴场沙滩宽度由原来的 20 余 m 减少到不足 5 m。若海滩长期呈侵蚀后退趋势，将对河口两岸的建筑物造成威胁，影响人们的生命、财产安全。

（4）入海河口水体污染

入海径流量锐减，淡水资源匮乏，入河污染物的大量排放，再加上入海河口处海水养殖业产生的垃圾、污水随雨水等进入河道，导致洋河入海河口区域呈现严重污染现象。入海河口环境已出现明显恶化现象。

（5）海水入侵

导致海水入侵灾害的主要影响因素有自然因素和人为因素两种，自然因素是其发生和发展的基础，而人为因素则起着触发、催化和推波助澜的作用。人为因素中超量开采地下水，采补失调，导致地下水水位下降，造成海水入侵；同时，海滩不合理开发利用、上游人工蓄水工程、海岸工程、河道采砂等也是导致海水入侵的重要因素。入海水量减少、沿海地区地下水开采量的增加，引发了海水入侵，也促使洋河河口水质恶化。

20.1.3 洋河入海河口生态修复工程设计

（1）指导思想

以改善水环境质量、保护群众健康、解决入海河口生态问题为根本出发点，以加快产业结构调整、推进截污工程体系建设和加强环境监督为重点任务，全面系统地制订洋河入海河口生态环境修复调控方案，促进经济社会的科学发展，降低入海污染物排放，维护海洋生态平衡，实现海洋经济发展与海洋环境承载力相适应的可持续发展目标。

(2) 功能定位

洋河入海河口生态修复工程实施后，能够进一步树立北戴河新区的旅游特色，提升旅游品质。功能定位为以大众休闲娱乐为主的滨海旅游生态示范区。

(3) 设计依据

《中华人民共和国环境保护法》

《中华人民共和国海洋环境保护法》

《中华人民共和国水污染防治法》

《中华人民共和国海域使用管理法》

《中华人民共和国城乡规划法》

《城市湿地公园规划设计导则（试行）》

《国务院关于环境保护若干问题的决定》

《国务院关于引发全国海洋经济发展规划纲要的通知》

《国务院办公厅关于加强湿地保护管理的通知》

《国家海洋事业发展规划纲要》

《渤海环境保护总体规划》

《渤海综合整治规划》

《河北省海洋功能区划》

《河北省海洋经济发展规划》

(4) 设计方案

根据洋河入海河口的功能定位及其存在生态环境问题，对洋河入海河口开展生态修复工程设计。洋河入海河口生态修复工程规划图见图 20.1。

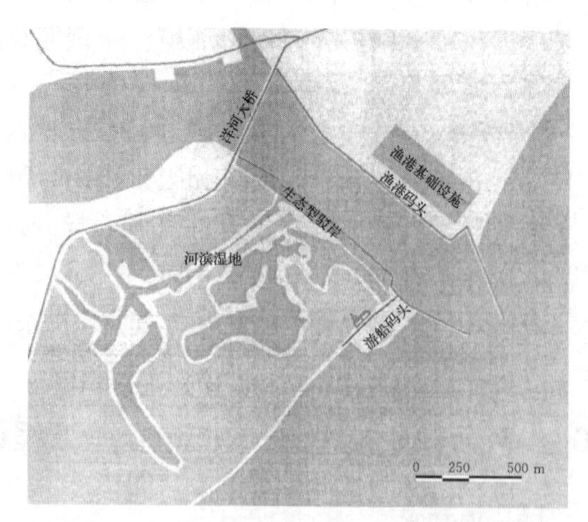

图 20.1　洋河入海河口生态修复工程规划图

① 渔港改造工程。

洋河入海河口为渔船码头，由于缺乏有序的管理，渔船任意停靠，渔民生活垃圾及海产品垃圾遍布，使得码头周边环境恶劣，严重制约了洋河入海河口的开发与旅游业的发展。拟对入海河口的渔港进行整治，规范渔船停泊，加强船只管理；同时，对渔港周边的环境进行绿化，种植适宜滨海环境生长的绿植，有效渔港区域环境状况。

② 入海河口环境整治。

A. 南岸改造为缓坡式生态驳岸

洋河入海河口已建设的直立式防潮堤亲水性差。生态驳岸指兼具有水域特性与陆地特性的水陆交界区域，可在保证驳岸结构稳定和满足生态平衡要求的基础上，营造一个环境优美、空气清新、人人向往的舒适宜人环境。水体生态驳岸的设计可以兼顾自然发展和人类需要，使人类和自然真正达到和谐统一。

拟将洋河入海河口南岸现有的护岸改造为缓坡式生态驳岸（图 20.2），建设总长度约 1 km，工程距离为洋河入海河口至洋河大桥。在驳岸的类型及用材选择上，重点考虑驳岸与水线形成的连续景观线能否与环境相协调，根据潮汐情况处理好驳岸与水面间的高差关系，完善驳岸的亲水性。可采用根系发达的植物进行护坡固土，既可固土保沙、防止水土流失，又便于进行植物造景。根据水位的变化及水深情况，选择种植相应的本土植物，形成水生-湿生-中生的植物群落带，由水向岸分梯级种植湿生植物、护坡植物及岛体树木。湿生植物主要有芦苇、香蒲、水葱、屈菜等；护坡植物有柽柳、迎春、紫穗槐等；岛体树木主要选择意杨、毛白杨、垂柳、黑松等。同时，缓坡式生态驳岸便于人们与水面接触，可以有效提升河口的旅游休闲功能。

图 20.2　缓坡式生态驳岸

B. 河滨湿地公园建设

拟对河岸进行景观设计，建设河滨湿地公园；引洋河咸淡水资源入园，建设生态水系；种植湿地植物，使园内绿化面积达到 50%以上。建设湿地公园主要是为了更好地对湿地资源进行保护。河滨湿地公园规划设计应基于湿地的传统特性，即地表水的净化和调节；同时，要使湿地环境能够兼具野生和园林的自然特性。它应以保护或恢复湿地的生态功能为前提，以充分发挥其环境效益为目标，以充满野趣的领土景观为特色，可以开展各种形式的科普活动，达到保护湿地的领土景观特色、湿地资源和生态环境的同时，兼具宣传作用。

河滨湿地公园建设位置位于洋河入海河口南岸，总建设面积约 1.5 km^2。

③ 河道清淤清污工程。

入海水量的减少，导致河口下游河道淤积，洋河入海河口南侧、入海河口均有不同程度的淤积状况。此外，河道内污泥、垃圾等污染物的长期淤积导致河口处河水发黑、水质较差，严重影响河口周边的生态环境质量，而洋河入海河口紧邻南戴河国际旅游区，其环境质量变差会对周边旅游业的发展造成巨大损失。

清淤清污方法：采用机船挖泥和搅动法进行疏浚，清理出的淤泥等污染物转移至集中处理点进行处理。

河道清淤清污范围：清淤深度为 1.5 m，清淤河道面积 0.35 km^2，总清淤体积约 525 000 m^3。

④ 砂石码头改造。

取缔砂石码头，改造为旅游码头。在河口砂石码头处建设防波堤，规范泊位，改造为旅游码头，改变渔船、游船共用码头的现状。旅游码头北岸进行景观化改造，码头后方建设游客集散中心，规划内容包括绿地、木栈道、休憩长椅、停车场等。

⑤ 周边海滩恢复治理。

海滩恢复治理即人工养滩，指利用疏浚得到的淤泥，或挖掘土沙，利用泵、船、车辆等人为运输方式的同时，尽可能利用波浪、水流等自然力，共同养护海滩，使海滩免受侵蚀的方法。一般来说，有充分的沙可以补给，人工养滩是最佳的海滩恢复治理方式。洋河入海河口南北两侧海滩均存在不同程度的被侵蚀状况，而洋河入海河口南侧海滩修复整治工程已在北戴河区洋河入海河口-葡萄岛岸线整治与修复工程中进行了修复设计。因此，只对洋河入海河口北侧海滩进行海滩恢复治理工程设计。

拟对洋河入海河口北侧约 800 m 范围内进行海滩补沙，补沙方式采用滩肩补沙，恢复沙滩宽度 50 m，恢复沙滩面积 25 000 m^2；在南岸 300 m 海域吹填人工沙坝，人工沙坝分两段进行吹填，沙坝总长度 600 m。

根据洋河入海河口区域波浪情况，将人工沙滩的上限高程设置为 2.3 m；滩肩设置由陆向海的 1∶100 缓坡形式，滩肩宽约 30 m，随位置不同略有差异。养滩剖面采用交会型剖面，在低水位以上的填沙坡度大致与天然岸坡平行，设计坡度为 1∶10。根据洋河入海河口周边海滩原始粒径及保持人工沙滩的稳定性的需求，补沙所用客沙中值粒径选择 0.3～0.6 mm。补沙方式采用滩肩补沙，利用驳船运输至附近海域，吹沙船吹填至养滩区域，按照养滩设计剖面进行补沙。根据计算可知，洋河入海河口北侧海滩恢复治理工程设计填沙方量达 75 000 m^3。

⑥ 人工沙坝吹填。

人工沙坝吹填采用近岸补沙方式，即将补给沙料堆在平均低潮位以下，形成人工沙坝。人工沙坝距离岸线约 300 m，沙坝总长约 600 m、宽约 50 m，坝顶高程为－0.9 m。沙坝材料选择 0.5～1.5 mm 的中沙。经计算，吹填人工沙坝总需沙量为 40 000 m^3。

20.2 曹妃甸集约用海海域生态环境修复方案

20.2.1 曹妃甸集约用海海域生态环境存在的主要问题

(1) 水环境质量下降

由于曹妃甸工业区的不断建设，人类活动越来越频繁，使曹妃甸工业区沿岸水域磷的浓度不断升高，由2000年的接近海水三类水质退化到2005年接近海水四类水质；无机氮污染问题自2000年以来逐步加重，但仍然符合海水一类水质标准；区域内石油类污染变化趋势与活性磷酸盐的变化趋势比较一致，2000—2005年呈明显增加趋势，2005年已经超出海水二类水质标准。从污染物入海量上来看，2012年入海的总氮中来自工业排放的占到63.63%，来自生活污染源占34.01%，来自农业污染源占1.55%，来自养殖业污染源占0.8%。

（2）生物资源衰退

通过曹妃甸海域多年海洋资源调查结果的相互比较可知，曹妃甸海域海洋生物群落结构发生了明显的变化，呈现出严重退化的趋势。

目前，曹妃甸海域底栖生物种类数明显减少，2014年比2003年减少15种，且2009年一度降低到14种；曹妃甸海域底栖生物多样性指数由2003年的2.04降低到2014年的1.68。底栖生物种类组成变化中，一个比较显著的特征就是海域底栖软体动物所占比重低于以往，底栖环节动物（多毛类）所占比重高于以往。换句话说，小型生物种数明显增加，大型生物种数明显减少。群落结构趋于不稳定。

相比2003年，2014年曹妃甸海域鱼类资源的密度也降低了25.66%。同时，开发区域海域内大型经济鱼类减少、小型无经济价值或经济价值较低的鱼类增加。

（3）入海河口区域富营养化明显

曹妃甸海域入海河流主要有双龙河和青龙河，入海河口海域沉积物以粉砂淤泥质为主。随着曹妃甸工业区、南堡油田等一批重点用海工程的建设，原有滨海滩涂和浅海逐渐成陆，海域面积缩小；在一定程度上改变了入海河流原有的入海路径，致使部分入海河流径流不畅、河床淤积、河口海域船只停泊困难。同时，海域沿岸原有水动力环境条件发生改变，周边海域及河口海域上游水交换能力减弱，加剧了河口海域淤积，海水质量变差。再者，不合理的滩涂养殖开发和沿海开发等活动不断增加，导致入海河口海域富营养化程度不断升级，河口海域的生态景观与污染状况呈恶化趋势。

（4）生境持续退化，海洋生态服务功能下降

围填海工程，以及修建滨海公路、盐田和养殖池塘等开发活动造成大量滨海湿地或永久丧失其自然属性，或成为生物群落较为单一、生态功能较为低下的人工湿地，湿地的生态功能被破坏。曹妃甸区域滨海湿地总面积由2005年的409.78 km^2减少到2012年的196.91 km^2，减少了51.94%；其中，自然湿地减少了53.75%，取而代之的是集约用海活动形成的建设用海。伴随集约用海活动的逐步发展，滨海湿地利用程度提高，湿地总面积持续减少，自然湿地被大量占用，降低了滨海湿地在维持生物多样性、养护渔业资源、截留和吸收营养物质、净化水体、保护海岸线等方面的重要生态服务功能。

20.2.2 海域生态环境调控模式设计依据

《中华人民共和国环境保护法》
《中华人民共和国水污染防治法》
《中华人民共和国土地管理法》
《中华人民共和国固体废弃物污染环境防治法》
《中华人民共和国城市规划法》
《城市湿地公园规划设计导则》
《关于加强湿地保护管理工作的通知》
《国家城市湿地公园管理办法（试行）》
《唐海县城市总体规划（2005—2020）》
《渤海湾区域沿海港口建设规划》
《唐山港曹妃甸港区开发条件及规划方案研究报告》
《唐山港曹妃甸新港工业区城市总体规划》
《唐山市曹妃甸工业区国民经济和社会发展“十一五”规划纲要》
《曹妃甸循环经济示范区产业发展总体规划》

20.2.3 生态调控目标

遵循曹妃甸区域整体规划对海域区域功能划分的原则，在保护原有生态环境的基础上，全面减轻和预防入海河流上游海水养殖、人类生活，以及曹妃甸工业区、曹妃甸新城建设和发展对近岸海域生态环境的影响；进一步有效保护和改善海域生态环境，恢复海洋生物资源，实现海洋生态环境保护与海域开发协调、可持续利用发展的目标，为海域生态环境综合整治修复提供有效的技术支撑。

20.2.4 曹妃甸集约用海海域环境与生态安全调控模式设计

（1）入海河口环境整治

①入海河口海域清淤。

入海水量的减少，导致入海河口下游河道及双龙河入海河口均有不同程度的淤积。此外，河道内污泥、垃圾等污染物的长期淤积，导致入海河口处河水水质较差，严重影响入海河口周边的生态环境质量，对近岸海域生态环境也造成一定的影响。采用机船挖泥和搅动法进行入海河口疏浚，清理出的淤泥等污染物转移至集中处理点进行处理，清淤深度为1.5 m。通过清淤来拓宽水面并增强水体的交换、自净能力。

②河滨人工湿地。

集约用海活动导致大量自然湿地逐步丧失，截留和吸收营养物质、净化水体、维持生物多样性等生态功能也随之丧失。因此，建设河滨人工湿地，对于保护入海河口丰富的生物多样性、自然环境条件及近岸海域的生态环境、净化面源污染、预防沿海区域建设和发展对入海河口生态环境带来的负面影响具有重要意义。同时，河滨人工湿地建设兼具园林景观的作用。规划内河滨人工湿地总面积约 1 400 hm^2。

选址：根据人工湿地建设选址的原则，以及双龙河入海河口、青龙河入海河口水文及自然条件，规划在南堡镇咀东区域（双龙河河口）和青龙河入海河口的左侧（即新华港南侧）的湿地保育区分别建设人工湿地系统，总规划面积分别为 1 460 hm^2 和 1 350 hm^2，湿地的高度分别取 80 cm 和 120 cm（附图 19、附图 20 和附图 21）。

人工湿地组合形式：在湿地保育区，人工湿地采用垄沟结构，垄上种植芦苇、菖蒲，按照潜流型湿地的标准建设；沟内铺以沸石、细沙和碎石，建成渗透型湿地。表面流型湿地与渗透型湿地的面积比为 1∶2，垄沟型人工湿地剖面图见图 20.3。在湿地保育区以外的其他区域，根据人工湿地建设填料选择要求，考虑双龙河、青龙河的水文状况及湿地其他功能，选择以沸石、细沙、土壤和碎石为填料建成渗透型湿地。双龙河渗透型湿地床深为 100 cm，青龙河为 130 cm。人工湿地控制总图见图 20.4。

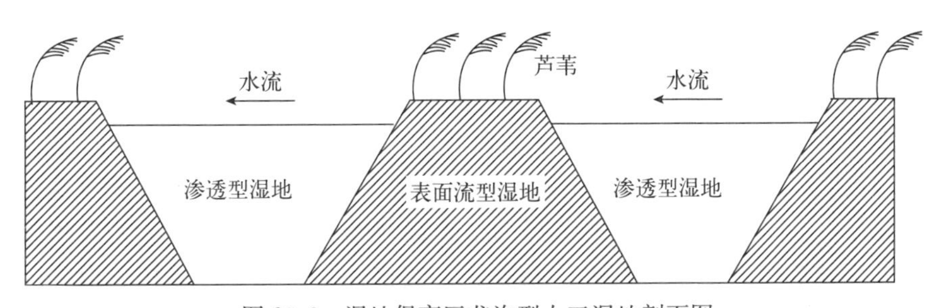

图 20.3 湿地保育区垄沟型人工湿地剖面图

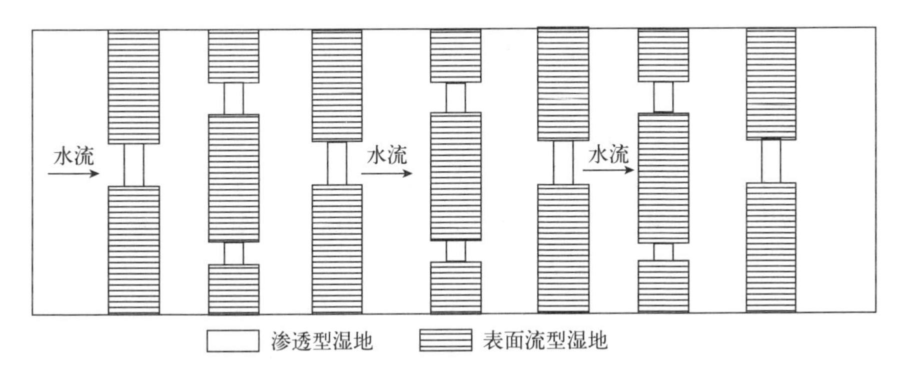

图 20.4 湿地保育区人工湿地结构图

根据双龙河和青龙河的年平均流量及人工湿地的设计高度，双龙河入海河口人工湿地的水力停留时间约为2.65 d，青龙河入海河口人工湿地的水力停留时间约为2.47 d。根据以往研究实践证明，人工湿地的水力停留时间在2～3 d时，总氮的削减率能够达到70%，化学需氧量、生化需氧量削减率大于60%，人工湿地的出水水质能达到地表水Ⅱ类水质标准。

人工湿地结构设计：根据双龙河和青龙河的水质，人工湿地选择陶粒、沸石、砾石、土壤为填料。充分考虑河水水质，为保有湿地防污功能及净化效率，提升水净化效果，在湿地保育区采用表面流、渗透型相结合的组合型人工湿地工艺。其结构形式为：表面流湿地占1/3面积，渗透型湿地占2/3面积；表面流湿地床深0.8 m，底铺15 cm粒径2～4 cm砾石，上填粒径2～4 cm的沸石、陶粒各20 cm，再覆25 cm土壤。渗透型湿地床深0.7 m，底铺150 cm粒径2～4 cm碎石，上填粒径2～4 cm的沸石、陶粒各20 cm，再覆20 cm细沙。整个湿地保育区前1/2面积种植芦苇，后1/6面积种植香蒲，剩余1/3种植鸢尾等景观植物，种植密度均为5株/m^2。湿地坡度为1%。

湿地保育区以外的其他区域，选择以沸石、细沙、土壤和碎石为填料建成渗透型湿地。渗透型湿地床深100 cm，底铺20 cm粒径2～4 cm碎石，上填粒径2～4 cm的沸石、陶粒各25 cm，再覆30 cm细沙。

人工湿地植物选择：依据人工湿地建设目标，植物种类选择的原则为净化能力强、具有抗逆性、易管理、综合利用价值高、可美化景观。植物配置的主要措施：大量使用本土植物物种，尽可能地模拟自然生境的同时，能将维护成本和水资源的消耗降到最少；除考虑到水生植物自身的水深要求之外，还需要考虑其花期和色彩、高低错落搭配，设计好游人的观赏视角，避免相互遮挡。

根据以上原则，人工湿地选择的植物以芦苇、香蒲、菖蒲、美人蕉等为主，可参考选择的植物有迎春、睡莲、夹竹桃、黄花鸢尾、柿树、枫杨、河柳、白榆、梧桐、香椿、木槿、红叶小檗、茭白、锦熟黄杨、雀舌黄杨、小叶女贞、金叶女贞、刺柏类、四角菱、莲、凤眼莲、喜旱莲子草、浮萍等，也可以根据季节变换栽植一些草花、宿根花卉等来美化。项目建成投入运行后，植物覆盖率应达90%以上。

（2）海域生态修复模式

在海洋工程建设、运营期间产生的工业、生活污染等因素的共同影响下，曹妃甸海域生物资源遭受一定程度的损失，迫切需要开展海洋生态环境保护与修复，恢复海洋生物资源。修复规划见附图21。

修复区域：曹妃甸海洋生态环境修复将充分利用工业建设规划之外的海区。生态修复区主要分布在沙坨岛北侧的海域及双龙河入海河口海域，总面积约170 km^2。其中，沙坨岛北侧海域重点修复区的东界为沙坨岛以东1 km，西以曹妃甸工业区东侧为界，南到沙坨岛北岸，北到岸线；此海域包括青龙河、沂河、大庄河3个入海河口，以及大片滩涂和浅海，面积约为150 km^2。双龙河入海河口生态修复区为双龙河入海河口10 m等深线以上的区域，面积约为20 km^2。

沙坨岛北侧海域生态修复模式：分为入海河口区和浅海区两个区域进行生态修复设计。入海河口区主要包括青龙河、沂河、大庄河3个入海河口，面积约45 km^2。主要放养生物为鲻鱼、梭鱼、鲈鱼、矛尾复鰕虎鱼、大弹涂鱼等；青蛤、杂色蛤、缢蛏、四角蛤蜊、光滑蓝蛤、文蛤、毛蚶、泥螺等；中国对虾、脊尾白虾、中国毛虾、三疣梭子蟹、日本蟳、口虾蛄等。

浅海区北起入海河口区南，南至沙坨岛，东起沙坨岛东1 km，西至3港池外缘的区域，最大水深15 m，面积约105 km^2。主要放养生物为小黄鱼、蓝点马鲛、斑鰶、黄鲫、鲻鱼、黑鲷、黄条鰤、银鲳、鲈鱼、梭鱼、六线鱼、黑鲪、牙鲆、黄盖鲽、红鳍东方鲀、矛尾复鰕虎鱼和鳀鱼等；中国对虾、中国毛虾、脊尾白虾、口虾蛄、三疣梭子蟹、日本蟳等；长蛸、短蛸等；皱纹盘鲍和红螺等；文蛤、毛蚶、魁蚶等；刺参；鼠尾藻、马尾藻、江蓠和裙带菜。同时，在沙坨岛北侧放置塔形鱼礁，框架式沉鱼礁、浮礁与沉礁结合式的复合鱼礁。

双龙河入海河口生态修复模式：入海河口水域由大陆径流带进丰富的营养盐，浮游植物生物量很高，是贝类天然的栖息地，也是某些鱼类、虾类、蟹类等的产卵、育幼及索饵场所，具有重要的生态价值和经济价值。由于近年来贝类资源锐减，规划采取人工放养方式以增加资源量。双龙河入海河口为四角蛤蜊分布密集区，规划以四角蛤蜊增养殖为主，与《河北省浅海与滩涂养殖功能规划》提出的四角蛤蜊的管养区相一致。其他可以放养的生物种类有鲻鱼、梭鱼、鲈鱼、矛尾复鰕虎鱼等；青蛤、缢蛏、杂色蛤、四角蛤蜊、泥螺等；中国对虾、脊尾白虾、中国毛虾、三疣梭子蟹、日本蟳、口虾蛄等；马尾藻、鼠尾藻、江蓠等。

20.3 昌黎海水增养殖区生态环境修复方案

20.3.1 昌黎海水增养殖区生态环境现状

河北昌黎海域位于辽东湾西南部，水清、流弱、波小，透明度高，营养物质丰富，成灾海况少，底质偏沙，河口滩涂底质较细，为海水养殖业发展提供了适宜的自然条件，是河北省海水养殖（特别是浅海养殖）条件最好的区域之一。昌黎县海水养殖业起步早、扩展迅速，自20世纪80年代以来，养殖方式由单一的海水池塘养殖发展到浅海养殖、池塘养殖（粗养、精养、混养）、工厂化养殖多种养殖方式并存，养殖品种涉及鱼、虾、贝、蟹、海参等20余种。海水养殖面积和产量逐年递增，海水养殖产值占海水产品产值的比重逐步提高。全县海洋养殖用海面积已高居各类用海类型之首，在全省海洋经济中占有重要地位。目前，该海域附近有 26 667 hm^2 的海湾扇贝养殖区、10 万多 m^2 的工厂化养殖车间、3 333 hm^2 的海水养殖池塘、2 000 hm^2 的滩涂贝类养殖区域。昌黎海水增养殖区分布示意图详见附图 22。

随着海水养殖规模的不断扩大，虽获取了可观的经济效益，但引发了一系列生态环境问题，如养殖废物、残饵、代谢及排泄物等污染，造成养殖海域水体富营养化、氮磷失衡、形成厌氧沉积物，进而导致海域生物群落结构变化、生物多样性降低、重要物种（国家泛级保护动物文昌鱼）栖息地破坏、养殖生物产量及品质下降（海湾扇贝贝柱规格由 200 粒/kg 降至 300 粒/kg 以上）等；受大面积养殖池塘开发的影响，七里海潟湖、滦河河口三角洲湿地等重要海洋生态系统的生态功能明显衰退。

20.3.2 滩涂底播贝类修复技术

底播贝类以毛蚶和青蛤为主。青蛤、毛蚶适宜生长在潮流畅通、风浪较小、敌害生物少、底栖藻类生物丰富、地势平坦的近高潮区和中潮区滩涂；要求滩面平坦、底质松软，水温－1～30 ℃，盐度 15～40，pH 为 7.5～8.5。因此，修复区域选在生物多样性较往年显著降低、经济效益严重受损、环境条件符合 DBB/T 932—2008 要求的海域。

青蛤选择无损伤、外壳有光泽、反应灵敏、体质强壮、壳长为 2～2.5 cm 的健康苗种，底播密度为 120～150 粒/m^2；于春季 4—5 月投放在受损滩涂区域；选择壳长为 0.5～1.5 cm 毛蚶，以 30～40 粒/m^2 的密度，进行底播。根据生长状况，青蛤壳长在 3.0～3.5 cm 即可收获。

苗种投放时，应选择晴朗、风浪小的天气，在受损滩涂的滩面干露且将要涨潮时，将苗种均匀播撒在被修复滩涂圈定的范围内；被修复滩涂边缘设置拦网，防止青蛤随海水飘走，造成经济的损失和修复效果的降低。

20.3.3 近岸海域生态修复技术模式

(1) 人工鱼礁修复技术

① 鱼礁材料。针对典型海水增养殖水域的海洋环境和本底特性，优化不同功能型式的礁体材料、结构和布局，设计出适合投礁海区的鱼礁和藻礁的礁体结构。考虑礁体材料与海洋环境的适应性、耐久性、稳定性及经济性，保证礁体的使用寿命（一般在 30 年以上），尽可能控制全对海洋环境造成的不利影响，而且尽量节约成本。结合以上因素，选择多形态混凝土构件和花岗岩石料作为主要的礁体材料。

② 鱼礁结构。按照《混凝土结构设计规范》（GB 50010—2002）的要求，混凝土构件可采用方形构件（砼构件礁）和圆形构件（水泥管礁）两种。方形

构件礁外形尺寸 $L \times B \times H = 1.6\ m \times 1.6\ m \times 1.8\ m$，壁厚 0.06 m，每个构件为 4.608 空方；圆形构件外形尺寸 $\Phi \times H = 0.4\ m \times 0.8\ m$，壁厚 0.04 m，每个构件为 0.1 空方。方形构件礁钢筋类别采用Ⅱ级以上，水泥标号采用 425＃以上，受力钢筋保护层厚度要求≥45 mm，混凝土强度要求达到 C20 以上。

石材礁采用天然花岗岩毛石，每块石材重量在 100 kg 以上，分成 5 个相连的礁体，每个礁体体积为 4 000 m^3，高度 2～3 m。礁体走向顺流布置。

③ 礁体投放。采用有自卸能力投礁船进行礁体投放。投放的每个礁群呈正方形，边长 80 m×80 m，按照流体力学模拟计算最佳礁群间距，横向 200 m，纵向 100 m。在礁体布局上，每个礁区以构件礁为中心，四周堆投石块环绕组成一个人工鱼礁群。构件礁平放、石块礁采取堆投方式，用作海洋生物及藻类的增养殖场所，吸引洄游的中上层鱼类聚集。在修复区域最外侧建设防拖网捕捞的保护型鱼礁，从而保障海洋牧场建设的成效。建成人工鱼礁示范区面积 $1.498\,9 \times 10^6\ m^2$，共计需投礁 16 219 m^3，其中混凝土预制构件礁约需 3 719 空方、毛石礁需 12 500 m^3。

(2) 人工藻礁修复技术

① 大型藻类的筛选。根据大型藻类生长机理和修复机理，选择适宜当地生长环境生长的优良藻种，与此同时也要防止外来物种入侵。根据养殖区海域的环境条件，选择海带、龙须菜、马尾藻作为修复用大型藻类。

海带以平挂式养殖模式为主，选择 20～50 cm 海带苗，按照每 10 cm 苗绳挂 2 株，每绳夹苗 50 株，采取两苗绳连在一起吊养，苗绳间距 3.3 m。修复区域内共计吊养 20 台，台长 50 m。

龙须菜采用平养和垂养方式与海湾扇贝进行综合养殖。平养时，与扇贝间养，平挂于两排筏架之间。苗绳长度略大于两排筏架间距（5 m 左右），可以一根（5.2 m）也可以两根（2.6 m）接在一起（以操作方便为准）。苗绳为聚乙烯绳，绳粗 8～10 mm。为防止龙须菜漂浮于海面而被过强的光照杀死，保持龙须菜在水面下 50 cm 左右，每绳坠石 3 个、吊绳 2 根。根据龙须菜生长情况，需要在筏架上增加部分浮漂。垂养时，苗间距 18～20 cm，每绳（5 m 绳）夹苗 20～25 簇，每簇 50 g 左右，每簇间距 10 cm，两端和中间加坠石（150～200 g）。

马尾藻可在海区和潮间带种植。移植时，利用圆台形或梯形立方体人工混凝土作为附着基，用夹苗绳捆绑于附着基凹槽投放海区。

② 藻礁设计。根据水域大型海藻资源状况及筛选的适宜藻种，用水泥块将藻类固定后投放在鱼藻礁区。进行人工培育与繁殖。常选用鼠尾藻和海带，采用水泥块固定，用渔船投放于藻礁区。

参考文献

REFERENCES

鲍永恩，黄永光，1996. 海洋环境质量评价刍议 [J]. 海洋环境科学，15 (3)：1-9.

蔡清海，杜琦，卢振彬，等，2005. 福建主要港湾的水质单项评价与综合评价 [J]. 台湾海峡 (24)：63-70.

陈静生，王忠，刘玉机，1989. 水体金属污染潜在危害应用沉积学方法评价 [J]. 环境科技，9 (1)：16-25.

陈丽欣，2010. 河北省滨海湿地安全评价与保护研究 [D]. 石家庄：河北师范大学.

陈清潮，黄良民，尹健强，1994. 南沙群岛区域浮游生物多样性研究 [M]. 北京：海洋出版社.

陈淑梅，2006. 河北近岸海域营养盐分布状况及评价 [J]. 海洋环境科学，35 (3)：57-59.

陈伟琪，王萱，2009. 围填海造成的海岸带生态系统服务损耗的货币化评估技术探讨 [J]. 海洋环境科学，28 (6)：749-754.

程惠红，2009. 曹妃甸滨海新区工程建设适宜性评价 [D]. 北京：中国地质大学.

崔力拓，李志伟，2014. 河北省沿海开发活动的生态环境效应评估 [J]. 应用生态学报，25 (7)：2063-2070.

崔力拓，李志伟，胡克寒，2012. 河北省海水养殖区水质时空变迁特征 [J]. 大连海洋大学学报，27 (2)：182-185.

崔力拓，鲁凤娟，李志伟，等，2017. 河北省海洋经济与海洋资源环境协调发展研究 [J]. 中国环境管理干部学院学报 (1)：45-49.

邓波，洪泼曾，龙瑞军，2003. 区域生态承载力两化方法研究评述 [J]. 甘肃农业大学学报，38 (3)：281-289.

狄乾斌，韩增，2005. 海域承载力的定量化探讨：以辽宁海域为例 [J]. 海洋通报，24 (1)：47-54.

付会，2009. 海洋生态承载力研究：以青岛市为例 [D]. 青岛：中国海洋大学.

高吉喜，2001. 可持续发展理论探索：生态承载力理论、方法与应用 [M]. 北京：中国环境科学出版社.

国家海洋局，1991. 海洋调查规范 [S]. 北京：海洋出版社.

国家环境保护总局，1997. 海水水质标准 [S]. 北京：中国环境科学出版社.

国家质量技术监督局，1998. 海洋监测规范 4：海水水质分析 [S]. 北京：中国标准出版社.

韩增林，狄乾斌，刘锴，2006. 海域承载力的理论与评价方法 [J]. 地域研究与开发，25 (1)：1-5.

参 考 文 献

河北省国土资源厅，2007. 河北省海洋资源调查与评价专题报告（上、下册）[M]. 北京：海洋出版社.

胡聪，于定勇，赵博博，2014. 围填海工程对海洋资源影响评价：以曹妃甸为例 [J]. 城市环境与城市生态，27（1）：42-46.

胡聪，于定勇，赵博博，等，2013. 曹妃甸围填海开发活动对海洋资源影响评价 [C]. 第十六届中国海洋（岸）工程学术讨论会论文集，北京：中国环境科学出版社.

黄伟健，黄贯红，陈菊芳，等，2001. 大鹏湾春季海水理化因素与拟尖刺菱形藻种群密度的灰色系统模型研究 [J]. 海洋环境科学，20（4）：13-17.

金建君，恽才兴，巩彩兰，2001. 海岸带可持续发展及其指标体系研究：以辽宁省海岸带部分城市为例 [J]. 海洋通报，20（1）：61-66.

金相灿，刘鸿亮，1990. 中国湖泊富营养化 [M]. 北京：中国环境科学出版社.

兰文辉，安海燕，2002. 环境水质评价方法的分析与探讨 [J]. 干旱环境监测（3）：167-169.

李纯厚，王学锋，王晓伟，等，2006. 中国海水养殖环境质量及其生态修复技术研究进展 [J]. 农业环境科学学报，25（增刊）：310-315.

李光霞，2009. 曹妃甸工业旅游开发模式及效应影响研究 [D]. 石家庄：河北师范大学.

李静，2008. 河北省围填海演进过程分析及综合效益评价 [D]. 石家庄：河北师范大学.

李莉，陈武军，张永丰，等，2013. 滦河口-北戴河海域夏季浮游植物群落变化研究 [J]. 海洋环境科学，32（6）：896-901.

李杨帆，朱晓东，2006. 海岸湿地资源环境压力特征与区域响应研究 [J]. 资源科学，28（3）：108-113.

李志伟，崔力拓，2009. 河北省近岸海域表层沉积物中重金属污染生态风险评价 [C]. 中国环境科学学会2009年学术年会论文集，北京：中国环境科学出版社.

李志伟，崔力拓，2010. 河北省近海海域承载力评价研究 [J]. 海洋湖沼通报（4）：87-94.

李志伟，崔力拓，2012. 秦皇岛主要入海河流污染及其对近岸海域影响研究 [J]. 生态环境学报，21（7）：1285-1288.

李志伟，崔力拓，2015. 集约用海对海洋资源影响评价方法 [J]. 生态学报，35（16）：5458-5466.

李志伟，崔力拓，2016. 人类活动影响下唐山湾近岸海域营养盐及其结构变化 [J]. 应用生态学报，27（1）：307-314.

李志伟，崔力拓，2017. 环境因子对唐山湾海域浮游动物群落结构的驱动作用 [J]. 应用生态学报，28（1）：3797-3804.

李志伟，崔力拓，林振景，等，2008. 河北省近岸海域环境质量评价 [J]. 环境科学研究，21（6）：143-147.

廖丹，2010. 海岸带开发的生态效应评价研究：厦门湾为例 [D]. 海口：海南大学.

林桂兰，左玉辉，2006. 海湾资源开发的累积生态效应 [J]. 自然资源学报，21（3）：432-440.

林祖亨，梁舜华，1993. 大鹏湾盐田海域夜光藻赤潮形成与潮汐的关系 [J]. 海洋通报，12

(2)：35-38.

刘爱智，2007. 河北省滨海湿地动态变化分析与效益评价研究 [D]. 石家庄：河北师范大学.

刘成，王兆印，何耘，等，2002. 环渤海湾诸河口潜在生态风险评价 [J]. 环境科学研究，15 (5)：33-37.

刘述锡，马玉艳，卞正和，2010. 围填海生态环境效应评价方法研究 [J]. 海洋通报，29 (6)：707-711.

卢金锁，杨喆，张旭，等，2015. 不同环境因素影响下直链藻垂向分布特性研究 [J]. 海洋科学，39 (7)：22-28.

陆书玉，栾胜基，朱坦，2001. 环境影响评价 [M]. 北京：高等教育出版社.

马德毅，王菊英，2003. 中国主要河口沉积物污染及潜在生态风险评价 [J]. 中国环境科学，23 (5)：521-525.

马玉艳，2008. 河口浮游动物群落生态健康评价方法及应用 [D]. 大连：大连海事大学.

毛汉英，余丹林，2001. 环渤海地区区域承载力研究 [J]. 地理学报，56 (3)：363-371.

毛汉英，余丹林，2001. 区域承载力的定量研究方法探讨 [J]. 地球科学进展，16 (2)：9-12.

苗丽娟，王玉广，张永华，等，2006. 海洋生态环境承载力评价指标体系研究 [J]. 海洋环境科学，25 (3)：75-77.

庞金贵，郭金龙，申红旗，2008. 河北省水产养殖业现状与展望 [J]. 现代渔业信息，23 (2)：23-27.

戚健文，匡翠萍，蒋茗韬，等，2014. 曹妃甸港口工程进展及其三维潮流场响应特征研究 [J]. 水动力学研究与进展，29 (3)：346-354.

秦昌波，2006. 天津海岸带生态系统健康评价研究 [D]. 北京：中国环境科学研究院.

曲丽梅，王玉广，丛丕福，等，2008. 河北省海岸带生态环境效应评价指标选择研究 [J]. 海洋环境科学，27 (2)：41-44.

渠开跃，2005. 河北省海岸带生态环境现状及生态防护功能 [D]. 石家庄：河北师范大学.

宋鹭，1997. 地下水环境质量评价方法 [J]. 干旱环境监测，11 (1)：9-10.

宋素青，黄淼，2007. 河北省海洋经济可持续发展所面临的环境问题与对策 [J]. 海洋开发与管理 (5)：7-11.

索安宁，张明慧，于永海，等，2012. 曹妃甸围填海工程的环境影响回顾性评价 [J]. 中国环境监测，28 (2)：105-111.

汪家权，刘万茹，钱家忠，等，2002. 基于单因子污染指数地下水质量评价灰色模型 [J]. 合肥工业大学学报 (自然科学版)，25 (5)：697-702.

王斌，2007. 曹妃甸围海造地二维潮流数值计算及滩槽稳定性研究 [D]. 南京：河海大学.

王娟，刘宪斌，张增强，等，2007. 曹妃甸海域环境质量现状评价与分析 [J]. 环境与可持续发展 (1)：63-65.

王书华，毛汉英，2001. 土地综合承载力指标体系设计及评价 [J]. 自然资源学报，16 (3)：248-254.

王伟伟，王鹏，郑倩，等，2010. 辽宁省围填海海洋开发活动对海岸带生态环境的影响

[J]. 海洋环境科学，29（6）：927－929.
王向华，朱晓东，李杨帆，等，2007. 厦门海湾型城市发展累积生态效应动态评价［J］. 生态学报，27（6）：2375－2381.
王勇智，马林娜，谷东起，等，2013. 罗源湾围填海的海洋环境影响分析［J］. 中国人口、资源与环境，23（11）：129－133.
王玉广，吴桑云，苗丽娟，等，2006. 海岸带开发活动的环境效应评价方法和指标体系初探［J］. 海岸工程，25（4）：63－70.
王玉枢，2006. 河北省海洋环境现状与渔业资源开发对策［J］. 河北渔业（9）：1－3.
王中根，夏军，1999. 区域生态环境承载力的量化方法研究［J］. 长江职工大学学报，16（4）：9－12.
魏婷，朱晓东，李杨帆，2008. 基于突变级数法的厦门城市生态系统健康评价［J］. 生态学报，28（12）：6312－6320.
翁嫦华，2007. 近岸海域生态系统健康与生态安全评价及其在生态系统管理中的应用研究［D］. 厦门：厦门大学.
吴丹丹，葛晨东，许鑫王豪，等. 厦门海岸工程对岸线变迁及海洋环境的影响［J］. 环境科学与管理，2011，36（10）：67－71.
吴荣军，李瑞香，朱明远，等，2006. 应用PRIMER软件进行浮游植物群落结构的多元统计分析［J］. 海洋与湖沼，37（4）：316－321.
奚旦立，2020. 环境监测［M］. 5版. 北京：高等教育出版社.
谢季坚，刘承平，2000. 模糊数学方法及其应用［M］. 武汉：华中理工大学出版社.
徐绍斌，1989. 河北省海岸带资源［M］. 石家庄：河北科学技术出版社.
薛雄志，吝涛，曹晓海，2004. 海岸带生态安全指标体系研究［J］. 厦门大学学报，43：179－183.
杨华，赵洪波，吴以喜，2005. 曹妃甸海域水文泥沙环境及冲淤演变分析［J］. 水道港口，26（3）：130－133.
杨文东，2004. 武汉市大气环境质量评价模糊数学模型的研究：模糊综合评判法的研究［D］. 武汉：武汉理工大学.
杨喜爱，薛雄志，2004. 海岸工程累积环境影响评价：厦门西海域案例研究［J］. 海洋科学，28（1）：76－78.
于定勇，王昌海，刘洪超，2011. 基于PSR模型的围填海对海洋资源影响评价方法研究［J］. 中国海洋大学学报，41（7）：170－175.
余丹林，毛汉英，高群，2003. 状态空间法衡量区域承载状况初探［J］. 地理研究，22（2）：201－210.
余琼芳，陈迎松，2003. 模糊数学中隶属函数构造策略［J］. 深圳职业技术学院学报，2（1）：13－14.
张婧，孙英兰，2010. 海岸带生态系统安全评价及指标体系研究：以胶州湾为例［J］. 海洋环境科学，29（6）：930－934.
张明慧，陈昌平，索安宁，等，2012. 围填海的海洋环境影响国内外研究进展［J］. 生态环境学报，21 (8)：1509 - 1513.

张修峰，梅雪英，童春富，等，2006. 长江口岛屿沙洲湿地陆向发育过程中表层沉积物氮营养盐的变化 [J]. 生态学报，26 (4)：1116 - 1121.

张秀兰，赵彦红，2007. 河北省水环境承载力动态变化分析 [J]. 水土保持研究，14 (3)：259 - 262.

中华人民共和国国家质量监督检验检疫总局，2007. GB 17378—2007 海洋环境监测规范 [S]. 北京：中国标准出版社.

中华人民共和国质量监督检验检疫总局，中国国家标准化管理委员会，2004. 海洋工程环境影响评价技术导则 (GB/T 19485 - 2004) [S]. 北京：中国标准出版社.

周军，李怡群，张海鹏，等，2006. 河北省海水养殖现状及发展对策 [J]. 河北渔业 (9)：24 - 29.

朱勇生，张世英，2004. 河北省海洋经济产业结构分析 [J]. 河北工业大学学报，33 (5)：15 - 18.

曾继平，2012. 围填海对海洋生态环境的影响研究：以潍坊滨海生态旅游度假区为例 [D]. 青岛：中国海洋大学.

Alves F L，Silva C P，Pinto F，2007. The assessment of the coastal zone development at a regional level - the case study of the Portuguese Central Area [J]. Journal of Coastal Research，50 (50)：72 - 76.

Chen M，Chen B，Harrison P，et al，2011. Dynamics of mesozooplankton assemblages in dubtropical coastal waters of Hong Kong：a comparative study between a eutrophic estuarine and a mesotrophic coastal site. Continental Shelf Research，31 (10)：1075 - 1086.

Chen Shui - sen，Chen Liang - fu，Liu Qin - huo，et al，2005. Remote sensing and GIS - based integrated analysis of coastal changes and their environmental impacts in Lingding Bay，Pearl River Estuary，SouthChina [J]. Ocean & Coastal Management (48)：65 - 83.

Dalkmann H，Herrera R J，2004. Analytical strategic environmental assessment developing a new approach to sea [J]. Environmental Impact Assessment Review (24)：385 - 402.

Daniela Maric，Romina Kraus，Jelena Godrijan，et al，2012. Phytoplankton response to climatic and anthropogenic influences in the north - eastern Adriatic during the last four decades [J]. Estuarine，Coastal and Shelf Science (115)：98 - 112.

David Haynes，Jon Brodie，Jane Waterhouse，et al，2007. Assessment of the water quality and eeosystem health of the Great Barrier Reef (Australia)：Conceptual Models [J]. Environmental Managemenit，40 (6)：993 - 1003.

David V，Sautour B，Chardy P，et al，2005. Long - term Changes of the zooplankton variability in turbid environment：the Gironde eatuary (France) . Estuarine，Coastal and Shelf Science，64 (23)：171 - 184.

Feng Lan，Zhu Xiaodong，Sun Xiang，2014. Assessing coastal reclamation suitability based on a fuzzy - AHP comprehensive evaluation framework：A case study of Lianyungang，China. Marine Pollution Bulletin (89)：102 - 111.

Grimvall. A, 2000. Time scales of nutrient losses from land to sea a European perspective [J]. Ecological Engineering, 14 (4): 363 - 371.

Guinder V A, Popovich C A, Perillo G M, 2009. Paticulatr suspended matter concentrations in the Bahia Blanca Estuary, Argentia: implication for the development of phytoplankton blooms. Estuarine, Coastal and Shelf Science (85): 157 - 165.

Guneralp B, Barlas Y, 2003. Dynamic modelling of a shallow fresh water lake for ecological and economic sustainability [J]. Ecological Modelling (167): 115 - 138.

Karsenti, E. , Acinas, S. G. , Bork, P. , et al, 2011. A holistic approach to marine eco - systems biology. Plos Biology (9): 100 - 117.

Kullenberg G, 2002. Regional co - development and security: a comprehensive approach [J]. Ocean & Coastal Management (45): 761 - 776.

Li K Z, Yin J Q Huang L M, et al, 2006. Spatial and temporal variations of mesozooplankton in the Pearl River estuary, China. Coastal and Shelf Science, 67 (4): 543 - 552.

Li Kunyu, Liu Xianbin, Zhao Xinggui, et al, 2010. Effects of Reclamation Projects on Marine Ecological Environment in Tianjin Harbor Industrial Zone [J]. Procedia Environmental Sciences (2): 792 - 799.

Mialet B, Azemar F, Maris T, et al, 2010. Spatial spring distribution of the copepod Eurytemora affinis (Copepoda, Calanoida) in a restoring estuary, the Scheldt (Belgium). Estuarine, Coastal and Shelf Science, 88 (1): 116 - 124.

Moderan J, Bouvais P, David V, et al, 2010. Zooplankton community structure in ahighly turbid environment (Charente estuary, France): apatio - temporal patterns and environmenal control. Estuarine, Coastal and Shelf Science, 88 (2): 219 - 232.

Mouny P, Dauvin J C, 2002. Environmental control of mesozooplankton community structure Seine estuary (English Cannel) . Oceanologica Acta, 25 (1): 13 - 22.

Neal. C, House W A, Jarvie H P, et al, 1998. The significance of dissolved carbon dioxide in major lowland rivers entering the North Sea [J]. Science of the Total Environmen (210): 187 - 203.

Nixon S W, 1995. Coastal marine entrophication: a definition, social cause, and future concerns. Ophelia, 41 (1): 199 - 219.

P. Khanna, P. Ram Babu, M. Suju George, 1999. Carrying - capacity as a basis for sustainable development - A case study of national capital region in India [J]. Progress in Planning (52): 101 - 163.

Reaugh M L, Roman M R, Stoecker D K, 2007. Changes in plankton community structure and function in response to variable freshwater flow in two tributaries of the Chesapeake Bay. Estuaries and Coasts, 30 (3): 403 - 417.

Sidk M J, Nabi M R U, Hoque M A, 2008. Distribution of phytoplankton community in relation to environmental parameters I cage culture area of Sepangger Bay, Sabah, Malaysia [J]. Estuarine, coastal and shelf science, 80 (2): 251 - 260.

Taglialatela S, Ruiz J, Prieto L, et al, 2014. Seasonal forcing of image - analysed mesozooplankton community composition along the salinity gradient of the Guadalquivir estuary. Estuarine, Coastal and Shelf Science (149): 244 - 254.

Uriarte I, Villate F, 2005. Differences in the abundance and distribution of copepods in two estuaries of the Basque coast (Bay of Biscay) in relation to pollution. Journal of Plankton Research, 27 (9): 863 - 874.

Webb B W, Phillips J M, Walling D E, et al, 1997. Load estimation method olopies for British rivers and their relevance to the LOISRACS (R) programme [J]. Science of the Total Environment (194): 379 - 389.

Wu J Y, Shen L, Gao G, et al, 2004. A season - dependent variation of genotoxicity of surface water samples from Taihu Lake, Yangzte Delta [J]. Environ Monitoring and Assessment (98): 225 - 234.

Yamamoto J, Yonezawa Y, Nakata K, et al, 2009. Ecological risk assessment of TBT in Ise Bay [J]. Environmental Management, 90 (1): 41 - 50.

Yongsik Sin, Byungkwan Jeong, 2015. Short - term variations of phytoplankton communities in response to anthropogenic stressors in a highly altered temperate estuary [J]. Estuarine, Coastal and Shelf Science (156): 83 - 91.

Yu Ge, Zhang Junyan, 2011. Analysis of the impact on ecosystem and environment of marine reclamation - A case study in Jiaozhou Bay [J]. Energy procedia (5): 105 - 111.

Zhou J L, 1998. Fluxes of organic contaminants from the river catchments into, through and out of the Humber Estuary, UK [J]. Marine Pllution Bulletin, 37 (3): 330 - 342.

Zivana Nincevic Gladan, Mia Buzancic, Grozdan Kuspilic, et al, 2015. The response of phytoplankton community to anthropogenic pressure gradient in the coastal waters of the eastern Adriatic Sea [J]. Ecological Indicators (56): 106 - 115.

附　　图

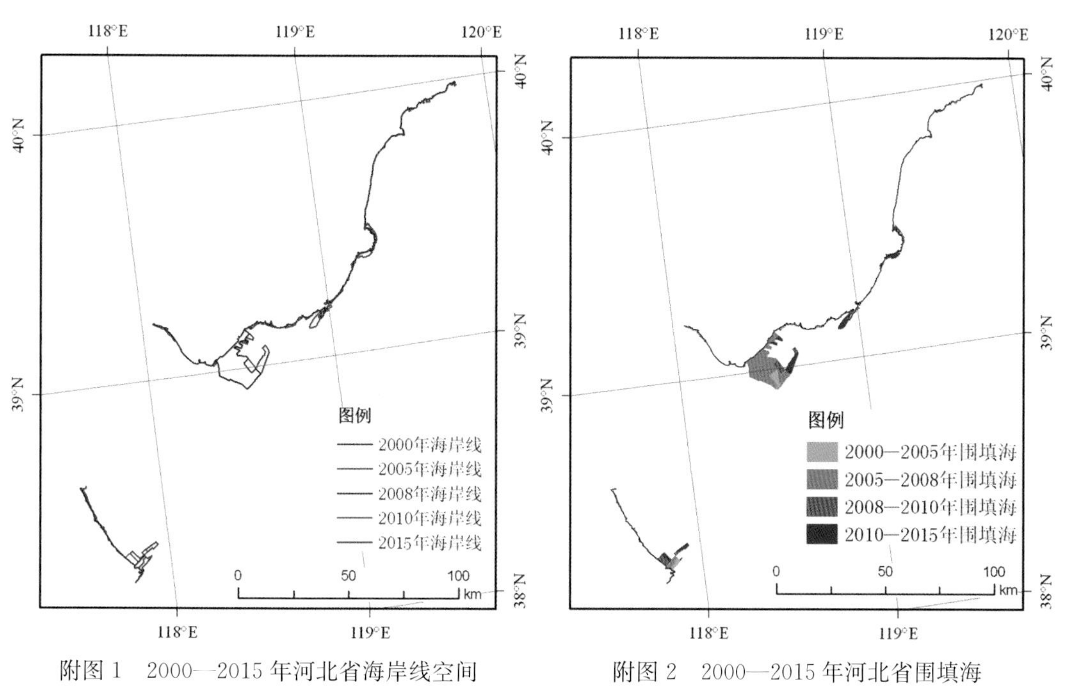

附图 1　2000—2015 年河北省海岸线空间分布图

附图 2　2000—2015 年河北省围填海分布图

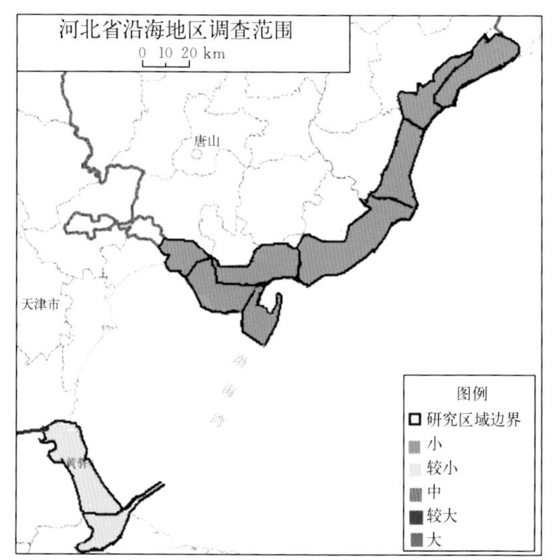

附图 3　2000 年河北省沿海地区人类活动综合强度分级图

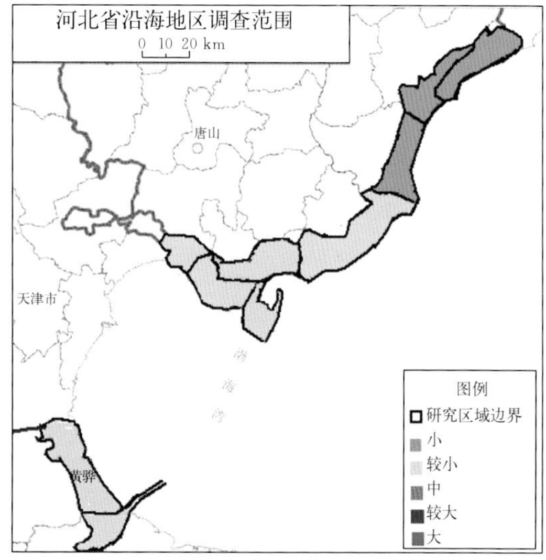

附图 4　2005 年河北省沿海地区人类活动综合强度分级图

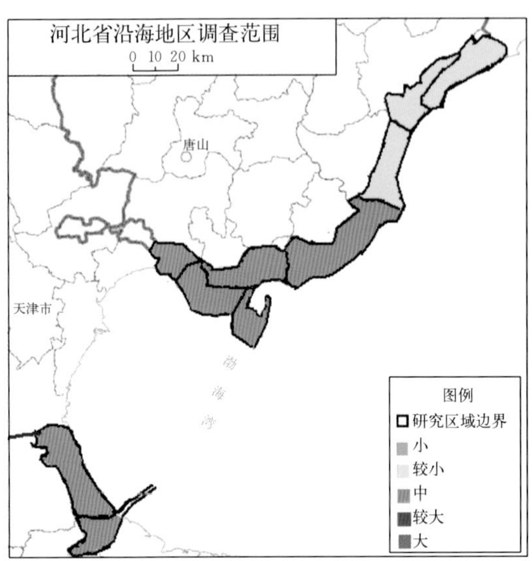

附图 5　2010 年河北省沿海地区人类活动综合强度分级图

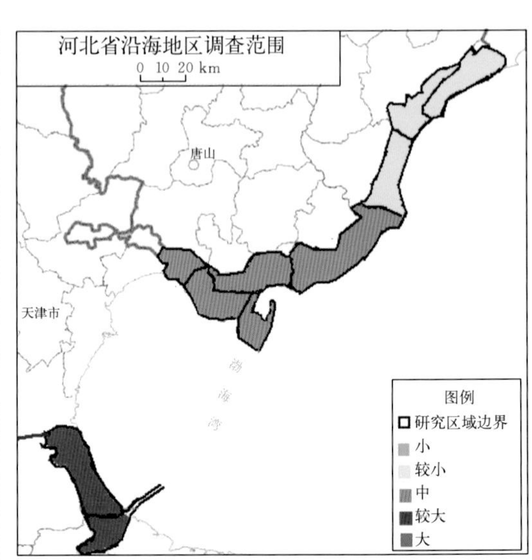

附图 6　2015 年河北省沿海地区人类活动综合强度分级图

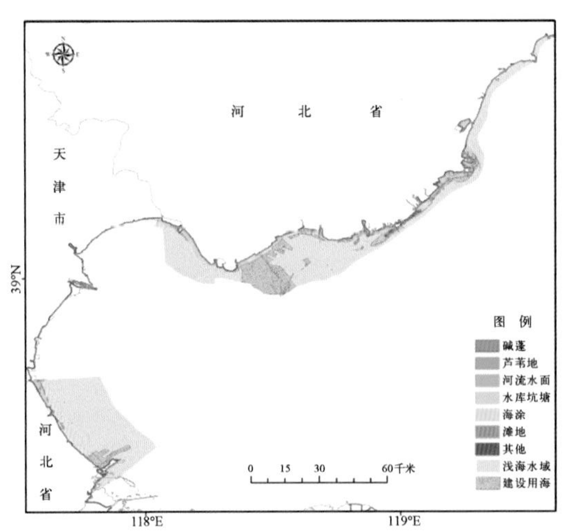

附图 7　2015 年河北省滨海湿地类型分布图

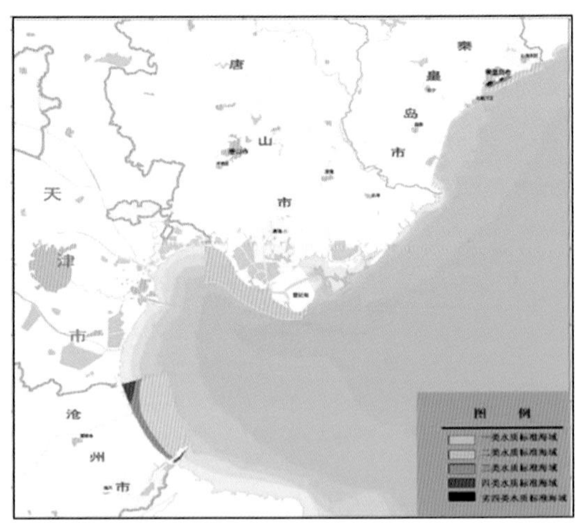

附图 8　2010 年河北省近岸海域污染分布示意图

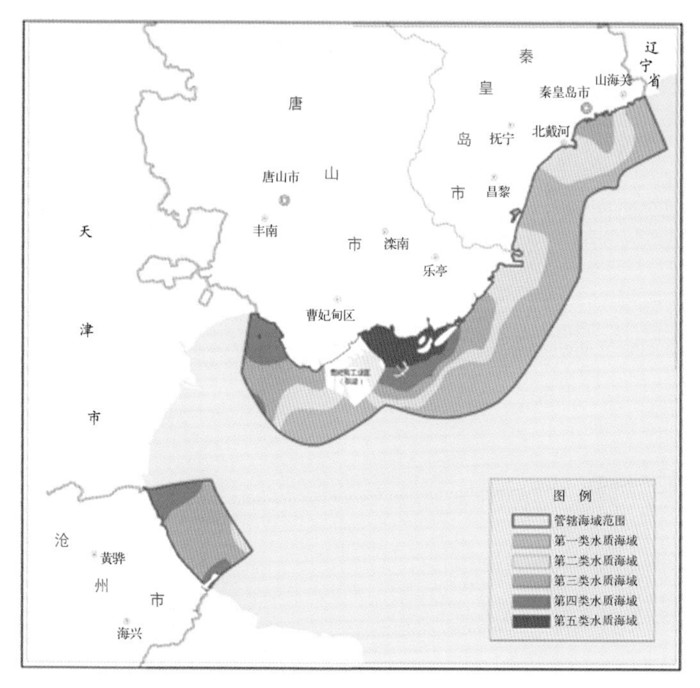

附图 9　2015 年河北省近岸海域污染分布示意图

附图 10　2003 年 12 月曹妃甸海域卫片图

附图 11　2005 年 2 月曹妃甸海域卫片图

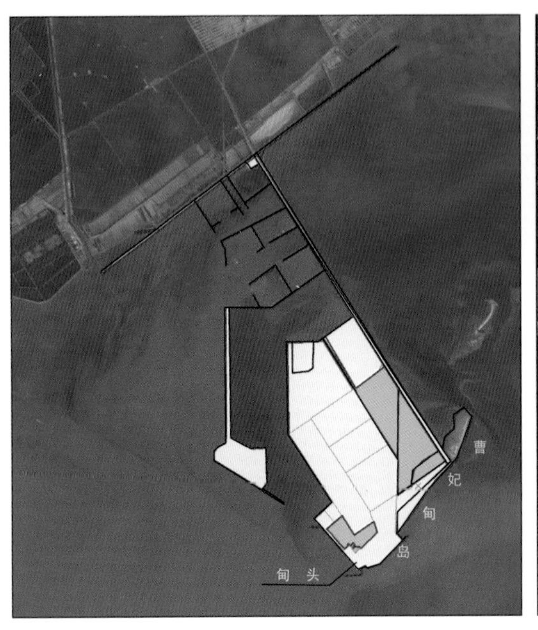

附图 12　2007 年 5 月曹妃甸海域卫片图

附图 13　2008 年 2 月曹妃甸海域卫片图

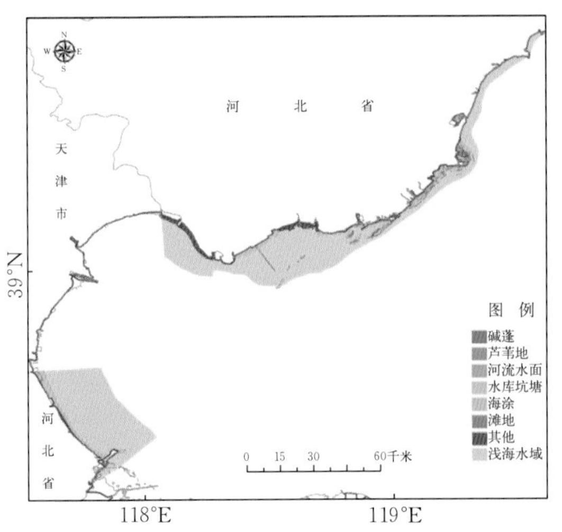

附图 14　2000 年河北省滨海湿地类型分布图

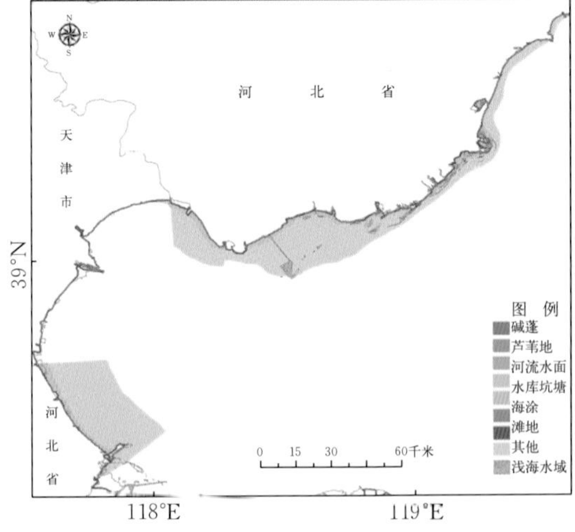

附图 15　2005 年河北省滨海湿地类型分布图

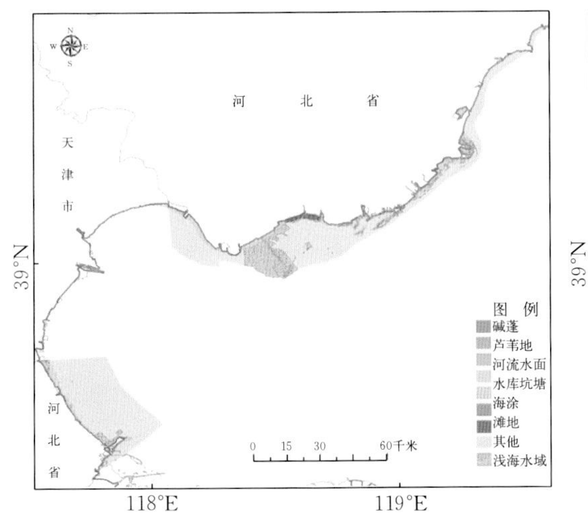

附图 16　2010 年河北省滨海湿地类型分布图

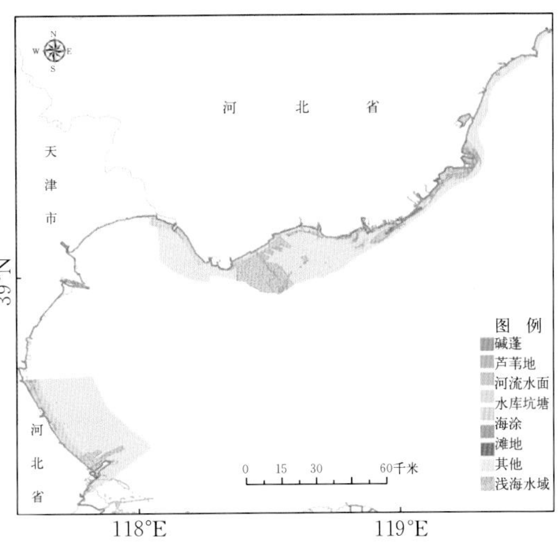

附图 17　2015 年河北省滨海湿地类型分布图

附图 18　洋河口开发利用现状

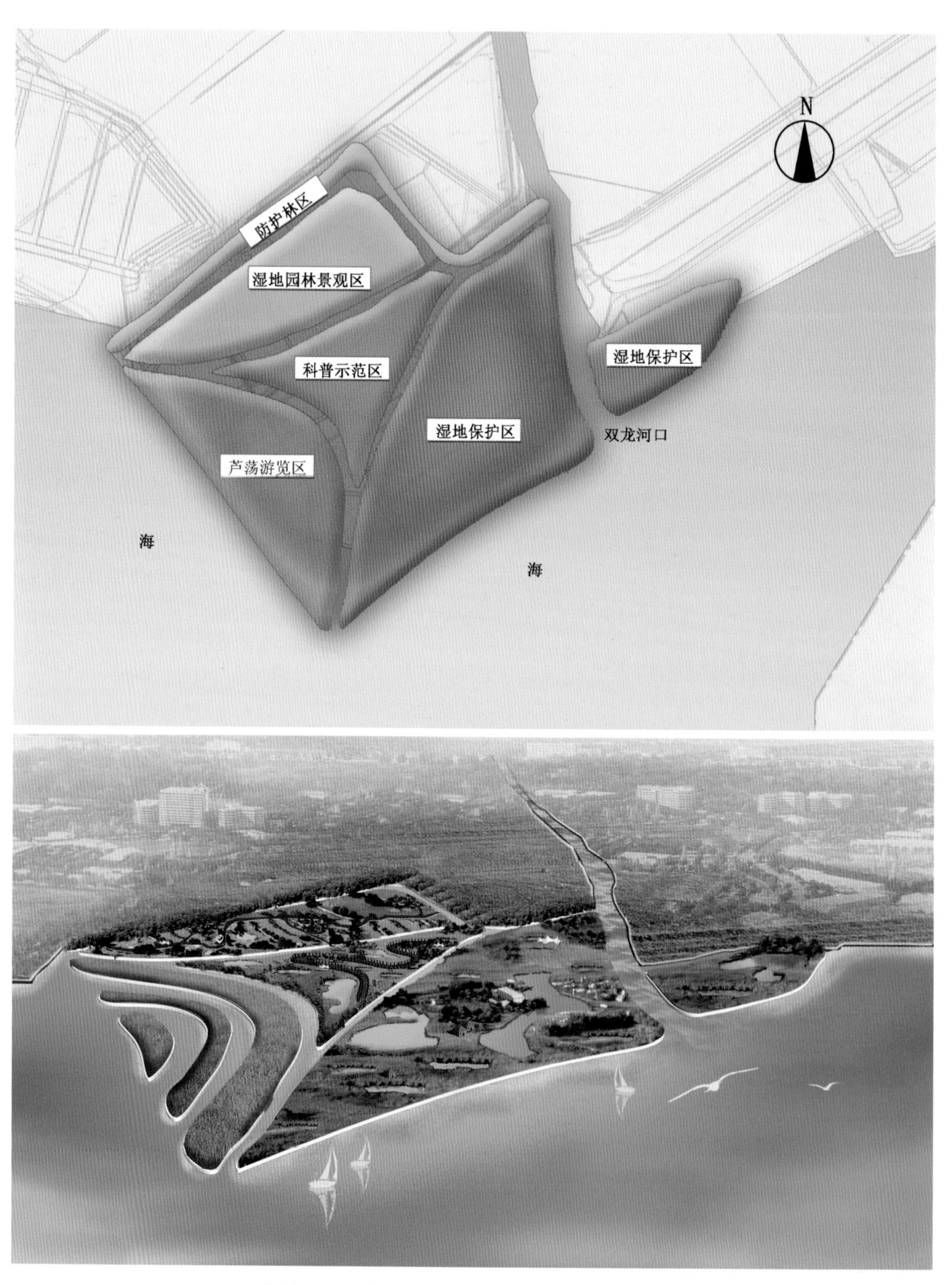

附图 19　双龙河河口人工湿地平面图和效果图

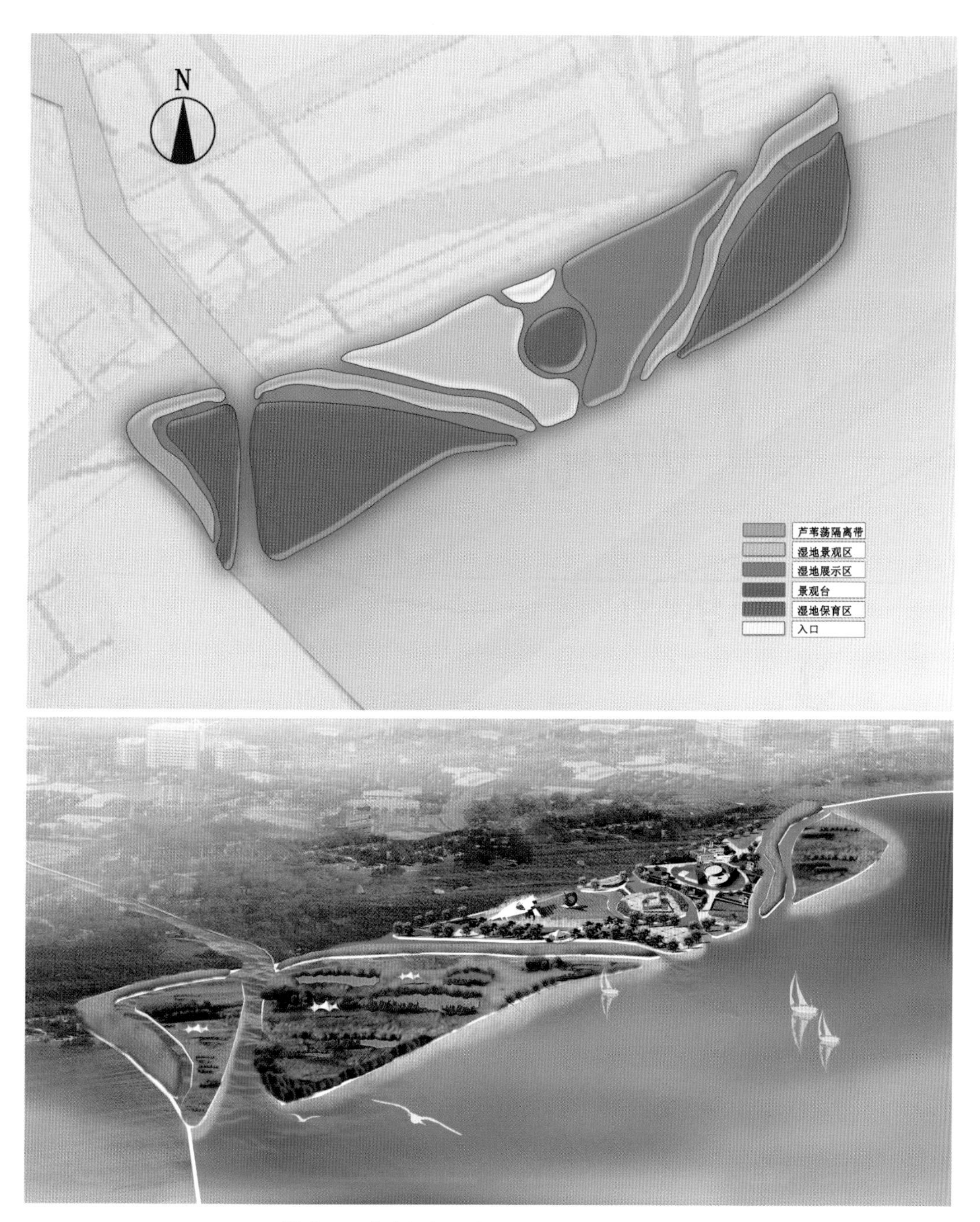

附图 20　青龙河河口人工湿地平面图和效果图

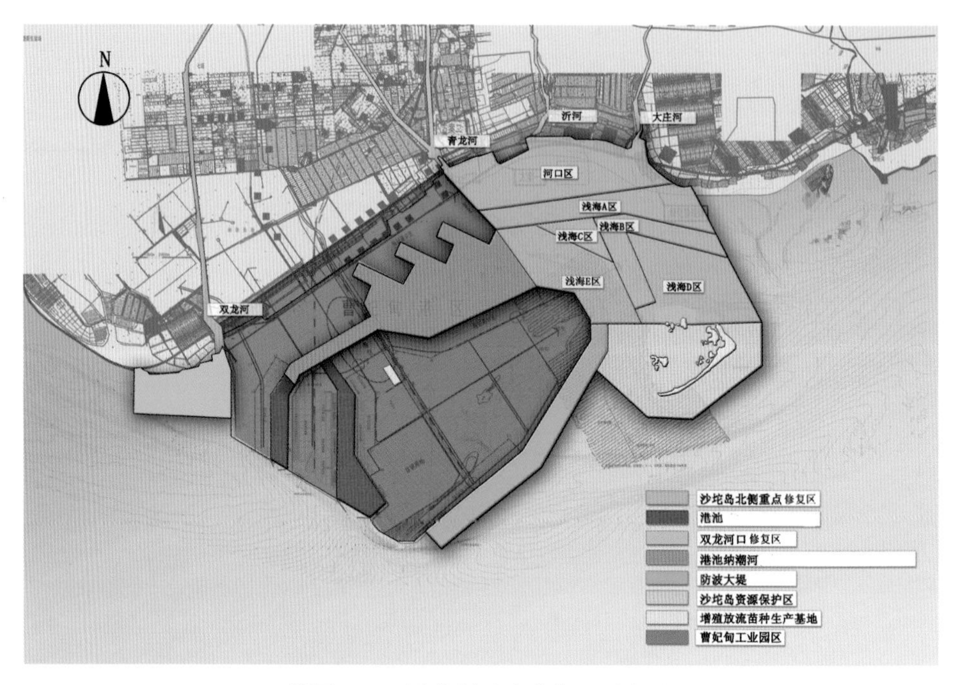

附图 21　近岸海域生态修复区示意图

附图 22　昌黎海水增养殖区分布示意图